항공학개론

항공학개론

INTRODUCTION TO THE WORLD OF AVIATION

안영태 · 이창학 · 류종준 · 안기준 지음

KM 경문사

머리말

항공분야에 개론을 출간하며

책을 집필하면서 누구를 대상으로 하여 어떠한 가치를 부여할 수 있는지를 고민하고 조사하며 과연 본 도서의 출간으로 독자에게 무슨 의미를 부여할 수 있을까 하는 생각에 다년간의 시일이 지나가고 있었다. 결국엔 작은 실천의 용기를 내어 보며 겸허히 어느 대상이든 그가 추구하는 지식의 구도에 분명 작은 보탬이 되고, 가고자 하는 진로에 안내가 되리라는 확신을 가져보며 집필을 시작하였다. 주위 교수님들과 연구자들을 괴롭히며 항공이라는 분야에 그리 거창하지만은 않은 개론적 고찰을 시도하여 작은 성과가 이처럼 나오게 되었다.

삶에 스며드는 비행

한마디로 표현하자면 본 책자에는 항공에 관심을 가지고 있거나 비록 항공분야가 낯설기만 한 누구에게든 항공운송이라는 가장 강력한 교통운송수단의 이해와 항공산업에 대한 다양한 정보를 소개받을 수 있는 내용을 담아보았다. 책자의 성격상 운항의 보편적 이해를 전해줄 수 있는 교양적 도서임을 밝히고자 한다. 또한 항공분야를 전공하는 대학생들에게도 항공기의 정비분야에 대한 이해를, 운항관리 내용을 담아보았으며 이는 대부분의 항공사에서 적용되는 공동적 내용 위주로 구성하였다. 그리고 항공운항에 요구되는 전문지식을 구축하는 데 도움을 줄 수 있는 내용을 수록하였다.

오늘날 여행의 자유화 이후 누구나 편하게 국내 또는 해외로 다양한 교통운송수단을 이용하여 여행과 비즈니스를 하기 위해 활동을 한다. 이는 인간의 본성이라고 할 수 있는 활동과 이동을 의미한다. 그리고 그 비중과 범위는 무서운 속도로 발전해가고 있다. 이러한 여건에 치명적 걸림돌이자 인류에게 닥친 또다른 재앙으로 출현했던 COVID-19조차 인간의 활동에 완전한 제동을 걸지는 못했다. 우리 삶의 영유와 즐거움을 그리고 여유를 가져다주는 여행과 이동의 중추적 역할은 편하고 빠른 그리고 안전한 항공운송일 것이다.

항공의 역사적 고찰을 시도

오늘날 전 세계가 1일 또는 반나절 생활권으로 이루어진 것은 항공기라는 빠르고 안전하며 편안한 교통운송수단의 결과물이라고 할 수 있겠다. 항공기 제작사인 보잉(Boeing)사는 1916년에, 그리고 1919년 최초의 민간 항공사인 KLM이 설립되어 약 100여 년의 세월이 흘렀지만 1세기 만에 인류는 전 세계를 하나의 생활권으로 교통망을 확충하고 우주를 정복해 가고 있다. 육지와 해양에서의 발전을 현격히 압도하는 빠른 속도가 항공기의 특성을 대변해 주고 있듯이 하늘과 우주는 이제 우리의 거침없는 도전의 장이 되고 있다. 이러한 변화와 발전의 저변에는 다양한 그리고 숭고한 역사적 사례들이 담겨 있다. 이 책자에서는 세계적으로, 또 우리나라의 국지적 측면에서 발생했던 항공 역사들을 독자에게 사실적 자료로 제시하였다.

우리나라의 항공산업 소개

항공의 다양한 산업 분야 중에서 항공여객운송, 항공화물운송, 항공정비, MRO, 항공기 제작, 항공관광, 공항개발산업, 항공지상조업, 항공훈련교육 등이 국내 항공시장 규모 대비 어려운 여건하에서도 활발하게 도약하고 있다. 이 책자는 그러한 항공산업의 소개를 통하여 첨단과학과 고부가가치를 창출하며 전문인력으로 구성되는 항공산업군의 구체적 내용과 산업체들의 현황 그리고 발전 방향 등을 제시하였다. 본 책자를 통하여 향후 관심을 가지고 연구해 가기를 기대하며 더불어 이 분야를 대학에서 전공하여 체계적 지식을 구축하는 디딤돌이 되기를 기대한다.

도서 편찬의 구성과 기획

본 책자는 3개의 파트(Part)와 총 13개의 챕터(Chapter)로 구성하였다.

Part 1은 항공학개론의 입문 내용으로서 인간으로서 최초로 하늘을 날아오른 신화를 소개한다. 1783년 열기구를 이용한 하늘에 대한 도전을 필두로 산업혁명의 기류가 항공분야에도 영향을 미치게 되었다. 1903년 인류 최초 동력비행의 시도를 기점으로 괄목할 만한 성공을 이루어 온 다양한 항공에 관련된 역사적 사례들을 제시하여 항공에 대한 접목을 제시하였으며 우리나라의 관점에서 하늘에 대한 도전의 역사를 서술하였다. 국내에는 1969년 대한항공이라는 항공사가 창립되어 오늘날 저비용

항공사들과 더불어 여러 항공사와 공항 그리고 다양한 항공산업이 펼쳐지고 있다. 이 파트를 통하여 국내외 항공분야의 태동과 역사를 제시해주는 안내서로서 기능을 발휘할 수 있겠다.

Part 2는 항공학개론 책자가 교재로서도 기능을 발휘할 수 있도록 운항, 운항관리, 기상, 정비 및 UAM 부문의 기본적 내용을 수록하여 전문지식의 탐구적 역할을 제공하였다. 추후로 객실 부문, 헬리콥터 운영 부문, 공항운영과 안전관리 등의 다양한 학문적 접근을 본 책자에 싣고자 한다.

Part 3는 항공학개론의 귀결에 해당하는 내용으로서 국제적인 기구와 연합체 그리고 공식적 항공기구를 소개하여 많은 학생의 관심을 촉진하고자 한다. 대한민국의 위상은 항공분야에서도 여실히 증명되어 가고 있다. 즉 우리나라는 국제연합(UN) 산하 기구인 국제민간항공기구(ICAO)의 이사국으로 8연임을 하는 실적을 이루고 있다. 이 도서가 작은 계기가 되어 독자들이 국제무대에서 항공전문가로 다양한 분야에서 활약하기를 기대한다.

함께한 집필진

이번에 초판을 발간하며 향후 지속적인 자료 추가와 수정 보완을 할 수 있도록 많은 관심과 고언을 구독하는 학생들과 연구진 그리고 교수님 여러분에게 당부드린다. 도서 집필을 하는 과정에 국토교통부 항공정책실의 정기 보도자료를 필두로 한국항공우주연구원의 정기 간행물과 다양한 논문들을 참고하며 유용하게 적용하였다.

학과와 교무 업무에도 바쁘실 텐데 집필에 직접 참여하여 주신 극동대학교 항공정비학과 이창학 교수님, 항공안전관리학과 류종준 교수님, 항공운항학과 안기준 교수님께 감사드리며, 국립항공박물관 안태현 관장님께도 우리나라 항공역사와 관련된 많은 자료를 공유할 수 있도록 지원해주심에 감사의 말씀을 전한다. 아울러 자료 수집과 조정에 많은 참여를 해준 이동현 선생에게도 고맙다는 뜻을 전한다.

끝으로 어려운 여건에서도 본 책자의 출간을 위해 아낌없는 노력을 해주신 도서출판 경문사와 편집부에 심심한 감사를 드린다.

2024.2.

대표저자 안 영 태

차례

PART 01
항공분야의 신화 소개 및 발전 과정 역사적 고찰

PART 02
항공분야의 기초 지식 탐구

PART 03
항공분야와 관련된 국제적 기구와 조직 소개

PART

01

항 공 학 개 론
Introduction to
the World of Aviation

항공분야의 신화 소개 및 발전 과정 역사적 고찰

CHAPTER 01

하늘을 날아오르다

다이달로스(Daedalus)와 이카로스(Icarus) 신화

항공의 역사를 고찰하는 측면에서 우리가 모두 익히 알고 있는 라이트형제의 인류 최초 비행 외에도 신화에 인간이 비행하는 이야기가 있다. 여기에 그 내용을 소개하고자 한다. 하늘에 대한 동경을 실현에 옮긴 인류의 창공에 대한 도전을 살펴보는 측면에서 다음의 신화부터 시작할 수 있겠다.

그리스 신화에는 신이 아닌 인간에 관한 이야기도 등장하는데, 다이달로스(Daedalus)에 관한 신화가 대표적이다. 그는 솜씨가 대단한 발명가이며 아테네 최고의 건축기술가였다. 그러한 다이달로스에게는 아들이 있는데 그가 바로 이카로스(Icarus)이다. 이들 부자가 바로 자유를 찾기 위해 생명을 걸고 비행한 최초의 인간이다.

아테네 왕족 집안 출신의 다이달로스는 여신 아테네의 후원까지 더해져 기술자로서의 명성을 떨쳤지만, 조카가 톱을 발명하여 더 유명해지자 질투심에 사로잡힌 나머지 조카를 신전 위에서 밀어 떨어뜨려 죽였다. 이 죄로 그는 아들 이카로스와 함께 크레타섬으로 쫓겨가게 되었다. 그곳 크레타섬에는 미노스 왕이 군림하고 있었는데 그에게는 바다의 신 포세이돈의 저주를 받아 낳은 황소의 머리가 달린 흉측스러운 아들, 미노타우로스가 있었다.

미노스 왕은 다이달로스에게 거대한 미궁을 만들도록 하여 그 안에 이 괴물을 가두었다. 그리고 아테네로부터 일곱 명씩의 소년, 소녀를 조공으로 받아 먹이가 되도록 했다. 다이달로스가 설계한 미궁은 구조가 매우 교묘하여 일단 들어가면 다시는 탈출할 수 없었다. 괴물은 미궁을 돌아다니며 이 안에 바쳐진 소녀와 소년들을 잡아먹고 살았다.

아테네의 왕자 테세우스는 이러한 사연을 듣고 재난에 빠진 사람들을 구하기 위해 스스로 자청해서 조공의 일원으로 크레타섬에 들어갔다가 미노스 왕의 아름다운 딸 아리아드네와 사랑에 빠지게 된다. 이를 알게 된 미노스 왕은 노해서 테세우스 왕자를 미궁 속에 가둔다.

'아리아드네의 실'이라는 이야기도 여기서 나오는데, 이 미로를 설계한 다이달로스는 테세우스 왕자를 사랑한 미노스의 딸 아리아드네에게 실타래를 주면서 탈출 방법을 알려줘 테세우스가 미로를 빠져나올 수 있게 도와준다. 그 일로 다이달로스는 미노스 왕의 노여움을 사 아들 이카로스와 함께 섬에 갇힌다. 아무도 살아 나오지 못하도록 설계된 미궁의 건축가 다이달로스를 아들과 함께 섬에 가두라는 명령이 내려졌다. 미노스 왕을 위해 자신의 모든 지식과 재능을 바쳤던 그가 섬에 갇힌 것이다. 크레타섬에 갇히게 된 다이달로스는 아들 이카로스와 함께 자유를 향한 탈출을 꿈꾸게 된다. 미노스 왕의 감시의 눈초리가 심했던 육지와 바다가 아닌 푸른 창공을 향해 날아올라 탈출하는 꿈을 꾸게 된다.

다이달로스와 아들 아카로스에게 하늘은 무한한 가능성이며, 도전이자, 시험대였을 것이다. 만약 그들에게 하늘이 없었다면 그들은 아마 크레타섬에서 동반 자살을 꿈꾸었을지도 모른다.

다이달로스는 조심스럽지만 꿈을 현실로 만들어내는 장인이며, 이카로스는 무모하지만 꿈을 경험하는 존재이다. 큰 새들의 깃털을 밀랍으로 접착하여 꼼꼼히 자유의 날개를 만든다. 마침내 자유를 향해 비상하기 위한 준비가 끝난 것이다. 다이달로스는 아들 이카로스에게 바다와 태양의 중간을 적당히 유지하면서, 너무 높지 않게, 그리고 너무 낮지 않게 비행하기를 충고한다. 중용과 절제에 관한 충고를 하는 것이다.

드디어 이카로스는 푸른 창공을 향해 멋지게 날아오른다. 자유를 날갯짓하며, 욕망의 바다와 열정의 태양 사이를 유유히 비행하기 시작한다. 따스한 태양 빛과 푸른 바다 사이에서 유연한 날갯짓을 가슴 속에 품으며 날아간다. 무한한 가능성과 도전에 대한 의지가 살아 숨쉬고 있는 것이다. 온몸의 세포 하나하나에까지 스며드는 자유로움. 자신의 의지로 욕망의 경계선인 수평선을 향해 힘찬 날갯짓을 한다. 바다와 태양 사이로 불어오는 기분 좋은 바람과 드넓은 시야가 이카로스를 엄습한다. 그는 눈을 감고 자신을 또 다른 자신에게 맡긴다.

그리고 꿈을 꾸기 시작한다. 이 순간 가득한 자유와 세상으로부터 격리될 수 있음은 그에겐 최고의 행복이다. 다시 세상을 향해 날아가는 것이 아니라 이카로스는 세상으로부터 해방되어 가고 있는 것이었다. 이카로스는 그 사실을 자각하면서 비행한다. 얼굴에 부딪히는 거센 바람을 지나치며 차디찬 바다의 숨결은 폐부 깊숙이 스며들기 시작하고, 이글이글 불타오르는 강열한 태양의 빛은 점점 멀어진다.

다이달로스와 이카로스는 날개를 힘차게 저어 하늘로 날아올랐다. 그들은 방향을 북동쪽으로 잡아 파로스섬, 델로스섬, 사모스섬 위를 날아갔다. 스포라데스 제도와

이오니아 해안 사이를 지날 때쯤 이카로스가 비행에 도취한 나머지 아버지의 경고를 무시하고 한껏 하늘 높이 올라갔다. 그러자 태양의 뜨거운 열기가 날개의 밀랍을 녹였다. 날개를 잃은 이카로스는 그대로 바다로 추락했다. 이때부터 이 바다는 이카로스의 이름을 따 '이카리아해'라고 불리고 있다. 다이달로스는 근처의 섬(오늘날의 이카로스섬)에 착륙해 바다에서 아들의 시체를 건져 섬에 묻어줬다.

어지러운 명암이 교차되자 평화로운 빛이 이카로스의 얼굴을 비추기 시작한다. 이카로스는 서서히 눈을 뜬다. 이제 날개 없이도 가능한, 영원히 자유로운 비행을 시작하고 있는 것이다. 그가 지나온 욕망의 바다 위에는 물리적 비행을 도와주었던 파손된 날개만이 부초처럼 떠돌고 있다. 그리고 이카로스의 헤진 육신을 다이달로스는 소리 없이 거두고 있을 뿐이다. 바다를 지나 현실 세계에 안착하지 못하고, 영원한 자유가 존재하는 피안의 세상에 안착한 것이다. 과연 이카로스의 추락은 욕망에 대한 파멸의 대가인가? 아니면 끝없는 자유와 도전의 의지이며, 그에 대한 희생인가?

이카로스의 죽음은 인간이 욕망하는 가치에 대한 반성과 중용과 절제의 미덕이 인간을 가장 인간답게 만드는 것이라고 말해주는 것일까? 가장 인간답다는 것은 과연

무엇일까? 독립된 하나의 나로부터, 외부와의 관계와 사회적 관계의 질서에 안정되게 안착하는 것이 가장 인간적인 모습일까? 그건 혹시 적당히 길들여지고, 세뇌되어진 것이 아닐까?

오랫동안 우리가 의심하지 않고 믿어 왔던 가치들은 하나둘씩 허물어지고 있다. 위대한 성인들은 중용의 미덕을 부르짖지만, 과연 왜곡되어지고 오염된 세상에 중용의 미덕은 어디에 존재하는가? 이카로스의 무모하고도 비현실적인 판단은 암울한 세상 속에선 오히려 중용의 그것보다 더욱 가치 있을지도 모른다. 이카로스의 죽음은 무모한 욕망에 대한 파멸이 아니라 무한한 가능성을 잉태한 희생인 것이다.

이카로스는 죽음이라는 하나의 과정을 거쳤을 뿐이다. 죽어간 모든 사람은 파멸한 것이 아니라 삶의 과정을 경험한 것뿐이다. 이카로스와 같은 많은 사람의 무모한 도전이 있었기에 우리 인류는 삶에 대한 목적을 잃지 않고, 의욕을 가지고 살아갈 수 있는 것이리라. '다양한 가능성'을 제시하는 무모한 이카로스의 도전은 끝없이 이어질 것이며, 그리고 도전은 값질 것이다. 언젠가 인류가 태양의 뜨거운 열기를 뚫고 그 속으로까지 진출하는 날이 오지 않을까.

CHAPTER 02 항공분야의 세계사적 발자취

비행의 역사(Flying History)

"과학, 자유, 아름다움, 모험 - 비행은 이 모든 것을 줄 수 있다."
- 찰스 린드버그(Charles Lindbergh)

"항공의 세계에 온 것을 환영합니다.
여러분은 이제 막 모험, 탐험 그리고 발견으로의 여행길에 올랐습니다.
역사를 통해서 보면, 우리는 자유를 그리고 동력을 이용한 비행의 성공을 꿈꾸어 왔습니다. 우리는 하늘을 동경해 왔으며 새들을 경탄하며 그들과 함께하고 싶어 지상의 속박으로부터 벗어나는 방법들에 대하여 궁금해하였습니다. 당신이 한 번이라도 비행의 참맛을 느꼈다면, 그곳에 머물기 위하여 당신은 시선이 하늘로 고정된 채 길을 걸을 것입니다. 그리고 그곳에서 돌아오기까지는 오랜 시간이 걸릴 것입니다."
- 레오나르도 다 빈치(Leonardo da Vinci), 새의 비행(On Flight of Birds)

레오나르도 다 빈치(Leonardo da Vinci, 1452~1519)는 역사적으로 뛰어난 창조적인 천재 중의 한 명이었다. 그는 예술가이자 과학자 그리고 비행에 푹 빠진 이상가로서 많은 시간을 새의 나는 방법에 관해서 연구하였다. 15세기 때 쓰여진 그의 메모장에는 약 160쪽가량의 비행에 관한 설명과 비행장치의 설계도가 기록되어 있다. 이와 같은 비행장치 중 하나는 새와 박쥐의 날개 구조를 본떠 만든 것으로서, 날개를 상하로 흔들면서 날 수 있는 비행기인 오르니솝터(Ornithopter)였다. 그러나 새의 무게 대비 힘은 인간과 크게 차이가 났기 때문에 오르니솝터는 실제로 비행할 수는 없었다. 또한 다 빈치의 메모장에는 잘 고안된 지느러미 모양이 달린 발사체와 낙하산 그리고 나사의 원리를 이용하여 수직으로 비행하는 헬리콥터 비행장치(날틀) 등에 관한 내용도 있었다. 이러한 아이디어들이 항공 역사의 길을 진일보할 수 있게 하였고 아마도 비행이 몇 세기는 빨리 이루어질 수 있도록 하였을 것이다. 하지만 아쉽게도 메모장은 다 빈치가 죽은 후 300년 동안 대중에게 알려지지 않았다.

비행 역사에 관한 이야기는 놓친 기회들을 공유하고, 비현실적인 이상을 추구하며, 또 실패의 이야기지만, 그럼에도 불구하고 유래가 없었던 성공의 이야기이기도 하다. 우리가 비행을 배우면 이 성공적인 이야기의 한 부분이 되는 것이다. 물론 우리가 이 기록들을 깰 수 없거나 역사책에 기록되지 못할 수도 있지만, 조종사로서 우리는 남들이 꿈꾸기만 했던 일을 감히 해낸 독특한 개인으로 기록될 것이다. 또, 비행기를 조종하면서 항공의 선구자들이 깨달은 것과 같은 마술을 경험할 수 있을 것이다.

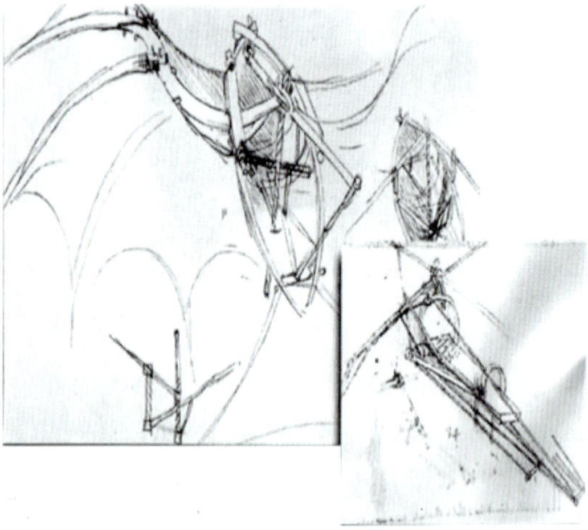

[그림 1] 1505년 오르니솝터. 레오나르도 다 빈치가 '새의 비행에 대하여'라는 논문에서 남긴 스케치. 다 빈치는 새의 날갯짓을 연구해 날개를 움직여 하늘을 비행하는 장치를 스케치하였다.

[그림 2] 레오나르도 다 빈치가 스케치한 인간이 날개를 달았을 때의 모습. 인간이 큰 날개를 달고 있을 때 공기 저항에 대항하여 힘을 발휘해 공기를 정복하고 그 위로 올라갈 수 있다고 하였다.

[그림 3] 1505년 헬리콥터 비행장치(날틀). 레오나르도 다 빈치가 '새의 비행에 대하여'라는 논문에 남긴 장치. 나사가 회전하여 오르내리는 것에 착안하여 수직으로 비행하는 장치를 스케치로 남겼는데, 오늘날의 헬리콥터를 연상시킨다.

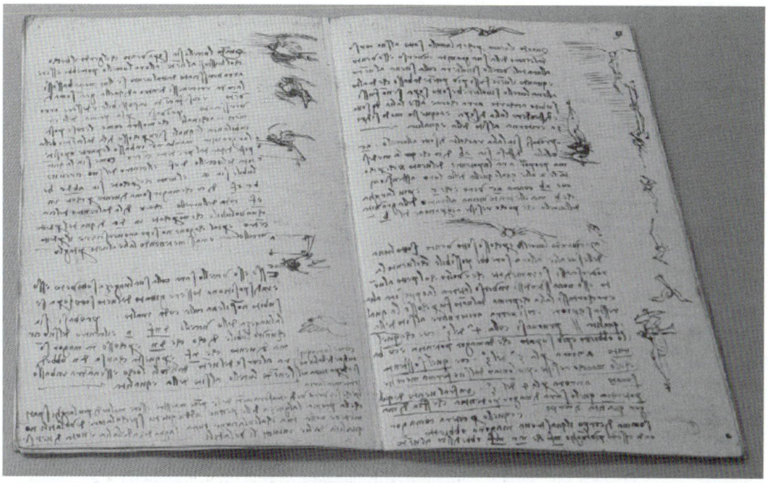

[그림 4] 1505년 새의 비행에 관한 코덱스(Codex on the Flight of Birds). 레오나르도 다 빈치의 연구노트 중 새의 비행에 관련된 내용을 연구한 자료. 다 빈치는 비상도와 해부도를 담은 이 자료를 통해 날개를 움직여서 하늘을 비행하는 장치를 스케치로 남겼다.

2.1 1783년 11월 21일

파리 근교에 위치한 라 뮤에뜨 성(the Chateau La Muette) 정원에서 조제프 몽골피에(Joseph Montgolfier)와 에티엔 몽골피에(Etienne Montgolfier) 형제가 인류 역사상 처음으로 고안한 유인 열기구에 물리학자 드 로제(Pilatre de Rozier)와 아를란드(Marquis d'Arlandes) 등 4명이 탑승하여 하늘에 떠오르게 되었다. 이들은 약 500m의 높이로 8km를 25분간 비행하였다. 이로써, 몽골피에 형제는 최초로 유인 비행에 성공한 인물이 되었다. 이륙동력으로는 양털과 짚을 태운 열기를 이용하였다.

"1783년 11월 21일 오후 2시경 드 로제는 열기구 좌측에 우측에는 내가 탑승하였다.
그 기구는 대중들에 의해 장엄한 장미라고 불리었는데, 나는 열기구의 출발을 지켜본
관중들의 정적과 미동도 하지 않는 것에 놀라웠다.
그리고 나는 관중들이 놀라면서 어쩌면 처음 보는 광경에 경외심을 느꼈으리라고
믿는다."
- '비행 무용담' 중에서 발췌한 친구에게 보낸 아를란드의 편지 내용 중 일부분
(편집. 네빌 듀크(Neville Duke), 에드워드 랜치베리(Edward Lanchbery))

[그림 5] 몽골피에 형제의 최초의 유인 비행

[그림 6] 1783년 9월 파리 베르사유 궁전 정원에서 13m의 열 풍선이 최초로 살아 있는 생물(양, 오리, 수탉)을 태워 비행하였다.

2.2 1799년에서 1849년까지

그 후 영국의 조지 케일리 경(Baronet, Sir George Cayley, 1773~1857)은 1799년에 최초의 모형 글라이더 구조를 디자인하였고, 1804년에 최초로 모형 글라이더를 날렸으며, 1809년에 발표한 '공중비행에 대하여'는 새가 하늘을 날 때 날개에서 발생하는 양력의 원리를 과학적으로 밝혀낸 최초의 논문이었다. 그는 연이 뜨는 원리를 양력이론으로 설명했는데 특히 날개의 단면을 유선형으로 하면 더 큰 양력을 얻을 수 있다는 사실을 과학적으로 증명하였다.

그는 1849년에 3겹 날개 글라이더를 만들었으며 그의 모형 글라이더는 오늘날의 비행기의 형태로 근대적 비행 이론의 영향을 주었으며 그를 비행의 아버지(The father of aerial navigation)로 일컬어지게 하였다. 그의 항공이론으로 날갯짓 비행장치가 아닌 첫 고정날개를 가진 비행장치가 개발되었으며, 그가 연구한 고정날개 비행이론은 현대의 모든 항공기에 적용되고 있다.

"새가 날개를 퍼덕이는 힘은 사람의 팔다리 힘보다 7~8배 세기 때문에 사람이 흉내내서 날개를 퍼덕인다 해도 날 수는 없다. 또 새가 날개를 움직이는 것은 공중에 뜨기 위한 것뿐만 아니라 앞으로 나아가기 위한 것도 있다. 새의 날개 단면을 보면 활처럼 휘어 있는데 덕분에 양력을 받기에 좋으며 새의 꼬리날개는 공중에서도 안정성을 유지하는 데 도움이 된다."

\- 조지 케일리

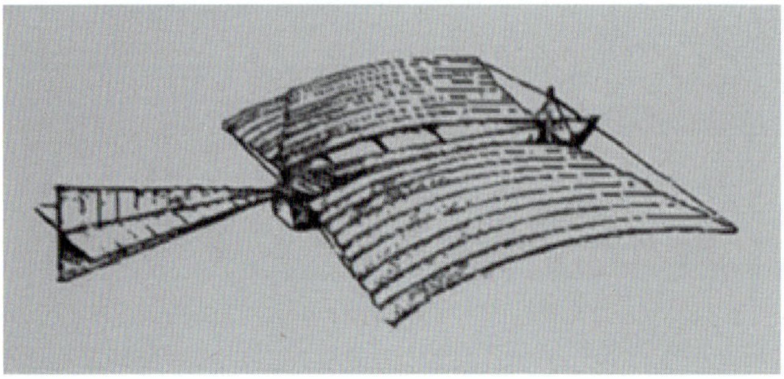

[그림 7] 1799년 고정날개 비행기계. 현대 비행기의 기원이 된 디자인으로 상승을 위한 고정날개와 추진력을 위해 분리된 기계장치 디자인, 비행의 안정을 위해 수평수직 꼬리를 결합했다.

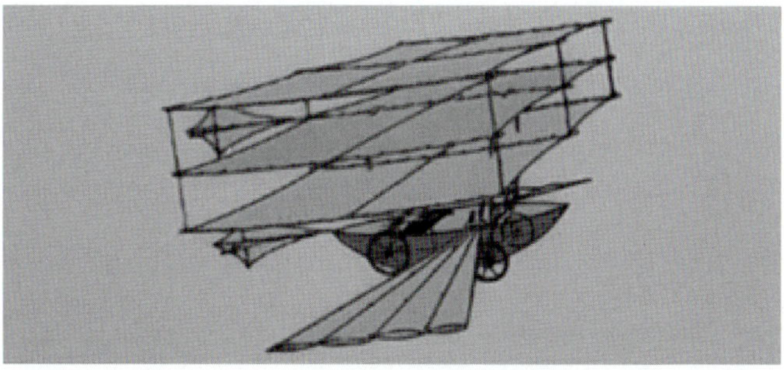

[그림 8] 1849년 올드 플라이어(Old Flyer). 10세 어린이를 태워 비행에 성공함으로써 최초 유인 활공에 성공하였다.

2.3 1881년에서 1896년까지

독일의 기술자이자 발명가인 오토 릴리엔탈(Otto Lilienthal)은 그의 동생인 구스타프(Gustav)와 함께 공기보다 무거운 기계의 비행이 가능하다는 것을 서방 세계에 증명하였다. 1891년에는 직접 개발한 꼬리날개가 있는 단엽 글라이더를 타고 350m를 활공하여 최초의 글라이더 유인 비행에 성공하였다. 그는 시험비행 중 언덕에서 거센 바람으로 뒤집혀 추락한 이후 "작은 희생은 반드시 치러야 한다."라는 유언을 남기고 사망하였다. 릴리엔탈은 1896년 비행 사고로 사망하기까지 5년 동안 18종류의 글라이더 개발과 2,000회의 시험비행을 통해 날개의 양력, 풍압의 중심, 기체의 안정성 등에 관한 귀중한 자료를 남겨 동력비행기 개발의 기초를 닦았다.

"나의 의견으로는 의심할 여지 없이, 우리는 비행 장치를 더 완벽하게 만들고 그것을 사용함으로써 더 큰 기술을 습득하여, 훨씬 더 순조로운 결과를 얻어내 마침내 강한 바람에도 불구하고 오랫동안 날 수 있었다.
물론 비행 장치를 조종하는 방법을 배우는 것은 연습의 문제이기는 하지만, 실질적인 시행이 결국엔 이러한 문제를 해결할 것이다.
우리는 공기나 바람이 이와 같은 문제에 대한 해결의 실마리를 주도록 해야 한다."

\- 오토 릴리엔탈

"비행기를 발명하는 것이 중요한 것이 아니라,
인간이 하늘을 난다는 것이 중요한 것이다."
- 오토 릴리엔탈

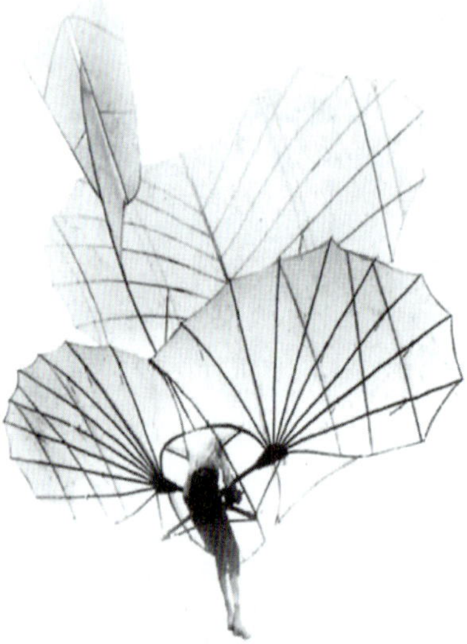

[그림 9] 1894년 새의 꼬리날개를 적용한 미익형 고정날개로 비행시험

[그림 10] 1895년 진보한 미익과 복엽의 항공역학적 설계를 도입한 복엽 글라이더로 비행시험

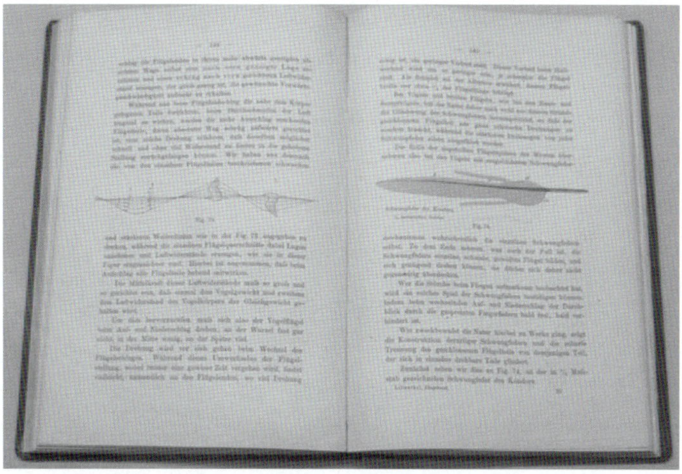

[그림 11] 1889년 독일에서 출판된 오토 릴리엔탈에 관한 책 '새 모양의 글라이더 비행'의 초판본이다. 글라이더 시험비행에 쓰인 최초의 그림과 사진들이 포함되어 있다.

2.4 1903년 12월 17일

조지 케일리 경의 양력이론에 오토 릴리엔탈 같은 모험가들의 도전이 더해지면서 엔진을 단 동력비행은 점차 현실로 다가오고 있었다. 마침내 그 꿈을 현실로 만든 사람들은 미국인 라이트형제였다.

윌버 라이트(Wilbur Wright)와 오빌 라이트(Orville Wright) 형제는 노스캐롤라이나주(North Carolina)의 키티호크(Kitty Hawk) 부근에서 인류 역사상 최초로 일정 시간 동안 공중에서 지속적으로 조종되는 동력비행을 성공하였다. 당시 4회의 비행을 시도하였는데, 최초 비행은 12초 동안 마지막 4번째는 59초 동안 비행이 지속되었다.

1903년 라이트형제의 인류 최초 유인동력비행 성공은 조지 케일리 경의 비행 원리 발표 이후 약 100년 만의 쾌거이자 인류 역사상 대사건이었다. 비행기를 제어할 수 있느냐 없느냐가 비행 성공의 본질임을 간파한 라이트형제는 비행기의 회전과 상승, 하강을 제어할 수 있는 방향타(Rudder)와 승강타(Elevator)를 발명하여 자신들의 비행기에 적용하였다. 또한 세계 최초의 풍동실험(비행기 모형을 통해 기류변화 등

공기역학을 파악하는 실험), 수백 종의 날개 모양 단면실험, 동력 항공기 설계를 위한 양력과 항력의 데이터 축적 등을 실시했다. 그리하여 1903년 12월 17일 세계 최초로 안정적 제어가 가능한 비행기를 내놓았고, 이 비행기는 미국을 항공기술 분야의 선두 주자로 만들어 놓았다.

"하늘을 난다는 것을 실제로 두 눈으로 직접 보지 않는 한 보통 불가능한 것으로 여기거나 어느 누구라도 거의 믿지를 않았습니다."

- 오빌 라이트

"비행은 겨우 12초밖에 되지 않았지만, 사람을 태운 장치가 자체 동력으로 공중에 떠오르고 속도가 줄어들지 않으며 앞으로 날아갔으며 이륙할 때와 같은 높이로 마침내 착륙 시 어느 지점으로 내린 역사상 최초의 비행이었습니다."

- 오빌 라이트

[그림 12] 라이트형제의 비행실험 장면

[그림 13] 1901년 라이트형제가 글라이더에 줄을 매달아 연처럼 시험비행을 하고 있다.

[그림 14] 1902년 라이트형제의 수직 방향타를 적용하여 비행기 좌우 안정성을 조종하는 무동력 글라이더 실험비행

[그림 15] 라이트형제가 직접 제작한 12마력 4기동 자동차 엔진: 자전거 체인과 기어 바퀴를 사용하여 엔진의 힘을 프로펠러에 전달

[그림 16] 라이트형제의 실험. 프로펠러가 비행기 뒤쪽에 위치하여 회전하면서 공기를 앞으로 밀어내며 추진하였다.

2.5 1914년 – 제1차 세계대전

제1차 세계대전 이전까지는 비행기는 도전 정신을 표현하는 하나의 신문물일 뿐 실용성은 없었다. 그러나 세계대전이 발발하자 각국은 대포의 사거리 확장으로 비행기를 이용하게 되었고, 이 폭격기를 격추하기 위해 전투기가 출현하였다. 이어서 전투기 간의 공중전이 시작되었으며, 이러한 과정을 통하여 각국의 비행 산업과 과학기술은 비약적인 발전을 이루게 된다. 제1차 세계대전을 통해 비행기는 전쟁의 주요 무기로 부상하게 되었고, 항공기술과 산업 측면에서도 놀라운 발전을 보이게 되었다. 또한 유럽 각국은 전쟁 후 불필요해진 군용기들을 운송 산업에 투입하였는데 이는 민간항공운송산업이 발전하는 동기가 되었다.

[그림 17] 제1차 세계대전 중에 권총으로 적기를 쏘고 있는 초기 공중전 장면

[그림 18] 전쟁 초기에 활동하던 프랑스 비행기. 당시에는 적군의 비행기를 격추할 목적으로 다양한 방법이 동원되었다. 총이 프로펠러로 팔사되는 일을 막기 위해 기관총을 높이 장착했다.

[그림 19] 독일의 포커E.III 단엽기가 숲에서 정비를 받고 있다. 총알이 돌고 있는 프로펠러 날개를 통과해 발사되도록 해주는 프로펠러 동조 기관총을 장착한 최초의 비행기이다.

2.6 1927년 5월 21일

찰스 린드버그(Charles Lindbergh)는 최초로 대서양 횡단 단독 무착륙비행에 성공한 후에 그의 비행기인 '세인트루이스의 정신'(the Spirit of St. Louis)을 파리 르부르제(Le Bourget) 공항에 안착시켰다. 뉴욕에서 파리까지 걸린 그의 총 비행시간은 33시간 30분 29.8초였다.

"'세인트루이스의 정신'은 마침내 요동을 멈추고 지상에, 즉 르 부르제 공항 한가운데에 안착하였다. 나는 활주로의 조명을 받으며 격납고로 활주하였는데, 그 앞은 사람들의 물결로 가득했다."

- 찰스 린드버그, 세인트루이스의 정신

"린드버그가 뛰어난 지성과 의지로 행한 첫 번째 일 덕분에 그 후 수백만의 사람들이 비행기 표를 사고 가방을 꾸리는 정도만으로 일상적으로 대서양을 횡단하게 되었다. 당면하게 될 위험을 무릅쓴 용기 있는 한 청년의 최초 뉴욕-파리 간 비행은 대서양 상공으로 항공교통량이 끊임없이 증가하도록 이끌었고, 그의 뒤를 이어 대서양을 횡단하는 일반 대중에게는 비행에 대한 두려움과 위험에 대한 자각을 감소시켜주었다. 우리 대부분이 대서양 횡단이 지루하다고 느끼는 것을 직면하게 될 때까지 그의 진정한 용기는 우리 마음속에 신선하게 남아 있을 것이다."

- 브렌드 길(Brendan Gill)의 '린드버그 혼자서(Lindberg Alone)' 중

비행기 안에는 라디오, 무전기는 고사하고 생존을 위해 필요한 조명탄과 낙하산도 없었다. 무게를 줄여 한 방울의 연료라도 더 싣기 위해서였다. 연료탱크가 시야를 가려 잠망경으로 앞을 내다봐야 할 정도로 기름을 가득 실었다. 세인트루이스와 시카고 사이를 운항하는 우편 비행기의 평범한 조종사였던 찰스 린드버그는 대서양 횡단에 성공하고 미국의 영웅으로 떠올랐다. 불굴의 의지로 대서양을 건넌 그는 그해 미국의 시사주간지 타임이 뽑은 첫 번째 '올해의 인물'이 되었고 뉴욕의 호텔 왕 레이먼드 오티그가 내건 대서양 횡단 상금 2만 5,000달러도 손에 쥐었다. 대서양 논스톱 횡단 비행 이후 1년 만에 세계의 비행기 대수가 4배, 승객 수는 30배로 증가한 것으로서도 린드버그가 세계 항공산업의 발전에 끼친 영향은 매우 지대했다고 할 수 있다.

[그림 20] 1927년 린드버그의 대서양 횡단 기사. 뉴욕타임즈에 실린 찰스 린드버그의 대서양 횡단 비행을 다룬 기사이다. 뉴욕 전체가 린드버그의 비행을 축하해주며 라디오, 소방 사이렌 등으로 기쁨을 표현했고, 극장에서는 관람객들이 환호하는 동안 잠시 영업을 멈추기도 했다는 내용이 담겨있다.

[그림 21] 세인트루이스의 정신 모형. 1927년 찰스 린드버그가 세계 최초로 뉴욕-파리 간 단독 무착륙비행에 성공할 때 조종한 비행기이다. 이 비행기는 샌디에이고에 있는 라이언항공사(Ryan Airlines)에서 제작하였는데, 이 비행기를 만드는 데 세인트루이스에 있던 그의 지지자들의 후원이 컸기 때문에 그들에게 감사하는 의미에서 '세인트루이스의 정신'이라는 이름을 붙였다.

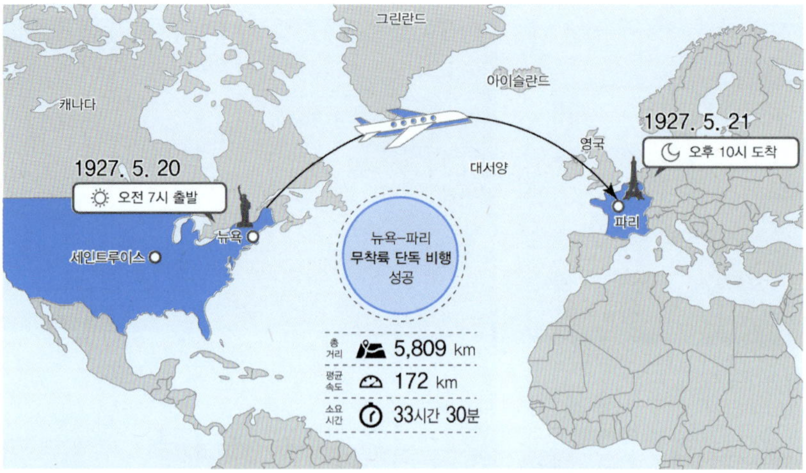

[그림 22] 린드버그의 대서양 횡단 기록. 그의 비행은 장거리 비행 시대를 열었다.

2.7 비행기의 황금시대 – 1920년대부터 1930년대까지 항공기술의 발전, 수송을 시작하다.

제1차 세계대전을 통해 비행기의 가치와 필요성을 깨닫게 된 각국은 다양한 분야에서 비행기를 활용하기 시작해 항공기술의 발전이 가속되었다. 국토가 넓었던 미국은 비행기를 통한 우편물 수송이 활발했는데 주요 도시 간의 정기 항공우편노선이 개설될 정도였다. 미국인 린드버그의 대서양 횡단은 뉴욕에서 출발해 정확히 파리에 도착함으로써 비행기도 대륙 간의 도시와 도시를 이을 수 있다는 것을 보여준 첫 사례가 되었다. 이후 각국은 비행기로 승객이나 화물을 운반하는 항공수송업을 본격적으로 육성하기 시작하였다. 이로 인해 기존의 기록 경쟁을 위한 비행기 개발에서 실용성과 적재량 향상으로 개발 방향이 전환되었고, 이런 현상은 보잉, 더글라스, 록히드 등의 제작사가 성장하는 계기가 되었다. 또한 상업용 비행기가 새로운 교통수단으로 자리 잡게 되면서 프랑스항공, 유나이티드항공, 영국항공, 루프트한자 등 많은 운송사의 설립을 촉진하였다.

[그림 23] 1920년 독일의 융커스 F-13. 세계 최초로 전체를 금속으로 만든 첫 번째 비행기로 근대 수송기의 기초를 마련하였다.

[그림 24] 1935년 보잉307(스트라토라이너)의 모습. 보잉사는 항공기 기내 압력을 지상 대기압과 같도록 조절해주는 여압실을 갖춘 보잉307을 만들었다.

2.8 1932년 5월 21일

아멜리아 에어하트(Amelia Earhart)는 대서양을 단독으로 비행한 최초의 여성 조종사가 되었다. 4년 전, 비행기로 대서양을 건넌 최초의 여성 승객으로 유명해진 에어하트는 빌머 슐츠(Wilmer Stultz)가 비행을 주도하고 자신은 단지 짐처럼(like a sack of potatoes) 실려 있었다는 사실에 실망하였다.

혼자서도 비행을 성공할 수 있다는 사실을 증명해 보이기로 결정한 에어하트는 결국 14시간 52분만에 뉴펀들랜드에서 이륙하여 노던 아일랜드까지 성공적으로 비행했다.

같은 해 8월 25일 에어하트는 로스앤젤레스에서 뉴아크까지 2,448마일(약 3,941 킬로미터)의 무착륙 대륙 횡단 비행을 단독으로 성공시킨 첫 번째 여성이 되었다.

"만약 아멜리아가 다른 무언가를 하기로 원했다면, 그녀는 그것을 이루었을 거예요. 그녀가 하고자 하는 일엔 '넌 그것을 할 수 없어.'라는 이야기는 있을 수 없죠."

- 에어하트의 자매 뮤리엘 모리시(Muriel Morrissey), 미국비행유산역사(American Heritage History of Flight)에서 발췌

에어하트를 더욱 유명하게 만든 것은 그녀의 실종 사건이다. 1937년 그녀는 부조종사와 함께 록히드사의 쌍발비행기를 타고 세계 일주 비행을 시작했다. 미국 서부에서 시작하여 대서양을 건너고 아프리카와 인도를 지났다. 중간 기착지에서 점검해 가며 피곤한 몸을 이끌고 계속 동쪽으로 비행하던 중 남태평양 뉴기니섬 근처 해상에서 '연료가 다 되어가고 있다.'라는 교신을 보냈고, 한 시간 후 위치를 알리는 교신을 마지막으로 실종되었다. 이에 미국의 루즈벨트 대통령까지 나서서 막대한 자금과 인력을 동원하여 수색작업에 나섰으나 유해는 물론이고 추락한 비행기의 잔해조차 발견되지 않았다. 온갖 가설들이 나왔으나 입증된 것은 없이 아직까지 풀지 못한 역사의 수수께끼로 남았다.

[그림 25] 아멜리아가 탑승했던 록히드사의 쌍발비행기

[그림 26] 1963년 아멜리아를 기념하는 미국의 우표

2.9 1939년 - 제2차 세계대전

제2차 세계대전은 전략, 전술, 전투 기술 등 모든 면에서 전례를 찾아볼 수 없는 전쟁이었고 특히 항공력이 승패에 결정적인 영향을 미쳤으며, 최초의 제트 전투기가 출현하였다. 제2차 세계대전에서 군용기는 정찰, 전투, 폭격뿐만 아니라 병력이나 군수 물자의 수송에도 활용되어 전투기, 폭격기, 정찰기, 수송기 등 임무별로 분화되었다. 또한 제2차 세계대전이 비행기 발달에서 지니는 중요한 의미 중 하나는 최초로 제트기를 등장시켰다는 것이다. 전쟁 막바지에 영국과 독일에 의해 개발되어 몇 차례

[그림 27] 1939년 개발된 독일의 He-178. 세계 최초의 제트 전투기이다.

사용되기도 하였으나 본격적인 제트기 시대는 종전 후 냉전 시대에 들어서면서부터였다.

2.10 1942년 10월 1일

로버트 스탠리(Robert M. Stanley)는 미국 최초의 터보젯 항공기인 벨(Bell) 항공사의 XP－59A 에어라코멧(Airacomet)으로 캘리포니아주 뮤록 드라이 호수(Muroc Dry Lake)에서 비행에 성공하였다. 벨 항공사의 XP－59A는 미국 제트 추진 비행기의 선조격이다.

"1945년 어느 날 나는 캘리포니아 기지에 재급유를 위해 착륙했는데, 한 번도 들어보지 못한 강렬한 굉음을 듣게 되었다. 나는 조종석에서 허겁지겁 달려 나와 활주로 주변에 모인 조종사들과 승무원들 무리 사이로 끼어들었다. 그리고 우리는 미국 최초의 제트기인 벨 항공사의 P-59가 이륙하는 광경을 보았다. 엔진소음을 내며 앞으로 나아가는 듯하다가 어느 순간 달리기 시작하였고 마침내 이륙하였다. 우리는 마치 미래의 기술을 접한 것처럼 그저 조용히 그 광경을 지켜보았다."

- 조종사 에드워드 박(Edward Park)의 글. 스미소니안 비행도서(The Smithsonian Book of Flight)에서 발췌

[그림 28] 1942년 스탠리가 최초로 비행한 제트 추진 비행기 에어라코멧

스탠리는 벨 항공사에서 기술 부사장으로 승진하여, 세계 최초의 초음속 비행기인 벨 X-1과 X-2의 설계를 감독하였다. 또한 고도가 높은 항공기로부터 다른 항공기를 발사하는 아이디어를 개발했다. 이는 벨 X-1과 X-2를 보잉 B-29 슈퍼포트리스를 통해 29,000피트(약 8,839미터) 높이에서 떨어뜨려 발사하는 데 사용되었다. 또 그는 많은 벨 시험비행사들을 고용하고 멘토링하였다.

2.11 1947년 10월 14일

찰스 척 예거(Charles E. Chuck Yeager) 대위가 최초로 음속을 돌파하였다. 그는 후에 부인의 이름을 딴 '멋진 글레니스(Glamorous Glennis)'라는 로켓엔진을 장착한 벨 항공사의 X-1 시험비행기로 캘리포니아주 뮤록 드라이 호수(Moroc Dry Lake) 42,000피트(약 12,800미터) 상공에서 700마일(약 1,126km/h)의 속력으로 비행을 하였다. 그는 마하1을 돌파함으로써 세계 최초로 초음속 비행을 한 인물로 알려져 있다.

"42,000피트에 수평비행으로 전환한 후 약 30%의 연료가 남아 있었으며, 세 번째 로켓엔진을 점화시켰는데, 그 즉시 속도가 마하 0.96으로 증가 되었다. 속도가 빨라질수록 점점 더 순조로운 비행 감각을 느꼈다. 갑자기 마하속도계의 바늘이 떨리기 시작하였다. 마하 0.965를 지나면서 속도지시계가 오른쪽 끝부분까지

[그림 29]

돌아갔다. 이것이 바로 그 순간이었다. 우리가 음속으로 날고 있다는 것이 정말 놀라울 뿐이었다. 그 모든 염려를 뒤로하고 음속을 돌파한다는 것은 말끔하게 포장된 고속도로를 달리는 것과 같았다. 바로 그때부터 음속 시대가 열렸던 것이다."

- 예거 장군의 자서전에서 인용

2.12 1961년 5월 25일

"저는 1960년대가 끝나기 전에 인간이 달에 착륙한 후 지구로 무사히 귀환하는 목표를 달성해야 한다고 믿습니다. 이 시대에 어떠한 우주계획사업이라도 이보다 인류에게 더욱 중요한 의미를 갖지는 못할 것입니다. 그리고 이것을 완수하기 위한 과정은 매우 어렵다거나 비용적으로 부담이 크지는 않을 것입니다."

- 대통령 존 에프 케네디(John F. Kennedy)

2.13 1969년 7월 20일

우주 비행사 마이클 콜린스(Michael Collins)는 아폴로 11 커맨드 모듈 콜롬비아호(Apollo 11 Command Module Columbia)의 우주 궤도를 유지하였고, 다른 우주 비행사인 닐 암스트롱(Neil Armstrong)과 에드윈 올드린(Edwin Aldrin)은 착륙선 이글(Eagle)호를 달에 착륙시켰다. 이는 지구 밖 천체에 내딛게 된 인류 최초의 발자취였다.

- **휴스턴**: 닐, 지금 사다리를 내려가고 있는 게 보인다.
- **닐 암스트롱**: 알겠다. 지금 막 점검했다. – 첫 디딤을 위한 준비를 하고 있다. 실패할 정도로 멀게 느껴지지는 않는다. 그냥 살짝 점프만 하면 된다. 나는 지금 사다리에 올라서 있다. 착륙선의 다리 부위가 단지 1~2인치 정도 표면

에 잠겨있다. 달 표면이 가까이 갈수록 굉장히 결이 곱게 보인다. 마치 파우더 같다. 어쨌든 아주 좋다. 지금 달 착륙선에서 발을 내딛겠다.

이것은 한 인간에게는 작은 한 걸음이지만, 인류 전체에게는 위대한 도약이다.

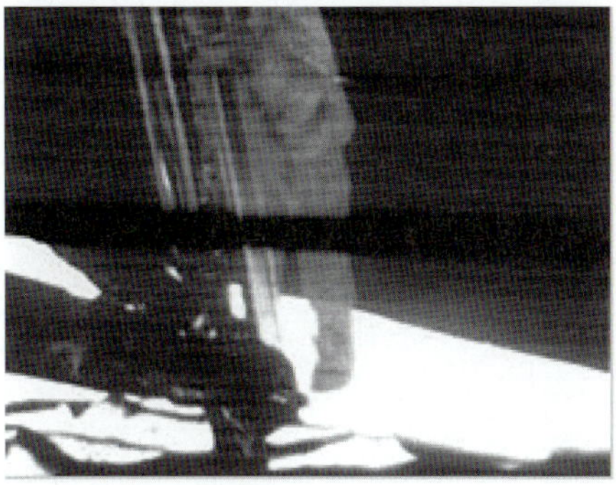

[그림 30] 착륙선에 탑재된 슬로우 스캔 티비가 촬영한 사다리를 내려오는 닐 암스트롱의 모습. 그는 인류 최초로 달에 발을 디딘 사람이다.

[그림 31] 암스트롱이 촬영한 올드린. 헬멧에는 암스트롱 자신의 모습이 비치고 있다.

[그림 32] 달 표면 상태를 조사하기 위해서 찍은 올드린의 발자국

2.14 1970년대

팬암 항공사(Pan American)가 뉴욕－런던 노선에서 B－747 점보제트기의 취항 이후 맥도널드 더글러스사(Mcdonald Douglas)의 DC－10, 록히드사(Lockheed)의 L－1011, 유럽지역의 A－300, 구소련의 IL－86 등 넓은 동체를 가진 대형(Wide body) 제트여객기들이 등장하였다.

한편 초음속 여객기는 1962년에 영국과 프랑스가 콩고드기(Concorde) 개발에 착수하여 1969년 3월 2일에 시험비행에 성공하고 영국항공(British Airways)과 프랑스항공(Air France)의 콩고드기가 1976년 1월 21일부터 대서양(런던－뉴욕, 파리－뉴욕) 노선에 취항하기 시작하였다.

2.15 1981년 4월 12일

미국은 세계 최초로 재사용이 가능한 유인 우주왕복선이자 지금까지 만들어진 것 중 가장 복잡한 비행체인 콜럼비아호를 발사하였다. 조종사 로버트 크리펜(Robert L.

Crippen)은 당시 우주선 지휘자 존 영(John W. Young)이 이뤄낸 콜롬비아호의 착륙을 다음과 같이 묘사하고 있다.

"우리는 먼저 우리의 착륙장소인 로저스 드라이 호수(Rogers Dry Lake)에 있는 에드워드 공군기지의 23번 활주로에 활공 선회를 하였습니다. 최종 접근 단계에서 저는 존이 너무 정밀하게 계기들을 읽지 않도록 속도계를 읽어주었습니다. 콜럼비아호는 약간 공중에 떴습니다. 존은 단지 자세에 대한 미세한 피치 조작만을 해야 했습니다.

우리는 185노트의 속도로 착륙을 해야 했으므로, 이 속도가 되자 제가 185를 외치며 그 순간 우리는 착륙을 느낄 수 있었습니다. 저는 이처럼 부드럽게 착륙해본 적이 없었습니다. 만약 여러분께서 경험한 가장 부드럽게 착륙한 민항기의 착륙을 떠올리실 수 있으시다면, 우리의 착륙도 적어도 그만큼 좋았던 것으로 생각해 주십시오. 존은 원활히 일을 진행시켜갔습니다."

"'콜럼비아호. 지구에 돌아온 것을 환영합니다.'라고 휴스턴(Houston) 기지에서 송신하였습니다. '아름답군. 아름다워. 우주왕복선을 격납고에 넣기를 원하는가?'라고 존이 물었습니다."

- 존 영과 로버트 크리펜이 쓴 "우리의 경이로운 첫 비행", 내셔널 지오그래픽(National Geographic)에서 발췌

[그림 33]

콜럼비아호는 2003년 1월까지 28회의 비행기록을 세웠으며, 2003년 1월 16일 제 28차 비행에서는 16일간의 실험을 마치고 2월 1일 귀환하는 도중 앞쪽 발포단열재 조각이 떨어져서 왼쪽 날개에 충돌해 구멍을 만들고 그 공간에서 온도가 급격히 상승하여 공중 폭발되어 승무원 7명 전원이 사망하였다.

2.16 1986년 12월 23일

조종사 지나 예거(Jeana Yeager)와 딕 루턴(Dick Rutan)이 보이저(Voyager)호를 가지고 세계 최초로 재급유도 없이 무착륙으로 세계 일주를 하는 비행에 성공하였다. 그 역사적인 비행은 9일 3분 44초가 걸렸다. 보이저호는 딕 루턴의 형인 버트 루턴(Burt Rutan)이 제작하였다.

보이저호가 이륙할 때, 비행기 총중량의 72.3%에 해당되는 7,011.5파운드의 기름

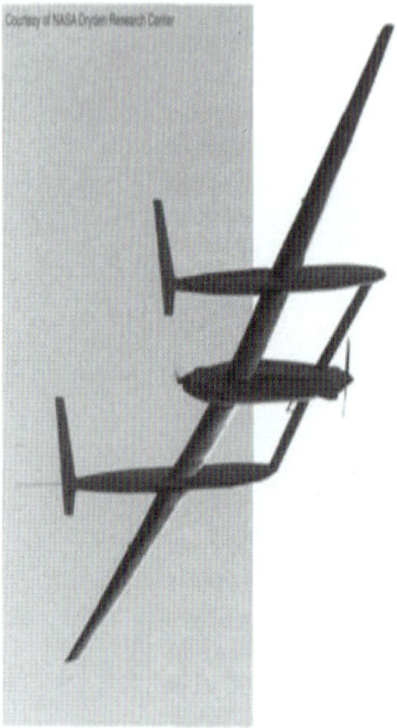

[그림 34] 루턴 보이저호

이 실렸다. 사실 보이저호는 날아다니는 기름 탱크였다. 보이저호가 에드워드 공군기지의 15,000피트(약 4,572미터) 길이 활주로에서 이륙할 때, 2분이 넘게 걸렸는데 이는 연료 무게때문에 날개 끝이 활주로에 긁혔기 때문이었다. 활주로가 겨우 800피트(약 244미터) 남은 상황에서 겨우 이륙한 보이저호에서, 부조종사인 지나는 "만약 논스톱 세계 일주가 쉬운 일이었다면 벌써 누군가가 해냈을 것"이라고 교신해왔다.

신기록 수립은 결코 쉽지 않다. 수천 개의 항공사가 대서양을 매주 논스톱으로 비행하고, 우주왕복선이 일상이 되어버린 오늘날에는 찰스 린드버그의 뉴욕에서 파리까지의 무착륙비행이 믿기 힘든 업적이었다고 이해하기는 힘들 것이다. 비행을 끊임없이 추구하면서, 우리는 많은 실패와 좌절에 부딪혔지만 우리는 그것을 딛고 성공을 이루었다. 오늘날 불가능할 것이라고 여겨지는 것들은 이제는 보편적으로 이루어지고 있다.

CHAPTER 03

우리나라 항공의 도전사

우리나라의 삼국시대부터 조선시대 근현대사를 거쳐 오늘에 이르기까지 비행 그리고 항공에 관련된 다양한 역사적 사례들을 살펴보고자 한다. 이를 통해 우리는 과거 우리 선조들의 지혜와 거침없는 창의성을 감탄할 수 있을 것이다. 자료의 구성은 최대한 사실적 내용을 토대로 담아 보았으며 특히 국립항공박물관의 사료들을 참조하였고, 미래 후세들이 항공분야를 더욱 현명하게 설계해 가는 데 작은 빛줄기가 되고자 한다. 우리 국토의 특성상 광활한 평지나 고산지대의 연속이 아닌 비탈과 구릉 평지 등의 지형상에서 오는 이동 수단으로 탈 것들에도 낯설기만 하던 환경에서 날 것 그리고 날틀에 대한 도전은 세계역사 속에서도 절대 뒤처지지 않는 유산으로써 자료의 조사 과정에서도 많은 자부심을 부여해 주고 있다. 다만 검증된 고증 자료의 부족으로 국제사회에서의 인증이 어려운 면도 발생하기는 하지만 문헌적 고찰을 최우선으로 시도하여 우선은 만족하며 우리나라에서의 하늘에 대한 수많은 도전을 이곳에 제시해 보고자 한다.

3.1 역사 속 비행의 기록

3.1.1 삼국시대, 하늘을 향한 인간 최초의 도전, 연

인간의 사고가 점차 발달하고 새들의 자유를 열망하며 하늘에 대한 도전을 시도하면서 최초로 띄운 것은 바로 '연'이었다. 바람을 이용한 비행의 기본적 원리를 발견하여 연에 적용하였다.

삼국사기 열전 김유신조에는 우리나라 역사에서 최초로 하늘에 기기를 이용한 기록이 있다. 신라 선덕여왕 재위 마지막 해인 647년 상대등 비담의 난이 일어났는데, 반란군은 월성에 유성이 떨어져 여왕이 패할 징조라고 유포하여 민심이 흉흉하였고 반란군의 기세가 월등하였다. 이에 김유신이 불을 붙인 허수아비를 연에 매달아 올려

어제 떨어진 별이 다시 하늘로 올라갔다는 소문을 내게 하여 병사들의 사기를 올려 장졸들을 독려하며 반란군을 제압하였다고 한다. 이처럼 역사에는 삼국시대 신라에서 이미 하늘을 나는 기기인 연을 사용한 기록이 있다.

[그림 1] 1145년 삼국사기

3.1.2 조선시대, 하늘을 나는 수레, 비거

비거는 임진왜란 때 전라도 김제의 조선시대 중기의 무관이자 발명가인 정평구가 만들었다고 하는 하늘을 나는 장치이다. 조선 후기 실학자인 이규경(1788~1856)의 「오주연문장전산고」에 나온 「비거변종설」에 "정평구의 비거는 임진년에 진주성에서 사용되었고, 2명 이상의 사람이 탈 수 있었으며, 약 10m 높이로 12km(30리)까지 조종해 하늘을 나는 비행 장치이다"라고 기록되어 있다.

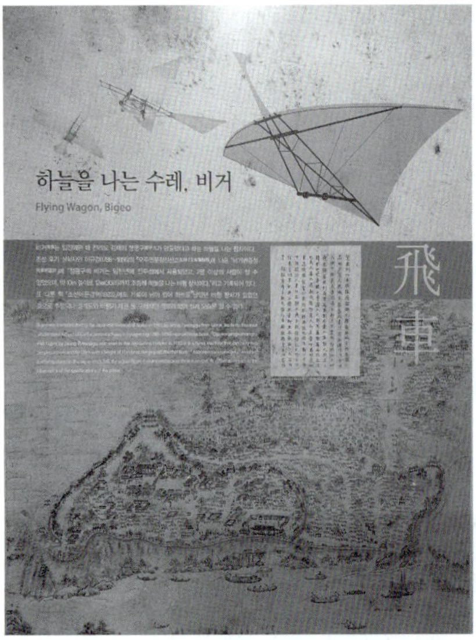

[그림 2] 조선시대 비거

[그림 3] 1918년 김제군지

비거 발명가인 정평구에 대한 기록이 김제군지라는 책자에 실려있다. 임진왜란이 일어난 1592년 진주성 전투에서 오늘날의 글라이더와 유사한 비행장치인 비거를 만들어 적의 포위망을 뚫고 외부로 왕래하며 연락을 했다고 전해진다.

정평구의 비거에 대한 설계도와 같은 자료가 남아 있지는 않지만 실존한다면 세계 최초의 비행기인 비차(비거)를 발명한 것이라고 할 수 있다.

3.2 근현대 항공 역사의 시작

3.2.1 1913년 한반도 하늘에서 최초로 비행기가 날다.

우리나라에서 최초로 동력비행기가 날았던 기록은 일제 강점기에 일본해군 기술장교가 '나라하라 4호' 비행기로 서울 용산의 조선군 연병장에서 공개 비행 행사를 한 것이 그 효시이다. 이는 미국 라이트형제가 최초 동력비행을 성공한 해(1903.12.17.)보다 10년 후였다.

3.2.2 1920년 대한민국 임시정부 한인비행학교 설립

진정한 우리의 항공역사가 시작된 것은 대한민국 임시정부가 미국에서 한인비행학교를 설립하면서부터였다. 당시 대한민국 임시정부의 초대 군무총장이었던 노백린 장군은 미국의 레드우드 비행학교에서 비행술을 배우던 청년혈성단 단원들과 뜻을 모은 후 재미동포 김종림 선생의 자금 지원을 받아 1920년 7월 캘리포니아주 윌로우스(Willows) 마을에 위치한 농장에 한인비행학교를 설립하였다. 당시 미국 지역신문인 '윌로우스 데일리 저널'에 기사로 여러 차례 실리기도 하였다.

[그림 4] 대한민국 임시정부 한인비행학교 설립 당시 대원들의 모습 (출처: 국립항공박물관)

[그림 6]은 미국 캘리포니아 윌로우스 지역에 한인들의 비행학교가 설립되었음을 대서특필한 1920년 2월 19일자 기사로 유일하게 남아 있는 신문 원문이며, [그림 7]은 미국에서 한인 비행학교가 독립군 공군 양성 목적으로 설립될 수 있도록 지원해 준 재미 사업가 김종림 선생과 임시정부의 이승만 대통령과 함께 찍은 사진이다. 그는 일제 강점기 미국에서 대한인국민회 교육위원, 조선의용대 미주후원회 집행위원, 북미지방동지회 대표회 회장 등을 역임한 독립운동가이다.

광복 후 김종림은 임시정부 요인들의 환국을 후원하여 6,873달러를 모아 임시정부에 전달했으며 60세의 나이에도 벼농사를 지으며 농한기에 북미동지회 사무를 보았다. 사회복지 사업에 뛰어들어 고아원과 양로원을 건립하는 등 사회활동을 활발하게 전개하였으며, 고국에 수해가 닥쳤을 때 대한부인구제회와 협력하여 한국의 이재민 동포 구제운동에 참여하였다.

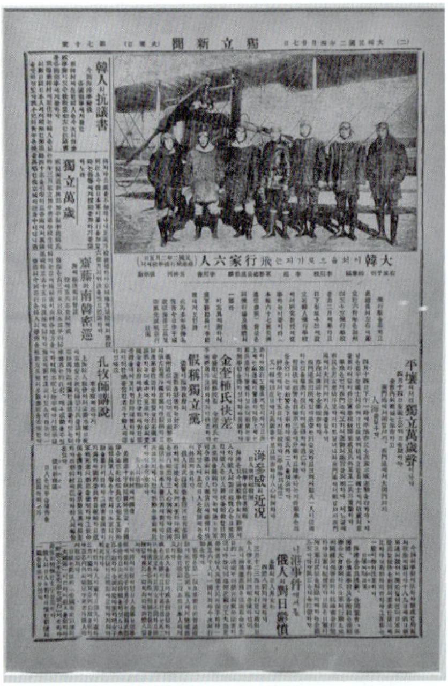
獨立新聞

大韓의 飛行家六人

韓人의 抗議書

獨立萬歲

[그림 5] 대한민국 최초 비행사 6인과 임시정부 군무총장 노백린. 왼쪽부터 장병훈, 오림하, 이용선, 노백린, 이초, 이용근, 한장호 (출처: 1920년 4월 27일자 독립신문)

UNITED PRESS DISPATCHES

WILLOWS DAILY JOURNAL

KOREANS TO HAVE AVIATION FIELD

AM. RED CROSS TO INTRODUCE NEW ACTIVITIES HERE

CHANCE TO ENJOY AN EVENING WITH J. WHITCOMB RILEY

TRAVELING MEN PLAN NEW HOTEL FOR WILLOWS

INDICATIONS THAT DREADED DROUTH IS OVER; STORM COMING

Dance SATURDAY Ev'g FEB. 21

SEND your orders by PHONE 72

Friday & Saturday Specials

Chamberlain's

Fordson Tractor IMMEDIATE DELIVERIES THE ONLY TRACTOR O. A. KLEMMER

E. W. WRIGHT

FORD "THE UNIVERSAL CAR" O. A. KLEMMER

MARCH 22

RIALTO THEATRE TONIGHT AND FRIDAY DOUGLAS FAIRBANKS "WHEN THE CLOUDS ROLL BY"

O. A. KLEMMER

Vote For Glenn-Colusa Irrigation District Saturday, Feb. 21, and For Charles S. Jurges FOR DIRECTOR OF SECOND DISTRICT

[그림 6] 1920년 2월 19일자 윌로우스 데일리 저널

[그림 7] 1924년 김종림 가족과 이승만 대통령의 단체 사진

3.2.3 1922년 안창남, 우리나라에서 최초로 비행한 한국인 비행사

안창남은 우리나라에서 최초로 비행한 한국인 비행사이다. 1901년 한성부 서서 반송방 지하계 평동에서 태어나 휘문고등보통학교에 진학하였으나 1915년에 그만두고 일본으로 건너가 1920년에 오쿠리 비행학교에 입학하였다. 당시에는 국내에 비행사 양성기관이 없었기에 비행사가 되려면 해외, 특히 일본의 사설 비행학교에 입학하는 수밖에 없었다. 1922년 12월 5일, 금강호로 모국방문 비행회를 가지고 안창남은 5만여 명의 인파가 지켜보는 가운데 여의도 백사장에 착륙하며 파일럿으로서 고국에 돌아왔다. 이 당시 서울의 인구가 약 30만 명이었다고 하니 그 열기를 짐작할 수 있겠다.

같은 달 10일에는 동아일보 주최로 한반도 모양을 그려 넣은 애기(愛機)인 금강호를 타고 모국방문 비행을 하였다. 이 당시 안창남의 인기는 "떴다 보아라 안창남 비행기 내려다 보아라 엄복동 자전거"라는 가사의 '안창남 비행기'라는 노래가 나올 정도로 대단했다.

모국방문을 마친 뒤 다시 일본으로 돌아간 안창남은 1923년에 관동대지진이 일어나자, 조선으로 돌아온다. 1924년에 중국으로 망명하여 조선청년동맹에 가입하는 등 독립운동에 뛰어들었다. 1928년에는 대한독립공명단이라는 비밀 항일조직을 결성하기도 하였다.

그는 중국군 소속으로 근무하여 독립운동을 하다가 안타깝게도 1930년 4월 비행사 양성을 위해 비행을 하던 중 추락하여 순국하였다. 그는 당시 많은 조선인에게 민족적 자긍심과 비행사의 꿈을 갖게 하였다.

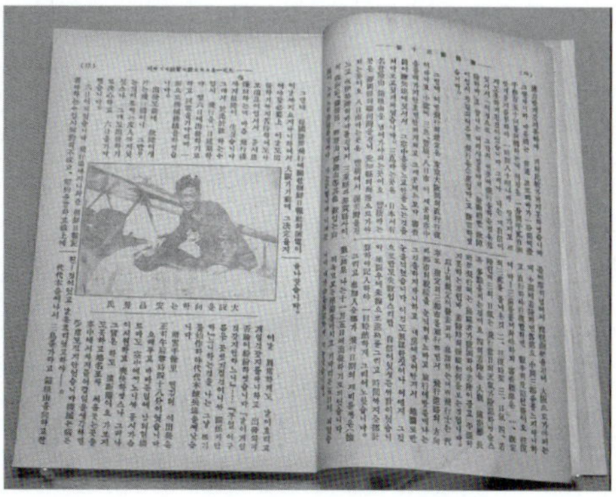

[그림 8] 1922년 개벽 잡지에 실린 비행사 안창남과 관련 기사 (출처: 국립항공박물관)

3.2.4 1925년 권기옥, 대한민국 최초 여성 비행사

권기옥(1901~1988)은 우리나라 최초의 여성 비행사이다. 남존여비와 유교사상이 팽배했던 사회환경과 여성이 차별과 순종을 강요받던 시대에 그 벽을 깨고 비행사로서 조국 독립에 투신한 선각자였다. 1923년 임시정부의 추천을 받아 윈난(雲南) 육군항공학교의 제1기생으로 입학하였고, 1925년에 비행사 자격을 취득한 후, 혁명 장군 펑위샹(馮玉祥) 휘하 공군에서 한국 최초의 여자 비행사로 복무하였다. 권기옥은 중국 윈난 비행학교 1기 졸업생으로 조국의 독립운동을 위해 활동하고자 중국 비행대에서 복무하며 대일본 전투에서 전적을 세우고 광복 후에는 국회 국방위원회 전문위원, 여성 전문위원 등을 거치며 한국 공군 창설에도 큰 역할을 하였다.

[그림 9] 권기옥 기념 동상 (출처: 국립항공박물관)

[그림 10] 권기옥 사진

3.2.5 1930년 여의도에 조선비행학교 설립

대한국민항공사 사장을 역임한 신용욱은 1928년 10월에 사재 5,000원을 들여 여의도에 학교 건물을 준공하고 총독부에 학교 인가를 받아 미국에서 비행기 1대를 주문하여 1930년 5월 15일 정식 개교하였다.

[표 1] 1930년대 조종사 자격시험 내용

종별	비행시간	학과시험	실기시험
3등 조종사	20시간	항공기학, 발동기학 항공법규, 기상학	• 고도 800m에서의 8자 비행 • S/W Off 상태에서 착륙기량 체크
2등 조종사	50시간	-	시험관이 지정하는 경로와 고도에 따라 비행하는 야외비행(항법) 시험
1등 조종사	100시간	-	삼각항법이 부가, 비행거리가 길어짐

(출처: 항공정보포털시스템)

3.3 해방 후 민간항공의 시작 – 1945년 미군정의 항공 통제

1945년 해방 직후 미군정은 연합군 총사령부 지시로 38선 이남 전체에 항공활동을 금지시켰다. 이 문서의 주요 내용은 일본 내의 모든 군사항공, 민간항공, 개인항공 등을 전면 금지한다는 것이었는데 일본 본토뿐만 아니라 한반도의 38선 이남에도 똑같이 적용되었다. 이로 인해 일제 강점기에 사용되던 모든 비행기가 폐기되었고, 김포공항은 미군 전용으로만 사용되었다.

재조선 미국 육군사령부 군정청(在朝鮮 美國 陸軍司令部 軍政廳) 또는 미군정(美軍政)은 1945년 8월 광복 이후, 미합중국 육군 제24군단이 점령하여 1945년 9월 9일부터 1948년 8월 15일 대한민국 정부 수립까지, 조선총독부에서 한반도의 행정권, 치안권 등을 이어받아 38도선 이하 한반도(및 그 부속 도서)를 통치했던 기구, 혹은 그 시기를 가리킨다.

3.4 우리나라 민간항공사업의 시작

3.4.1 1948년 대한국민항공사(KNA) 설립

1930년 5월 조선비행학교를 설립하고 우리나라 민간항공 발전에 기여한 신용욱은 조선항공사업사를 모체로 1946년 3월 대한국제항공사를 설립한 후 1948년 10월 대한국민항공사(Korea National Airlines, 약칭 KNA)를 창설하였다. 이로써 우리나라는 본격적인 민간항공시대를 맞이하였다.

신용욱은 1901년 전라북도 고창에서 출생, 휘문고등보통학교 졸업 후 경성법학전수학교에 입학했으나 바로 자퇴하고 일본으로 건너가서 1922년 3월 25일 3등 비행기 조종사 면허를 취득 후 1923년 오구리[小栗] 비행학교, 1924년 도아[東亞] 비행학교를 졸업했다. 1927년 2등 비행기 조종사 면허를 취득했으며, 1932년 12월 다치가와[立川] 육군비행학교를 수료해 1등 비행기 조종사 면허를 취득했다. 이후 미국에 유학하여 1933년 힐라 헬리콥터학교 조종과를 졸업 후 1934년 2등 항공사 면허를 취득했다. 1929년 여의도에 조선비행학교를 개교하여 초대 교장에 취임한 인물이다.

대한국민항공사는 1961년까지 적자운영을 계속 면치 못하면서 1962년 11월 해산되기에 이르렀다. 이에 민간항공사업을 정부가 책임지고 인수하고자 1962년 6월 19일 대한항공공사법을 제정하고 대한항공공사로 자본금 50억 원을 기반으로 지명 전환하였다. 대한항공공사(大韓航空公社)는 항공운송사업과 이에 부대하는 사업을 경영함으로써 민간항공의 진흥발전을 도모하기 위하여 설립된 대한민국 교통부 산하 최초의 국영항공사였다. 정부는 1966년 3월 9일 설립 자본금 50억 원을 35억 원으로 축소하였으며 계속되는 적자운영을 면치 못했다.

적자 상황이 지속되자 정부가 1969년 대한항공공사법을 폐지하고 민영화를 추진해 현재의 한진그룹 계열사로 편입시킨 후 오늘날 대한민국을 대표하는 대한항공이

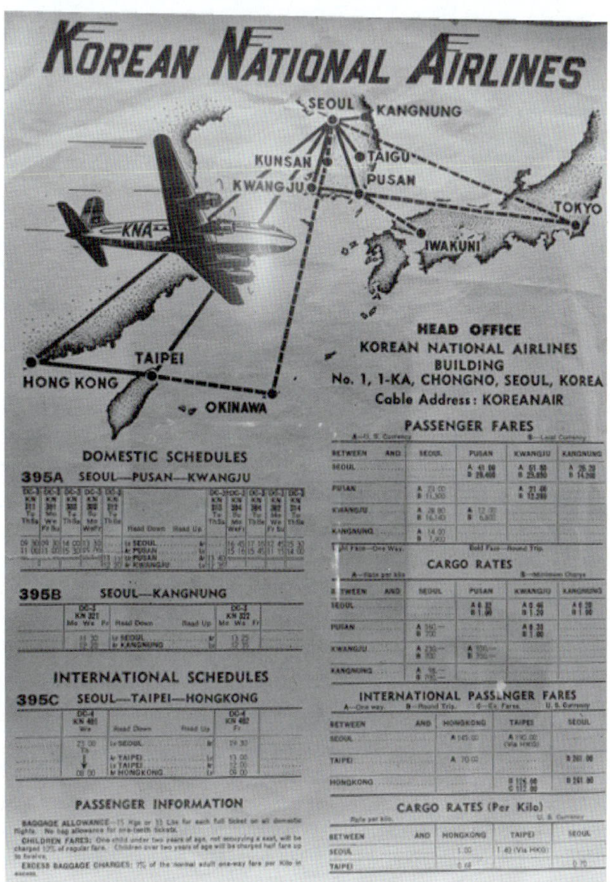

[그림 11] 1950년 대한국민항공사(KNA)의 운항시간표

되었다. 한진상사는 종합물류회사로서 육상과 해상의 성공적 운송 영업 실적을 이룬 회사로서 항공사에 대한 도전을 과감히 수행한 기업으로 평가받고 있다. 그리고 정부는 후속 조치로 1969년 8월 4일 대한항공공사법을 폐지하여 국영항공사의 시대는 막을 내렸다.

[그림 12] 1960년 대한국민항공사(KNA)의 항공권

3.4.2 1949년 광복군의 후예 대한민국 공군 설립

대한민국 공군은 '대한민국 임시정부 한인비행학교'에 뿌리를 두고, 한국광복군 비행대의 정신을 계승하여 자주국방의 기치를 걸고 창군하였다. 해방 직후 민간 항공단체인 국군항공준비대를 시작으로 '육군항공사령부'를 거쳐 공군 창군 7인의 주도로 마침내 독자적인 '대한민국 공군'이 1949년 10월 1일 창군하게 되었다. 대한민국 공군의 시작은 그야말로 '계란으로 바위 치기'였다고 할 수 있다. 육군, 해군과 달리 독립된 하나의 군(軍)으로서 그 필요성조차 인정받지 못하고 육군 소속 '항공부대'로 출발했다. 1945년 해방 이후 한반도의 남쪽을 통치했던 미군정이 "육·해군만 있으면 됐지, 한국에 독자적인 항공대는 필요 없다."라고 하며 공군 창군을 적극적으로 반대했기 때문이다.

그러나 당시 항공경력자들의 오랜 노력과 최용덕, 이영무 등 이른바 '공군 창군 7인'의 끈질긴 요구로 오늘날 공군의 모체가 된 '육군항공대'가 설치되었고, 미래의 공군 간부를 양성하기 위한 '육군항공사관학교'까지 설립되었다. 그러다 1949년 10월 1일, 대한민국 공군이 육군에서 독립하였고, 그날부터 공군사관학교도 정식으로 발족했다.

이로써 1,600여 명의 병력과 20대의 연락기를 기반으로 대한민국 공군의 역사가 시작됐다. 불가능에 가까운 도전으로 여겨졌지만 여러 사람이 노력한 끝에 출범한 우리 공군의 역사. 그중에서도 공군 독립의 근거를 마련하는 데 온 힘을 기울인 최용덕 장군은 오늘날 '공군의 아버지'라고 불린다. 1950년 5월 14일, 국민의 성금으로 한국이 캐나다에서 항공기 10대를 도입한 역사적인 날, 그는 제2대 공군사관학교장으로 임명됐다. 6·25전쟁 당시 공군참모총장이었던 그는 "우리 하늘을 날아다니는 비행기는 우리 손으로 만들어야 한다."라고 주장하며 대한민국 최초의 경비행기 부활호를 만들기도 했다.

3.4.3 1957년 김포국제공항 운용 개시

김포공항은 일제 강점기인 1939년 당시 경기도 김포군 양서면 방화리에 일본군이 활주로를 건설하여 카미카제 특공대 훈련장으로 사용되면서부터 공항으로서의 역사는 시작되었다. 1942년 준공되어 광복 후 1957년까지 군용 비행장으로 사용되었고, 1958년에는 국제공항으로 지정되었다.

1971년 1월 여의도공항이 폐쇄되면서 한국 영공의 문호가 되었다. 2000년 3월까지 미국, 일본, 프랑스 등 전 세계 28개국 71개 도시로 갈 수 있는 항로가 개설되어 김포공항에서 출발할 수 있었으나, 2001년 3월 인천국제공항의 개항으로 인하여 국제선 운항은 모두 인천공항으로 이관되었다.

지금은 국제선 일부가 운영되고 있는데, 김포공항 국내선의 경우 김해, 제주, 광주, 울산, 여수, 사천 노선 등이 운항되고 있으며, 김포공항 국제선의 경우 서울-도쿄(김포-하네다) 노선, 서울-상하이(김포-훙차오), 서울-오사카, 서울-타이페이, 서울-베이징 노선 등이 운항되고 있다.

3.4.4 1965년 초음속 제트전투기 F-5(프리덤파이터) 최초 도입

1953년 휴전 이후 북한과 대치하는 상황에서 공군력의 중요성은 더욱 강조되었다. 첫 제트전투기인 F-86F(세이버)에 이어 첫 초음속기인 F-5(프리덤파이터)를 도입하였으며, 마침내는 KF-5(제공호)를 자체적으로 조립 생산하게 되었다. 이러한 자주국방의 노력은 많은 항공기술자의 양성으로 이어졌고, 그 결과 이들이 민간으로 유입되면서 자연스럽게 대한민국 민간항공산업의 발전을 이끌어 갈 수 있게 되었다.

3.5 민영항공사의 정착-대형 여객기 시대의 개막

3.5.1 1969년 대한항공 설립

대한민국 최초 국적 항공사인 대한항공은 1963년 3월 한진상사의 조중훈 회장이 어려운 여건에 처해 있던 대한항공공사를 인수하고 회사명을 (주)대한항공으로 바꾼 한진그룹의 계열회사이다. 1969년 보잉 720 기종을 도입하면서 국제선 제트기 시대를 열었고, 1971년에는 최초로 태평양 횡단 노선을 개설했다. 2000년에는 항공동맹 스카이팀(Sky Team)을 창설, 제휴 관계를 형성했다. 국내외 항공 운송을 전문으로, 신규 항공기를 지속적으로 도입하고 있다.

㈜대한항공은 총 514명의 대한항공공사 직원을 그대로 인수한 다음 곧바로 경영 합리화 작업에 가장 먼저 착수하여 우리나라 민항을 발전시킬 수 있는 장기적인 계획을 수립하였다. 이 계획의 주요 골자는 해외 노선의 확충과 신기종의 도입이었다. 특히 해외 노선 확충은 동남아 노선에 머물지 않고 미주와 유럽까지 노선을 확장하겠다는 복안을 세우고 1971년 말에는 새로운 항로를 신설하여 나갔다. 이로써 민영화 10주년을 맞은 1979년 3월에는 급격한 사세의 신장으로 국제 노선망이 현격히 확장되어 15개국 23개 도시에 취항하게 되었으며, 대한항공은 민영화 10년만에 세계 유수의 항공사들과 어깨를 나란히 할 만큼 급신장을 이루었다.

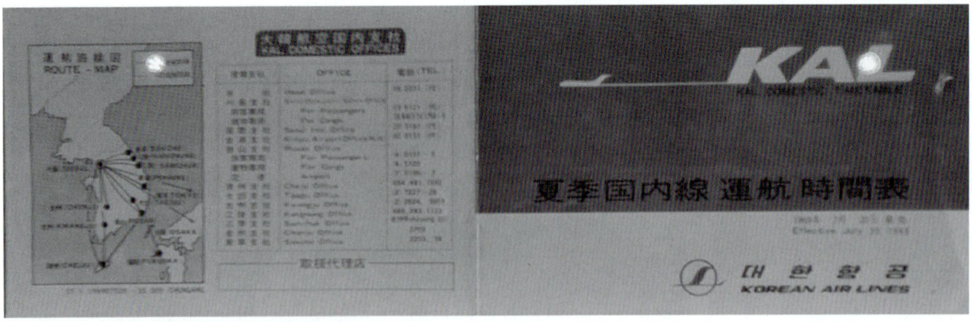

[그림 13] 1969년 대한항공 하계 국내선 시간표

3.5.2 1988년 아시아나항공 설립

1980년대 후반에 들어서면서 우리나라 항공산업은 두 가지 문제에 직면하게 되었다. 하나는 외국 항공사의 국내 시장 잠식이었으며, 다른 하나는 증가하는 국내외 항공 여객 수요에 비해 안정적인 공급을 못 하고 있다는 점이었다. 결국 외국인의 방문과 내국인의 여행이 증가하면서 외국 항공사가 공격적인 마케팅으로 국내 시장을 잠식해 갔다.

시장 상황을 보면 1969년 설립된 대한항공이 정부의 지원 아래 1980년대 중반까지 매년 국내 항공운송시장의 60% 이상을 차지하고 있었으나 1980년대 후반에 들어서면서 그 이하로 떨어지기 시작하였다. 이에 정부는 이 문제를 해결하기 위한 방법으로 제2민간항공사의 출범을 계획하였다. 이는 국적 항공사로 시장을 지키면서 늘어나는 수요에도 대응하고, 신자유주의 무역을 주장하는 선진국들의 항공시장 개방 압력에 발 빠르게 대처하기 위함이었다.

정부가 제2민간항공사의 설립을 결정하자 버스여객사업으로 운송에 대한 실적이 있던 금호그룹이 호응하여 1988년 2월 '서울항공'을 설립함으로써 제2민간항공사 시대를 열었다. 서울항공이 그해 8월 '아시아나항공'으로 상호를 변경한 후, 1990년 1월에는 서울-도쿄의 국제선까지 취항함으로써 우리나라는 본격적인 복수항공체제를 갖추게 되었다.

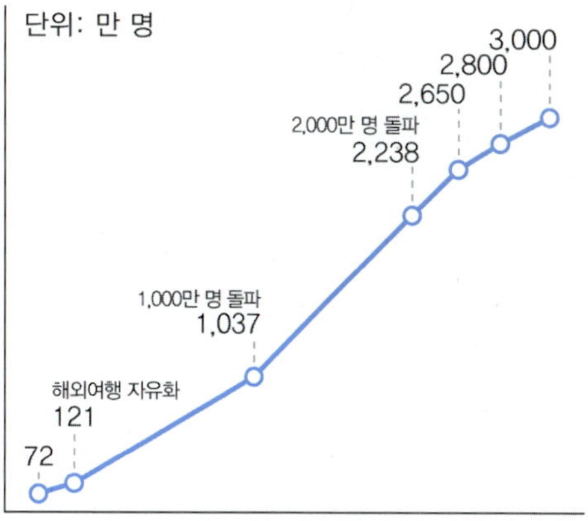

[그림 14] 1988년 이후 해외출국자 통계

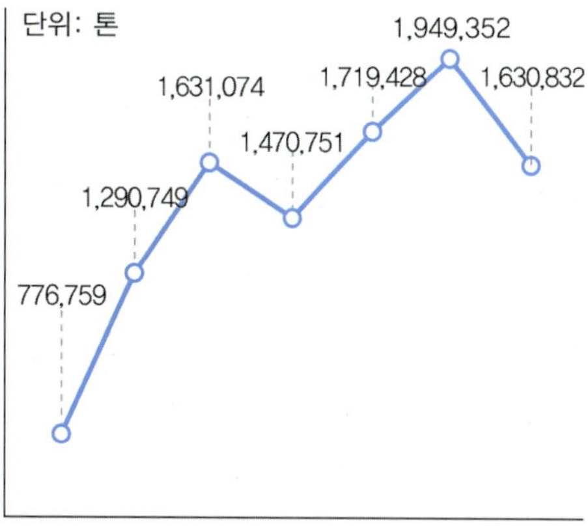

[그림 15] 1990년 이후 국제선 화물 수송실적

3.5.3 2001년 인천국제공항 개항

출범 초기 걸음마 수준이었던 대한민국 항공운송산업은 1969년 첫 민영항공의 출현 이후 불과 몇십 년만에 세계적인 수준으로 성장하였다.

1960년대 후반부터 경제 성장과 더불어 해외 파견, 수출량의 증가로 여객 및 화물 수요가 늘어나기 시작하였고, 1970년대부터는 대형 항공기를 도입하면서 공항 시설과 공항관리, 운영 체계를 국제 수준으로 확충 및 개선해가기 시작하였다. 1980년대에는 아시안게임과 올림픽 등의 대규모 국제 행사를 개최하고, 해외여행 자율화 정책, 제2민간항공사인 아시아나항공의 출범 등으로 항공 수요가 급증하였다. 이로 인해 국내에 국제적 수준의 공항 시설 확장과 최첨단 시스템 도입의 필요성을 절감한 정부는 오랜 준비 끝에 2001년에 이르러 영종도에 인천국제공항을 개항하였다.

오늘날 인천국제공항은 세계공항서비스평가(ASQ)에서 12년 연속(2005~2016) 1위를 차지하였으며, 2014년에 출입국 인원 4억 명을 돌파한 후 2018년 기준 여객 운송량 세계 5위, 화물 운송량 세계 3위에 오르는 등 세계 정상급 공항으로서의 위치를 확고히 하고 있다.

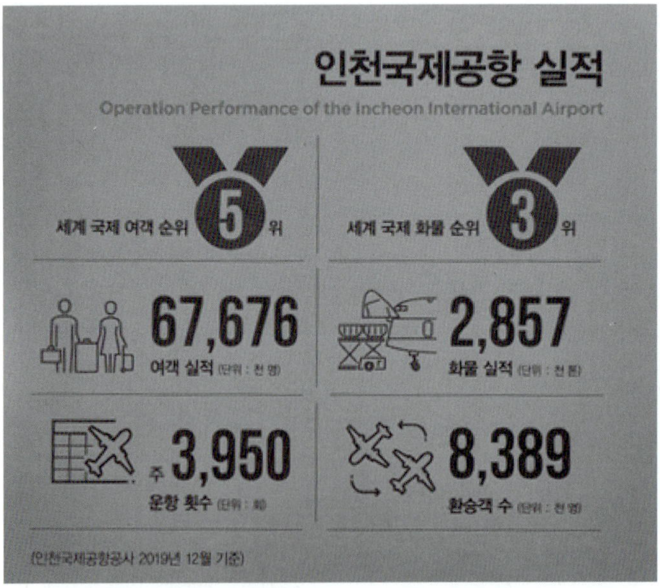

[그림 16] 2019년 12월 기준 인천국제공항 실적

3.5.4 2020년 국립항공박물관 개원

국립항공박물관은 2020년 7월, 한인비행학교 개교 100주년을 맞아 문을 열었다. 대한민국의 항공역사가 숨 쉬는 김포공항에 자리한 박물관으로 국내 최초로 항공분야를 주제로 다루는 국립박물관이다. 박물관의 구성은 항공역사, 항공산업, 항공생활, 야외전시, 기획전시로 나뉘며 국내 및 해외의 항공역사를 자세하게 소개하고 있고, 항공 관련 체험시설이 많아 가족 자녀와 함께 방문하여 즐기며 관람할 수 있는 체험형 박물관이다.

3.5.5 대한민국 항공산업의 현주소

- 세계 1위, 공항서비스 분야 12년 연속
- 세계 6위, 항공운송을 통한 화물과 승객 수송량
- 세계 6번째, 자체 개발 초음속기를 수출한 나라
- 세계 12번째, 자체 기술로 초음속기를 개발한 나라

(단위: 백만 t/km)

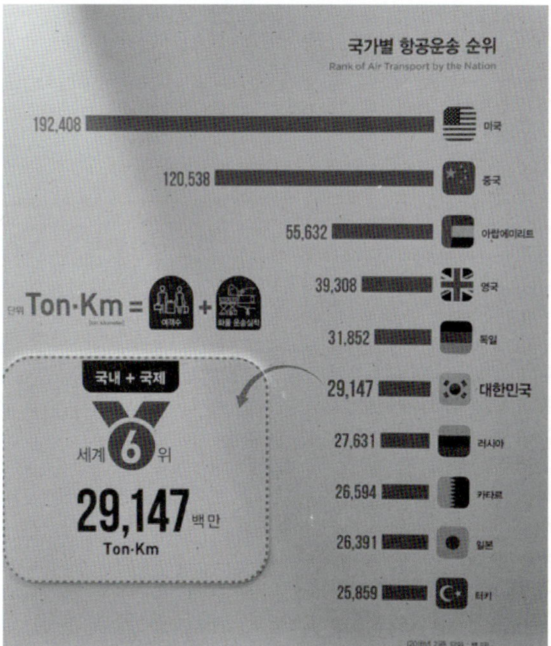

[그림 17] 2018년 기준 국가별 항공운송 순위

3.5.6 미래의 대한민국 항공산업

현재 우리가 처해 있는 항공인프라에서는 직접 공항으로 찾아가 거대한 비행기를 이용하는 방식이라면 미래의 항공은 이보다 훨씬 더 우리 삶과 가까워질 것이다. 이미 우리 곁에 와있는 물류시스템으로서 집에서 편안하게 주문한 물건을 받을 때나 사람이 진입할 수 없는 위험한 지역으로 긴급히 응급 물품을 전달할 때 '무인항공기'는 중요한 운송 수단이 될 것이다. 또한 포화 상태에 이른 육상 이동 수단을 대신하는 '개인항공기'는 교통 정체 없이 직접 운전하지 않아도 알아서 목적지에 데려다주게 될 것이다.

우리 정부는 미래 항공산업을 선도하기 위하여 과감한 투자를 아끼지 않고 있으며, 현장의 기업들과 연구자들 역시 당장의 이익이 없더라도 미래를 바라보고 끊임없이 도전하고 있다. 그 결과 차세대 교통수단으로 '도심형 자율비행 이동수단(UAM, Urban Air Mobility)'의 개발이 임박하였으며, 동력원 해결 방안으로 '태양광 전기동력 무인기', '수소전지 드론' 등이 개발되었고, '관제'의 문제 해결 방안으로 '저고도 무인비행장치 교통관리체계(UTM)'를 완성하기 위해 연구하고 있다.

CHAPTER 04

대한민국 공항과 항공사 현황

4.1 대한민국의 공항

4.1.1 중추공항(Core Airport) – 인천국제공항(Incheon International Airport)

- ICAO code: RKSI
- IATA code: ICN
- 위치: 인천광역시 중구
- 운영기관: 인천국제공항공사
- 제1활주로: 15R/32L(3,750M×60m)
- 제2활주로: 15L/33R(3,750m×60m)
- 제3활주로: 16L/34R(4,000m×60m)
- 제4활주로: 16R/34L(3,750m×60m)

인천국제공항은 수도권신공항건설촉진법에 따라 인천광역시 중구 공항로 272와 제2터미널대로 446에 건설되어 운영 중인 대한민국의 중추공항으로, 2001년 3월 29일 김포국제공항의 국제선 기능을 이어받아 개항했다. 대한민국 최대 규모의 민간 공항이자 한반도 최대 규모의 공항이며, 해외 국가와 한국 수도권 간 왕래가 이루어질 때 대부분의 국제선 여객기가 이착륙해서 인천국제공항은 수도권 하늘길의 대문으로 불리기에 손색이 없다.

4.1.2 거점공항(Based Airports)

1. 김포국제공항

- ICAO code: RKSS
- IATA code: GMP

- 위치: 서울특별시 강서구
- 운영기관: 한국공항공사
- 제1활주로: 14L/32R(3,600m×45m)
- 제2활주로: 14R/32L(3,200m×60m)

김포국제공항은 서울특별시 강서구에 있는 대한민국의 국제공항이다. 인천국제공항이 개항한 이래로 국내선 주요 허브 공항의 역할을 하고 있다. 현재 인천국제공항을 제외한 국내 공항 중 규모가 가장 큰 공항으로 한국공항공사 관할의 순수 민간공항 중에서도 규모가 가장 큰 공항이다.

2. 김해국제공항

- ICAO code: RKPK
- IATA code: PUS
- 위치: 부산광역시 강서구
- 운영기관: 대한민국 공군, 미합중국 공군, 한국공항공사
- 제1활주로: 18R/36L(3,200m×60m)
- 제2활주로: 14R/32L(2,744m×45m)

김해국제공항은 부산광역시 강서구에 위치한 국제공항이다. 부산을 비롯해 경상도 전체를 대표하는 관문이자 한반도 남부지방 항공교통 허브 역할을 담당하고 있다. 한국공항공사 소속 공항 중 국제선 이용객이 가장 많다. 제5공중기동비행단과 미 공군이 주둔해있다.

3. 제주국제공항

- ICAO code: RKPC
- IATA code: CJU
- 위치: 제주특별자치도 제주시
- 운영기관: 한국공항공사

- 제1활주로: 07/25(3,180m×45m)
- 제2활주로: 13/31(1,900m×45m)

제주특별자치도 제주시에 위치한 국제공항이며, 제주도의 관문 역할을 하고 있다. 현재 인천국제공항을 제외한 한국의 국제공항 중 운항횟수 및 이용객이 가장 많은 공항으로서, 국내 공항 중 유일하게 2개의 다른 활주로가 +자 형태로 서로 겹치는 구조를 가지고 있는 공항이다.

4. 대구국제공항

- ICAO code: RKTN
- IATA code: TAE
- 위치: 대구광역시 동구
- 운영기관: 대한민국 공군, 미합중국 공군, 한국공항공사
- 제1활주로: 13R/31L(2,755m×45m)
- 제2활주로: 13L/31R(2,743m×45m)

대구광역시 동구에 위치한 국제공항이다. 대구광역시와 경상도의 주요 관문 가운데 1곳이며, 국내 공항 가운데 6번째로 많은 이용객을 보유하고 있다. 공군 공중전투사령부, 군수사령부, 제11전투비행단, 미 공군이 주둔해있다.

5. 청주국제공항

- ICAO code: RKTU
- IATA code: CJJ
- 위치: 충청북도 청주시 청원구
- 운영기관: 대한민국 공군, 미합중국 공군, 한국공항공사
- 제1활주로: 06R/24L(2,744m×45m)
- 제2활주로: 06L/24R(2,744m×60m)

충청북도 청주시 청원구에 위치한 국제공항이다. 충청도의 유일한 국제공항이며, 국내 공항 가운데 5번째로 이용객이 많다. 전시에는 인천국제공항과 김포국제공항의 업무를 인수해 운영한다. 공군 제17전투비행단, 미 공군이 주둔해있다.

6. 무안국제공항

- ICAO code: RKJB
- IATA code: MWX
- 위치: 전라남도 무안군
- 운영기관: 한국공항공사
- 활주로: 01/19(2,800m×45m)

전라남도 무안군에 위치한 국제공항이다. 전라도에서 유일한 국제공항이며, 인천국제공항, 제주국제공항, 청주국제공항과 함께 Curfew time이 없는 공항이다.

4.1.3 일반공항(General Airports)

1. 양양국제공항

- ICAO code: RKNY
- IATA code: YNY
- 위치: 강원특별자치도 양양군
- 운영기관: 한국공항공사
- 활주로: 15/33(2,500m×45m)

강원특별자치도 양양군에 위치한 국제공항이며, 일반공항 중 유일한 국제공항이다.

2. 울산공항

- ICAO code: RKPU
- IATA code: USN

- 위치: 울산광역시 북구
- 운영기관: 한국공항공사
- 활주로: 18/36(2,000m×45m)

울산광역시 북구에 위치한 공항이다. 국내에서 한국공항공사가 운영 중인 민간 공항 중 가장 규모가 작은 공항이다.

3. 여수공항

- ICAO code: RKJY
- IATA code: RSU
- 위치: 전라남도 여수시
- 운영기관: 한국공항공사
- 활주로: 17/35(2,100m×45m)

전라남도 여수시에 위치한 공항이다. 매년 100만 명 정도가 국내선 항공기를 이용하고 있다.

4. 사천공항

- ICAO code: RKPS
- IATA code: HIN
- 위치: 경상남도 사천시
- 운영기관: 대한민국 공군, 한국공항공사
- 제1활주로: 06L/24R(2,743m×45m)
- 제2활주로: 06R/24L(2,743m×60m)

경상남도 사천시에 위치한 공항이다. 대한민국 공군과 활주로를 같이 쓰는 공항이다. 공군 제3훈련비행단이 주둔해있다.

5. 포항경주공항

- ICAO code: RKTH
- IATA code: KPO
- 위치: 경상북도 포항시 남구
- 운영기관: 대한민국 해군, 한국공항공사
- 활주로: 10/28(2,133m×46m)

경상북도 포항시 남구에 위치한 공항이다. 민간 항공기가 정기 취항하는 공항 중 유일한 해군 소속 공항이다. 해군 항공사령부가 주둔해있다.

6. 군산공항

- ICAO code: RKJK
- IATA code: KUV
- 위치: 전라북도 군산시
- 운영기관: 대한민국 공군, 미합중국 공군, 한국공항공사
- 활주로: 10/28(2,133m×46m)

전라북도 군산시에 위치한 공항이다. 대한민국 공군과 미 공군이 활주로를 같이 쓰는 공항이다. 새만금 국제공항이 개항하게 된다면 모든 공항 기능이 이전될 예정이다. 미 공군은 제8전투비행단, 대한민국 공군은 제38전투비행전대가 군산공항에 주둔해있다.

7. 원주공항

- ICAO code: RKNW
- IATA code: WJU
- 위치: 강원특별자치도 횡성군
- 운영기관: 대한민국 공군, 한국공항공사
- 활주로: 03/21(2,740m×45m)

강원특별자치도 횡성군에 위치한 공항이다. 공식 명칭은 원주횡성공항이고 보통 원주공항으로 부른다. 현재 국내 공항 중 규모가 가장 작다. 공군 제8전투비행단이 주둔해있다.

8. 울진공항

- ICAO code: RKTL
- IATA code: UJN
- 위치: 경상북도 울진군
- 운영기관: 한국공항공사
- 활주로: 17/35(1,800m×45m)

경상북도 울진군에 위치한 공항이다. 현재 민간에서는 운영하지 않고, 비행교육원의 비행 훈련 목적으로만 사용되는 공항이다. 현재 한국항공대학교와 한국항공직업전문학교의 훈련생들이 사용 중이다.

9. 광주공항

- ICAO code: RKJJ
- IATA code: KWJ
- 위치: 광주광역시 광산구
- 운영기관: 대한민국 공군, 미합중국 공군, 한국공항공사
- 제1활주로: 04R/22L(2,835m×45m)
- 제2활주로: 04L/22R(2,835m×45m)

광주광역시 광산구에 위치한 공항이다. 대한민국 공군과 활주로를 같이 쓰는 공항이다. 공군 제1전투비행단과 미 공군이 주둔해있다.

4.1.4 사설공항(Private Airports)

1. 수색비행장

- ICAO code: RKPS
- IATA code: KSK
- 위치: 경기도 고양시 덕양구
- 운영기관: 한국항공대학교, 대한민국 육군
- 활주로: 14/32(1,300m×18m)

경기도 고양시 덕양구에 위치한 공항이며, 한국항공대학교의 비행 훈련, 육군 제11항공단의 군사 훈련 목적으로 사용 중이다. 대한민국 육군 항공대대가 비행장을 소유하며, 제반 운영권은 한국항공대학교가 보유, 관리 중에 있다.

2. 태안비행장

- ICAO code: RKTA
- IATA code: QDY
- 위치: 충청남도 태안군
- 운영기관: 한서대학교
- 활주로: 15/33(1,180m×25m)

충청남도 태안군에 위치한 공항이다. 항공운항학과, 항공교통물류학과(교통학전공), 헬리콥터조종학과, 항공산업공학과 등 한서대학교 항공학부 학생들에 대한 교육이 이루어지고 있다.

3. 정석비행장

- ICAO code: RKPD
- IATA code: JDG
- 위치: 제주특별자치도 서귀포시

- 운영기관: 한국공항
- 제1활주로: 01/19(2,300m×45m)
- 제2활주로: 15/33(900m×25m)

제주특별자치도 서귀포시에 위치한 공항이다. 대한항공에서 조종사 양성 및 훈련용으로 만들었다. 현재는 한국항공대학교의 비행 훈련 목적으로도 사용 중이다.

4.1.5 군 공항(Militarty Airfield)

1. 이천비행장

- ICAO code: RKRN
- IATA code: –
- 위치: 경기도 이천시
- 운영기관: 대한민국 육군
- 주 활주로: 10/28(1,620m×30m)
- 헬기 활주로: 10/28(435m×30m)

경기도 이천시에 위치한 대한민국 육군의 군 비행장이다. 육군항공작전사령부, 제17항공단 예하 부대가 주둔해있다. 육군 비행장 중 규모가 가장 크다.

2. 포천비행장

- ICAO code: RKRO
- IATA code: QJP
- 위치: 경기도 포천시
- 운영기관: 대한민국 육군
- 활주로: 04/22(1,200m×24m)

경기도 포천시에 위치한 대한민국 육군의 군 비행장이다. 육군 제15항공단 예하 부대가 주둔해있다. 현재 포천공항 민간항공 개방 사업이 추진 중에 있다.

3. 현리비행장

- ICAO code: –
- IATA code: –
- 위치: 강원특별자치도 인제군
- 운영기관: 대한민국 육군
- 활주로: 03/21(850m×40m)

강원특별자치도 인제군에 위치한 대한민국 육군의 군 비행장이다. 육군 제13항공단 예하 부대가 주둔해있다.

4. 속초공항

- ICAO code: RKND
- IATA code: –
- 위치: 강원특별자치도 양양군
- 운영기관: 대한민국 육군
- 활주로: 03/21(850m×40m)

강원특별자치도 양양군에 위치한 대한민국 육군의 군 비행장이다. 과거 민간 공항의 기능도 수행하였지만, 현재는 군용으로만 사용 중이다. 육군 제13항공단 예하 부대가 주둔 중이다.

5. 전주비행장

- ICAO code: RKJU
- IATA code: CHN
- 위치: 전라북도 전주시 덕진구
- 운영기관: 대한민국 육군
- 활주로: 14/32(850m×40m)

전라북도 전주시 덕진구에 위치한 대한민국 육군의 군 비행장이다. 2019년 개항하면서 송천동에 존재했던 구 전주비행장의 역할을 이어받았으며 현재 제2작전사령부 제21항공단 소속 예하 대대가 비행장을 사용하고 있다.

6. 진해비행장

- ICAO code: RKPE
- IATA code: CHF
- 위치: 경상남도 창원시 진해구
- 운영기관: 대한민국 해군
- 활주로: 18/36(1,148m×24m)

경상남도 창원시 진해구에 위치한 대한민국 해군의 군 비행장이다. 대한민국 해병대가 창설된 곳이며, 현재 지원항공작전기지로 운용되고 있다.

7. 목포공항

- ICAO code: RKJM
- IATA code: MPK
- 위치: 전라남도 영암군
- 운영기관: 대한민국 해군
- 활주로: 06/24(1,600m×45m)

전라남도 영암군에 위치한 대한민국 해군의 군 비행장이다. 해군항공사령부 609교육훈련전대가 주둔해있다. 한때 민간 공항의 기능을 수행하였지만, 무안국제공항의 개항으로 민간 공항 기능을 모두 상실하게 되었다.

8. 서울공항

- ICAO code: RKSM
- IATA code: SSN

• 위치: 경기도 성남시 수정구
• 운영기관: 대한민국 공군, 미합중국 육군
• 제1활주로: 01/19(2,746m×46m)
• 제2활주로: 02/20(2,957m×46m)

경기도 성남시 수정구에 위치한 대한민국 공군의 군 공항이다. 국가원수 및 국빈 전용 공항으로 사용된다. 공군 제15특수임무비행단, 미 육군 항공대대가 주둔해있다.

9. 수원공항

• ICAO code: RKSW
• IATA code: SWU
• 위치: 경기도 수원시 권선구
• 운영기관: 대한민국 공군, 미합중국 공군
• 제1활주로: 15/33(2,740m×40m)
• 제2활주로: 15/33(2,740m×40m)
• 비상활주로: 16/34(2,400m×30m)

경기도 수원시 권선구에 위치한 대한민국 공군의 비행장이다. 공군 제10전투비행단과 미 공군이 주둔하고 있다.

10. 강릉공항

• ICAO code: RKNN
• IATA code: KAG
• 위치: 강원특별자치도 강릉시
• 운영기관: 대한민국 공군
• 활주로: 08/26(2,746m×46m)

강원특별자치도 강릉시에 위치한 대한민국 공군의 비행장이다. 공군 제18전투비행단이 주둔해있다. 한때 민간 공항의 기능도 수행하였지만, 양양국제공항의 개항으로 민간 공항의 기능을 상실하게 되었다.

11. 성무비행장

- ICAO code: RKTE
- IATA code: –
- 위치: 충청북도 청주시 상당구
- 운영기관: 대한민국 공군, 공군사관학교
- 활주로: 16/34(1,219m×37m)

충청북도 청주시에 위치한 공군사관학교 소속의 비행장이다. 공군사관학교의 훈련용 비행장으로 사용되고 있다.

12. 중원비행장

- ICAO code: RKTI
- IATA code: JWO
- 위치: 충청북도 충주시
- 운영기관: 대한민국 공군
- 제1활주로: 18R/36L(2,845m×37m)
- 제2활주로: 18L/36R(2,748m×61m)

충청북도 충주시에 위치한 대한민국 공군의 군 공항이다. 공군 제19전투비행단, 제39정찰비행단이 주둔해있다.

13. 계룡대 비상활주로

- ICAO code: –
- IATA code: –
- 위치: 충청남도 계룡시

• 운영기관: 대한민국 공군
• 활주로: 18/36(1,060m×22m)

충청남도 계룡시에 위치한 대한민국 국군의 비상활주로다. 평시에는 사용되지 않고 전시 혹은 비상시에 사용될 수 있다.

14. 서산공항

• ICAO code: RKTP
• IATA code: HMY
• 위치: 충청남도 서산시
• 운영기관: 대한민국 공군
• 제1활주로: 03L/21R(2,700m×46m)
• 제2활주로: 03R/21L(2,700m×46m)

충청남도 서산시에 위치한 대한민국 공군의 군 공항이다. 공군 제20전투비행단이 주둔해있다. 현재 민간 공항으로의 개항을 추진 중인 공항이다.

15. 예천공항

• ICAO code: RKTY
• IATA code: YEC
• 위치: 경상북도 예천군
• 운영기관: 대한민국 공군
• 활주로: 10/28(2,740m×45m)

경상북도 예천군에 위치한 대한민국 공군의 군 공항이다. 공군 제16전투비행단이 주둔해있다. 한때 민군 복합 공항으로 사용되었지만, 민간 공항의 기능은 2004년에 상실되었다.

16. 오산 공군기지

- ICAO code: RKSO
- IATA code: OSN
- 위치: 경기도 평택시
- 운영기관: 미합중국 공군, 미합중국 우주군, 대한민국 공군
- 제1활주로: 09R/27L(2,744m×45m)
- 제2활주로: 09L/27R(2,744m×45m)

경기도 평택시에 위치한 주한미군의 공군기지이다. 주한미군 제7공군 사령부 및 제51전투비행단, 대한민국 공군 작전사령부, 방공관제사령부, 방공유도탄사령부 및 예하 부대가 주둔해있다. 미국 대통령을 포함한 미국 측 고위 정부 인사가 방한할 때 대부분 오산 공군기지를 통해 온다.

17. 캠프 험프리스

- ICAO code: RKSG
- IATA code: –
- 위치: 경기도 평택시
- 운영기관: 미합중국 육군
- 활주로: 14/32(2,478m×46m)

경기도 평택시에 위치한 주한미군의 육군기지이다. 주한미군 제2보병사단 예하 제2전투항공여단이 주둔해있다.

4.2 국내 항공사

4.2.1 대한항공(Korean Air)

- IATA CODE: KE, ICAO CODE: KAL
- 항공사 콜사인: KOREAN AIR
- 모그룹: 한진그룹
- Service: FSC
- 허브 공항: 김포국제공항/인천국제공항
- 제2허브 공항: 김해국제공항/제주국제공항
- 거점 공항: 청주국제공항
- 본사: 서울특별시 강서구 하늘길 260
- 자회사: 싸이버스카이, 아이에이티, 왕산레저개발, 진에어, 한국공항, 한국 글로벌 로지스틱스 시스템, 한진정보통신
- 슬로건: Excellence In Flight

1. 항공사 인사말

홈페이지를 방문해 주신 고객 여러분께 감사드립니다.

대한항공은 지난 1969년 3월 1일 항공기 8대를 보유한 아시아의 작은 항공사로 출범한 이래 적극적인 노선 개척과 서비스 혁신, 끊임없는 변화와 투자를 이어 왔습니다.

2004년 창립 35주년을 맞아 새로운 비전 '세계 항공업계를 선도하는 글로벌 항공사'를 선포하고, '엑셀런스 인 플라이트(Excellence In Flight)'라는 슬로건 아래 고객 여러분께 전 세계의 어떤 항공사보다도 더 안전하고 격조 높은 서비스를 제공하기 위해 노력해 왔습니다.

2019년 대한항공은 창립 50돌을 맞았습니다. 대한항공은 고객의 사랑과 국민의 신뢰를 두 날개 삼아 세계 굴지의 항공사로 우뚝 설 수 있었습니다. 지난 반세기 동안 대한항공을 '우리의 날개'라 부르며 국가의 긍지와 기쁨으로 여긴 고객 여러분들의 성원과 신뢰가 지금의 대한항공의 뿌리였음을 잊지 않겠습니다.

대한항공은 새로운 100년을 향해 도약하기 위한 힘찬 날갯짓을 시작합니다. 또한 사회 구성원 모두가 더 나은 삶을 꿈꿀 수 있는 세계의 날개로 거듭나고자 합니다.

무엇과도 바꿀 수 없는 핵심 가치인 '안전'과 '고객중심서비스'를 등대 삼아, 앞으로도 고객 여러분들이 선택한 대한항공이 세계 항공업계를 주도하는 글로벌 선도 항공사로 자리매김할 수 있도록 최선의 노력을 다하겠습니다.

다시 한번 고객 여러분의 성원과 사랑에 깊이 감사드립니다.

대한항공 임직원 일동.

(Ref) https://www.koreanair.com/kr/ko/footer/about-us/who-we-are/overview/greetings

2. History

- 1969년 3월 1일 국영 대한항공 인수 후 대한항공을 설립하였다.
- 8대의 항공기와 함께 시작한 대한항공은 1971년 태평양 횡단 화물 노선(서울-도쿄-로스엔젤레스 취항)을 시작으로 미주, 유럽 여객 노선을 취항하기 시작했으며, 1983년 제주도 대한항공 비행학교(정석비행장)를 짓게 된다.
- 이후, 1995년에 항공기 100기(B747-400) 도입했으며, 1997년 김포에 본사를 신설하게 된다.
- 2000년에 델타항공, 에어프랑스, 아에로멕시코와의 항공사 얼라이언스인 스카이팀을 출범했으며, 2005년 국제항공운송부문 1위를 하게 된다.
- 2011년 A380-800기종을 최초 도입했으며, 2017년 B787-9 드림라이너 최초 도입, 2019년에 제75회 IATA 정기총회를 개최하는 등 역사를 이어가고 있다.

(Ref) https://www.koreanair.com/kr/ko/footer/about-us/who-we-are/koreanair-story/before-history

3. Aircraft

- 항공기 보유 대수: 총 157대 (2023년 기준) / 여객기 134대, 화물기 23대
  - 에어버스 A380-800: 10대 (여객기)
  - 보잉 747-400: 4개 (화물기)
  - 보잉 747-8i: 9대 (여객기)
  - 보잉 747-8F: 7대 (화물기)
  - 보잉 777-200ER/300/300ER: 38대 (여객기)

– 보잉 777F: 12대 (화물기)
– 보잉 787–9: 10대 (여객기)
– 에어버스 A330–200/300: 30대 (여객기)
– 보잉 737–800/900/900ER/8: 23대 (여객기)
– 에어버스 A321neo: 4대 (여객기)
– 에어버스 A220–300: 10대 (여객기)

• 운항노선: 42개국 120개 도시
  – 국내선: 13개 도시
  – 국제선: 42개국 107개 도시

(Ref) https://www.koreanair.com/kr/ko/footer/about-us/who-we-are/overview/introduce-corporation

4. etc.

1) CI(Corporate Identity)

• Symbol Mark

– 원형 태극(음양) 디자인은 역동성을 표현하며, 우리의 추진력과 개척 정신을 상징하기 위해 의도적으로 움직이는 프로펠러를 닮았다.

• Logo

– 영문 회사명에 심벌마크를 포함하여, 대한항공의 역할과 기업이념을 표현

(Ref) https://www.koreanair.com/kr/ko/footer/about-us/who-we-are/overview/ci

2) 스카이팀 회원

대한항공은 2000년에 설립된 글로벌 항공사 얼라이언스인 스카이팀의 창립 회원사이다. 스카이팀은 현재 19개 회원사를 보유하고 있으며, 전 세계 170여 개국 1,062개 도시로 매일 10,062편 이상의 항공편을 운항하고 있다(Airfrance, Delta, KLM 등).

(Ref) https://www.koreanair.com/au/en/footer/about-us/who-we-are/skyteam

4.2.2 아시아나항공(Asiana Airline)

- IATA CODE: OZ, ICAO CODE: AAR
- 항공사 콜사인: ASIANA
- 모그룹: 금호그룹(1988년~2020년)/한국산업은행(2020년~현재)
- Service: FSC
- 허브 공항: 인천국제공항/김포국제공항
- 제2허브 공항: 김해국제공항/제주국제공항
- 거점 공항: 청주국제공항
- 본사: 서울특별시 강서구 오정로 443-83(아시아나타운)
- 자회사: 아시아나에어포트, 에어부산, 에어서울
- 슬로건:
  - Better flight, Better tomorrow
  - 아름다운 사람들 아시아나항공
  - 세계로 나가는 아름다운 동행

1. 항공사 인사말

1988년 '최고의 안전과 서비스를 통한 고객 만족'이라는 경영이념으로 창립된 아시아나항공은 전 세계에 색동날개를 펼치는 글로벌 항공사로 성장하였습니다.

색동 고운 날개만큼이나 아름다운 미소, 참신하고 정성 어린 서비스로 고객에게 다가가는 아시아나항공은 최신 설비로 안전을 최우선으로 추구하며 미래를 향한 비상을 계속하고 있습니다.

아시아나항공은 최고의 서비스를 통한 고객 만족을 핵심역량으로 정하고, 업계 최고 1등의 기업가치를 창출하는 아름다운 기업으로서의 역할을 다하고자 끊임없는 노력을 기울이고 있습니다. 또한 윤리/환경/상생 경영 및 사회공헌에 이르기까지 기업의 사회적 책임을 다하여 지속 가능한 성장을 추구하는 세계 최고의 항공사가 되고자 합니다.

아시아나항공과 함께 즐겁고 편안한 여행 되시길 바랍니다.

(Ref) https://flyasiana.com/C/KR/KO/contents/overview

2. History

- 1988년 2월 17일 회사를 설립, 동년 12월 10일 첫 항공기(B737－400)를 도입
- 1988년 12월 23일 서울－부산, 서울－광주 노선을 시작으로 점점 노선을 늘려나갔으며, 1990년 1월 10일 국제선 첫 취항(서울－도쿄)
- 1998년 12월 16일 대통령 전용기 첫 운항, 1999년 6월 15일 김포국제공항 제1청사로 영업장 이전
- 2001년 10월 17일 서비스 품질지수 1위 기업 선정(표준협회)
- 2002년 4월 15일 국가고객만족도(NCSI) 국내항공부문 1위(5년 연속)
- 2002년 10월 16일 서비스품질지수 1위 기업 선정, 한국산업의 고객 만족도(KCSI) 항공부문 1위(7년 연속)
- 2003년 3월 1일 Star Alliance 공식 가입
- 2014년 5월 30일 A380 1호기 도입
- 2014년 12월 11일 사랑의 기내 동전 모으기 운동 100억 원 돌파 등 지속적인 서비스 부분 1위 기업으로 선정되는 등 활동을 보임

(Ref) https://flyasiana.com/C/KR/KO/contents/company-history

3. Aircraft

- 항공기 보유 대수: 총 80대 (2023년 기준) / 여객기 69대, 화물기 11대
  - A320－200: 1대 (여객기)
  - A321－200/neo: 21대 (여객기)
  - A330－300: 15대 (여객기)
  - A350－900: 15대 (여객기)

- A380 – 800: 6대 (여객기)
- B747 – 400: 1대 (여객기)
- B747 – 400F: 4대 (화물기)
- B747 – 400BDSF: 6대 (화물기)
- B767 – 300: 1대 (여객기)
- B767 – 300F: 1대 (화물기)
- B777 – 200ER: 9대 (여객기)

• 운항노선
- 국내선: 10개 도시, 11개 노선
- 국제선(여객): 21개 국가, 56개 도시, 61개 노선
- 국제선(화물): 12개 국가, 25개 도시, 21개 노선

(Ref) https://flyasiana.com/C/KR/KO/contents/about-the-aircraft

4. etc

1) CI(Corporate Identity)

• Symbol Mark

윙 WING

- 고객과 함께 아름다운 미래로 비상하는 기업 의지를 형상화
- '금호'와 '아시아나'의 만남을 상징

• Logo

ASIANA AIRLINES
아시아나항공

- 견고한 정자 형태로 '신뢰' 이미지 전달

• 그래픽 모티브

"색동의 氣 ENERGY OF SAEKDONG"

– 한국 전통 색동을 계승하여 현대적으로 재해석

– 역동적이고 발전하는 미래상을 표현

2) 스타얼라이언스 회원

• 스타얼라이언스 네트워크는 하루의 비행량, 목적지 수, 도착지 국가 수, 회원사 규모 등에서 세계일류의 항공 네트워크이다.

• 스타얼라이언스는 1997년 세계 최초로 결성된 항공사 동맹체로, 규모와 서비스의 품격, 안전도에서 세계 최고를 자랑하고 있음(에어캐나다, 에어차이나, ANA, 싱가포르항공 등)

(Ref) https://flyasiana.com/C/KR/KO/company/joint-flight/staraliance

4.2.3 제주항공(JEJU air)

• IATA CODE: 7C, ICAO CODE; JJA

• 항공사 콜사인: JEJU AIR

• 모그룹: 애경그룹

• Service: LCC

• 허브 공항: 김포국제공항/인천국제공항/제주국제공항

• 거점 공항: 김해국제공항/대구국제공항/무안국제공항

• 본사: 대한민국 제주특별자치도 제주시 신대로 64

• 자회사: 제이에이에스

• 슬로건: New Standard, Refresh

1. 항공사 인사말

대한민국 No.1 LCC 제주항공입니다.

항공 여행의 새로운 기준을 만들어 가는 제주항공을 소개합니다.

제주항공은 2005년 설립 이후 고객의 합리적인 항공 여행 가격 요구에 맞춰 빠르게 확장하고 있으며 항공업계에 지속적으로 혁신을 가져오고 있습니다.

제주항공의 합리적 가격정책은 항공 여행의 대중화를 실현하였고 이전에 시도되지 않았던 방법으로 한국을 세계인의 관광 목적지로 만들었습니다.

전 세계에서 가장 바쁜 노선인 김포-제주를 비롯한 국내선과 일본, 중국, 필리핀, 태국, 베트남, 대양주(괌, 사이판), 러시아, 라오스 등 아시아 태평양 49개 도시, 84개 이상의 노선을 운항하고 있습니다. 2020년 8월 기준으로 3,200명의 임직원이 근무하고 있으며, 인천공항과 김포공항, 제주공항을 주요 거점으로 운항하고 있습니다.

제주항공은 안전에 대해서는 어떠한 타협도 하지 않으면서 정시 운항을 위한 모든 노력을 다하고 있습니다.

(Ref) https://www.jejuair.net/ko/about/corp/page.do

2. History

- 2005년 1월 25일 제주항공 창립
- 2006년 6월 서울-제주 정기노선 취항을 시작으로 다양한 노선 증설
- 2017년 12월 LCC 최초 연간 탑승객 수 1,000만 명 돌파
- 2019년 1월 LCC 최초 운항 시뮬레이터 도입

(Ref) https://www.jejuair.net/ko/about/corp/page.do

3. Aircraft

- 항공기 보유 대수: 총 40대 (2023년 기준) / 여객기 39대, 화물기 1대
  - B737-800: 38대 (여객기)
  - B737-800BCF: 1대 (화물기)
  - B737 MAX 8: 1대 (여객기)
- 운항노선 – 취항도시: 49개, 취항노선: 84개

(Ref) https://www.jejuair.net/ko/about/corp/page.do

4. etc.

• CI(Corporate Identity)

– BI(Brand Identity, 제주항공식 표현)

제주항공의 새로운 BI(Brand Identity)는 창립 10주년을 맞이하여 진취적이고 신뢰감을 주는 항공사 이미지를 추구하며, 아시아 최고의 저비용 항공사(LCC)로 발돋움하기 위한 의지를 담아 제주의 자연을 형상화한 디자인으로 표현하였습니다.
영문 로고 중 'i'의 깃발 형상은 제주항공을 이용하는 고객들을 맞이하는 반가움과 환영의 의미를, 전 세계로 뻗어나가는 제주항공 임직원들의 리더십과 대표성을 상징하고 있습니다.

활기차고 즐거운 느낌을 주는 제주의 감귤색인 오렌지 색상을 더 선명하게 표현하고, 특히 'I'의 깃발 형상에 포인트로 블루 색상을 추가하여 안전함과 신뢰감을 더하면서 오렌지 색상과 조화를 이루도록 하여 신선함을 강화하였습니다.
또한 디자인 전체적으로도 기존 오렌지 단일 색상에 블루 색상을 추가해 다양화함으로써 아시아 전역으로 노선망을 확대해 고객들에게 다양한 서비스를 제공한다는 의미도 함축하고 있습니다.

– Logo

제주항공의 태그라인 로고타입은 항공과 여행의 기준을 새로 세우고 실천한다는 의미의 워드마크 형태로 개발되었습니다. 기존의 제주항공 로고타입에 추가된 태그라인 '뉴 스탠다드'는 새로운 기준을 만드는 정직하고 단단한 신념을 담고 있습니다.
중앙에 그어진 가로선은 이전과 이후를 나누는 기준, 동시에 새로운 출발을 의미하는 출발선을 상징합니다.

(Ref) https://www.jejuair.net/ko/about/corp/page.do

4.2.4 티웨이항공(T'way air)

- IATA CODE: TW, ICAO CODE: TWB
- 항공사 콜사인: TWAY AIR
- 모그룹: 예림당 (티웨이홀딩스)
- Service: LCC
- 허브 공항: 인천국제공항/대구국제공항
- 제2허브 공항: 김포국제공항/제주국제공항
- 거점 공항: 대구국제공항
- 본사: 대구광역시 중구 동덕로 167, 10층(동인동 2가)
- 자회사: 티웨이에어서비스
- 슬로건: Happy T'way, It's yours

1. 항공사 인사말

오늘날 항공 여행은 단순한 휴식이나 볼거리를 찾아다니는 휴양의 개념을 넘어 색다른 문화체험, 역사적 유적지 탐방 등의 테마 여행으로 확대, 변화하고 있습니다.

또한 과거에는 항공기 탑승이 하나의 이동수단으로만 인식되었으나 근래에는 항공 서비스의 이용 자체가 즐거움을 주어야 함은 물론 가치창조의 요소로도 받아들여지고 있습니다.

즉, 여행의 목적에 상관없이 항공 서비스 자체가 모든 여행의 과정을 통하여 느끼는 즐거움과 편안함, 감동에 점점 더 큰 영향을 미치게 되었습니다. 따라서 항공사의 서비스도 변화된 항공여행 요구에 맞게 설계되고 제공되어야 함은 물론입니다.

(Ref) https://www.twayair.com/app/serviceInfo/contents/1318

2. History

- 2010년 8월 16일 한성항공 인수와 함께 설립(항공기 2대)
- 2010년 9월 김포-제주 노선을 시작으로 노선 증설
- 2015년 글로벌 고객 만족도 LCC 여객 서비스 부문 1위 수상(이후, 2019년 2020년 등 2021년까지 7년 연속 1위)

• 2016년 8월 국내 저비용항공사 대상 소비자 만족도 1위(한국 소비자원)
• 2020년 티웨이 항공훈련센터 구축
• 2021년 2월 반려동물 운송 특화 서비스 t'pet 개시
• 2021년 4월 국가고객만족도(NCSL) LCC 부문 1위

(Ref) https://www.twayair.com/app/serviceInfo/contents/1321#none

3. Aircraft

• 항공기 보유 대수: 총 30대 (2023년 기준) / 여객기 30대, 화물기 0대
  – A330-300: 3대 (여객기)
  – B737-800: 25대 (여객기)
  – B737 MAX 8: 2대 (여객기)
• 운항노선: 총 60개
  – 국내선 5개
  – 국제선 55개

4. etc.

• CI(Corporate Identity)
  – Logo

t'way

모두 소문자로 구성된 티웨이항공의 메인로고는 기성세대의 틀을 깨고 세련되면서도 합리적인 태도로 고품격 항공 서비스를 제공하겠다는 항공사의 의지를 내포합니다. 경쾌하고 즐거운 축제를 떠올리게 하는 카니발레드(carnival red) 및 스코틀랜드와 잉글랜드의 합병으로 그레이트브리튼 왕국이 성립. 영국 전성기를 상징하는 퀸앤그린(Queen Anne)컬러를 이용, 티웨이 정신을 바탕으로 항공업계의 새로운 미래를 창조해 나가겠다는 다짐을 의미합니다.

– Symbol Mark

※ 티웨이 티즈

티웨이항공의 고객에 대한 열린 태도와 고객의 목소리에 귀 기울이는 모습을 티웨이항공 로고의 핵심 부분인 ‘ t ’와 소유격의 의미이자 말풍선을 연상시키는 어포스트로피로 형상화하였습니다.

※ 어포스트로피

소유격을 나타내거나, 생략된 글자나 숫자를 대신하기도 하며, 글자나 숫자의 복수를 나타낼 때 쓰이는 문장 기호입니다. 고객 개인의 전용기와 같이, 고객만을 위한 티웨이항공의 프리미엄 서비스를 제공하고자 하는 고객 중심주의 서비스 정신을 내포합니다.

4.2.5 진에어(Jin air)

- IATA CODE: LJ, ICAO CODE: JNA
- 항공사 콜사인: JIN AIR
- 모그룹: 한진그룹(대한항공)
- Service: LCC
- 허브 공항: 인천국제공항/김포국제공항/제주국제공항
- 거점 공항: 김해국제공항/청주국제공항
- 본사: 서울특별시 강서구 공항대로 453(등촌동)
- 자회사: –
- 슬로건: Fly, better fly

1. 항공사 인사말

진에어는 'Fly, better fly'라는 슬로건을 바탕으로 2008년 1월 창립된 이래, 더 나은 항공 여행 제공을 목표로 항공사의 핵심 가치인 안전과 서비스에서 완벽을 추구하며 대한민국 대표 실용항공사로 자리매김하였습니다.

국내 항공사 중 가장 많은 국내선 노선 운영으로 편리하고 다양한 항공 서비스를 제공하고 있으며, 일본, 중국, 동남아, 대양주 등 전 세계로 뻗어가며 고객 여러분께 더 넓은 세상을 보여 드리기 위해 노력하고 있습니다.

진에어가 지금과 같이 성장하는 동안 한결같은 믿음과 사랑을 보내주신 고객 여러분께 다시 한번 감사의 말씀드립니다.

앞으로도 변함없이 안전한 비행, 편안한 서비스, 합리적인 가격을 제공하기 위한 노력과 함께 고객 여러분께서 항상 즐거운 경험과 좋은 추억만을 가져가실 수 있도록 저희 임직원은 늘 기쁜 마음으로 최선을 다하겠습니다.

또한 진에어는 경제적, 사회적, 환경적 책임을 다하고 지속 가능한 성장을 이루고, 타협이 없는 절대 안전을 기반으로 여러분의 행복한 여행을 책임지겠습니다.

감사합니다.

진에어 임직원 일동

(Ref) https://www.jinair.com/company/company

2. History

- 2008년 1월 23일 창립
- 2008년 6월 B737-800 1호기 도입 후 김포-제주 노선을 시작으로 노선 증설
- 2015년 1월 2014년 연간 김포-제주 여객 점유율 LCC 중 1위 기록
- 2023년 7월 인천국제공항 제2여객터미널로 이전

(Ref) https://www.jinair.com/company/company

3. Aircraft

- 항공기 보유 대수: 총 26대 (2023년 기준) / 여객기 26대, 화물기 0대
  - B777-200ER: 4대 (여객용)
  - B737-800: 19대 (여객용)

- B737 MAX 8: 1대 (여객용)
- B737-900: 2대 (여객용)

(Ref) https://www.jinair.com/company/aircraft

- 취항노선
  - 국내선: 12개 도시
  - 국제선: 7개 국가, 36개 도시

(Ref) https://www.jinair.com/ready/flight

4. etc.

- CI(Corporate Identity)
  - Logo

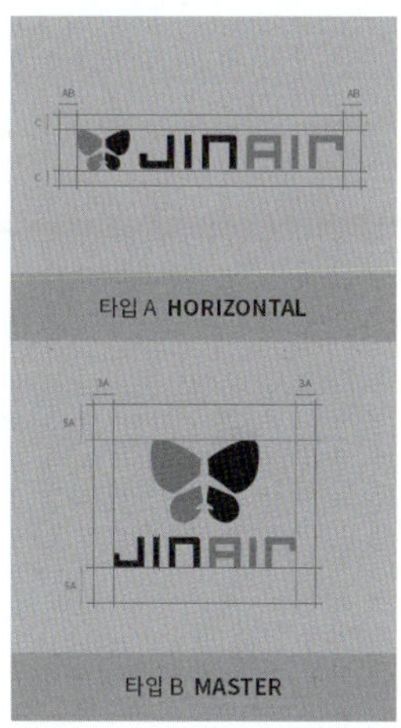

※ 진에어 CI는 심볼마크와 로고의 조합으로 구성되며, 영문 CI를 우선적으로 사용합니다. 사용 시에는 관련 규정을 준수하여 사용해야 하며, 임의로 수정 또는 분리할 수 없습니다.

※ 로고 규정: 좌우 대칭 형태의 로고는 항공 여행에서 가장 중요한 안정성을 의미합니다. 저비용항공사이지만 꾸준한 안전에 대한 투자를 통해, 합리적이고 안전한 항공 여행을 제공해 드리고자 하는 진에어의 의지이기도 합니다.

※ 사용규정: 심볼마크와 로고는 항상 함께 있어야 합니다. 배경은 항상 지정된 연두색이어야 합니다.

※ 공간규정: 로고의 높이만큼 상하좌우 여백에 공간이 있어야 합니다.

– Symbol Mark

SYMBOL MARK　SMART GREEN　SINCERE PURPLE

※ 진에어 컨셉

① 명칭: 나비

② 자유롭게 날아다니는 나비의 형상에 비행기를 결합하여, 한 자리에 머무르지 않고 새롭고 이국적인 곳을 향해 떠나는 여행자의 특성을 상징합니다.

– Character

나라(Nara)

올라(Olla)

(Ref) https://www.jinair.com/company/ci

4.2.6 에어부산(Air Busan)

- IATA CODE: BX, ICAO CODE: ABL
- 항공사 콜사인: AIR BUSAN
- 모그룹: 금호그룹(아시아나항공)
- Service: LCC
- 허브 공항: 김해국제공항/김포국제공항
- 거점 공항: 인천국제공항

• 본사: 부산광역시 강서구 유통단지1로 57번가길 6
• 자회사: –
• 슬로건: 여행의 지혜 Fly Smart

1. 항공사 인사말

에어부산을 사랑해 주시는 고객 여러분, 환영합니다!

저희 에어부산은 2008년 10월 부산–김포 노선 첫 취항 이래 적극적인 노선 개척과 서비스 혁신을 통해 국내외 30여 개 노선을 개설하며 대한민국을 대표하는 지역 항공사로 자리매김하였습니다.

특히 수도권이 아닌 부산을 거점으로 한 차별화된 사업 모델을 성공적으로 안착시키며 대한민국 민간 항공사에 새로운 발자취를 남기고 있습니다.

이와 같은 성과는 모두 고객 여러분의 신뢰와 사랑 덕분입니다.

저를 비롯한 에어부산의 모든 구성원들은 '최고의 고객가치 창조'만이 고객 여러분의 사랑에 보답하는 길이라고 생각하고 오늘도 그 길 위에서 혁신에 혁신을 더하고 있습니다.

에어부산은 한 차원 높은 '고객가치 창조'를 위해 '약속을 지키는 항공사'로의 새로운 도전을 하고자 합니다. 목적지까지의 안전한 운항, 풍부한 스케줄에 따른 편리한 운항, 실용적인 가격은 에어부산이 고객들께 드리는 약속입니다.

고객과의 약속을 반드시 지켜 최고의 고객가치를 창조하고 항공산업을 선도해나가는 항공사가 되겠습니다.

에어부산의 새로운 도전, 힘찬 도약에 고객 여러분의 많은 성원과 사랑을 부탁드립니다.

감사합니다.

(Ref) https://www.airbusan.com/content/common/introduction/greeting

2. History

• 2007년 8월 31일 창립
• 2008년 10월 항공기 1, 2호기 도입(B737–500) 및 부산–김포노선 취항을 시작으로 노선 증설

- 2009년 11월 고객만족경영대상 서비스혁신부문 최우수상 수상
- 2013년 6월 2013 KS–SQI 한국서비스품질지수 저비용항공 부문 1위(이후 2023년까지 7년 연속 1위)
- 2017년 6월 LCC 최단기간 누적 탑승객 3천만 명 돌파
- 2021년 7월 항공인력양성 프로그램 '에어부산 드림캠퍼스' 시행

(Ref) https://www.airbusan.com/content/common/introduction/history

3. Aircraft

- 항공기 보유 대수: 총 21대 (2023년 기준) / 여객기 21대, 화물기 0대
  - A321neo LR: 2대 (여객용)
  - A321neo: 4대 (여객용)
  - A321–200: 9대 (여객용)
  - A320–200: 6대 (여객용)

(Ref) https://www.airbusan.com/content/common/introduction/aircraft

- 운항노선
  - 국내선: 3개
  - 국제선: 26개

(Ref) https://www.airbusan.com/content/individual/booking/route

4. etc.

- CI(Corporate Identity)
  - Logo

바다의 물결과 하나되어 힘차게 날갯짓하는 모습의 역동적인 갈매기 심볼로, 부산의 바다, 갈매기, 하늘 3가지를 조합하여 하나의 이미지 요소로 표현하였으며, 부산을 상징하는 갈매기 심볼과 BUSAN이 강조된 워드마크의 조화로 고객의 기대에 부응하는 AIR BUSAN의 글로벌 도약 의지와 희망을 표현합니다.

– Character

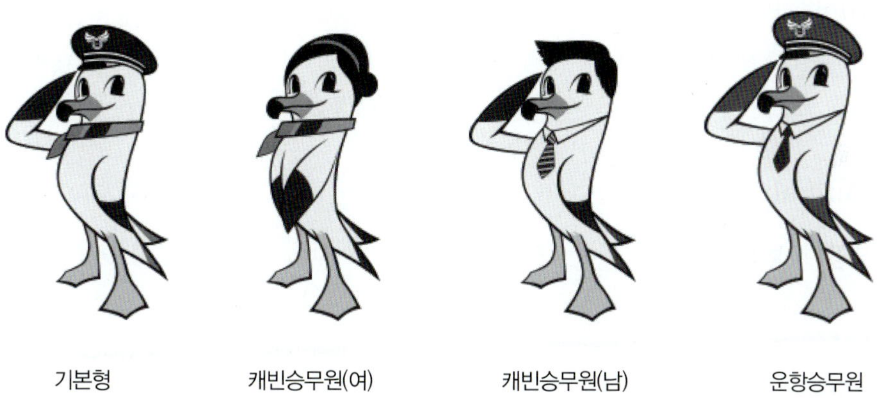

(Ref) https://www.airbusan.com/content/common/introduction/ci

4.2.7 에어서울(Air Seoul)

- IATA CODE: RS, ICAO CODE: ASV
- 항공사 콜사인: AIR SEOUL
- 모그룹: 금호그룹(아시아나항공)
- Service: LCC
- 허브 공항: 인천국제공항
- 거점 공항: –
- 본사: 서울특별시 종로구 우정국로 26, A동(공평동, 센트로폴리스) (본사)
  인천광역시 중구 공항로 272, 2층 2090호(운서동, 인천국제공항) (본점)
- 자회사: –
- 슬로건: It's Mint time

1. 항공사 인사말

(Ref) https://flyairseoul.com/CW/ko/company.do

2. History

- 2015년 4월 7일 창립
- 2016년 7월 11일 국내선 김포-제주 노선 취항을 시작으로 노선 증설
- 2016년 10월 5일 1호기 도입(A321-200)
- 2017년 11월 7일 CAPA '올해의 신규 항공사(Start-Up Airline of the Year)' 수상

(Ref) https://flyairseoul.com/CW/ko/history.do

3. Aircraft

- 항공기 보유 대수: 총 6대 (2023년 기준) / 여객기 6대, 화물기 0대
  - A321-200: 6대 (여객용)

(Ref) https://flyairseoul.com/CW/ko/aircraft.do

- 운항노선
  - 국내선: 1개 (제주)
  - 국제선: 9개 (일본 5개, 중국 1개, 동남아 3개)

(Ref) https://flyairseoul.com/CW/ko/company.do

4. etc.

- CI(Corporate Identity)

'첨단과 전통', '초고층 빌딩과 자연', '역동과 여유'가 함께 어우러져 조화를 이루는 생동감 넘치는 도시 '서울'
에어서울은 한국을 대표하는 글로벌 도시 '서울'을 브랜드로 하는 항공사입니다.
익숙한 곳에서 낯선 곳으로의 이동, 새로운 사람과 문화를 접하는 기분 좋은 대비를 우리는 '여행'이라고 부르며 에어서울은 그 여행을 함께하는 파트너입니다.
대비되는 것들이 조화를 이루어 새로운 에너지를 만든다는 점(Harmony of Contrast)에서 '서울'과 '여행'은 많이 닮았습니다.
이제 에어서울이 '서울'의 이름으로 기분 좋은 대비를 위한 '여행'을 고객과 함께 시작합니다.

• Wordmark

모던하고 간결한 글꼴의 워드마크는 에어서울의 세련됨과 합리적 서비스를 상징합니다. 브랜드 칼라인 Air Seoul MINT는 에어서울의 서비스 가치인 Open, Refresh, Relax, Pleasant를 상징합니다.

• Graphic Motif

'ㅅ'은 서울 곳곳에서 만날 수 있는 산의 모습이자 상승의 의미를, 'ㅇ'은 부드럽게 흐르는 강물의 모습이자 편안함을 상징합니다. 'ㅅ'과 'ㅇ'의 교차된 형태의 그래픽 모티브는 에어서울의 젊고 역동적인 에너지를 의미합니다.

4.2.8 이스타항공(Eastar Jet)

- IATA CODE: ZE, ICAO CODE: ESR
- 항공사 콜사인: EASTAR
- 모그룹: 이스타항공그룹(2008년~2020년)
  ㈜성정(2021년~2022년)
  VIG 파트너스(2023년~)
- Service: LCC
- 허브 공항: 인천국제공항/김포국제공항
- 거점 공항: 청주국제공항
- 본사: 서울특별시 강서구 공항대로 236

• 자회사: 프리죤아이섹코리아
• 슬로건: 새로운 이스타, 새로운 여행 Let's Fly Again

1. 항공사 인사말

이스타항공을 방문해 주신 고객 여러분께 감사드립니다.

모두가 코로나로 힘든 시기를 견디고 새로운 일상을 준비합니다.

인고의 시간 만큼 일상의 소중함이 더해진 지금 여행의 설렘을 안고 이스타항공을 찾아주시는 모든 고객분들을 위해 최고의 안전과 행복을 더하는 서비스로 함께 비상(飛上)하겠습니다.

이스타항공과 함께 하는 여행에 편안과 행복이 가득하시길 바랍니다.

이스타항공 임직원 일동

(Ref) https://www.eastarjet.com/newstar/PGWKC00001

2. History

• 2007년 10월 22일 창립
• 2009년 1월 국내선 운항 개시(김포–제주)를 시작으로 노선 증설
• 2018년 12월 국내 최초 차세대 신기종 B737 MAX 8 도입
• 2021년 ㈜성정, 이스타항공 지분 100% 취득
• 2023년 1월 VIG 파트너스, 이스타항공 지분 100% 취득
• 2023년 3월 국내선 운항 재개(김포–제주) 및 B737–8기종 4호기 도입

(Ref) https://www.eastarjet.com/newstar/PGWKD00001

3. Aircraft

• 항공기 보유 대수: 총 9대 (2023년 기준) / 여객기 9대, 화물기 0대
  – B737–800: 5대 (여객용)
  – B737 MAX 8: 4대 (여객용)
• 운항노선
  – 국내선: 6개 도시
  – 국제선: 8개 도시, 26개 노선 (20년도 운항 기준)

(Ref) https://www.eastarjet.com/newstar/PGWIN00002

4. etc.

- CI(Corporate Identity)
  - Logo

전체적으로 이탤릭체를 통하여 빠르고 진취적이며 역동적인 느낌을 전달하는 동시에 각각의 글자는 날카로운 돌출 부분으로 시작하면서 중간에 라운드를 부드럽게 감싸는 형상을 통하여 딱딱하고 거친 진취가 아닌 부드럽고 유연한 역동성, 적극성과 자취를 표현하고 있다.

4.2.9 플라이강원(Fly Gangwon)

- IATA CODE: 4V, ICAO CODE: FGW
- 항공사 콜사인: GANGWON
- 모그룹: ㈜아윰
- Service: LCC
- 허브 공항: 양양국제공항
- 거점 공항: –
- 본사: 대한민국 강원특별자치도 양양군 양양읍 일출로 166–20
- 자회사: –
- 슬로건: –

1. 항공사 인사말

안녕하십니까? 플라이강원 대표이사 주원석입니다.

플라이강원은 강원도 양양국제공항을 거점으로 하는 지역항공사로, 2019년 11월 양양~제주 노선 취항을 시작으로 대만, 필리핀 클락 등을 국내, 국제노선을 개설했습니다.

플라이강원이 거점으로 하는 강원도는 청정 동해안, 국토의 동맥 태백산맥과 설악산 등 오염되지 않은 천혜의 자연환경, 평창동계올림픽 개최를 통해 구축한 인지도와 경험, 그리고 시설들, 세계 유일의 분단국가라는 민족의 아픔을 안은 채 강원도를 둘로 나누며 반세기 이상 묵묵히 유지되어온 DMZ, 올림픽을 계기로 조성된 남북간 평화 분위기 등의 관광자원과 스토리는 세계 어느 유명 관광지와 비교하여도 손색이 없습니다.

플라이강원은 아름다운 강원도의 관광자원을 바탕으로 외국인 관광객을 강원도로 모셔오는 항공과 관광이 융합된 대한민국 최초 TCC(Tourism Convergence Carrier) 항공사로의 도약을 위한 힘찬 날갯짓을 시작합니다. 단순한 항공운송업이 아닌 관광과의 연계를 통한 새로운 가치 창출로 강원도민에게는 함께 성장하는 '즐거움'을, 관광객에게는 기대와 희망이 가득한 '설렘'을 드릴 수 있도록 최선의 노력을 다하겠습니다.

대한민국 첫 TCC(Tourism Convergence Carrier) 항공사 플라이강원에 고객 여러분의 많은 관심과 성원 부탁드립니다.

감사합니다.

(Ref) https://www.flygangwon.com/ko/introduction/viewCEO.do

2. History

- 2016년 4월 12일 창립
- 2019년 11월 22일 운항 개시
- 2023년 5월 19일 이후 운행 중단

3. Aircraft

- 항공기 보유 대수: 총 1대 (2023년 기준) / 여객기 1대, 화물기 0대
  - B737-800: 1대 (여객용)

4. etc.

- CI(Corporate Identity)
  - Symbol

Y자 형태의 플라이강원의 날개는 고객에게는 삶을 즐겁고 다채롭게 변화시키는 희망의 날개로 플라이강원에게는 항공과 관광의 컨버전스를 선도하는 진취적이고 혁신적인 정신을 의미하는 모티브로 표현합니다.

4.2.10 에어로케이항공(Aero K)

- IATA CODE: RF, ICAO CODE: EOK
- 항공사 콜사인: AERO HANGUK
- 모그룹: 대명화학그룹
- Service: LCC
- 허브 공항: 청주국제공항
- 거점 공항: –
- 본사: 충청북도 청주시 흥덕구 오송읍 오송생명3로 183
- 자회사: –
- 슬로건: 새로운 여정의 시작

1. 항공사 인사말

2015년 카페에 앉아 항공사를 창업해 보겠다는 무모한 꿈을 꾸고 이를 실현하기까지 4년이 넘는 시간이 걸렸습니다.

대한민국에서 유례없는 '스타트업 항공사'를 설립하겠다는 일념 하나로 에어로케이의 가족들과 함께 걸어온 지난 4년여의 시간은 저의 무모한 꿈이 현실로 바뀔 수 있다는 믿음을 가져다주기에 충분하였습니다.

에어로케이가 추구하는 항공사는 단순한 이동수단을 넘어 지리적 경계를 허물고 새로운 가치를 찾아 떠나는 여정(Journey)의 동반자가 되는 것입니다.

모든 여정의 과정에서 느끼는 즐거움과 편안함, 그리고 새로운 가치를 제공할 수 있는 항공사로 거듭나기 위해 에어로케이는 도전과 혁신을 멈추지 않을 것입니다.

에어로케이는 이러한 목표를 실현하기 위해 그 무엇보다 '사람'을 중요하게 생각합니다. 그러기에 우리는 누구에게나 열려있고, 투명하고 다양성을 인정하는 조직문화를 정착시키고 '행복한 임직원이 행복한 고객을 만들어 낸다'는 믿음을 가지고 서로를 진정으로 섬기고 마음을 열어 소통하는 항공사가 될 것입니다.

젊고 역동적인 스타트업 항공사로서, 기존의 관행에서 벗어나 항공산업의 신선한 변화를 이끌어내고, 양질의 일자리 창출과 지역 사회의 경제 활성화는 물론 임직원 모두의 동반성장으로 이어질 수 있도록 기업의 사회적 책임을 다할것이며, 대한민국을 넘어 동북아시아를 대표하는 글로벌 항공사로 성장하기 위한 노력을 게을리 하지 않겠습니다.

에어로케이에 대한 지속적인 관심과 참여를 부탁드리며,
여러분과 가정에 행복이 가득하길 기원합니다.
감사합니다.

(Ref) https://aerok.recruiter.co.kr/appsite/company/callSubPage?code1=3000&code2=3100&code3=3110

2. History

- 2016년 5월 창립
- 2021년 4월 15일 청주－제주 노선으로 운항 개시
- 2021년 12월 21일 저조한 탑승률과 엔진 결함에 따라 운항 중단
- 2022년 8월 대명화학그룹에서 지분 인수

3. Aircraft

- 항공기 보유 대수: 총 4대 (2023년 기준) / 여객기 4대, 화물기 0대
  - A320－200: 4대 (여객용)
- 운항노선
  - 국내선: 제주
  - 국제선: 3개 국가, 4개 도시(도쿄, 클락, 타이베이, 오사카)

(Ref) https://www.aerok.com/kr/service/schedule

4. etc.

• CI(Corporate Identity)

에어로케이의 가치와 신념은 우리의 CI 속에도 담겨 있습니다. 에어로케이의 스퀘어는 안전과 투명한 경영, 사람 중심의 문화 등 에어로케이가 변함없이 지켜나가야 할 가치를 반영합니다. 동시에 혁신을 위한 용기와 끊임없는 도전, 그리고 이를 통해 사람들이 자유로운 여정을 만들어 갈 수 있는 '변화'와 '유연성'을 나타내는 상징이기도 합니다.

(Ref) https://aerok.recruiter.co.kr/appsite/company/callSubPage?code1=3000&code2=3100&code3=3150

4.2.11 에어프레미아(Air Premia)

• IATA CODE: YP, ICAO CODE: APZ
• 항공사 콜사인: AIR PREMIA
• 모그룹: –
• Service: HSC
• 허브 공항: 인천국제공항
• 거점 공항: –
• 본사: 서울시 강서구 공항대로 248, 4층(마곡동, 대방건설)
• 자회사: –
• 슬로건: –

1. 항공사 인사말

에어프레미아는 대비되는 선택 사이에서 균형과 조화를 통해 품격을 실현합니다. 타협하지 않고 최적의 지점을 찾아내어 새로운 가치를 만들어 냅니다.

(Ref) https://company.airpremia.com/about

2. History

- 2017년 7월 창립
- 2021년 4월 1호기 HL8387 도입
- 2021년 8월 11일 운항 개시

(Ref) https://company.airpremia.com/about

3. Aircraft

- 항공기 보유 대수: 총 5대 (2023년 기준) / 여객기 5대, 화물기 0대
  - B787-9: 5대 (여객기)

(Ref) https://www.airpremia.com/kr/ko/inflight/aboutPlane

- 운항노선
  - 국제선: 6개(하와이, 뉴욕, 방콕, 도쿄, LA, 프랑크푸르트)

(Ref) https://www.airpremia.com/checkin/depArrCheck

4. etc.

- CI(Corporate Identity)
  - Logo

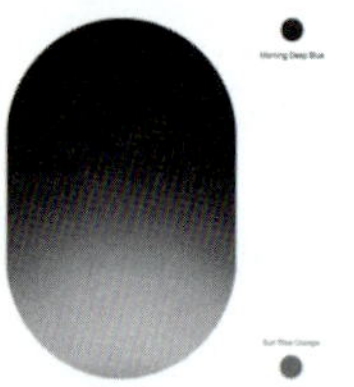

브랜드 로고의 의미는 “설렘을 담은 여정”입니다. 항공기의 창을 여는 순간 시작되는 기대와 설렘을 표현하고자 창(Window Frame)을 모티브로 디자인하고, 새벽 푸른 하늘을 뚫고 떠오르는 태양을 컬러화하여 항공 여행의 동반자가 되겠다는 의지를 담았습니다.

(Ref) https://company.airpremia.com/PremiaGuide

4.2.12 에어인천(Air Incheon)

- IATA CODE: KJ, ICAO CODE: AIH
- 항공사 콜사인: AIR INCHEON
- 모그룹: –
- Service: 화물
- 허브 공항: 인천국제공항
- 거점 공항: –
- 본사: 인천광역시 중구 공항동로 295번길 124, 220호
- 자회사: –
- 슬로건: –

1. History

- 2012년 2월 24일 창립
- 2012년 5월 국제항공운송사업 면허(제8호) 취득 및 1호기 임대계약 완료
- 2013년 3월 2일 1호기(B737–400SF) 도입 및 운항 개시

(Ref) http://www.air-incheon.com/history.php

2. Aircraft

- 항공기 보유 대수: 총 4대 (2023년 기준) / 여객기 0대, 화물기 4대
  - B737–800SF: 4대 (화물기)

- 운항노선
  - 국제선: 11개 국가(일본, 중국, 러시아, 몽골, 미얀마, 인도, 싱가폴, 베트남 등)

(Ref) http://www.air-incheon.com/company.php

3. etc.

- CI(Corporate Identity)

Air Incheon
에어인천

강렬한 삼족오 심볼은 고객과 함께 비상한다는 의지, 고객과의 조화와 공생을 표현하였습니다.

– Logo

Air Incheon
에어인천|주|

글로벌 공항인 인천공항을 품고 있는 세계적 도시 인천을 기반으로 한 에어인천은 로고에 지역명을 나타내어 고객에게 신뢰와 항공 화물 운송의 전문성을 나타내고 있습니다.

– Symbol

태양을 지향하며(원), 비상하는 맹조류의 기상과 시야, 삼족(三足)이 뜻하는 균형과 현실에 바탕을 둔 실현가능성의 조화와 안정성, 한번 쥐면 놓지 않는 강인한 생명력, 음양의 조화를 통한 통합 및 공생과 기여의 기업문화

(Ref) http://www.air-incheon.com/ci.php

4.2.13 시리우스항공(SIRIUS Airlines)

- IATA CODE, ICAO CODE: –
- 항공사 콜사인: –
- 모그룹: –
- Service: 화물
- 허브 공항: –

- 거점 공항: –
- 본사: 부산 동구 중앙대로 331 (초량동) 12층 (본사)
  서울 강서구 공항대로 222 발산W타워 6층 (서울지점)
- 자회사: –
- 슬로건: Miracle Earth with SIRIUS

1. 항공사 인사말

시리우스항공은 글로벌 "화물 Low Cost Carrier"로서 합리적인 운임을 제공하고, 경쟁력 있는 서비스를 제공하는 국제 항공화물 전문 항공사입니다.

저희는 독자적으로 구축한 글로벌 네트워크를 활용하여 대한민국의 항공산업을 발전시킬 중장거리 노선 중심의 글로벌 경쟁을 추구하는 New Player입니다.

안전과 신속성을 최우선 가치로 여기며, 국제 항공화물에 대한 전문성과 데이터에 기반한 항공 운송으로 고객의 Needs에 맞는 맞춤형 서비스를 제공하겠습니다.

저희 시리우스항공은 항상 고객 중심의 서비스 제공을 최우선 가치로 생각하며 끊임없이 발전하고 성장하는 기업이 되겠습니다.

(Ref)
http://www.siriusairlines.com/bbs_shop/read.htm?me_popup=&auto_frame=&cate_sub_idx=0&search_first_subject=&list_mode=board&board_code=rwdboard&search_key=&key=&page=&idx=113741

2. History

- 2020년 4월 설립
- 2023년 9월 면허신청, 2024년 4월 영업 시작 예정

3. Aircraft

- 2024년 항공기 도입계획
  - A330F: 3대 (화물기)
  - B777F: 1대 (화물기)

- 운항노선
  - 2024년: 칭다오, 나리타, 하노이, 프랑크푸르트 주 7회 운항 예정
  - 이후: 홍콩, 푸동, LA, 시카고, 델리 중장거리 노선 예정

4. etc.

- CI(Corporate Identity)
  - 비전: 국제항공화물 시장을 선도하는 전문항공사

4.2.14 하이에어(Hi Air)

- IATA CODE: 4H, ICAO CODE: HGG
- 항공사 콜사인: HI AIR
- 모그룹: 하이글로벌그룹
- Service: 소형항공사
- 허브 공항: 김포국제공항/울산공항
- 거점 공항: –
- 본사: 서울특별시 강서구 하늘길 38, 311호(방화동, 김포공항국제선청사)
- 자회사: –
- 슬로건: –

1. History

- 2017년 12월 22일 창립
- 2019년 5월 23일 1호기 도입 (ATR 72–500)
- 2019년 12월 12일 운항 개시
- 2023년 11월 9일 항공여객 운항증명 (AOC) 효력 정지

(Ref) https://www.mk.co.kr/news/business/10870354

2. Aircraft

- ATR 72-500: 4대 (여객용)
- 운항노선
  - 국내 지방공항 포함 7개 도시(무안, 여수, 울산, 진주, 양양, 제주, 김포)

3. etc.

- CI(Corporate Identity)

Hi Air

4.2.15 섬에어(SUM Air)

- IATA CODE, ICAO CODE: -
- 항공사 콜사인: -
- 모그룹: 마프앤비욘드 주식회사(MAAF, Mobility As A Freedom)
- Service: 소형항공사
- 허브 공항: 김포국제공항
- 거점 공항: -
- 본사: 서울특별시 마포구 양화로 166, 미래프라자 11층 (본사)
  서울특별시 강서구 하늘길 112, 김포국제공항 국내선터미널 2층 L-229호 (김포지점)
- 자회사: -
- 슬로건: -

1. 항공사 인사말

섬에어는 도시와 섬을 연결하여 특별한 경험을 제공하는 지역항공모빌리티(RAM) 항공사입니다.

첨단 기술의 발명만이 세상을 바꾸는 것은 아닙니다. 존재하는 기술의 효율성을 높여 알맞게 사용하는 일 또한 세상에 이로운 가치를 창출합니다. 현재의 항공기술력과 조직의 실천 의지로 사람들의 삶을 이롭게 하기 위해 섬에어는 사람과 섬을 잇기로 했습니다.

(Ref) https://www.sumair.kr

2. History

• 2022년 11월 17일 설립
• 2023년 하반기 운항 예정

3. Aircraft

• ART 72-600기종 운영 예정(HL5225 1대)
• 운항노선
  – 국내 및 2시간 거리 해외 노선 운영 예정

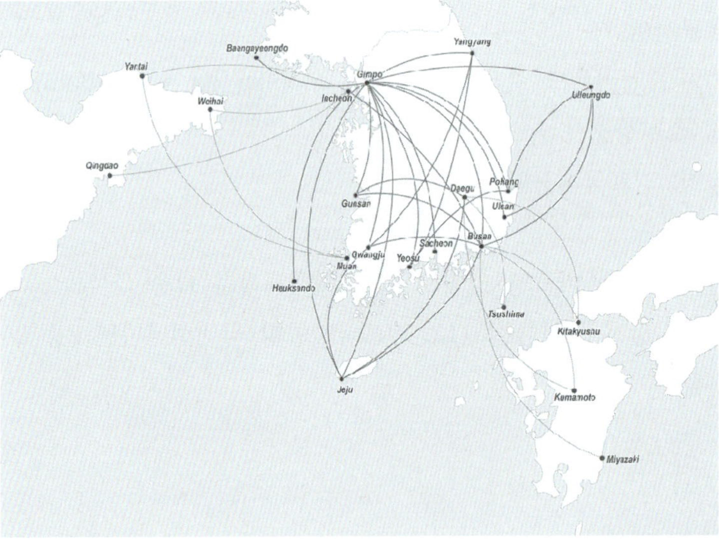

(Ref) https://www.sumair.kr

4. etc.

- CI(Corporate Identity)

(Ref) https://www.getnews.co.kr/news/articleView.html?idxno=642013

4.2.16 삼아항업(SAMAH)

- 홈페이지: http://www.samah.com
- Service: 항공기사용사업자
- 기업 정보: 항공측량 및 항공지도제작 등
- 항공기 보유 현황: C－208B 1대 (HL 5116)

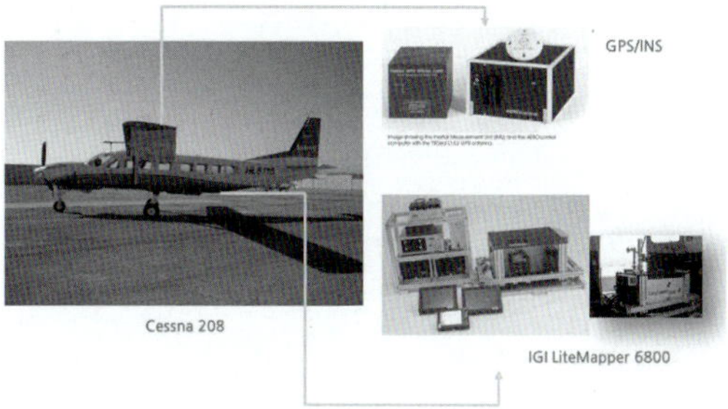

4.2.17 새한항업(Saehan)

- 홈페이지: https://www.shasco.co.kr
- Service: 항공기사용사업자

- 기업 정보: 항공측량 및 항공지도제작 등
- 항공기 보유 현황: C-208B 1대 (HL 5113)

4.2.18 신한항업(Shinhan)

- 홈페이지: https://shas.co.kr
- Service: 항공기사용사업자
- 기업 정보: 항공사진 촬영, 항공측량, 현황 측량, 영상도화, 수치지도 제작, GIS 프로그램개발, 3D 등
- 항공기 보유 현황: C-208B 1대 (HL 5117)

4.2.19 중앙항업(Chung-ang)

- 홈페이지: http://www.caas.co.kr
- Service: 항공기사용사업자
- 기업 정보: 항공측량 전문업체, 수치지도 제작, 지하시설물, 측지 측량, 수로조사업 등
- 항공기 보유 현황: T-206H 1대 (HL 1114)
- ATIS 항공기술정보시스템, 항공기 등록 현황: http://atis.koca.go.kr/ATIS/aircraft/forwardPage.do?pageUrl=aircraftRegStat01

4.3 전문교육기관 · 항공훈련기관

4.3.1 전문교육기관

조종사 · 항공정비사 · 항공교통관제사를 양성하려는 대학 등 교육기관이 전문교육

기관으로 지정[1])을 받으려는 경우 교육훈련프로그램, 적정 교관 인력 확보 및 시설·장비 보유 등 지정 기준(항공안전법 시행규칙 별표 12) 충족 여부를 심사 후 적합 시 지정[2])

4.3.2 항공훈련기관

항공종사자 자격증명 소지자에 대한 보수교육 등을 운영하려는 항공사 등이 항공훈련기관으로 인가를 받아 운영 중

- 교육훈련프로그램, 적정 교관 인력 확보 및 시설·장비 보유 등 인가 기준(운항기술기준 제3장 항공훈련기관) 충족 여부를 심사 후 적합 시 인가[3])

4.3.3 전문교육기관 · 항공훈련기관 지정 이후 안전감독

1) 정기검사: 전문교육기관 및 항공훈련기관의 교육 훈련 체계가 지정기준에 따라 유지되는지 여부를 매년 1회 검사
   ※ 감독기관: 국토부 항공안전정책과(경량항공기 조종사과정 및 항공훈련기관), 지방항공청(전문교육기관)
2) 수시검사: 비행훈련기 사고, 항공안전장애 및 교육생 민원 발생 시 수시검사를 실시하여 교육이 정상적으로 운영되도록 미흡사항 해소

4.3.4 항공종사자 양성 전문교육기관 현황(24. 1. 2. 기준)

전문교육기관: 총 68개(조종 20개, 정비 34개, 관제 5개, 경량항공기 9개)

---

1) 조종사 양성 교육기관은 의무적으로 전문교육기관 지정을 받아야 되나, 항공정비사 · 항공교통관제사 양성 교육기관은 선택사항임(지정 전문교육기관 이수자는 항공종사자 자격증명 실기시험 면제 등 일부 혜택 부여)

2) 신규지정 시 지정서(Approved Training Organization Certificate), 훈련운영기준(Training Specification) 및 교육규정(Training Procedure Manual) 발급

3) 신규인가 시 지정서(Aviation Training Organization Certificate), 훈련운영기준(Training Specification) 및 교육규정(Training Procedure Manual) 발급

1) 조종사 양성 교육기관: 총 20개

(대학교 11개, 직업전문학교 1개, 항공기사용사업체 5개, 군 3개)

순번	구분	교육기관		지정일	훈련기(대)	정원(年)	운영공항
1	대학교	항공대학교	수색	1986.10	6	75명	정석(제주)
			울진	2010.07	14	70명	울진
2		한서대학교		2006.11	29	108명	태안
3		한국교통대학교		2014.07	5	30명	무안, 청주
4		초당대학교		2016.04	14	60명	무안, 산이
5		청주대학교		2018.09	9	40명	무안, 청주
6		경운대학교		2018.11	7	33명	무안, 영암
7		중원대학교		2018.12	4	40명	무안
8		가톨릭관동대학교		2019.02	에어플렉스항공 위탁(훈련기 없음)	30명	양양
9		신라대학교		2019.07	신한에어 위탁 (훈련기 없음)	35명	영암
10		세한대학교		2019.08	미국비행학교위탁 (훈련기 없음)	35명	미국
11		극동대학교		2021.06.21	8	40명	양양
12	직업전문 학교	한국항공 직업전문학교	울진(학부)	2014.05	3	30명	울진
			울진(직업)	2014.01	14	60명	울진
13	항공기 사용 사업체	써니항공		2018.10	3	12명	무안
14		한국항공		2018.12	3	20명	청주
15		에어플렉스항공('22.10.18)		2019.02	5	5명	양양
16		SOC항공비행교육원		2019.04	3	15명	무안
17		신한에어		2019.04	2	45명	영암
18	군	공군		1995.02	비공개	비공개	비공개
19		육군		1997.12	〃	〃	〃
20		해군		2008.12	〃	〃	〃
총계						**783명**	

2) 항공정비사 양성 교육기관: 총 34개

(대학교 13개, 전문대학 8개, 고등학교 4개, 항공사 1개, 직업전문학교 7개, 군 1개)

순번	구분	교육기관	지정일	정원(年)		지역
1	대학교	한서대학교 항공기술교육원	2007.04	70명		충남 태안
2		경운대학교 항공기술교육원	2018.08.24	비행기	120명	경북 구미
			2021.12.01	전자전기계	40명	
			총계	**160명**		
3		신라대학교	2019.12	48명		부산 사상구
4		극동대학교	2020.02	비행기	60명	충북 음성
				전자전기계	30명	
			총계	**90명**		
5		한국항공대학교	2020.10.12	120명		경기 고양
6		가톨릭관동대학교항공기술교육원	2020.11.24	48명		강원 강릉
7		호원대학교	2020.12.09	48명		전북 군산
8		세한대학교	2020.12.21	60명		충남 당진
9		창신대학교	2021.01.19	24명		경남 창원
10		여주대학교	2021.03.25	60명		경기 여주
11		초당대학교	2021.03.31	30명		전남 무안
12		중원대학교	2021.09.30	30명		충북 괴산
13		청주대학교	2022.08.29	48명		충북 청주
14	전문대학	한국폴리텍항공캠퍼스	2001.12	72명		경남 사천
15		동원과학기술대학교 항공기술교육원	2016.03	비행기	70명	경남 양산
			2023.2.3	전자전기계	24명	
			총계	**94명**		
16		경북전문대학교	2016.08	비행기	60명	경북 영주
			2022.03.17	헬리콥터	36명	
			총계	**96명**		
17		경남도립남해대학교	2019.09	비행기	60명	경남 남해
			2022.04.26	헬리콥터	60명	
			총계	**120명**		
18		충청대학교	2020.08.19	90명		충북 청주
19		경남도립거창대학교	2021.12.22	48명		경남 거창
20		구미대학교	2022.02.10	비행기	110명	경북 구미
			2022.02.10	헬리콥터	36명	
			총계	**146명**		
21		**국제대학교**	**2023.6.26**	**비행기**	**48명**	**경기 평택**
			2023.6.26	**헬리콥터**		
			총계	**48명**		
22	고등학교	정석항공고항공기술교육원	2011.12	240명		인천 미추홀구
23		경북항공고항공기술교육원	2014.02	비행기	115명	경북 영주
			2023.2.27	헬리콥터	48명	
			총계	**163명**		
24		강호항공고등학교	2015.02	120명		전북 고창
25		경남항공고등학교	2019.10	24명		경남 고성
26	항공사	대한항공 항공기술교육원	1993.01	72명		서울 강서구
27	직업전문학교	한서항공직업전문학교	1998.07	100명		서울 광진구
28		한국에어텍항공직업전문학교	1999.03	180명		서울 강서구
29		아세아항공직업전문학교	2010.12	420명		서울 용산구
30		한국항공직업전문학교	2006.03	200명		서울 동대문구
31		인하항공직업전문학교	2018.06	120명		인천 부평구
32		한국항공기술직업전문학교	2022.05	60명		서울 강서구
33		국제항공직업전문학교	2023.10	180명		서울 영등포구
34	군	공군	1995.04	비공개		비공개
총계				**3,465명**		

3) 항공교통관제사 양성 교육기관: 총 5개

(대학교 3개, 공항공사 1개, 군 1개)

순번	구분	교육기관	지정일	과정명	정원(年)	지역
1	대학교	항공대 항공교통관제교육원	'99.03	항공교통관제사과정	50명	경기 고양
2		한서대 항공교통관제교육원	'03.08	항공교통관제사과정	42명	충남 태안
3		경운대학교 항공교통관제교육원	'22.12.	항공교통관제사과정	20명	경북 구미
4	공항공사	한국공항공사 항공기술교육원	'99.09	항공교통관제사과정	20명	충북 청주
5	공군	공군교육사령부 항공교통관제사 전문교육원	'99.06	항공교통관제사과정	(비공개)	(비공개)
총계				**132명**		

4) 경량항공기 조종사과정: 총 9개

(개인사업자 5개, 일반법인 3개, 학교법인 1개)

순번	구분	기관명칭	지정일	과정명	정원(年)	소재지
1	개인사업자	에어랜드항공 경량비행교육원	2016.07	경량항공기 (타면조종형)	64명	경남 합천
2		하늘누리항공 경량비행교육원	2018.06	경량항공기 (타면조종형)	60명	경기 화성
3		공주경량항공 경량비행교육원	2019.03	경량항공기 (타면조종형)	64명	충남 공주
4		성주항공 경량비행교육원	2022.04	경량항공기 (조종형비행기)	72명	강원 원주
5		플라이트케이항공 경량비행교육원	2023.09	경량항공기 (조종형비행기)	120명	전남 영암
6	일반법인	아트항공레저 경량비행교육원	2020.04	경량항공기 (타면조종형)	96명	경기 안성
7		알파트로스항공 경량비행교육원	2022.06	경량항공기 (조종형비행기)	72명	전남 나주
8		케이디에프항공 경량비행교육원	2023.04	경량항공기 (조종형비행기)	96명	전남 나주
9	학교법인	초당대학교 경량비행교육원	2021.02	경량항공기 (타면조종형)	150명	전남 무안
총계					**794명**	

4.3.5 항공훈련기관 인가현황(24. 1. 2. 기준)

항공훈련기관: 총 23개(항공사 등 9개, 대학교 8개, 직업전문학교 4개, 공군 2개)

순번	구분	교육기관	인가일	훈련과정	정원(연)	장소
1	항공사 등	Boeing Korea 훈련캠퍼스	'01.12.29	• 비행훈련과정(세부 4개과정) - 모의비행장치를 이용한 조종사 지상학 및 비행훈련	1인 연2회 5,890명×2회= 11,780명	인천 중구
2		Airbus Korea 훈련서비스원	'06.10.02	• 비행훈련과정(세부 2개과정) - 모의비행장치를 이용한 조종사 지상학 및 비행훈련	1인 연2회 2,353명×2회= 4,706명	인천 중구
3		CAE Korea (Canadian Aviation Electronics) 항공훈련센터	'13.08.14	• 비행훈련과정(세부 9개과정) - 모의비행장치를 이용한 조종사 지상학 및 비행훈련	1인 연2회 9,430명×2회= 18,860명	서울 강서구
4		아시아나항공 캐빈훈련팀	'16.03.08	• 객실승무원훈련과정 (세부 6개과정)	5~27명 ×27차수 = 1,476명	서울 강서구
5		아시아나항공 정비본부 정비지원팀	'16.09.22 '22.06.20	• 항공기 기종교육과정 - ~~A320F 항공정비사~~('23.6.29 반납) - A330 항공정비사	30명×3차수 = 90명	인천시 중구
6		한국공항공사 항공훈련센터	'16.12.12	• 비행훈련과정 - 제트비행전환과정	20명×12차수 = 240명	서울 강서구
				- 제트비행 기본기량 유지과정: 일반	20명×6차수 = 120명	
				- 제트비행 기본기량 유지과정: 심화	20명×6차수 = 120명	
				- 제트비행 기본기량 유지과정: 모의비행장치 (2, 4, 6시간)	20명×6차수×3 개과정 = 360명	
				- 항공사취업준비과정	30명×10차수 = 300명	
			총 계		1,140명	
7		헬리코리아 항공훈련센터	'18.03.06	• 비행훈련과정(세부 7 과정) - 헬리콥터조종사 지상학 및 비행훈련과정	1~4명× 4~15차수 = 52명	대전 대덕구
8		항공우주산학융합원 항공산업교육훈련센터	'21.05.03	• 항공정비훈련과정 - 정비조직(AMO) 인증 산학연 실무자 교육과정	25명×2차수= 50명	인천 연수구
			'23.07.05	- A-320F Engine Run-up 과정	10명×2차수= 20명	
			'23.07.05	- B-737 Engine Run-up 과정	10명×2차수= 20명	
			'22.08.31	• 항공기 기종교육과정 - B-787 항공정비사	20명×2차수= 40명	
			'23.07.05	- B-777 항공정비사	20명×2차수= 40명	
			총 계		170명	

순번	구분	교육기관	인가일	훈련과정	정원(연)	장소
9		티웨이항공 항공훈련센터	'21.11.02	• 객실승무원훈련과정 (세부 7개과정)	10~30명× 4~12차수 = 820명	서울 강서구
10	대학교	한국항공대학교 정석비행훈련원	'04.12	• 비 행 훈 련 과 정 - 신입 조종사 기본훈련 과정 : 항공사 전환 훈련	20명×6차수= 120명	제주 서귀포 시
11		한국항공대학교 수색비행교육원	'15.03	• 조종사 지상학과정	20명×6차수= 120명	경기 고양시
12		한국항공대학교 항공안전교육원	'02.07	• 항공보안과정(세부 14개과정)	20명×86차수 = 1,720명	경기 고양시
				• 안전관리과정(세부 16개과정)	20명×68차수 = 1,360명	
			총 계		3,080명	
13		한국폴리텍 II 대학 남인천캠퍼스 항공기술교육원	'21.08.10	• 항공기 기종교육과정 - C-172 항공정비사	22명×2차수 = 44명	인천 미추홀 구
			'22.03.16	• 항공정비 훈련과정 -항공기복합소재 제작및수리과정	10명×4차수 = 40명	
				• 항공정비 훈련과정 - B-737Engine Runup과정	10명×1차수 = 10명	
			총 계		94명	
14		극동대학교 항공안전보안교육원	'22.05.10	• 항공보안과정 - 항공사보안감독자초기과정 - 항공사보안감독자정기과정	20명×24차수 = 480명	충북 음성군
				• 안전관리과정 - 항공기사고조사과정 - 항공안전관리시스템(SMS)과정	20명×24차수 = 480명	
			총 계		960명	
15		한서대학교 항공기술교육센터	'22.08.08	• 안전관리과정(세부 2개과정)	20명×4차수 = 80명	충남 태안군
				• 항공정비훈련과정 - C-172 항공정비사 - B-737 항공정비사과정	20명×4차수 = 80명	
				• 항공기 기종교육과정 (세부 2개과정)	24명×4차수 = 96명	
16		경남도립남해대학 항공기술교육원	'23.02.20	• 항공기 기종교육과정 - B-737 항공정비사과정 • 구직자과정	24명×2차수 = 48명	경남도 남해군
				• 재직자과정	24명×2차수 = 48명	
			총계		96명	
17		신라대학교 부산항공안전보안	'23.6.13	• 항공보안과정 - 항공사보안감독자초기과정	20명×2차수=40명 20명×2차수=40명	부산시 사상구

순번	구분	교육기관	인가일	훈련과정	정원(연)	장소
		교육원		- 항공사보안감독자정기과정		
				● 안전관리과정 - 항공기사고조사관과정 - 항공안전관리시스템(SMS)과정	 20명×2차수=40명 20명×2차수=40명	
			총계		160명	
18	직업 전문 학교	한국항공우주기술협회 항공기술교육원	'15.09	• 항공정비훈련과정 - 항공정비사교관과정	30명×4차수 = 120명	서울 강서구
				• 항공기 기종교육과정 - C-172 항공정비사	30명×2차수 = 60명	
			총 계		180명	
19		한국에어텍항공 직업전문학교 항공정비훈련원	'18.02	• 항공기 기종교육과정 - B-737NG 항공정비사	24명×3차수 = 72명	서울 강서구
20		아세아항공 직업전문학교 기종교육원	'18.04	• 항공기 기종교육과정 - B-737NG 항공정비사	24명×4차수 = 96명	서울 강서구
			'22.11	- B-737NG 교관과정	24명×1차수 = 24명	
			~~'19.11~~	~~• 항공기 기종교육과정~~ ~~- A-320F 항공정비사~~ ('23.5.16)반납	~~24명×4차수 = 96명~~	
			'20.06	• 항공기 기종교육과정 - C-172 항공정비사	24명×4차수 = 96명	
			총 계		216명	
21		인하항공직업전문학교 기종교육원	'19.09	• 항공기 기종교육과정 - A-320F 항공정비사	24명×4차수 = 96명	인천 부평구
			'22.05	• 항공기 기종교육과정 - A-330F 항공정비사	24명×2차수 = 48/명	
			총 계		144명	
22	공군	공군 항공안전단 안전관리실	'04.12	• 안전관리과정 (세부 6개과정)	30명×6차수 = 180명	서울 동작구
23		공군항공우주의료원 항공우주의학훈련센터	'16.10	• 비행훈련과정 - 항공생리훈련과정(고정익)	15명×5차수 = 75명	충북 청주
				- 항공생리훈련과정(회전익 항공기)	15명×5차수 = 75명	
				- 조종사 초급과정	50명×13차수 = 650명	
			총 계		800명	
총 계			45,572명			

PART

02

항공학개론
Introduction to the World of Aviation

항공분야의 기초 지식 탐구

CHAPTER

05 항공기 운항 절차

일반적인 비행 준비부터 목적지 공항에 도착하여 엔진 정지까지 수행하는 비행 절차에 대해서 운항 단계별로 설명하겠다. 이 내용을 통해서 항공사 운항승무원의 비행 업무에 대한 이해를 높이고 실제 비행 준비와 운항에 대한 구체적 절차를 통해 항공운항의 중요성을 인식하고 철저히 준비하는 계기가 되기를 바란다.

조종사(PIC, Pilot in Command)는 항공기 운항에 대하여 최종적인 권한과 책임을 지는 사람이다. 또한 항공기의 안전과 운항, 모든 승무원에 대한 지휘 감독, 기상조건, 연료량, 출발지와 목적지 공항 정보 등 안전한 운항에 필요한 것들 외에도 비행에서 일어나는 모든 일의 결정에 대하여 책임과 권한을 갖는다.

운항승무원은 국내선 비행 시 비행시간 1시간 10분 전, 국제선 비행 시에는 1시간 35분 전까지 출근을 완료하고 비행 전 브리핑 절차에 의거 비행에 관련된 사항을 동

[그림 1] 비행 나가는 모습

일 편조원과 함께 브리핑한다. 비행 전 브리핑 점검 항목에는 비행계획서(Flight Plan), 항공고시보(NOTAM), 기상정보, 항공기 MEL(Minimum Equipment List), 연료량 등이 있다. 이 자료와 함께 운항승무원 브리핑을 회사 내의 비행 브리핑실이나 지정된 장소에서 하고 비행기로 나간다.

운항승무원 브리핑 중에는 앞서 언급한 점검 항목 외에 법적 구비 서류 소지를 확인한다. 법적 서류는 조종사자격증명서, 제1종 항공신체검사증명서, 항공무선통신사 기술자격증, 승무원등록증, 회사신분증, 비행기록부 등이며 국제선인 경우 여권이 추가된다. 아래의 사진은 임무기장이 브리핑을 하는 자료이다.

[그림 2] 운항승무원 브리핑 모습

운항승무원 브리핑 이후 비행 출발 55분 전에 합동 브리핑실 또는 항공기에서 객실 승무원들과 합동브리핑(Joint Briefing)을 실시한다. 합동브리핑에서는 그날의 비행계획서상에 설정된 비행시간, 비행 고도, 항로, 항로와 목적지 상의 기상, 조종실 출입 절차, 통신절차, 보안 점검 등과 함께 보안 고려사항, 비상 장비 등 안전 고려사항, 비상상황 시 절차 등을 상호 확인하고 금일 비행에 적용되는 새로운 사항을 알려준다.

[그림 3] 조종석에서 비행 준비하는 모습

합동브리핑 이후 기장과 부기장은 조종실에 들어와서 각자 자신의 역할에 따라 비행 준비를 한다. 이 단계에서 기장의 주 임무는 항공기가 운항 가능한지, 기장으로서 그 항공기를 인수할 수 있는지를 확인하는 것이다. 기장은 탑재용 항공일지 상에 중대결함이 있는지 확인하고 Safety 재킷을 입고 외부점검을 한다. 부기장은 조종실에서 비행 준비를 하는데, 조종실 비행 준비 사항은 항공기 시스템 점검과 시스템 Set-Up 그리고 항법 장비 초기화와 비행 자료 입력 등이다.

시스템 점검에는 고도계 등 비행 계기와 기상 레이더도 포함된다. 점검 시 이상이 있는 경우에는 기장에게 즉시 보고한다. 비행 전 준비(Preflight set up)와 ATIS(Automatic Terminal Information Service) 모니터 그리고 FMS(FLIGHT MANAGEMENT SYSTEM)에 항로와 기상 관련 사항 등을 입력한다. 기장은 외부점검을 마치고 들어온 후 부기장이 준비한 사항을 최종적으로 다시 확인한다. 연료 보급이 다 끝나고 정비사가 탑재용 항공일지에 비행 가능 서명을 하면 기장은 비행기 인수 서명을 한다.

객실 사무장의 객실 준비 완료 보고를 받으면 이제 항공기에 승객 탑승 준비가 됐다고 할 수 있다. 정비와 객실, 조종실의 모든 준비가 완료된 후 승객이 항공기 탑승을 시작하도록 기장이 허가한다. 이때가 보통 항공기 출발 예정 시각 25분 전이다.

[그림 4] 승객 탑승 좌석 배정 모습

조종사들은 승객 탑승 중 계속해서 비행 준비를 진행하는데 그중에 관제기관에 비행 허가(ATC CLEARANCE)를 요청하고 승객과 화물, 연료의 중량 배분(Weight & Balance) 자료를 FMS에 입력하여 이륙성능을 확인하고 이륙 시 적용되는 V_1, V_r, V_2 속도를 계산하여 비행관리컴퓨터인 FMS에 입력한 후, 기장과 부기장 상호 간에 그날의 TAKE OFF 브리핑을 이륙 브리핑 카드에 의거해서 실시한다.

항공기에 승객 탑승이 완료되면 Door Close 후 Push Back을 요청해서 관제기관으로부터 허가를 받으면 항공기 엔진을 시동한다. 엔진 시동을 진행하면서 항공기를 게이트로부터 뒤로 이동시키는 Push Back 절차는 조종실과 관제사 그리고 지상 직원의 원활한 의사소통과 협력이 필요하다.

엔진 시동 이후 Push Back이 완료되면 부기장은 관제기관에 이륙하는 활주로 방향으로 가기 위한 지상 활주인 Taxi를 요청한다. Taxi란 항공기가 지상에서 자기의 힘으로 움직이는 것을 말한다.

활주로로 이동하면서 객실 승무원에게 최종적으로 이륙 준비를 좌석 안전벨트 사인을 통해 알려주고 관제탑인 Tower로부터 이륙 허가를 받은 후 이륙한다. 모든 항공기는 반드시 관제탑으로부터 이륙 허가를 받아야 활주로에서 이륙할 수 있다.

[그림 5] 이륙 브리핑 모습

[그림 6] 항공교통관제사와 교신하는 모습

[그림 7] 항공 교통관제 업무 모습

[그림 8] 안전벨트 신호 모습

[그림 9] 항공기 이륙하는 모습

활주로에 정대한 이후부터는 기장과 부기장이라는 직책에서 임무 형태로 분류되는 PF(PILOT FLYING)와 PM(PILOT MONITORING)의 역할로 나뉘어 담당 역할에 맞는 임무를 수행하게 된다. 운항 중에 비행 조종을 담당할 사람을 'PILOT FLYING', 줄여서 PF라고 하며, 'PILOT MONITORING'의 경우에는 옆의 'PILOT FLYING'이 임무 수행을 빠짐없이 하는지에 대해 모니터링을 하고 조력자의 역할로 기재 취급과 PF에게 조언, 관제기관과의 교신 등 기타 업무들을 수행하는 역할이다. 즉, PF는 항공기를 조종하고 표준절차를 수행하는 임무이며, PM은 관제기관과 통신(ATC Communication)하고, PF 요청사항을 수행하며 항공기 상태를 지속 점검하는 업무를 한다. 상승 중에도 AFTER TAKEOFF와 같은 체크리스트를 수행하고 각종 계기를 확인하여 항공기 상태를 지속적으로 모니터링한다.

순항고도(Cruise Altitude)에 도달한 이후에는 조종사들은 항공기의 운항 상태를 점검한다. 순항 점검이 끝나면 해당 비행 편의 임무 반이 끝난 것과 같다. 기장과 부기장은 비로소 긴장을 풀고 다소의 여유를 가질 수 있다. 기장(Captain)은 목적지 기상, 도착 예상 시간 등을 확인한 후 기장방송(PA, Passenger Address)을 실시한다. 외국인 기장일 경우에는 기장이 영어로 하고 부기장이 우리말로 기장방송을 진행한다. 기장방송을 제외하고 운항 중의 모든 비행 업무는 PF와 PM의 역할로 구분하여

[그림 10] 항공기 지상 활주 모습

운영된다.

장거리 비행이거나 국내선이라도 식사 시간이 되면 승객과 마찬가지로 조종사도 음식이 제공되어 운항 승무원은 조종실에서 식사한다. 이 또한 항공사 운항 승무원의 즐거움 중 하나다. 다들 알겠지만, 운항 중 식사는 기장과 부기장에게 각각 서로 다른 메뉴가 제공된다. 이는 만약에 동일 메뉴를 제공하는데 음식이 문제가 되어 신체에 영향을 미치는 상황이 발생하면 조종사 모두가 문제가 되기 때문에 이를 예방하는 차원이다. 즉 다른 메뉴를 다른 시간에 제공되는 것이 정상 절차이다.

순항 중에 진행하는 비행 업무로서 목적지인 도착공항 기상과 Gate를 확인하고 입항과 접근 절차인 Arrival과 Approach Procedures 준비 및 착륙성능(Landing Performance)을 계산한다.

Arrival이란 항로에서 목적 공항까지 이어주는 경로이다. 자동차를 예로 든다면 고속도로에서 도시까지 이어주는 간선도로라고 생각하면 된다. Approach는 Arrival이 끝나는 지점부터 착륙 활주로까지 접근하는 비행경로 및 절차이다. PF는 착륙 브리핑(Landing Briefing)을 한다. 조종사들은 매 비행단계별 브리핑을 한다.

[그림 11] 항공기 착륙 모습

브리핑의 목적은 기장과 부기장, 또는 PF와 PM으로서 각자 갖고 있는 정보의 비교 및 공유, 계획한 운항 절차의 상호 확인이 기본 목적이다. 착륙 브리핑의 주요 내용은 도착공항 기상, 접근 절차, 비행장 시설, Gate까지 Taxi 예상 경로 등이다. 국내선의 경우 순항 구간에 진입하여 착륙 브리핑까지 완료하면 곧 강하를 시작해야 한다. 대략 10분 정도의 짧은 시간에 착륙 브리핑까지 모든 항목을 빠짐없이 수행하기 위해서 오랜 시간과 연습이 필요하다.

항로에서 착륙을 위해 강하하면서 운항 승무원은 다시 분주해진다. 운항 상의 모든 변화, 즉 고도의 강하, 방향 및 속도의 변화는 모두 관제사와 협의하고 허가를 받아야 조종사들이 시행할 수 있다. 즉, 조종사가 임의대로 순항고도에서 내려가거나 속도를 줄이는 조작은 절대 안 된다.

PF는 항공기가 안전하게 목적지에 착륙하기 위한 모든 조종 행위를 계획하고 미리 관제사의 허가를 받은 후 항공기의 경로를 그에 맞춰 조종한다. 경로의 변경은 원활한 교통 흐름을 위해 관제사가 지시하거나 조종사의 요청을 검토 허가하여 이뤄진다.

PM은 PF가 브리핑한 대로 그리고 관제사의 허가대로 항공기를 조종하는지 모니터하고 PF에게 시기적절하게 조언한다. 기장은 PF나 PM의 임무와 상관없이 전체 항공기의 상태를 모니터한다. 객실의 상황 또한 언제나 모니터하면서 객실 승무원들이

[그림 12] 관제탑 업무 모습

승객 서비스와 더불어 착륙 준비를 할 수 있도록 단계에 맞춰 안전벨트 사인 신호로 알려준다. 항공기가 10,000피트(약 3,000미터)를 지날 때 승객과 객실 승무원들을 착석하도록 한다.

10,000피트 이하에서는 관제사와 조종사는 더욱 바빠지고 조종에 집중한다. 항공법은 10,000피트 이하에서는 조종 이외에 불필요한 다른 행위를 하지 않도록 요구한다. 조종사는 그들이 지금까지 쌓아 온 모든 기량과 역량을 최대한 발휘하여 안전한 착륙이 되도록 최선을 다한다.

안전하게 목적지 활주로에 착륙하는 순간 승객들은 안도의 한숨을 내쉬고 때로는 박수를 치기도 하지만 조종사들 또한 오늘도 안전하게 임무를 완수했다는 뿌듯함에 미소를 짓는다. 그러나 끝날 때까지 끝난 게 아니라는 격언같이 도착공항에 착륙한 이후에도 Gate까지 활주로에서 유도로를 지나 램프에 진입하는 등의 Taxi 경로가 남아 있다. 목적지를 출발할 때와 마찬가지로 관제사와 긴밀히 무선 통신으로 통화하면서 Taxi 경로 지시를 수신하고 이동한다.

지정된 Gate에 도착하여 항공기를 접안하고 엔진을 끄고 승객들이 하기하도록 객실에 안전벨트 사인을 끄는 것으로 신호를 보낸다.

[그림 13] 항공기 게이트 접안 모습

조종석(Cockpit)에서는 Engine Shut Down Checklist를 수행한다. 이후 비행시간 및 비행 중 특이사항 등을 탑재용 항공일지(Flight Log)에 적는다. 이로써 한 번의 비행이 끝나게 된다. 국내선의 경우 같은 비행기, 같은 편조(동일 기장/부기장)로 계속하여 비행하는 경우, 대부분 다음 비행까지 준비시간은 약 40분이며, 휴식 후 바로 다음 비행 준비를 동일하게 시작한다.

CHAPTER 06 운항관리의 이해

6.1 운항관리업무

6.1.1 운항관리 개요

1. 운항관리의 정의

운항관리란 항공기가 안전하고 효율적으로 운항할 수 있도록 비행계획을 작성하여 항공기의 운항여부를 결정하고 비행의 전 과정을 감시하면서 운항 상황에 따라 필요한 조치를 하는 업무를 수행하는 것을 말한다.

법적으로는 항공안전법에 따라 적법한 자격을 갖춘 운항관리사가 항공기의 안전성과 비행의 정시성 및 효율성 확보를 위하여 비행의 계획, 시작(운항), 변경, 취소 및 종료와 관련된 비행계획의 수립과 항공기 감시 및 통제 업무를 수행하는 것을 말한다.

2. 운항관리업무의 개념

운항관리업무는 기장(PIC)과 운항관리사 간의 비행 허가(Company Clearance)를 통하여 이루어진다. 비행 허가(Company Clearance)란 해당 비행의 Flight Document(전자문서 형태 포함)의 내용에 대해 기장과 운항관리사가 확인 후 각각 서명(전자서명 포함)함으로써 상호 동의하는 것을 말하며, 따라서 기장과 운항관리사는 운항관리에 대하여 공동 책임을 가진다. 모든 비행은 해당 편 운항비행계획서에 기장과 운항관리사의 서명 없이 출발해서는 안 되며, 기장과 운항관리사가 Flight Document 내용을 검토함에 있어 상호 의견의 일치를 보지 못할 때는 안전도를 최우선으로 고려하여야 한다.

매 비행 시의 Flight Document에는 Operational Flight Plan(OFP), ICAO ATS Flight Plan 사본, 출발지와 목적지 그리고 교체공항에 대한 이용 가능한 현재 기상보

고 및 예보와 항공고시보, 해당 항로에 대한 온도, 바람 및 악기상 예보도, 기타 운항에 필요한 서류가 포함되어야 한다.

3. 운항관리의 방식

현재 대부분 항공사는 운항관리업무 수행을 위하여 본사에 통제센터(OCC)를 운영하고, 국내 및 국외공항에는 지역적 조건, 통신망, 운항특성 등을 고려하여 운항관리사가 상주하거나 아래와 같이 지역별 운항관리 지원체제를 구축하여 운용하는 중앙집중방식으로 운항관리업무를 수행하고 있다.

1) 해당국 정부가 인정한 운항관리사 자격 증명 소지자 선정
2) 위탁조업사 선정
3) 운항담당자 선정
4) 운항관리사 파견 및 탑승 지원

[그림 1] 종합통제센터(OCC)-1

4. 운항관리의 배경 및 역사

1924년 미국에서 항공교통으로 대륙 간 우편배달 서비스를 시작하면서 항공기 기장에게 기상과 비행 정보를 제공하였는데 이것이 최초로 운항관리라는 개념이 되었으며, 이후 무선통신 장비의 발달로 기상보고 및 비행 정보 송·수신이 가능하게 되면서 운항관리(Dispatching) 업무가 점차 활발해지게 되었다.

1935년 TWA 항공기 사고 이후 "Civil Aeronautic's Regulation 27"의 규제법안으로 책임이 한층 강화되고 운항관리(Dispatching) 업무가 운항관리사와 항공관제사로 그 임무가 구분되었다.

1938년 "Civil Aeronautics Regulation 27"에 의거 상업용 항공사의 운항조건을 강화하는 조치로 운항관리사 자격(aircraft dispatcher certificate) 제도가 생겼다.

1956년 ICAO 제3차 항행회의(air navigation conference)에서 운항관리사(flight Dispatcher/Flight Operations Officer) 제도를 인정하게 되었다.

우리나라에서는 1969년에 출범한 대한항공이 운항부 소속 운항통제과라는 조직을 만들면서 운항관리사제도가 도입되었다.

1988년 제2민항 출범으로 운항관리사 수요가 급격히 증가함에 따라 항공사 자체양성체계를 검토하면서부터 체계적인 운항관리사 교육 및 훈련내용을 갖추게 되었다.

[그림 2] 종합통제센터(OCC)-2

1990년대 들어서는 컴퓨터와 정보통신 기술의 비약적인 발달로 시간, 거리의 제약이 줄어들고 컴퓨터 시스템에 의한 비행계획 자동화가 급진전함에 따라 효율성 제고를 이유로 대부분 공항에서 운항관리사가 철수하고, 주요 거점공항을 중심으로 한 운항지원센터(Sub-center) 방식으로 전환하게 되었다.

1990년대 말 수차례의 연속된 대형 항공사고와 이에 따른 2001년 미국 연방항공청(FAA)의 안전등급 하향 조치 이후로 운항관리업무도 국제표준에 걸맞은 전문화된 업무기능을 갖추어 나가게 되었으며, 이후 비행계획 업무의 자동화, 첨단 장비에 의한 비행감시 기능의 강화, 각종 운항 정보자료 시스템의 통합을 통하여 안전운항 및 경제운항을 총괄하고 종합적인 의사결정이 가능한 진보된 운항통제센터(OCC: Operations Control Center)를 갖추고 중앙집중관리체제를 구축하게 되었다.

6.1.2 운항관리업무 범위

1. 운항관리업무의 법적 근거

운항관리업무를 수행하기 위해서는 반드시 운항관리사 자격증명을 취득해야 하며 법에 다음과 같이 명시되어 있다.

〈항공안전법 제65조(운항관리사)〉

① 항공운송사업자와 국외운항항공기 소유자등은 국토교통부령으로 정하는 바에 따라 운항관리사를 두어야 한다.

② 제1항에 따라 운항관리사를 두어야 하는 자가 운항하는 항공기의 기장은 그 항공기를 출발시키거나 그 비행계획을 변경하고자 하는 경우에는 운항관리사의 승인을 받아야 한다.

③ 제1항에 따라 운항관리사를 두어야 하는 자는 국토교통부령이 정하는 바에 따라 운항관리사가 해당 업무를 원활하게 수행하는 데 필요한 지식 및 경험을 갖출 수 있도록 필요한 교육훈련을 실시하여야 한다.

아울러, 운항관리사의 업무범위는 항공안전법 제36조(업무범위) 별표에 "항공운송사업에 사용되는 항공기 또는 국외운항항공기의 운항에 필요한 다음 각 호의 사항을 확인하는 행위"라고 명시되어 있다.

① 비행계획의 작성 및 변경
② 항공기 연료 소비량의 산출
③ 항공기 운항의 통제 및 감시

종전에는 상기 제3항이 "항공기 중량배분의 산출"이었으나 최근의 컴퓨터 시스템에 의한 업무 자동화와 항공기 장비 및 기능의 발전에 따라 항공기 중량배분 업무는 삭제하고, "항공기 운항의 통제 및 감시"로 변경되었다.

ICAO 부속서 6 "항공기 운항(Aircraft Operations)"에는 "운항관리사의 임무(Duties Of Flight Operations Officer/Flight Dispatcher)"를 다음과 같이 명시하고 있다.

① 기장의 비행준비를 돕고 필요한 관련 정보의 제공
② 기장의 운항 및 ATS 비행계획의 작성 지원 및 제출
③ 비행 중인 기장에게 적절한 방법으로 안전운항에 필요한 정보 제공
④ 비상사태 발생 시 운항규정에 명시된 절차 이행 및 비행안전 관련 정보 전달

미국 연방항공법에서는 기장과 운항관리사는 FAR과 운영기준을 준수하여 비행의 계획, 지연, 비행 허가(Flight Release)에 대하여 공동 책임이 있으며, 운항관리사는 비행의 진행 상황을 모니터링하고, 계획대로의 안전운항이 불가한 경우 결항 또는 재운항(Cancelling Or Redispatching)의 책임이 있다고 규정하고 있다.

한편 항공사에서는 항공안전법 제65조 제3항에 따라 업무를 원활하게 수행하는 데 필요한 지식 및 경험을 갖출 수 있는 교육을 실시할 수 있도록 운항관리사 교육 훈련 규정(Flight Dispatcher Training Manual)을 정부로부터 인가받아 운영하고 있다.

여기에는 운항관리사 자격 유지를 위한 각종 교육훈련과 이수 시간, 관숙비행(Observation Flight) 등을 적격기간 내에 실시할 수 있도록 규정하고 있다.

2. 운항관리업무 자격제도

항공운송은 타 운송 수단에 비하여 훨씬 강화된 안전성이 요구된다. 따라서 운항

에 관련된 모든 업무는 안전을 기본 전제로 항공종사자들의 자격 기준을 엄격하게 적용하고 있으며, 운항관리업무에 종사하는 인력에 대해서도 ICAO 규정 및 항공안전법에 자격과 임무, 업무 내용 등을 명시하여 훈련과정과 평가 절차에 따라 업무의 전문성을 갖추도록 국가자격증 제도를 운영하고 있다.

3. 운항관리업무 구분

운항관리는 업무의 흐름에 따라 비행 전 단계에서는 운항에 필요한 모든 정보를 수집 및 분석하여 매 비행 편에 필요한 비행계획서를 작성하는 비행계획업무, 비행이 시작되어 종료될 때까지는 비행계획에 따라 정상적으로 안전하게 비행하고 있는지를 확인하는 비행감시업무, 그리고 계획된 운항 스케줄을 조정하고 비정상 운항 상황 발생 시에는 신속하게 정상화 조치를 하는 운항통제업무로 구분할 수 있다.

4. 운항관리사

항공기의 안전성, 경제성, 정시성, 쾌적성 등을 유지하기 위하여 비행에 필요한 각종 정보를 취합하고 분석하여 최적의 운항관리업무를 수행하는 항공종사자를 말하며, 국내 및 국제법에서 정한 자격증을 받아야 해당 업무를 수행할 수 있다.

운항관리사의 업무는 항공사별로 다소 차이는 있으나 일반적으로 다음과 같다.

1) 비행계획을 작성, 서명하고 기장의 비행준비를 지원한다.
2) 항공기의 운항 여부(결항, 지연 등)를 결정하고 필요시 기장과 합의하여 비행계획을 변경한다.
3) 항공기의 비행 진행 상황을 감시하고 비행 중 안전운항 수행을 위하여 필요한 정보를 기장에게 제공한다.

6.1.3 비행감시(Flight Watch)

비행계획서에 의거 운항을 실시하고 항공기의 비행 진행 상태와 제반 운항 상황을 이용 가능한 통신수단 및 위치추적시스템을 통하여 실시간으로 파악하고 비행을 감시하여 비정상상황이 발생하거나 예견될 경우 신속한 후속 대응조치를 취하여 비정상상황으로 인한 영향을 최소화하고 안전운항을 도모하는 것이 비행감시의 목적이다.

대부분 항공사에서는 증가하는 자사의 항공기 운항 현황을 실시간으로 보다 신속, 정확하게 확인할 수 있는 비행감시시스템(Flight Watch Management System)을 구축하여 비행계획단계부터 실시간으로 비행 전 과정을 철저히 감시하여 비정상상황 발생 시 신속 대응이 가능하게 되어 안전운항에 크게 기여하고 있으며 승객 서비스 질도 향상되고 있다.

1. 비행감시시스템

이전에는 비행감시를 수행하기 위한 시스템이 VHF Radio와 HF Radio 등 주로 무선 음성통신에 의존하였으나 최근에는 데이터 통신망 및 정보 시스템의 발달로 비행계획시스템(Flight Planning System), 운항통제시스템(Flight Operations Control System), ACARS(Aircraft Communications Addressing and Reporting System), 비행감시시스템(Flight Watch & Management System), SATCOM(Satellite Communicaton) 등 새로운 시스템을 구축하여 운항 전 과정을 실시간으로 그래픽과 문자로 표출하여 비행감시를 하고 있다. 비행감시 과정에서 비정상상황이 인지되면 바로 운항통제 담당 및 관련 부서에 전달하여 신속하고 효율적으로 운항 결정을 할 수 있다.

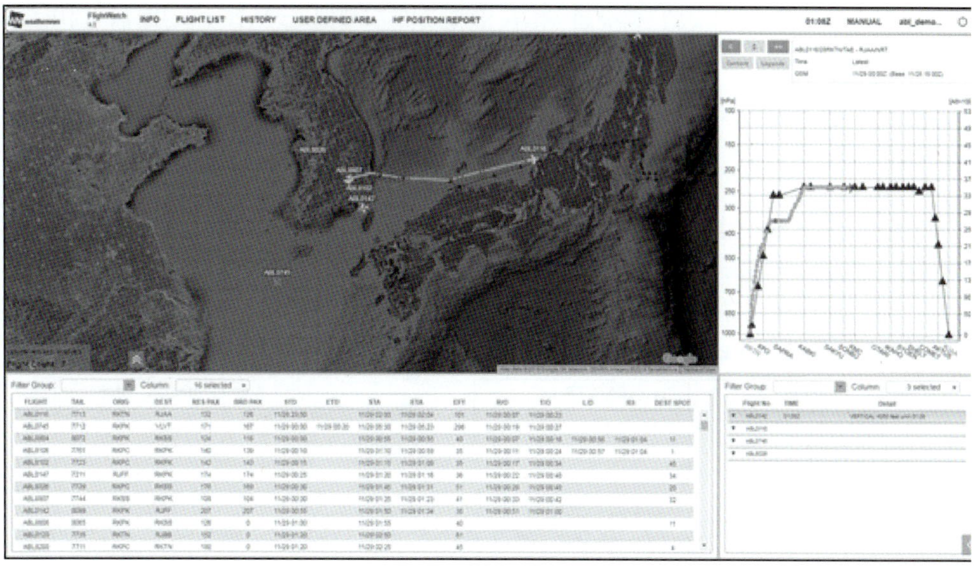

[그림 3] 비행감시시스템

2. 단계별 비행감시 업무절차

1) 운항 전 절차

(1) 비행감시 업무수행을 위한 시스템 이상 유무를 점검한다.

(2) 해당 운항편의 승무원, 유상탑재량, 목적/교체공항/항로상 교체공항 및 항로상 기상, 항공기 상태(MEL), 항공고시보(NOTAM) 등 운항 관련 정보와 운항비행계획서를 확인한다.

(3) 항공기의 연료지시 및 감시시스템(Fuel Indicating & Monitoring System) 정상 작동을 확인한다.

2) 운항 중 절차

(1) 운항승무원은 항공기가 이륙 후 순항고도에 도달한 이후부터 최소 1.5시간에 한 번씩 실제 항공기의 위치, 항로, 고도 및 연료량 등을 ACARS 또는 기타 이용 가능한 통신수단을 이용하여 운항통제센터(OCC)에 보고한다.

(2) 실제 운항정보(위치, 항로, 고도 및 연료량 등)를 확인하여 그 결과를 기록하고 위치추적시스템 등을 통하여 정상운항 여부를 감시하며 기상 및 각종 운항정보와 연계하여 운항 상황 변화를 지속적으로 모니터링한다.

(3) 운항 중 항공기와 실시간 정보를 교환하고 운항에 영향을 미칠 수 있는 항공정보나 악기상이 예상될 경우 운항승무원에게 정보를 제공하여 대비토록

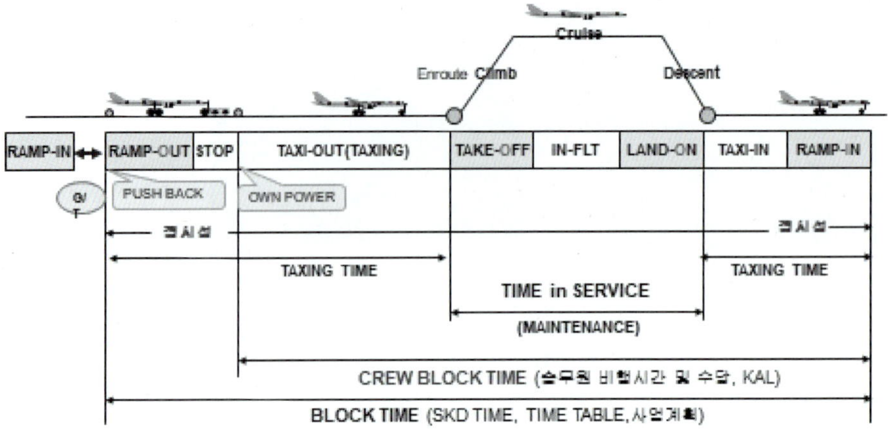

[그림 4] BLOCK TIME과 OOOI 시간

한다.

(4) 비행 종료 시까지 수집된 모든 내용을 비행감시시스템(FWMS) 등을 이용하여 기록 유지하며 비정상 운항이 확인되면 비행의 계속 또는 비행계획의 변경 여부를 검토하여 조치한다.

3) 운항 후 절차

해당 운항 편 비행종료 후 운항승무원으로부터의 De-briefing이 있을 시 관련 담당자에게 통보하여 후속 비행 편에 반영한다.

3. 항공기 위치추적

항공사는 ICAO Annex 6 Operation Of Aircraft, 3.5 Aircraft Tracking, ICAO Circular 347, 항공안전법 시행규칙 제109조 제1항 제5호, 운항기술기준 9.3.3.9A에 의거 실시간으로 위치추적을 해야 한다.

1) 용어 설명

(1) 항공기 위치추적(Normal Aircraft Tracking): 비행 중인 각 항공기의 4차원 위치데이터(4D, 위도/경도/고도/시간)에 대한 지상기반 기록을 표준화된 주기로 유지 및 업데이트하는 일련의 과정을 말하며, 표준화된 주기는 15분을 적용한다.

(2) 4D/15 서비스(4D/15 Service): 항공교통관제기관이 적절한 장비를 장착한 항공기로부터 15분 이내의 간격으로 4D(4차원: 위도, 경도, 고도, 시간) 위치 정보를 받는 것을 말한다.

(3) 4D/15 추적(4D/15 Tracking): 항공사가 15분 이내의 간격으로 4D(4차원: 위도, 경도, 고도, 시간) 위치 정보를 입수하는 것을 말한다.

(4) 4D/15 해양지역(4D/15 Oceanic Area): 각 국가의 영토를 벗어난 바다상공의 비행공역 중 항공교통관제기관에서 4D/15 서비스를 제공하지 않는 지역으로 항공사에서 4D/15 추적을 수행해야 하는 비행공역을 말한다.

2) 개요

(1) 적용 대상: 4D/15 해양지역을 운항하는 여객기를 대상으로 한다.
(2) 적용 방식: 항공기 장착 시스템인 ADS-B(Ground/Space Based), ACARS (VHF, HF Datalink)의 자동 보고 기능을 이용한다. 단, HF 무선 신호를 이용하는 음성보고는 정상적인 4D/15 추적으로 적용 불가하다.
(3) 자료 보관: 항공기 위치데이터는 비행감시시스템, AIRCOM 등 시스템에 최소 3개월 자동 보관되며, 항공기 사고를 제외하고 항공기가 정상적으로 착륙한 후에는 Tracking 자료를 보관할 의무는 없다.
(4) 업무 수행: 항공종사자(운항관리사) 자격을 소지한 자 혹은 회사 내 운항관리 신입 기초교육을 이수한 자가 업무를 수행한다.

3) 시스템

항공기 위치추적을 위하여 아래 시스템을 활용한다.

(1) VHF RADIO: Web-IOCS 시스템을 활용하여 항공기와 실시간 교신이 가능하며, 국내 공항(PUS, GMP, CJU) 및 공역 상공에서 운용 가능하다.
(2) HF RADIO(Phonepatch): HF 주파수를 활용하여 Seoul Radio(KAC), Sanfrancisco Radio(ARINC)를 통해 폰패치 음성교신이 가능하다.
(Note) Seoul Radio : 032-740-2347, SFO Radio : +1 925 294 8297
(3) ACARS: VHF 통신망 내에서 항공기 ACARS Position Report로부터 15분 간격으로 항공기 위치, 고도, 연료 등을 확인할 수 있으며 항공기와 Free Text로 문자통신이 가능하다.
(4) 비행감시시스템(FWMS, Flight Watch Monitoring System): WNI사와 공동개발 한 비행감시시스템(Flight Watch Service)으로, 항공기의 실시간 위치를 매 1분 간격으로 추적할 수 있다.
(5) MultiLink: ARINC사에서 제공하는 항공기 위치데이터 제공 서비스로 항공기의 위치 데이터를 FWMS 시스템으로 연동하여 항공기 위치추적에 활용한다.
(6) IFOCS: FWMS 시스템에 비행계획 데이터와 특이기상 및 노탐 등 데이터를 연동한다.

(7) Commercial Flight Tracking Website: ADS－B, MLAT(Multilateration)를 기반으로 항공기 위치를 실시간으로 추적하는 웹사이트가 있으며, FWMS시스템 부작동 시 Contingency Plan으로 이용할 수 있다(Flightradar24, Flight Aware 등).

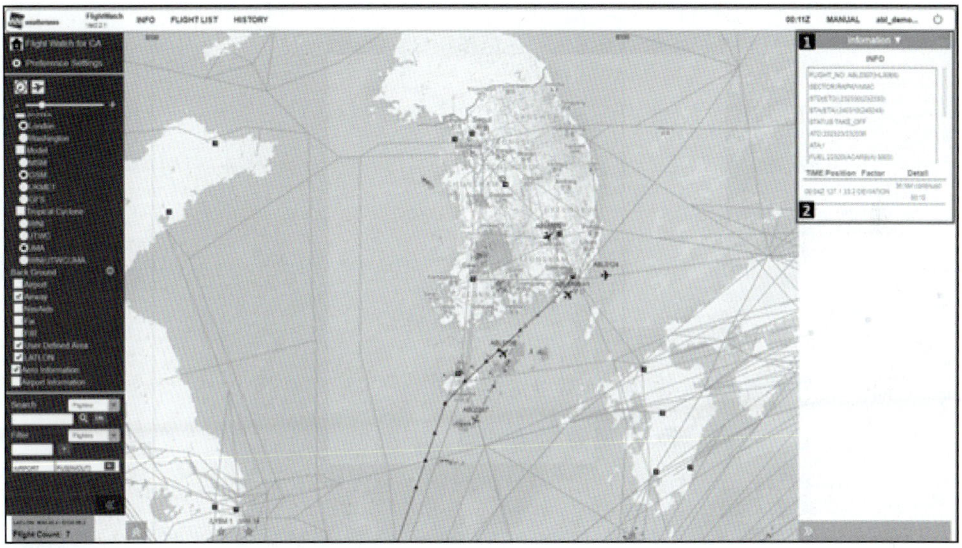

[그림 5] 실시간 비행 감시

4) 항공기 위치추적 업무절차

(1) 운항 전

① 비행계획 DUTY는 Flight Release 시점에 4D/15 추적을 위한 항공기 장착 시스템의 상태(MEL)와 4D/15 서비스에 영향을 미치는 항공고시보(NOTAM)를 확인해야 한다.

② 일시적인 운용제한으로 4D/15 위치추적을 충족할 수 없는 경우 위험평가 수행을 통한 아래의 경감 방안 적용 시 해당 항공기 또는 항공편은 운항 가능하다.

- 4D/15 추적 가능한 항공기로 교체 또는 4D/15 서비스 제공 가능한 지역으로 항로 변경 검토
- 불가 시, 4D/15 서비스 불가 예상지역에서 운항승무원과 일정시간 간

격 음성통신(HF Phonepatch)을 통한 위치보고 절차 협의 및 ATS 관제기관 연락처 확보 등 대체 방안 수립

(Note) 단, AFTN 통해 관제기관에서 발송하는 HF Position Report를 참고하여 항공기 위치를 파악할 수 있는 경우는 운항승무원과의 음성통신(HF Phonepatch)을 통한 위치보고 절차 협의를 생략할 수 있다.

③ 비행감시 DUTY는 4D/15 위치추적을 위해 필요한 관련 시스템 이상 유무를 점검하고, 비행계획서 및 운항루트 등을 확인한다.

④ 비행감시 DUTY는 해당 노선의 4D/15 서비스 불가 예상 구간을 인지하고 해당 구간의 관제 의무보고지점(CRP) 위치를 확인한다.

(Note) 4D/15 서비스 구간 확인 Web Site: Surveillance information to determine the requirement for Aircraft Tracking (icao.int)

(2) 운항 중

① 항공기가 이륙 후 순항고도에 도달한 시점부터 FWMS 시스템을 활용하여 4D/15 위치추적을 수행한다.

② 항공기 위치추적 데이터는 FWMS에 실시간으로 자동 보관되며, 4D/15 위치추적을 위하여 “NO UPDATE” Alert 적용 시간을 15분으로 설정한다. 또한, 운항 중 비행계획 대비 수평/수직 Deviation 및 통과시간, 연료 등의 모니터링을 위하여 Alert 적용 기준을 각각 설정하여 운용할 수 있다.

③ FWMS 또는 MultiLink 서비스가 정상적으로 작동하지 않을 경우, 비행감시 DUTY는 AIRCOM을 통해 ACARS 데이터를 우선적으로 확인하고, 보조수단으로 Commercial Flight Tracking Website를 활용할 수 있다.

④ 비행감시 DUTY는 FWMS를 통해 “NO UPDATE” Alert 확인 시, MultiLink 및 AIRCOM 등 관련 시스템이 정상적으로 작동하는지 확인해야 하며, 다음 15분 동안에도 위치 확인이 불가한 경우 아래의 Contingency Plan 절차를 수행하여야 한다.

(Note) Contingency Plan 절차(최종 위치 확인 시점 이후)

• 20분 초과 시: 4D/15 해양지역에서 비행 중인지 확인한다.

• 30분 초과 시: ACARS 또는 Commercial Flight Tracking Website를

통해 항공기 위치를 확인하거나, 관제기관에서 전송하는 HF Position Report를 통해 위치를 확인한다.

- 60분 초과 시: ACARS 또는 HF 폰패치(Seoul/SFO RADIO) 등 가용한 모든 수단을 이용해서 운항 중인 항공기와 문자 또는 음성교신을 시도하여 항공기 위치를 확인한다.
- 90분 초과 시: 예상되는 관할 관제기관에 직접 연락하여 항공기의 위치를 확인한다.

(3) 운항 후

운항 중 통신 불가, 4D/15 해양지역 등의 사유로 90분을 초과하여 항공기 위치추적이 불가능한 상황이 발생되면, 해당 편 운항 종료 후 72시간 이내에 ABSIS2로 보고한다.

5) 위험평가 기반 경감 절차

일시적인 운용제한으로 위치추적 요건을 충족할 수 없는 경우 아래 위험평가 절차 수행을 통한 경감 방안을 적용하여 해당 항공기 또는 항공편은 지속 운항이 가능하다. 이는 운항 전에도 동일하게 적용할 수 있다.

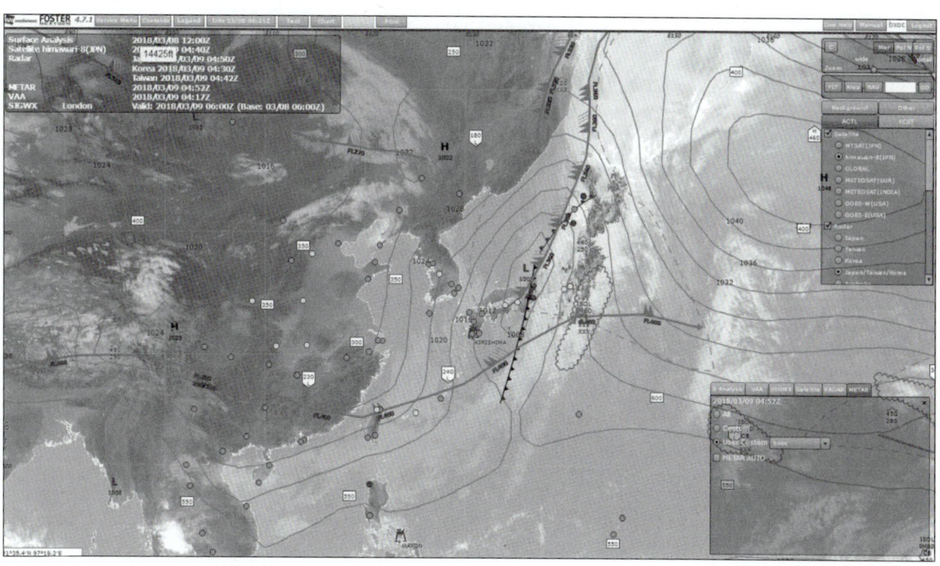

[그림 6] 기상 상황 감시 화면

6.1.4 운항통제업무

1. 개요

운항통제는 현재 운항 중이거나 단기간 내에 운항이 예정되어 있는 운항 편을 대상으로 운항스케줄(Schedule)을 관리하고, 항공기가 운항하는 전 노선에 대한 운항 저해요소를 사전에 파악하여 비정상 운항의 발생을 미연에 방지하고 발생한 비정상 운항에 대하여 다른 스케줄의 영향을 최소화시키면서 신속하고 효율적인 운항 정상화 방안을 수립함과 아울러 신설이 예상되는 운항 편을 효율적으로 계획, 시행하도록 함으로써 항공기 운항의 안전성, 정시성, 쾌적성을 확보하여 고객으로부터의 신뢰성을 제고, 유지함과 동시에 회사 항공기 운항의 경제성을 극대화시키는 것이 목적이다.

즉 운항통제란 운항계획의 실시단계에 있어서 운항효율의 극대화를 도모함으로써 생산성을 제고하고, 비정상상황 발생 시 후속 스케줄의 피해를 최소화하기 위하여 최적의 의사결정을 하고 전반적 운항사항을 모니터링하여 운항을 계획대로 안전하게 관리하는 업무라고 말할 수 있다.

2. 운항통제 업무

1) 출발 48시간 이내 운항편의 스케줄 확정 및 항공기 배정
2) 전 운항 편에 대한 24시간 비행감시
3) 정상운항의 유지가 어렵거나 불가능하다고 예상될 시 운항 가부를 결정
4) 비정상 운항 상황 발생 시 당해 편 및 후속 편에 대한 스케줄 조치

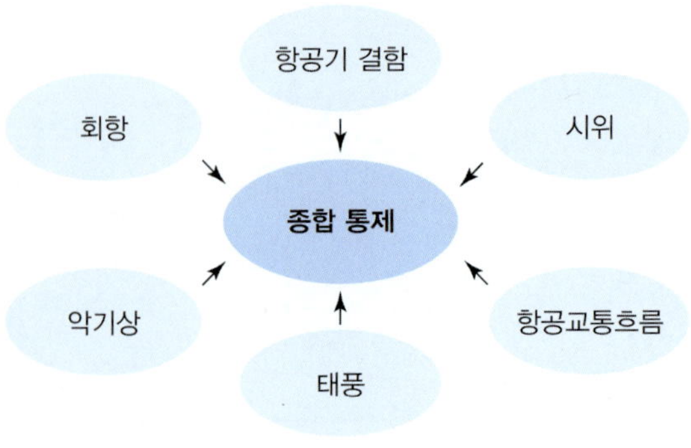

[그림 7] 종합통제업무

5) 승객과 화물의 상황에 따라서 항공기 교체, 보항 편 또는 임시 편 편성
6) 사고 및 긴급사태 발생 시의 초동 조치

3. 비정상 운항 상황

비정상 운항 상황이라 함은 아래와 같은 사유 등으로 인하여 계획된 운항 스케줄대로 운항하지 못하고 결항, 회항(RETURN, DIVERSION), 장시간 지연 또는 비상착륙 등의 사태가 발생하는 경우를 말한다.

- 악기상(안개, 저시정, 저운고, 강한 측/배풍, 뇌우, 태풍, 폭우, 폭설, 요란 등)
- 항공기 결함(항공기결함, BIRD STRIKE, F.O.D, 기타)
- 환자 발생(항공기 운항 중)
- 사고(항공기 사고/준사고, 지상사고, 인명사고, 화재 등)
- 공항/활주로의 폐쇄 또는 제한(사고, VIP행사/이동, 훈련, 활주로 파손 등)
- 항공보안(전쟁, 테러, HI-JACKING, 전화협박, 기타 보안 관련 사고 등)
- 천재지변(지진, 예측 불가한 악기상 등)
- 항공교통(항공교통 혼잡, 램프 또는 주기장, 항로, 고도, SLOT, 비정상 착륙 또는 이륙, 관제 지시 위반 등)
- 기타(각종 파업, 연료 보급 제한, 지상조업, 각종 행사/훈련 등)

4. 스케줄 조치의 종류

운항통제센터에서는 운항 48시간 전에 모든 운항 편에 대한 항공기의 기종과 기번을 정하여 AIRCRAFT SCHEDULE MESSAGE로 운항스케줄을 확정하고, 비행감시를 통해 비정상 운항 상황이 발생하였을 경우 다음과 같이 적절한 스케줄 조치를 한다. 만일 비정상상황이 장시간 운항에 영향을 미치거나 예상될 경우에는 비상대책반을 소집하여 운영한다.

'AIRCRAFT SCHEDULE MESSAGE'라 함은 편별 항공기 배정 및 스케줄에 대한 변경(지연, 결항, 회항 등) 등 항공기 운항스케줄과 관련된 전문을 총칭하며, 운항스케줄과 관련된 통제업무의 최종적인 확정은 동 전문의 전송으로 효력을 발휘한다.

- LAY OVER NIGHT의 결정
- 운항시간 변경(Flight Schedule Change) – 지연 및 조발 포함
- 기종 변경(Aircraft Change) – 공급 좌석 포함
- 노선 변경(route change) – SKIP 포함
- 목적지 변경 운항(Diversion)
- 결항, 보항(Cancellation And Cover Flight), 재운항
- 공수비행의 설정(Ferry Flight)
- 임시 운항편의 설정(Extra Flight)
- 훈련 및 시험비행

5. 운항결정 시 고려사항

비정상상황이 발생하여 스케줄 조치를 할 경우 다음 사항을 검토하여 안전을 최우선으로 하고, 승객들의 불편이 최소화되도록 신속한 운항 결정과 대체 스케줄의 실시 여부를 확정하는 것이 중요하다.

특히 항공기 내에 손님이 탑승한 채로 이동지역 내에서 장시간 지연되는 Tarmac Delay가 발생하지 않도록 유의하여야 한다.

- 여객·화물의 예약 및 연결 현황
- 항공기 및 승무원의 지원 가능 여부
- 연결 편 스케줄의 영향
- 해당 공항 제한사항(Spot, Slot, Curfew, 정비지원, 지상조업 등)
- 운항제한사항(공항 및 항로기상, 노탐 등)
- 인·허가 사항
- 공신력 및 수익성 등

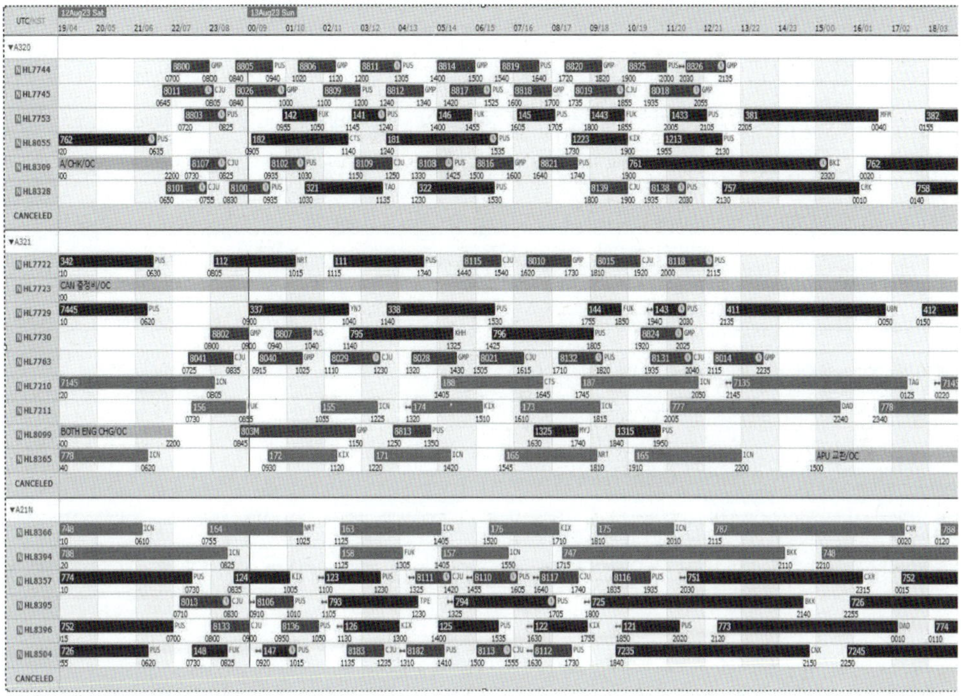

[그림 8] 항공사 운항스케줄 관리 화면

6.2 비행계획

6.2.1 비행계획서의 종류

비행계획서는 운항에 필요한 모든 정보와 조건 등을 검토하여 안전성을 최우선으로 고려하면서 효율적인 운항이 되도록 작성하여야 한다.

비행계획서의 종류에는 기장(PIC)과 운항관리사가 상호 서명하여 운항 시 직접 사용하는 운항비행계획서(Operational Flight Plan)와 항공교통관제기관에 제출하는 ATS(Air Traffic Service) 비행계획서가 있다.

1. ATS 비행계획서(ICAO Flight Plan 또는 ATS Flight Plan)

모든 항공기는 운항을 시작하기 전에 출발지에서 목적지는 물론 중간의 모든 경유 국가의 항공교통관제기관에 축약된 형식의 비행계획을 제출해야 하며, 운항승무원은 제출된 ATS 비행계획서 복사본을 소지하고 비행해야 한다. 단, 국내선 정기편인 경우에는 매 운항 편마다 제출하지 않고 반복비행계획서(Repetitive Flight Plan)로 대체할 수 있다.

ATS 비행계획서에 명시된 항로는 조종사가 인수한 운항비행계획서(Operational Flight Plan)와 일치되어야 한다.

1) ATS 비행계획서의 내용

계기비행방식(IFR) 또는 시계비행방식(VFR)에 의한 비행계획에는 다음의 정보가 포함되어야 하며, 교체공항을 포함한 항로의 전부 또는 일부의 내용을 포함하고 있어야 한다.

(1) 항공기 호출부호
(2) 비행방식 및 종류
(3) 항공기 대수(1대 이상의 항공기일 경우), 형식 및 (Wake Turbulence) 등급
(4) 탑재 및 통신 장비
(5) 출발공항과 이륙교체공항(요구될 경우)
(6) 예정된 출발시간
(7) 순항속도
(8) 순항고도
(9) 항로
(10) 도착공항과 교체공항(요구될 경우)
(11) 최대 체공시간(fuel Endurance)
(12) 승무원을 포함한 총 탑승인원
(13) 비상 및 구명장비
(14) 기타 정보사항

2) ATS 비행계획서의 양식

■ 항공안전법 시행규칙 [별지 제71호서식]

http://ubikais.fois.go.kr 에서도 제출할 수 있습니다.

FLIGHT PLAN
비행계획서

PRIORITY 전문우선순위 ADDRESSEE(S) 수신처
<<≡ FF→
<<≡

FILING TIME 제출시간 ORIGINATOR 발신처
→ <<≡

SPECIFIC IDENTIFICATION OF ADDRESSEE(S) AND/OR ORIGINATOR
수신처 및 발신처의 특정 식별부호

3 MESSAGE TYPE 전문종류 7 AIRCRAFT IDENTIFICATION 항공기 식별부호 8 FLIGHT RULES 비행규칙 TYPE OF FLIGHT 비행의 종류
<<≡ (FPL – – <<≡

9 NUMBER 댓수 TYPE OF AIR CRAFT 항공기 형식 WAKE TURBULENCE CAT. 최대이륙중량 등급 10 EQUIPMENT 탑재장비
– / – <<≡

13 DEPARTURE AERODROME 출발비행장 TIME 출발예정시간
– <<≡

15 CRUISING SPEED 순항속도 LEVEL 고도 ROUTE 예정비행항공로
– →

<<≡

TOTAL EET 총예상소요비행시간
16 DESTINATION AERODROME 목적비행장 HR MIN 시간 분 ALTN AERODROME 주 교체비행장 2ND. ALTN AERODROME 부 교체비행장
– → → <<≡

18 OTHER INFORMATION 기타정보
–

)<<≡

SUPPLEMENTARY INFORMATION (NOT TO BE TRANSMITTED IN FPL MESSAGE)
비행계획 전문에 포함되어 전송되지 않는 보충 정보

19 ENDURANCE 연료탑재량 EMERGENCY RADIO 비상 무선통신장비
HR MIN 시간 분 PERSONS ON BOARD 탑승인원수 UHF VHF ELBA
–E/ → P/ → R/ U V E

SURVIVAL EQUIPMENT/구급용구 JACKETS/구명동의
POLAR Polaire DESERT Desert MARITIME Maritime JUNGLE Jungle LIGHT 등화 FLUORES 형광 UHF VHF
→ S / P D M J → J / L F U V

DINGHIES/구명보트
NUMBER 수량 CAPACITY 수용인원 COVER 덮개 COLOUR 색상
→ D/ → → → <<≡

AIRCRAFT COLOUR AND MARKINGS 항공기 색상 및 무늬
A/

REMARKS 기타
→ N / <<≡

PILOT-IN-COMMAND 기장
C/)<<≡

FILED BY/제출자
탑승객 명단(별도첨부 가능) :

210㎜×297㎜[백상지(80g/㎡)]

[그림 9] ATS 비행계획서 제출 양식

```
(1) (FPL)-ABL614-IS
(2) -A321/M-SDE2E3FGHIJ1RWY/LB1
(3) -RKPK0205
(4) -N0461F330 DCT BESNA Y209 IKE A582 KAZSA/N0463F350 A582 HKC
     G339 UNZ DCT
(5) -PGUM0326 PGSN
(6) -PBN/A1B1C1D1L1O1S1S2 DOF/200110 REG/HL7211
     EET/RJJJ0011 KZAK0202 PGZU0246 SEL/ASLM CODE/71BA11 PER/C
     RALT/RJBB PGUM RMK/TCAS II EQUIPPED
(7) -E/0510 P/TBN R/VE S/M J/L D/0
    A/WHITE AND BLUE)
```

[그림 10] ATS Flight Plan Message Sample

3) ATS 비행계획서 해설

(1) ICAO Message의 본문은 Address Group 뒤에서부터 시작된다. FPL은 "Filed Flight Plan Message"를 의미한다.

① ABL614: 등록 기호 및 Flight Number이다. 에어부산 614편을 의미

② I: 적용될 비행규칙을 의미하며 아래와 같다.

- I: IFR, V: VFR, Y: 최초 IFR 후 변경, Z: 최초 VFR 후 변경
  - IFR(계기비행방식, Instrument Flight Rules): 항공기와 지형 등의 상호관계를 대조하지 않고, 비행자세·비행지점·항로 등을 자체에 장비된 계기에만 의존하여 비행하거나 착륙하는 방식
  - VFR(시계비행방식, Visual Flight Rules): 항공기 계기에 의존하지 않고 조종사 자신의 시각으로 지형지물을 확인하고 항공기 자세 및 위치를 파악하여 이루어지는 비행에 관한 규칙

③ S: 비행 형태를 의미하며 아래와 같다.

- S: Scheduled Air Service
- N: Non-scheduled Air Service
- G: General Aviation
- M: Military
- X: 이외의 비행인 경우 사용

(2) 항공기 종류, Wake Turbulence Category 및 Radio, Navigation, Transponder Code 장비를 의미한다.

① A321: A321－200

② B738: B737－800

③ M: 항공기 Wake Turbulence Category를 의미하며 아래와 같다.

- J(Supper): A380 항공기
- H(Heavy): 최대 형식 이륙 중량이 136,000kgs이거나 초과하는 항공기
- M(Medium): 최대 형식 이륙 중량이 136,000kgs 미만 7,000kgs를 초과하는 항공기
- L(Light): 최대 형식 이륙 중량이 7,000kgs 또는 이하인 항공기

④ SDE2E3FGHIJ1RWY/LB1: 통신, 항법 장비 및 성능에 대해 기록하며 다음의 기호를 사용한다.

- S: 비행할 Route에 적합한 통신, 항법, 접근 장비를 가지고 있으며 사용 가능한 경우 기입하며 Standard 장비는 VHF, VOR 및 ILS를 말한다.
  (Note) 비행할 Route에 적합한 통신 / 항법 / 접근 장비를 가지고 있지 않거나 또는 장비를 사용할 수 없는 경우 "N"을 기입한다.
- 사용할 수 있으며 운영할 수 있는 통신 / 항법 / 접근 장비를 나타내는 아래 표의 문자 중 1개 또는 그 이상을 기입한다.

⑤ 감시 장비와 성능

장착된 사용 가능한 감시 장비 및 성능을 나타내는 아래의 문자 중 하나 또는 그 이상을 최대 20자까지 기입한다.

(Note) 비행할 Route에 적합한 감시 장비를 가지고 있지 않거나 또는 장비를 사용할 수 없는 경우 "N"을 기입한다.

- A: 4,096개의 Code를 Set할 수 있는 Mode A Transponder
- C: 4,096개의 Code를 Set할 수 있는 Mode A와 Mode C Transponder
- E: 항공기 식별 부호, 기압 고도를 송신할 수 있고, ADS－B 성능을 가진 Mode S Transponder
- H: 항공기 식별 부호, 기압 고도를 송신할 수 있고, 향상된 감시성능을 가진 Mode S Transponder

A: GBAS landing system	B: LPV (APV with SBAS)	C: LORAN C	D: DME
E1: FMC WPR ACARS	E2: D-FIS ACARS	E3: PDC ACARS	F: ADF
G: GNSS[1]	H: HF RTF	I: Inertial Navigation	J1: CPDLC ATN VDL mode2
J2: CDPDLC FANS 1/A HFDL	J3: CPDLC FANS 1/A VDL Mode A	J4: CPDLC FANS 1/A VDL Mode 2	J5: CPDLC FANS 1/A SATCOM (INMARSAT)
J6: CPDLC FANS 1/A SATCOM (MTSAT)	J7: CPDLC FANS 1/A SATCOM (Iridium)	K: MLS	L: ILS
M1: SATCOM VOICE (INMARSAT)	M2: SATCOM VOICE (MTSAT)	M3: SATCOM VOICE (Iridium)	O: VOR
P1: CPDLC RCP 400	P2: CPDLC RCP 240	P3: SATVOICE RCP 400	P4-P9: Reserved for RC
R: PBN approved[2]	T: TACAN	U: UHF RTF	V: VHF RTF
W: RVSM approved	X: MNPS approved	Y: VHF with 8.33 kHz channel spacing capability	Z: 기타장비 및 성능[3]

(Note) 1) G 항목 추가 시 Item 18에 NAV/ 를 앞에 붙여 GNSS augmentation Type을 표시
2) R 항목 추가 시 Item 18에 PBN/ 를 앞에 붙여 해당 성능을 표시
3) Z 항목 추가 시 Item 18에 COM/, NAV/ 그리고 (또는) DAT/ 를 앞에 붙여 명시

- I: 기압 고도는 송신할 수 없으나 항공기 식별 부호는 송신하는 Mode S Transponder
- L: 항공기 식별 부호, 기압 고도를 송신할 수 있고 ADS-B와 향상된 감시성능을 가진 Mode S Transponder
- P: 항공기 식별 부호는 송신할 수 없으나 기압 고도는 송신하는 Mode S

Transponder

- S: 항공기 식별 부호와 기압 고도 둘 다 송신하는 Mode S Transponder
- X: 항공기 식별 부호와 기압 고도 둘 다 송신할 수 없는 Mode S Transponder

⑥ ADS－B

- B1: 1,090MHz 전용 주파수를 사용하여 송신되는 ADS－B
- B2: 1,090MHz 전용 주파수를 사용하여 송신 및 수신되는 ADS－B
- U1: UAT를 사용하여 송신되는 ADS－B
- U1: UAT를 사용하여 송신 및 수신되는 ADS－B
- V1: VDL Mode 4를 사용하여 송신되는 ADS－B
- V2: VDL Mode 4를 사용하여 송신 및 수신되는 ADS－B

⑦ ADS－C

- D1: FANS 1/A 성능을 만족하는 ADS－C
- G1: ATN 성능을 만족하는 ADS－C

(Note) 이외의 감시 장비는 Item 18에 SUR/를 앞에 붙여 명시해야 한다.

(3) 출발 공항과 시각(UTC)

① 4개 문자의 ICAO 위치 기호를 사용하여 출발 공항을 표시한다.

② 만일 지정된 기호가 없거나 공항에서 이륙하지 않았을 경우 ZZZZ를 기입하고 Item 18에 DEP/를 앞에 붙여 공항의 명칭과 위치를 기록하거나, 공항에서 이륙하지 않았을 경우에는 항로의 첫 번째 Waypoint 또는 Marker Radio Beacon을 기록한다.

③ 출발 전 제출된 비행 계획서의 경우는 예상 Off－Block Time(EOBT: Estimated Off Block Time)을 출발 공항 기록 뒤에 공간없이 기록한다.

(4) 순항속도, 순항고도, Route

① 순항속도(최대 5자)

- 비행의 첫 순항 구간 또는 전체 순항 구간의 TAS를 표시한다.
- Kilometer Per Hour로 표시하는 경우 “K” 다음에 4자리 숫자로 표시한다. (e.g. K0830)

- Knots로 표시하는 경우 "N" 다음에 4자리 숫자로 표시한다. (e.g. N0500)
- True Mach Number로 표시하는 경우 "M" 다음에 3자리 숫자로 표시한다. (e.g. M083)

② 순항고도(최대 5자)

- 비행의 첫 구간 또는 전체 구간에서 계획된 순항 고도를 표시한다.
- Flight Level: "F" 다음에 3자리의 숫자로 표시한다. (e.g. F300)
- 10미터 단위의 표준 Metric Level: "S" 다음에 4자리의 숫자로 표시한다. (e.g. S1130)
- 100피트 단위의 Altitude: "A" 다음에 3자리의 숫자로 표시한다. (e.g. A100)
- 10미터 단위의 Altitude: "M" 다음에 4자리의 숫자로 표시한다. (e.g. M0840)
- 비 관제 VFR 비행: "VFR"로 표시한다.

③ ROUTE(속도, 고도, 비행방식의 변경이 포함된다.)

- 만일 출발공항이 ATS Route 상에 위치하거나 ATS Route에 연결되었다면 첫 ATS Route의 기호가 기록된다.
- 만일 출발공항이 ATS Route 상에 없거나 연결되지 않는다면 첫 ATS Route 진입 지점이 "DCT" 다음에 기록되고 그 뒤에 ATS Route 명칭이 기록된다.
- 그 후 계획된 비행 계획 변경, ATS Route의 변경, 속도 또는 고도의 변경이 있는 지점이 기록된다.
- 두 지점이 지리적 좌표 또는 방위와 거리에 의해 정의되지 않는 한 차후의 지점 사이에는 "DCT"를 입력한다.

(5) 목적지 공항과 전체 예상 소요 시간, 목적지 교체 공항

① 목적지 공항과 전체 예상 소요 시간(8문자)

- 4글자의 목적지 공항 ICAO 위치 부호 뒤에 공간 없이 전체 예상 소요시간이 기록된다.
- 만일 지정된 기호가 없을 경우, ZZZZ를 기입하고 Item 18에 DEST/를 앞에 붙여 공항의 명칭과 위치를 기록한다.

② 목적지 교체 공항(4문자)

- 4글자의 목적지 교체 공항 ICAO 위치 부호가 기록되며 두 개의 교체 공항이 기록되는 경우에는 공간을 두고 기록된다.
- 만일 목적지 교체 공항이 지정된 기호가 없을 경우 ZZZZ를 기입하고 Item 18에 ALTN/를 앞에 붙여 공항의 명칭과 위치를 기록한다.

(6) 기타 정보

① 다른 정보가 없는 경우 "0"을 기입하고, 다른 정보가 있는 경우에는 아래에 표시된 순서에 따라 기타 필요한 정보가 기록된다.

- STS/: ATS로부터 특별 취급을 받는 이유가 기록된다.
- ALTRV: 지정된 고도로 비행하는 항공기
- ATFMX: 적절한 ATS에서 ATFM으로부터의 예외를 허가받은 항공기
- FFR: 화재 진압 항공기
- FLTCK: 항법 보조 시설의 조정을 위한 항공기
- HAZMAT: 위험물을 운송하는 항공기
- HEAD: 국가 원수가 탑승하는 항공기
- HOSP: 의료기관이 운영하는 의료 항공기
- HUM: 인도주의적 임무를 수행하는 항공기
- MARSA: 군사 훈련 등으로 항적 분리가 필요한 군용기
- MEDEVAC: 응급 의료 항공기
- NONRVSM: RVSM 공역에서 비행하고자 하는 Non-RVSM 항공기
- SAR: 탐색 및 구조 항공기
- STATE: 군사, 세관, 경찰 항공기
- 다른 이유로 ATS로부터 특별 취급을 받는 항공기는 RMK/ 뒤에 그 이유를 붙여 표시한다.
- PBN/: RNAV 그리고 / 또는 RNP 성능에 대한 표시. 최대 8개(16자)를 입력할 수 있다.

② RNAV 성능

- A1: RNAV 10 (RNP10)
- B1: RNAV 5 All Permitted Sensors

- B2: RNAV 5 GNSS
- B3: RNAV 5 DME/DME
- B4: RNAV 5 VOR/DME
- B5: RNAV 5 INS or IRS
- B6: RNAV 5 LORANC
- C1: RNAV 2 All Permitted Sensors
- C2: RNAV 2 GNSS
- C3: RNAV 2 DME/DME
- C4: RNAV 2 DME/DME/IRU
- D1: RNAV 1 All Permitted Sensors
- D2: RNAV 1 GNSS
- D3: RNAV 1 DME/DME
- D4: RNAV 1 DME/DME/IRU

③ RNP 성능

- L1: RNP 4
- O1: Basic RNP 1 All Permitted Sensors
- O2: Basic RNP 1 GNSS
- O3: Basic RNP 1 DME/DME
- O4: Basic RNP 1 DME/DME/IRU
- S1: RNP APCH
- S2: RNP APCH With BARO－VNAV
- T1: RNP AR APCH With RF (특별 허가 필요)
- T2: RNP AR APCH Without RF (특별 허가 필요)
- NAV/: PBN 항목을 제외한 항법 장비와 관련된 중요한 정보를 기록한다. 여기에 두 개 또는 그 이상의 GNSS Augmentation Type을 공간으로 구분하여 표시한다.
- COM/: 앞에서 표시되지 않은 통신 장비 또는 성능을 기록한다.
- DAT/: 앞에서 표시되지 않은 Data 장비 또는 성능을 기록한다.
- SUR/: 앞에서 표시되지 않은 감시 장비 또는 성능을 기록한다.

(Note) PBCS 성능이 있는 경우 SUR/RSP180을 표시한다.

- DEP/: 앞에서 출발 공항에 ZZZZ를 기입한 경우 출발 공항의 이름과 위치를 기록한다. 위도는 도 2자리와 분 2자리 뒤에 N 또는 S를, 경도는 도 3자리와 분 2자리 뒤에 E 또는 W를 기록한다. (예: 북위 46도 20분, 동경 78도 5분 – 4620N07805E)
  중요 지점에서의 거리 및 방향으로 표시할 경우에는 중요 지점의 이름 뒤에 방위 3자리와 거리(NM) 3자리를 기록한다.
  (예: VOR 'DUB' 180도 방향, 40NM 떨어진 공항 – DUB180040)
  공항에서 이륙하지 않았을 경우에는 항로의 첫 번째 Waypoint 또는 Marker Radio Beacon을 기록한다.
- DEST/: 앞에서 도착공항에 ZZZZ를 기입한 경우 도착 공항의 이름과 위치를 기록한다. 위치를 기록하는 방법은 DEP/를 기록할 경우와 동일하다.
- DOF/: 출발 일자(YYMMDD)
- REG/: 항공기 등록 부호. 앞에서 기록한 편명과 다를 경우 기입한다.
- EET/: 중요 지점 또는 FIR 경계 부호와 중요 지점 또는 FIR 경계까지의 이륙 후 예상 소요시간이 기록된다.
- SEL/: SELCAL Code
- TYP/: 항공기 종류에 ZZZZ를 기입한 경우, 항공기 수를 항공기 종류 앞에 공간 없이 기록하고, 다른 항공기 종류는 공간 뒤에 이어서 기록한다. (예: TYP/2F15 5F16)
- DLE/: 비행 중 지연 또는 Holding이 예상될 경우, 발생이 예상되는 중요 지점과 예상 시간(hhmm)을 기록한다. (예: DLE/MDG0030)
- OPR/: 항공기 편명과 실제 운항하는 주체가 다를 경우 ICAO 지정 기호 또는 운항 주체의 이름을 기록한다.
- 비행계획서의 작성자를 쉽게 확인할 수 없을 경우 8자의 AFTN ADDRESS 또는 다른 연락처를 기록한다.
- PER/: 항공기 성능 자료
- ALTN/: 앞에서 목적지 교체 공항에 ZZZZ를 기입한 경우, 목적지 교체 공항의 이름과 위치를 기록한다. 위치를 기록하는 방법은 DEP/를 기록할

경우와 동일하다.

- CODE/: ADS–B가 장착된 기종에 한하여, 등록번호를 헥사코드로 변환하여 기록한다.
- RALT/: 항로상 교체 공항을 기록한다. 지정된 기호가 없을 경우, DEP/를 기록할 경우와 동일하게 공항의 이름과 위치를 기록한다.
- TALT/: 이륙 교체 공항을 기록한다. 지정된 기호가 없을 경우, DEP/를 기록할 경우와 동일하게 공항의 이름과 위치를 기록한다.
- RIF/: Re–file 공항과 그 항로를 기록한다.
- RMK/: 적절한 ATS 인가권에 의해 요구되거나 또는 필요하다고 판단되는 경우 평문으로 된 기타 정보

(7) 보충 정보

① 체공시간(Endurance): E/ 다음에 총 탑재 연료로 운항이 가능한 시간 및 분을 4자리 수로 기록한다.

② 탑승인원(Person On Board): "P/" 다음에 승무원과 승객을 포함한 전체 탑승자 수가 기록된다. 비행계획서를 제출하는 시점에서 전체 탑승자 수를 모르는 경우 TBN(To Be Notified)으로 기록한다.

③ 비상 및 생환 장비(Emergency And Survival Equipment)

- R/ (Radio): 해당 생존 장비가 없는 경우 ×로 삭제한다.
  U(UHF), V(VHF), E(Locator Transmitter, ELT)
- S/ Survival Equipment, P(Polar), D(Desert), M(Maritime), J(Jungle)
- J/ (Jacket): 구명복이 없는 경우 모든 지시어를 삭제한다.
  - 구명복에 Light가 장착되지않았다면 L 삭제
  - 형광 물질이 장착되지 않은 경우 F 삭제
  - 구명복에 장착된 Radio 능력을 표시하며, 없는 경우에는 삭제 U(UHF), V(VHF)
- D/ (구명정 숫자)
  - 구명정 미탑재 시는 삭제
  - 탑재한 구명정 숫자

– 탑재한 구명정의 총 탑승 가능한 인원

– 덮개가 없으면 C(Cover)를 삭제하고 있으면 색을 기입

- A/ (항공기 색과 표식): 항공기의 색과 중요한 표식이 기록된다.
- N/ (부가설명): 부가설명이 없을 시는 N 표시를 ×로 삭제하고 기타 다른 생환 장비나 생환 장비에 관한 부가사항을 기입한다.
- C/ (조종사): 지휘 조종사(Pilot In Command)의 이름을 기입한다.

2. 운항비행계획서(Operational Flight Plan)

실제 운항 시 조종사가 사용하는 비행계획은 운항비행계획서(Operational Flight Plan)이며 운항관리사와 임무기장(PIC)이 상호 서명으로 완료하여야 유효하다.

운항비행계획(OFP)은 작성 방식에 따라 Standard Type Flight Plan 방식과 Simplified Type Flight Plan 방식이 있다.

1) Standard Type Flight Plan 방식

매 비행마다 FCOM에 의거 비행계획의 전 항목을 산출하여 비행계획을 완성하는 방법으로 실제 예약된 승객과 화물량을 기본으로 산출한 예상 유상하중(Forcast Payload)을 기준으로 최적의 항로 및 고도를 선정하여 통상 사용 가능한 가장 긴 활주로를 기준으로 작성한다. 대부분의 국제선 운항에는 본 Standard Type Flight Plan을 사용한다.

2) Simplified Type Flight Plan 방식

본 방식은 통상 항로로 비행할 경우에 적용하는 것으로서 처음부터 노선의 표준 Data가 기재되어 있는 서식을 사용하는 방법이다. 즉, FCOM에 따라 기종 및 노선별로 표준기상상태에 의한 각 위치 통보점 사이의 비행시간, 연료소모량 등의 제원이 기재된 비행계획에 해당 비행의 기상조건 및 NOTAM 등을 감안하여 필요한 수정을 가해 비행계획을 작성하는 방법이다. 통상 국내선 비행계획에 사용하지만 항로가 단순한 단거리 국제선에 사용하기도 한다.

3. 운항비행계획서 구성 항목

1) Aircraft Registration
2) Aircraft Type And Variant
3) Date Of Flight And Flight Identification
4) Departure Airport, STD, STA, Destination Airport
5) Route And Route Segments With Check Points/Waypoints, Distances And Time
6) (As Applicable) Assigned Oceanic Track And Associated Information
7) Types Tf Operations
8) Planned Cruising Speed And Flight Times Between Waypoints/Check Points
9) Planned Altitude And Flight Levels

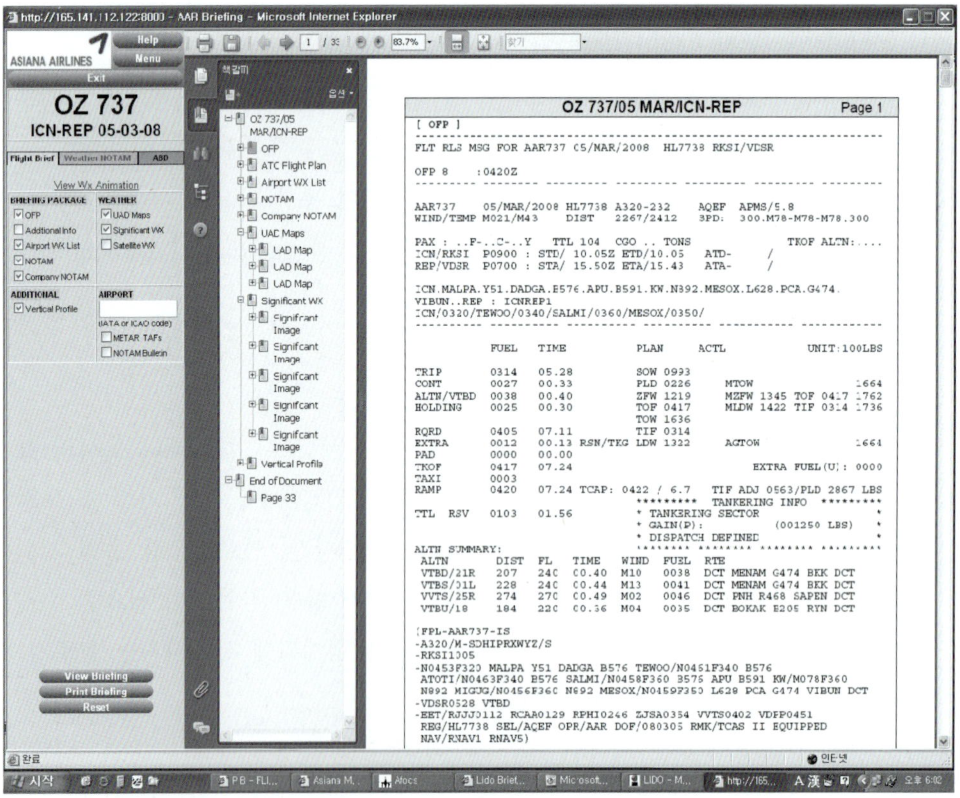

[그림 11] 비행계획시스템 화면

10) Fuel Calculations

11) Fuel On－Board When Starting Engines

12) Alternate(s) For Destination And When Applicable, Takeoff And Enroute

13) Relevant Meteorological Information

4. OFP(Operational Flight Plan) Format 및 해설

1) 국제선 OFP

(1) OFP(Re－file & EDTO OFP) Format

```
〈1〉
OZ203   KLAX/RKSI 14/MAR/2014     OFP 5/1/1:0239Z      PAGE   1/10
------------------------------------------------------------
〈2〉        〈3〉            〈4〉     〈5〉            〈6〉    〈7〉        〈8〉
AAR203     14/MAR/2014 HL7739 B777-200ER  AQEH  APMS/3.5 EDTO REFILE
           〈9〉                        〈10〉                  〈11〉
WIND/TEMP M040/M49    DIST   5572/6102   SPD:  310.M83-CI030-M83.290
                 〈12〉                                          〈13〉
PAX : 0F-22C-262Y    TTL 284   CGO 9 TONS               TKOF ALTN:....
〈14〉
LAX/KLAX   M0700 : STD/ 07.30Z ETD/07.30    ATD-       /
ICN/RKSI   P0900 : STA/ 20.50Z ETA/20.32   ATA-       /
〈14-1〉 SPOT NR/COORD:
〈15〉
LAX.VTU5.RZS..LIBBO..BRINY..BOARS..BOXER.B453.KATCH.B757.CJAYY..59N160W..
ONEOX.B757.NULUK.R220.NANNO..ALICE.Y111.MQE.Y124.GTC.L512.TENAS.B467.KAE.
G597.KARBU.KARBU1P.ICN  :  LAXICNTJ
〈15-1〉
LAX/0300/KYLLE/0320/HMPTN/0340/NULUK/0350/NANDY/0360/NATES/0370/NIPPI/0360/
IGOBI/0380/
------------------------------------------------------------
                FUEL    TIME            PLAN      ACTL           UNIT:100LBS
〈16〉TRIP         2063    12.52         〈29〉SOW 03244
〈17〉CONT         0029    00.11 / 5%    〈30〉PLD 00809   MTOW                06325〈36〉
〈18〉ALTN/RKTU 0056    00.24         〈31〉ZFW 04053   MZFW 4300  TOF 2272 06572〈37〉
〈19〉F-RSV        0064    00.30         〈32〉TOF 02272   MLDW 4600  TIF 2063 06663〈38〉
```

```
〈20〉E-RSV        0000   00.00          〈33〉TOW 06325
〈21〉REFILE ADD 0000   00.00          〈34〉TIF 02063
〈22〉RQRD         2212   13.57          〈35〉LDW 04262   AGTOW              06325〈39〉
〈23〉EXTRA        0010   00.04 RSN/OPN
〈24〉PAD          0050   00.19
〈25〉TKOF         2272   14.19                               EXTRA FUEL(U):00000〈40〉
〈26〉TAXI         0010
〈27〉RAMP         2282   14.19 TCAP: 3029 / 6.7 〈42〉     TIF ADJ   /PLD      LBS〈41〉
                                   *********  TANKERING INFO〈43〉  ***************
〈28〉TTL  RSV    0209   01.27     *    NO TANKERING RECOMMENDED (P)          *
                                   *    LOSS FOR X-FUEL: 116 USD/1000LBS      *
〈44〉                              ***************************************************
ALTN SUMMARY:
ALTN          DIST  FL    TIME   WIND   FUEL   RTE
RKTU/06L      114   150   00.24  P31    0056   OSPOT DCT CHO
RKPC/07       298   300   00.48  P18    0116   MALPA Z51 VANDI Y711 SAMIS Z81
〈45〉                                           CJU DCT

MEL/CDL INFO
28-42-1....
〈46〉
DISP INFO
 VOLCANO ERUPTION NEAR ANC

OZ203  KLAX/RKSI  14/MAR/2014     OFP 5/1/1:0239Z      PAGE  2/10
                        〈47〉 MAX SR/11/NUZAN    〈48〉 MIN OAT/M63/NUZAN
-----------------------------------------------------------------------
〈49〉〈50〉     〈51〉  〈52〉〈53〉      〈54〉〈55〉〈56〉〈57〉           〈58〉〈59〉〈60〉
DST POINT     FL    MC LAT       ETO REM  OT WIND - COMP SR TAS ZT/ACTM
〈61〉     〈62〉    〈63〉 〈64〉〈65〉      〈66〉〈67〉〈68〉〈69〉          〈70〉〈71〉〈72〉
FREQ     AWY     MORA TC LONGI   ATO ACTL AT ACTL - WIND TP G/S TIF/ACTF
-----------------------------------------------------------------------
KLAX〈73〉 TAXI           N033 56.5    2272
 ELEV 0102FT〈74〉        W118 24.5
-----------------------------------------------------------------------
052 -KZLA     CL   285 N034 18.0...2193                      11/00.11
              071  297 W119 15.8                      32 278 079/0079
```

```
/VTU5                                                          -KZLA
--------------------------------------------------------------------
031 RZS       CL  284 N034 30.6...2167 34 35/039 M026       05/00.16
114.90        071  297 W119 46.3                       32 396 025/0104
SAN MARCUS/VTU5
--------------------------------------------------------------------
047 TOC〈75〉  CL  299 N035 01.6...2136 45 36/046 M031       06/00.22
              079  312 W120 28.3                       32 430 031/0136
/DCT
--------------------------------------------------------------------
038 -KZOA     300 299 N035 26.9...2120                      06/00.28
              079 312 W121 03.3                        32 455 016/0152
/DCT                                                      〈76〉-KZOA
--------------------------------------------------------------------
050 LIBBO     300 299 N036 00.0...2099 48 35/045 M034 01    06/00.34
              079 312 W121 50.0                        32 447 021/0173
LIBBO/DCT
--------------------------------------------------------------------
중간생략.
--------------------------------------------------------------------
134 -KZSE     300 320 N040 13.0...1982                 02 484 18/01.12
    〈77〉     046 334 W124 25.4                        33 453 054/0289
/DCT                                                           -KZSE
--------------------------------------------------------------------
중간생략.
--------------------------------------------------------------------
072 NAKBI     320 309 N052 00.3...1672 42 23/041 P005 02 492 09/02.55
              010 327 W133 44.0                        24 493 026/0600
NAKBI/B453
--------------------------------------------------------------------
004 C-EEP     320 307 N053 03.3...1645                 01 490 01/03.04
    〈78〉     010 326 W134 53.6                        25 500 001/0627
/B453
--------------------------------------------------------------------
069 KATCH     320 307 N054 00.0...1620 43 22/034 P011 01 490 08/03.12
              010 326 W136 00.0                        26 499 024/0651
KATCH/B453                                                     -PAZA
```

```
-------------------------------------------------------------
305 HMPTN    320 280 N056 11.7...1513 44 19/029 P007 01 490 37/03.49
             010 299 W144 00.1                   28 491 107/0759
HMPTN/B757
-------------------------------------------------------------

OZ203  KLAX/RKSI  14/MAR/2014    OFP 5/1/1:0239Z     PAGE  6/10
-------------------------------------------------------------
DST POINT    FL   MC LAT     ETO REM  OT WIND - COMP SR TAS ZT/ACTM
FREQ   AWY   MORA TC LONGI   ATO ACTL AT ACTL - WIND TP G/S TIF/ACTF
-------------------------------------------------------------
183 NULUK    340 257 N058 22.9...1152 47 30/022 M018 01 486 23/06.00
             010 265 W177 06.1                   24 476 061/1120
NULUK/B757
-------------------------------------------------------------
038 1-ETP    350 240 N058 06.4...1138            01 484 05/06.05
    〈78-1〉   010 245 W178 11.4                   25 464 014/1134
/R220
-------------------------------------------------------------
163 NANDY    350 240 N056 50.0...1082 50 30/059 M031 02 484 22/06.27
             010 245 E177 20.9                   30 461 055/1189
NANDY/R220
-------------------------------------------------------------
214 NATES    360 237 N054 55.7...1006 53 29/089 M055 03 480 29/06.56
             010 240 E171 58.8                   34 437 077/1266
NATES/R220
-------------------------------------------------------------
중간생략.
-------------------------------------------------------------
151 NRKEY    370 240 N050 12.4...0806 62 23/097 M096 07 470 24/08.16
             010 236 E160 22.6                   38 368 060/1466
NRKEY/R220
-------------------------------------------------------------
050 NIPPI   370 238 N049 42.6...0787 61 22/095 M093 04 472 08/08.24
            013 234 E159 20.8                   38 377 019/1485
NIPPI/R220                                            -RJJJ
-------------------------------------------------------------
```

```
330 NOGAL      360 238 N046 13.0...0667 54 22/077 M076 03 478 51/09.15
               013 233 E153 00.2                      35 393 120/1605
NOGAL/R220
-------------------------------------------------------------------------
003 C-EXP      360 235 N046 11.2...0666                03 484 00/09.15
     ⟨78-2⟩    013 228 E152 57.4                       35 404 001/1606
-------------------------------------------------------------------------
중간생략.
-------------------------------------------------------------------------
008 JINBU     380 267 N037 40.5...0228 60 29/083 M072 01 472 01/12.25
              062 259 E128 35.2                       39 398 003/2044
JINBU/G597
-------------------------------------------------------------------------
007 TOD        380 267 N037 39.2...0226 60 29/083 M072    472 01/12.26
     ⟨79⟩      062 259 E128 26.5                       39 398 002/2046
/G597
-------------------------------------------------------------------------
038 KARBU      DC  267 N037 32.0...0224 50 31/066 M062        06/12.32
              062 259 E127 39.9                       39 391 002/2048
KARBU/G597
-------------------------------------------------------------------------
RKSI⟨80⟩ TAXI           N037 27.8    0209                     20/12.52
091 ELEV 0023FT⟨81⟩    E126 26.4                              015/2063
-------------------------------------------------------------------------

OZ203   KLAX/RKSI   14/MAR/2014     OFP 5/1/1:0239Z       PAGE  7/10
-------------------------------------------------------------------------
⟨82⟩
ONE FL BLW.  TIF 2089  TIME 12.56  WIND/M041
KLAX/0280/KYLLE/0300/HMPTN/0320/NULUK/0340/NANDY/0350/NATES/0360/
NIPPI/0340/IGOBI/0360/

⟨83⟩180 MINS EDTO SUMMARY :
-------------------------------------------------------------------------
⟨84⟩ EDTO ENTRY(CYQQ) : N53 03.3 W134 53.6 EET 03.04
⟨85⟩ EDTO EXIT (UHSS) : N46 11.2 E152 57.4 EET 09.15
⟨86⟩ TIME OF OPS
```

PANC 1132Z/1724Z

UHPP 1520Z/1914Z

〈87〉	〈88〉	〈89〉 DIST	〈90〉 TIME	〈91〉 WIND	〈92〉 ICE	〈93〉 CFR/FOB	〈94〉 COND
ETP1	PANC/UHPP	868/840	02.35	M006/M017	029	486/1138	DC-UHPP

N58 06.4 W178 11.4 EET 06.05

〈95〉 ADV CFP VALID UNTIL:1330Z 14/MAR/2014

〈96〉 UPPER WIND/TEMP DATA: PROG 1406 1409 1412 1415 1418 1421

〈97〉 WPT WIND/OAT

	10000	15000	20000	31000	35000	
CLB	35024P01	35030M11	35034M24	36045M49	35048M49	
	(25000)	(28000)	(31000)	(34000)	(37000)	(40000)
TOC	00042M36	00045M43	36045M49	35048M50	35051M48	35054M50
LIBBO	35036M35	35041M43	35046M50	35056M49	35063M48	35065M50
BRINY	33032M35	34037M43	34044M49	34059M50	34073M48	34069M50
BOARS	32032M35	33036M43	33042M49	34059M50	34075M49	33071M50
BOXER	26044M35	26046M42	27052M49	29069M51	30083M48	30075M49
중간생략.						
BUSKO	31068M38	31077M44	30085M50	30091M55	29088M59	29086M58
NOMEX	31068M38	30076M44	30084M49	30090M55	29087M59	29085M58
KAE	31067M37	30075M43	30081M49	29087M55	29084M59	29083M59
JINBU	31067M37	30074M43	30080M49	29086M55	29083M59	29082M59
TOD	31067M37	30074M43	30080M49	29085M55	29082M59	29082M59

	39000	35000	31000	20000	10000
DSC	29083M59	29085M57	30080M49	31055M28	31033M12

OZ203 KLAX/RKSI 14/MAR/2014 OFP 5/1/1:0239Z PAGE 8/10

〈98〉REFILE PLAN:

	〈99〉		〈100〉	〈101〉
OZ203	NIPPI/RJTT	WIND/TEMP	M071/M48	DIST 1241/1461

	FUEL	TIME	DIST		FUEL	TIME	DIST
〈102〉KLAX TO NIPPI	1485	08.24	3805	〈110〉NIPPI TO RKSI	0577	04.28	1768
〈103〉NIPPI TO RJTT	0405	03.10		〈111〉CONT.	0029	00.11	
〈104〉CONT.	0094	00.35		〈112〉ALTN/RKTU	0056	00.24	0114

```
〈105〉ALTN/RJBB        0130 00.55      〈113〉F-RSV          0064 00.30
〈106〉F-RSV            0064 00.30      〈114〉E-RSV          0000 00.00
〈107〉E-RSV            0000 00.00      〈115〉RQRD           0727 05.32
〈108〉RQRD             2179 13.34      〈116〉VMC            0672 05.10
〈109〉LDW RJTT         4435 MLDW/4600 〈117〉REM OVER NIPPI 0787 WT 04840
〈118〉RTE: NIPPI.R220.NANAC.R220.GOC.Y10.STONE.Y107.TLE..KAIHO..HND
------------------------------------------------------------------
DST POINT    FL    MC LAT      ETO REM   OT WIND - COMP SR TAS ZT/ACTM
FREQ    AWY    MORA TC LONGI    ATO ACTL AT ACTL - WIND TP G/S TIF/ACTF
------------------------------------------------------------------
    NIPPI     370       N049 42.6...0787 61 22/095 M094
                        E159 20.8     〈119〉
NIPPI
------------------------------------------------------------------
330 NOGAL     360 238 N046 13.0...0666 54 22/077 M085 03 478 51/09.15
              013 233 E153 00.2                       35 385 120/1605
NOGAL/R220
------------------------------------------------------------------
331 NUBDA     360 235 N042 23.5...0550 49 23/081 M081 02 484 49/10.04
              013 228 E147 28.5                       30 399 117/1722
NUBDA/R220
------------------------------------------------------------------
중간생략.
------------------------------------------------------------------
073 IXE       360 233 N037 08.9...0402 49 26/068 M060 02 482 11/11.08
117.70        039 226 E140 58.5                       28 420 024/1869
IWAKI/R220
------------------------------------------------------------------
012 TOD       360 239 N037 01.7...0399 48 26/068 M060    482 01/11.09
              044 231 E140 47.3                       28 421 004/1873
/R220
------------------------------------------------------------------
027 GOC       DC  239 N036 44.7...0397 49 28/039 M047        04/11.13
115.30        044 231 E140 21.0                       28 412 001/1875
DAIGO/R220
------------------------------------------------------------------
OZ203  KLAX/RKSI  14/MAR/2014    OFP 5/1/1:0239Z     PAGE  9/10
```

```
------------------------------------------------------------------
DST POINT    FL   MC LAT      ETO REM  OT WIND - COMP SR TAS ZT/ACTM
FREQ    AWY    MORA TC LONGI   ATO ACTL AT ACTL - WIND TP G/S TIF/ACTF
------------------------------------------------------------------
028 STONE    DC  196 N036 16.8...0395 42 29/034 P004         04/11.17
             041  189 E140 15.4                         28 409 002/1876
STONE/Y10
------------------------------------------------------------------


016 TLE      DC  196 N036 01.3...0394 28 26/030 M001         03/11.20
116.00       039  189 E140 12.3                         28 370 001/1878
AMI/Y107
------------------------------------------------------------------
047 KAIHO    DC  213 N035 19.0...0388 03 34/010 P008         10/11.30
             025  206 E139 46.7                         27 275 006/1884
KAIHO/DCT
------------------------------------------------------------------
RJTT    TAXI         N035 33.2    0382                       05/11.35
015 ELEV 0018FT      E139 46.9                                006/1890
------------------------------------------------------------------
```

REFILE ALTN: *〈120〉*

ALTN DIST FL TIME WIND FUEL RTE

RJBB/24R 298 300 00.55 M040 0130 OPPAR DCT JYOGA Y56 TOHME

Y54 KOHWA Y546 OHDAI Y548 KNE MAYAH ARC

〈121〉

FF KZLAZQZX KZOAZQZX KZAKZQZX KZAKZOZX CZVRZQZX PAZAZQZX

PAZNZQZX

RJJJZQZX RJAAYSYX RKSSZTZX RKSIZPZX RKSIZTZX RKRRZQZX RKRRYFYX

RJTTZTZX RJTTZPZX RKSSAARO

(FPL-AAR203-IS

-B772/H-SDE1E2E3FGHIJ5M1RWXY/LB1D1

-KLAX0730

-N0484F300 VTU5 RZS DCT LIBBO DCT BRINY DCT BOARS DCT BOXER B453

KYLLE/M083F320 B453 KURTT/N0491F320 B453 KATCH/M083F320 B757

HMPTN/M083F340 B757 CJAYY DCT 59N160W DCT ONEOX B757

NULUK/M083F350 R220 NANDY/M083F360 R220 NATES/M083F370 R220

```
NIPPI/M083F360 R220 NANNO/N0481F360 DCT ALICE Y111 MQE Y124 GTC
L512 IGOBI/N0480F380 L512 TENAS B467 KAE G597 KARBU KARBU1P
-RKSI1252 RKTU
-PBN/A1B1C1D1L1O1S1S2 DAT/1FANS CPDLCX SUR/RSP180 2608 DOF/140314
REG/HL7739 EET/KZLA0011 KZOA0028 KZSE0112 KZAK0141 KANUA0217
VIDKU0222 TAMRU0228 SIMLU0237 KURTT0238 CZVR0239 PAZA0312 HMPTN0349
GRIZZ0408 CJAYY0416 59N160W0454 ONEOX0537 NULUK0600 NANDY0626
NATES0655 NIKLL0713 NYMPH0719 NUZAN0751 NRKEY0816 RJJJ0824 NIPPI0824
NOGAL0914 NUBDA1003 NANNO1009 RKRR1153 SEL/AQEH CODE/71BF39 OPR/AAR
RALT/PANC UHPP RIF/NIPPI R220 NANAC R220 GOC Y10 STONE Y107 TLE
DCT KAIHO DCT RJTT RMK/TCAS II EQUIPPED)
```

(2) OFP 해설

<1> 운항비행계획 페이지 분할 표시(Page Break Mark)

운항 편 OZ203, 날짜 2014. 3. 14, 시나리오 5/1/1, 1/10 페이지

▶ 시나리오 5/1/1 설명

5 - 비행계획서 생산 번호(NORMAL Plan, Ex.5)

1 - Refile 비행계획서 번호

1 - EDTO 비행계획서 번호(EDTO만 적용한 경우, 번호는 5/0/1이 됨.)

<2> 운항편명: AAR203

<3> 운항일자: 일/월/년도, UTC 기준: 2014년 3월 14일

<4> 항공기 등록기호(Registration Number): HL7739

<5> 항공기 type 표시

▶ A380-841, B747-400 COM(Combi), B747-400 CGO(freighter), B747-400 PAX B777-200ER, B767-300, B767-300 CGO, A330-323, A321-231, A320-232

<6> 해당 항공기의 SELCAL Code(Selective Calling System)

<7> APMS(Airplane Performance Monitoring System): APM 수치 3.5 적용

→ Trip Fuel의 3.5% 보정

<8> EDTO & RE-FILE(Refile Flight Plan) 적용

▶ 표시가 없는 경우에는 Normal Flight Plan

<9> 출발공항부터 목적공항까지의 평균 바람 성분 및 온도

▶ M040/M49: 평균 Head Wind 40 KTS, 평균온도 -49℃

(Note) 풍속 - KTS, 온도 - ℃, P - Plus, M - Minus

<10> DIST 5572/6102: Distance(NM)/Nautical Air Mile(NAM)

<11> SPD: Speed Schedule(Climb－CI30 Cruise Cost Index－Descent)

<12> Free Comment: 승객수 및 화물량(비행계획 시점의 예약 기준)

<13> 이륙 교체공항 정보

▶ 명기할 필요가 있는 경우 "ex. TKOF ALTN : RKSS"로 표기

<14> 출발공항의 IATA/ICAO 3/4－Letter Code, Time Conversion, STD

도착공항의 IATA/ICAO 3/4－Letter Code, Time Conversion, STA

▶ ETA: STD + Trip Time + 10 Min(Taxi Out Time) 기준

<14－1> 출발공항의 Spot Number 및 Ramp (Spot) Coordinates 정보

▶ 필요시 운항승무원이 기록

<15> Route 및 Waypoint: 출발공항부터 목적공항까지의 Route 및 Waypoint 요약

▶ ".": Waypoint를 항로(SID 및 STAR 포함)로 연결

▶ "..": Waypoint를 Direct로 연결

▶ LAXICNTJ: Company Route 이름

<15－1> Flight Level: 출발공항부터 목적공항까지의 운항고도

<16> Trip Fuel, Time

▶ Trip Fuel 및 Time: 206300 LBS / 12 HRS 52 MINS

<17> Contingency Fuel, Time, 산정기준

▶ Contingency Fuel, Time 및 산정기준: 2,900 LBS / 11 MINS / 5%

－ Contingency 3%가 적용된 경우 3%, 5%가 적용된 경우 5%로 표시됨

－ Refile 비행계획인 경우 반드시 5%의 Contingency Fuel이 적용됨

－ 해당 Contingency Fuel은 Minimum Contingency Fuel과 비교하여 높은 값이 적용됨

－ Contingency Fuel의 Endurance Time은 Average Fuel Flow 기준임 (단, Minimum Contingency Fuel이 탑재된 경우 Holding Fuel Flow 기준)

<18> Alternate Airport, Fuel, Time

▶ 교체공항: RKTU

목적공항부터 교체공항까지의 Fuel 및 Time: 5,600 LBS / 24 MINS

<19> Final Reserve Fuel, Time

▶ 교체공항 1,500ft 상공, 체공 Fuel 및 시간: 6,400 LBS/30 MINS

<20> E-RSV Fuel, Time

▶ EDTO Reserve Fuel, ETP Reserve Fuel For 3-4 Engine Flight Plan 및 시간, or Additional Fuel

<21> Refile Add Fuel, Time

▶ Required Refile Additional Fuel 및 시간

<22> Required Fuel, Time: Minimum Takeoff Fuel

▶ Required Fuel 용어를 Minimum Takeoff Fuel 용어와 같은 의미로 사용할 수 있다.

▶ Min T/O Fuel = <16>+<17>+<18>+<19>+<20>+<21> : 221,200 LBS/13 HRS 57 MINS

<23> Discretionary Fuel (Extra Fuel), Time

(Note) 추가 연료 탑재 시 "RSN (Reason)/"란에 탑재 사유를 표출한다.

예 WX: 기상요인, ATC: ATC Hold 대비, TKG: Tankering

OPN: Discretionary Fuel, Recommended Extra Fuel 등

<24> PAD Fuel: Company Reserve Fuel의 한 종류로서 Refile 비행계획 시 적용

▶ 5,000 LBS / 19 MINS

<25> Take-Off Fuel, Time

▶ Take-Off Fuel = <22>+<23>+<24>: 227,200 LBS/14 HRS 19 MINS

<26> Taxi Out Fuel

▶ Taxi Out Fuel: 1,000 LBS

<27> Ramp Fuel, Time

▶ Ramp Fuel = <25>+<26>: 228,200 LBS / 14 HRS 19 MINS

<28> Total Reserve Fuel, Time: 총 예비연료

▶ 총 예비연료 ＝ <25>－<16>: 20,900 LBS / 1 HRS 27 MINS

<29> Standard Operating Weight

▶ SOW: 324,400 LBS

<30> Payload

▶ PLD: 80,900 LBS

<31> Zero Fuel Weight

▶ ZFW: 405,300 LBS

<32> Take－Off Fuel

▶ TOF: 227,200 LBS

<33> Take－Off Weight

▶ TOW: 632,500 LBS

<34> Trip Fuel

▶ TIF: 206,300 LBS

<35> Landing Weight

▶ LDW: 426,200 LBS

※ ACTL: Actual Load Data
Weight And Balance Sheet 접수 후, 필요한 경우에 운항승무원이 기록

<36> Maximum Take－Off Weight

▶ MTOW: 632,500 LBS

▶ Multi MTOW 적용 공항의 경우 Multi MTOW 표출

<37> Maximum Zero Fuel Weight 및 Take－Off Fuel

▶ MZFW: 430,000 LBS＋TOF: 227,200 LBS ＝ 657,200 LBS

<38> Maximum Landing Weight 및 Trip Fuel

▶ MLDW: 460,000 LBS＋TIF: 206,300 LBS ＝ 666,300 LBS

<39> Allowable Gross Take－Off Weight: 632,500 LBS

▶ <36>~<38>의 Weight 중 작은 값을 AGTOW로 표출

▶ <29>~<39>는 A380 도입에 따라 4 Digit에서 5 Digit으로 증가

※ RTOW: 활주로 Restricted Take Off Weight이며, MTOW보다 그 수

치가 GTOW로 표출

<40> EXTRA FUEL(U): Unprotected Fuel

▶ 운항관리사가 탑재한 Discretionary Fuel

<41> Payload 추가 시 Trip fuel 추가 연료 소모

<42> 해당 Fuel Gravity를 적용한 Fuel Tank Capacity: 302,900 LBS

<43> Tankering Information

<44> 교체공항 정보

▶ 목적공항에서 교체공항까지의 거리, 고도, 시간, 바람, 연료, 항로 등으로 표시

<45> MEL/CDL INFO

▶ 해당 비행기의 MEL/CDL Information

<46> DISP INFO

▶ 운항관리사가 해당 편에 필요한 정보를 입력 시에만 표출되는 추가 정보

<47> MAX SR/11/MVG: Maximum Forecast Wind−Shear와 Waypoint

<48> MIN OAT/M62/NOWEL: Minimum Forecast Outside Air Temperature와 Waypoint

<49> Distance(NM): 바로 앞의 Waypoint부터 해당 Waypoint까지의 거리

<50> Point: JPSN Manual의 Waypoint(최대 5 Characters까지 표기)

▶ CCRP가 있을 경우 FOM 18.1.4에 의거 해당 WPT 하단에−CCRP 표기

<51> Flight Level(Unit: 100ft)

<52> Magnetic Course: 바로 앞 Waypoint부터 해당 Waypoint까지의 MC

<53> <65> Waypoint의 위도 및 경도(Unit: 도, 분)

예) N32 56.6: North 32도 56.6분(주의: 56분 60초가 아님)

<54> Estimated Time of Over: 해당 Waypoint 통과예상시각

<55> Fuel Remaining: 해당 Waypoint 통과 시 예상(Planned) Fuel Remaining

<56> Outside Air Temperature(−℃): 현재 Display되는 Route의 Waypoint 상공 운항고도의 예상되는 외기온도

<57> Wind Component: 현재 Display되는 Route의 Waypoint 상공 운항고도의 예상되는 바람 및 바람 성분

예 22/064 P019: 220도 방향 64 KTS, Tail Wind 19 KTS

"M": Head Wind /"P": Tail Wind

<58> SR: Forecast Wind-Shear(KTS / 1,000ft)

SR (KTS)	TURBULENCE	발생빈도 (%)
1 – 5	LIGHT	75
6 – 9	MODERATE	15 - 20
10 이상	SEVERE	5 - 10

주) Wind Shear가 10KTS 이상으로 예보되었다 하더라도 Severe Turbulence는 극히 제한된 고도와 시간에 낮은 빈도로 발생하기 때문에, 운항 금지나 항로 변경 등 운항상의 별도 제한사항은 없으나 운항 중 Severe Turbulence 조우에 대비하여 사전에 만반의 준비를 하여야 한다.

<59> True Airspeed(Unit: KTS): Cruise시에만 표출

<60> Zone Flying Time / Accumulated Flying Time: 바로 앞의 Waypoint부터 해당 Waypoint까지의 비행시간/출발공항 이륙 후부터 해당 Waypoint까지의 누적 비행시간

예 23/00.43:Zone Flying Time 23분/Accumulated Flying Time 43분

<61> Frequency: 항로상에 있는 보안시설(VOR, NDB)의 주파수

<62> Airway 명칭

<63> MORA: Minimum Off-Route Altitude

<64> True Course

<65> Actual Time Of Over: 해당 Waypoint 실제 통과시각

<67> Actual Fuel Remaining: 해당 Waypoint 통과 시 실제 Fuel Remaining

<68> Actual Outside Air Temperature(-℃): Waypoint 상공 운항고도의 실제 외기온도

<69> Actual Wind Component

<70> Tropopause Altitude: 권계면 고도(단위 1,000ft)

<71> Ground Speed(Unit: KTS)

<72> Trip Fuel / Accumulated Trip Fuel(Unit: 100 LBS): 바로 앞의 Waypoint부터 해당 Waypoint까지의 소모 연료 / 출발공항 이륙 후부터 해당 Waypoint까지의 누적 소모 연료

예 092/0384 : Zone Trip Fuel 9,200 LBS / Accumulated Trip Fuel 38,400 LBS

<73> 출발공항의 ICAO 4 Letters Code

<74> 출발공항 Field Elevation: 102ft

<75> Top Of Climb

<76> 통과 FIR

<77> FIR의 4 Letters Code: "–" 후 FIR의 4 Letters Code 표기

▶ 특정 Waypoint가 인접하는 FIR 사이에 없는 경우 표기

<78> C–EEP: EDTO Entrypoint

<78–1> 1–ETP: 1st ETP(Equaltimepoint)

▶ 2nd ETP가 있을 경우는 2–ETP로 표기

<78–2> C–EXP: EDTO Exit point

<79> Top Of Descent

<80> 목적공항의 ICAO 4 Letters Code

<81> 목적공항 Field Elevation: 23ft

<82> ONE FL BLW : ONE Step Below 비행계획 자료

<83> EDTO 운항영역 및 비행계획 정보

▶ 3~4 Engine ETP 경우 LOLVL ETP(Low Level 운항자료)로 표기

<84> EEP 산정 시 기준이 되는 Adequate Airport, EEP 좌표 및 출발공항으로부터 EEP까지의 비행시간

<85> EXP 산정 시 기준이 되는 Adequate Airport, EXP 좌표 및 출발공항으로부터 EXP까지의 비행시간

<86> 예상 운항 시간대(EETL 1시간 전부터 LETL 1시간 후까지)

<87> 1–ETP 및 좌표, EET: 1st ETP(Equal Time Point)의 좌표 및 출발공

항에서 1－ETP 지점까지의 소요되는 예상 비행시간

▶ N58 06.4 W178.11.4

▶ Estimated Elapsed Time: 6 HRS 05 MINS

<88> 1－ETP의 Enroute Alternate Airport

<89> 1－ETP에서 Enroute Alternate Airport까지의 거리(NM)

<90> 1－ETP에서 Enroute Alternate Airport까지의 소요시간

<91> 1－ETP에서 Enroute Alternate Airport까지의 비행 시 Wind Component

<92> ICE: Icing Fuel: 2,900 LBS

▶ ETP에서 Suitable Airport로 운항 시 Icing Condition이 예상되는 경우, 탑재되는 연료량으로 Critical Fuel Required 연료에 포함되어 있는 연료임

<93> CFR/FOB:1－ETP에서 Enroute Alternate Airport까지 소모되는 필요 연료량 / Fuel On Board: 48,600 LBS / 113,800 LBS

▶ CFR: Critical Fuel Required

<94> COND/DC－UHPP: 1－ETP에서 UHPP공항까지의 연료 산정 기준

▶ DC: De－compressed With All Engine, DX: De－compressed With 1 Engine Out

<95> OFP의 유효기간 표시

▶ 1330Z 14/MAR/2014 2014년 3월 14일 1330UTC 출발 편까지 유효함

<96> 비행계획에 적용된 상층풍 바람/온도 자료

▶ PROG 1406 1409 1412 1415 1418 1421: 14일 06Z, 09Z, 12Z, 15Z, 18Z의 평균자료

<97> WPT FL WIND/OAT

▶ Waypoint /Flight Level/Wind/Outside Air Temperature

<98> REFILR PLAN

<99> Re－file Waypoint / Re－file Airport: NIPPI/RJTT

<100> Re－file Waypoint부터 Re－file Airport까지의 바람 및 온도

▶ WIND M071: Wind Component Minus 71 KTS

▶ TEMP/M48: Temperature Minus 48도

<101> Re-file Waypoint부터 Re-file Airport까지의 거리(NM/NAM)

<102> 출발공항부터 Re-file Waypoint까지의 TIF, Flying Time, Distance(NM)

<103> Re-file Waypoint부터 Re-file 공항까지의 TIF, Flying Time

- ▶ WIND M071: Wind Component Minus 71 KTS
- ▶ TEMP/M48: Temperature Minus 48

<104> 출발공항부터 Re-file 공항까지의 Contingency Fuel, Time

<105> Re-file공항의 교체공항: Re-file공항부터 Re-file공항의 교체공항까지 TIF, Flying Time

<106> Re-file 공항의 교체공항 1,500ft 상공에서 30분 체공 Fuel

<107> E-RSV Fuel, Time

- ▶ EDTO Reserve Fuel Or ETP Reserve Fuel For 3~4 Engine Flight Plan/시간

<108> 출발공항부터 Re-file 공항까지의 필요 연료 (Required Fuel)

- ▶ Required Fuel = <105>+<106>+<107>+<108>+<109>+<110>

<109> Re-file공항의 Estimated Landing Weight, 항공기의 Maximum Landing Weight

<110> Re-file Waypoint부터 목적공항까지의 TIF, Flying Time, Distance(NM)

<111> Re-file Waypoint부터 목적공항까지의 Contingency Fuel, Time

<112> 목적공항의 교체공항: 목적공항부터 목적공항의 교체공항까지 TIF, Flying Time, Distance (NM)

<113> 목적공항의 교체공항 1,500ft 상공에서 30분 체공 연료

<114> E-RSV Fuel, Time

- ▶ EDTO Reserve Fuel Or ETP Reserve Fuel For 3~4 Engine Fight Plan/시간

<115> Re-file Waypoint부터 목적공항까지의 필요 연료 (Required Fuel)

- ▶ Required Fuel = <113>+<114>+<115>+<116>+<117>

<116> 목적공항이 VMC인 경우, Re-file Waypoint로부터 목적공항까지의

VFR 필요 연료

- ▶ OFP에 표기된 VMC 연료는 Trip Fuel, Contingency Fuel, Final Reserve Fuel의 합
- ▶ Refile Point에서 목적지 교체공항이 요구되지 않을 경우의 연료 요구량은 목적공항 상공 1,500ft에서 15분 체공 연료(Final Reserve Fuel의 50%)를 더하여 계산한다.

<117> Re-file Waypoint 통과 시 예상 연료 잔량 및 중량

<118> Re-file Waypoint부터 Re-file 공항까지의 항로

<119> Re-file Waypoint 통과 시 예상 연료 잔량

<120> Re-file 공항에서 Re-file 교체공항까지의 거리, 고도, 시간, 바람, 연료, 항로 등으로 표시

<121> ICAO Flight Plan

- ▶ For More Details, Refer To Airway Manual ATC Appendix 2-Flight Plan

2) 국내선 비행계획서

(1) 국내선 비행계획서 Format

```
                                                          〈60〉
                                                   PLAN NO      DP-1
      〈1〉      〈2〉          〈3〉          〈4〉                          〈5〉
    OZ8901 /11JUN15 GMP/CJU DOM FLT PLAN & RLS SHEET  10JUN15 2107L
    -----------------------------------------------------------------
〈6〉 REG:HL7776 /320 〈7〉 STD/ETD:0625/ 〈8〉 STA/ETA:0730/ 〈9〉 SPOT:15
〈10〉 CONF/RSVN PSGR:156/C0 Y156 TTL156 〈11〉 CGO:0LBS
〈12〉 A/C CONN FR GROUND
〈13〉 GMP/CJU(318NM,FL280)
〈14〉 RTE:RKSS BULTI Y711 SAMIS RKPC
〈15〉 T/O ALTN : NOT REQUIRED
〈16〉 1ST ALTN : CJU/KWJ(132NM, FL150, 2800LBS)
〈17〉 RTE : RKPC GUKSU Y722 SAMUL RKJJ             〈19〉
〈18〉 2ND ALTN : CJU/GMP(299NM, FL270, 5300LBS), ALTN FUEL LOADED
〈20〉 RTE : RKPC GUKSU Y722 OLMEN Z52 KAKSO G585 SEL RKSS
〈21〉 SPEED : CLB/250.M78 CRZ/CI030 DSC/M78.250
    -----------------------------------------------------------------
```

〈22〉 HL7776/A320	〈22*〉 HL7776/A320	〈22*〉 HL7776/A320
〈23〉 TIF 5600	〈35〉 SOW 96300	〈41〉 MTOW 166400
〈24〉 CONT 1000	〈36〉 PLD 36900	
〈25〉 ALTN 5300	〈37〉 ZFW 133200	〈42〉 MZFW 134500
〈26〉 F-RSV 2700	〈30〉 TKOF 14600	〈30〉 TKOF 14600
〈27〉 RQRD 14600	〈38〉 TOW 147800	〈43〉 149100
〈28〉 EXTRA 0	〈23〉 TIF 5600	
〈29〉 ECTNK 0	〈39〉 LDW 142200	〈44〉 MLDW 142200
〈30〉 TKOF 14600		〈23〉 TIF 5600
〈31〉 TAXI 300	〈40〉 MPLD 36900	〈45〉 147800
〈32〉 RAMP 14900		
		〈46〉 RTOW 171500
〈33〉 R-RSV 9000		
〈34〉 T-RSV 9000		〈47〉 AGTW 147800

〈48〉	〈49〉	〈50〉	〈51〉	〈52〉	〈53〉	〈54〉
POINT	AWY	DIST	ZT/ACTM	TIF/ACTF	UPPER W/F	EET
RKSS		0	10/0010	026/0026	M20	0050
BULTI	DCT	67	03/0013	004/0030	P00	0049
GONAX	Y711	20	02/0015	002/0032	P20	0048
BEDES	Y711	14	04/0019	006/0038		
MANGI	Y711	39	03/0022	003/0041		
DALSU	Y711	23	07/0029	007/0048		
DOTOL	Y711	53	21/0050	008/0056		
RKPC 102						

TTL 318NM

〈55〉 * OTHER SPECIAL INFO :

〈56〉 DEFER (MEL)
23-74-12A : CIDS FAP CAUTION LIGHT ON

〈57〉 THIS FLIGHT IS RELEASED IN ACCORDANCE WITH
APPLICABLE REGULATIONS.

〈58〉 Dispatcher : YOUNGSOO KIM 〈59〉 Pilot In Command : JUNG SOO YONG

===

(2) 국내선 비행계획서 해설

<1> 편명: OZ8901 편

<2> 날짜(일월년): 2015년 06월 11일

<3> 운항구간(출발공항/목적공항, IATA 3 Letter): GMP/CJU

<4> Domestic Flight Plan & Release Sheet

<5> OFP 생성 시간(일월년 KST): 2015년 06월 10일 21시 07분

<6> 비행기 등록기호(Registration Number) 및 비행기 기종(Aircraft Type): HL7776/A320

<7> Schedule Time of Departure 및 Estimated Time Of Departure: Schedule 상의 출발시간 및 변경된 출발시간

※ ETD: 시간 변경이 없을 경우 표시 안 됨

<8> Schedule Time Of Arrival 및 Estimated Time Of Arrival: Schedule 상의 도착시간 및 변경 도착시간

※ ETA: 시간 변경이 없을 경우 표시 안 됨

<9> 출발공항의 Spot Number: Spot 15번

<10> PAX Configuration/예약승객 수: CONFIG: 156석/예약승객(C/Class 0명+Y/Class 156명) Total 156명

<11> 예약화물중량(LBS)

<12> 비행기 연결 편: 당일 접속되는 전 편의 편명을 기준(Print-Out 시 운항 전 또는 운항 중인 편의 경우, 전 편의 ETA/STA 기준으로 표출하고, 비행기 L/D 이후에는 Ground로 표출됨

<13> 운항구간(구간거리, 고도)

<14> 운항항로

<15> Take-Off Alternate: NOT REQUIRED로 표시되며, 변경 시 'OTHER SPECIAL INFO'란에 Manual 입력 또는 수기로 작성

<16> 1ST ALTN – 제1교체공항(구간거리, 고도, 연료)

<17> 1ST ALTN 운항항로

<18> 2ND ALTN - 제2교체공항(구간거리, 고도, 연료)

<19> ALTN FUEL LOADED: 교체공항 연료로 산정된 공항

<20> 2ND ALTN 운항항로

<21> SPEED: CLB/250.M78 CRZ/CI030 DSC/M78.250: 비행기 기종별 속도

<22> 해당 편 비행기 등록기호/기종

▶ Fuel Calculation/Weight Information 항목에서 Assign된 Aircraft의 Fuel Data와 Weight Data가 앞 열에 표출되고, Reference Data가 뒤 열에 표출됨

<23> Trip Fuel: (Trip Fuel 산정기준)

▶ 최장 SID 및 최장 STAR 적용

▶ En-route 상 Headwind 20 Knots 적용

▶ Max PLD로 계산(PLD 변경에 따른 추가 급유 불필요)

<24> Contingency Fuel

<25> Alternate Fuel: <19>항의 언급된 ALTN APO까지의 Trip Fuel

<26> Final Reserve Fuel: 교체공항 상공 1,500ft에서 30분 동안 체공 연료

<27> 법정연료(Required Fuel): TIF+CONT+ALTN+F-RSV

<28> Extra Fuel: Extra Fuel/RSN(Reason)은 추가 연료 탑재 사유 기록

<29> Tankering Fuel

<30> Take-Off Fuel: RQRD+EXTRA+ECTNK

<31> Taxi Fuel: 비행기별로 Taxi Fuel이 표출됨

<32> Ramp Fuel: TKOF+TAXI

<33> Required Reserve Fuel(법정예비연료): CONT+ALTN+F-RSV

<34> Total Reserve Fuel(총 예비연료): TKOF-TIF

<35> Standard Operation Weight

<36> Payload: Estimated Payload

▶ 모든 운항중량은 MPLD를 기준이므로 Margin 없음

▶ MPLD(Maximum Payload)를 Over할 경우에는 MPLD로 표출됨

<37> Zero Fuel Weight: SOW + PLD

<38> Estimated Take-Off Weight

<39> Estimated Landing Weight: TOW - TIF

<40> Maximum Payload: AGTOW에 근거

<41> Maximum Take-Off Weight

<42> Maximum Zero Fuel Weight

<43> MZFW+TKOF

<44> Maximum Landing Weight

<45> MLDW+TIF

<46> Runway Take-Off Weight

▶ 공항별 RTOW는 Airbus는 기온 35도 무풍 1,013hPa 기준

▶ 공항별 RTOW는 Boeing은 기온 34도 무풍 1,013hPa 기준

<47> Allowable Gross Take-Off Weight(최대허용이륙중량)

<48> Waypoint

<49> AWY: Airway

<50> Distance: 현재의 Waypoint에서 다음 Waypoint까지의 거리 및 Total Distance

<51> Zone Flying Time / Accumulated Flying Time(Unit: Min)

▶ 바로 앞의 Waypoint부터 해당 Waypoint까지의 비행시간

▶ 출발공항 이륙 후부터 해당 Waypoint까지의 누적비행시간

<52> Trip Fuel / Accumulated Trip Fuel(Unit: 100 lbs)

▶ 바로 앞의 Waypoint부터 해당 Waypoint까지의 소모 연료

▶ 출발공항 이륙 후부터 해당 Waypoint까지의 누적소모연료

<53> 상층풍: Upper Wind Factor 평균

▶ P00: 항로상의 평균 Wind Speed 값이 0KT임

▶ P20: 항로상의 평균 Wind Speed 값이 배풍 20KT임

▶ M20: 항로상의 평균 Wind Speed 값이 정풍 20KT임

<54> 상층풍에 따른 예상경과시간(Estimated Elapsed Time)

▶ 0049: 출발공항에서 도착공항 예상비행시간(49분)

▶ 0048: 출발공항에서 도착공항 예상비행시간(48분)

▶ 0050: 출발공항에서 도착공항 예상비행시간(50분)

<55> Other Special Information

<56> Minimum Equipment List: Defer 시(운항 관련 제한사항) MEL Item Number 및 Subject 입력

<57> 민간 항공안전 법규 및 비행운영규정에 따라 Release하고 동의함

<58> 운항관리사 성명 및 전자서명

<59> 기장 성명 및 전자서명

<60> Release된 Plan의 Number

5. 공항의 구분

운항에 사용하는 공항은 정규공항, 예비공항, 교체공항, 연료보급공항 및 비상공항으로 구분한다. 이들 중 목적지공항으로 사용할 수 있는 공항은 정규공항, 예비공항 및 연료보급공항이다. 교체공항으로만 인가된 공항은 비행계획단계에서 최초목적공항으로 설정할 수 없다. 비상공항은 정상운항 공항으로 인가되지는 않지만, 비상시에 사용하는 공항이다.

1) 정규공항(Regular Airport)

인가된 노선의 출발지, 기착지 및 목적지로 사용하는 공항을 말하며, 비행계획에 있어서 최초의 착륙예정지로 사용할 수 있는 공항을 말한다. 운항허가(Dispatch Release) 시 교체공항으로 지정할 수 있다.

2) 예비공항(Provisional Airport)

정규공항의 예비로서 지정하며 정규공항을 사용할 수 없는 경우에 그 정규공항과 같은 목적으로 사용할 수 있는 공항을 말한다. 비행계획에 있어서 최초의 착륙예정지로 사용할 수 있다.

3) 연료보급공항(Refueling Airport)

어떤 항로를 비행하는 항공기에 대하여 연료만을 보급하기 위하여 사용이 인가된 공항을 말한다. 비행계획에 있어서 최초의 착륙예정지로 사용할 수 있다.

4) 교체공항(Alternate Airport)

착륙하고자 하는 공항으로 계속 비행 또는 착륙이 불가하다고 판단되는 경우, 비행 중에 목적지를 변경하여 교체 착륙지로 할 수 있는 공항을 말하며, 정규공항, 연료보급공항, 예비공항 중 어느 공항이라도 교체공항으로 사용할 수 있다. 다만 교체공항으로만 인가된 공항은 비행계획에 있어서 최초의 착륙예정지로 사용할 수 없다.

(1) 이륙교체공항(Take-off Alternate Airport): 이륙 후 출발공항으로 회항이 불가한 경우 착륙할 수 있는 교체공항
(2) 항로상 교체공항(En-route Alternate Airport, ERA): 비행 중 항로상에서 비정상 또는 비상상황 발생 시 교체공항으로 사용할 수 있는 공항
(3) 목적지 교체공항(Destination Alternate Airport): 착륙예정 공항에 착륙이 불가능하거나 착륙이 부적절할 때 항공기가 착륙할 수 있는 교체공항

5) 비상공항(Emergency Airport)

기종별 항공기의 성능을 고려하여 비상시 항공기가 안전하게 착륙할 수 있는 공항을 말한다. 비상상황에 따라 기장은 어느 공항에도 착륙할 수 있으나, 이 경우 승객서비스 및 정비지원 등이 제공되지 않을 수도 있다.

6. 비행계획 절차

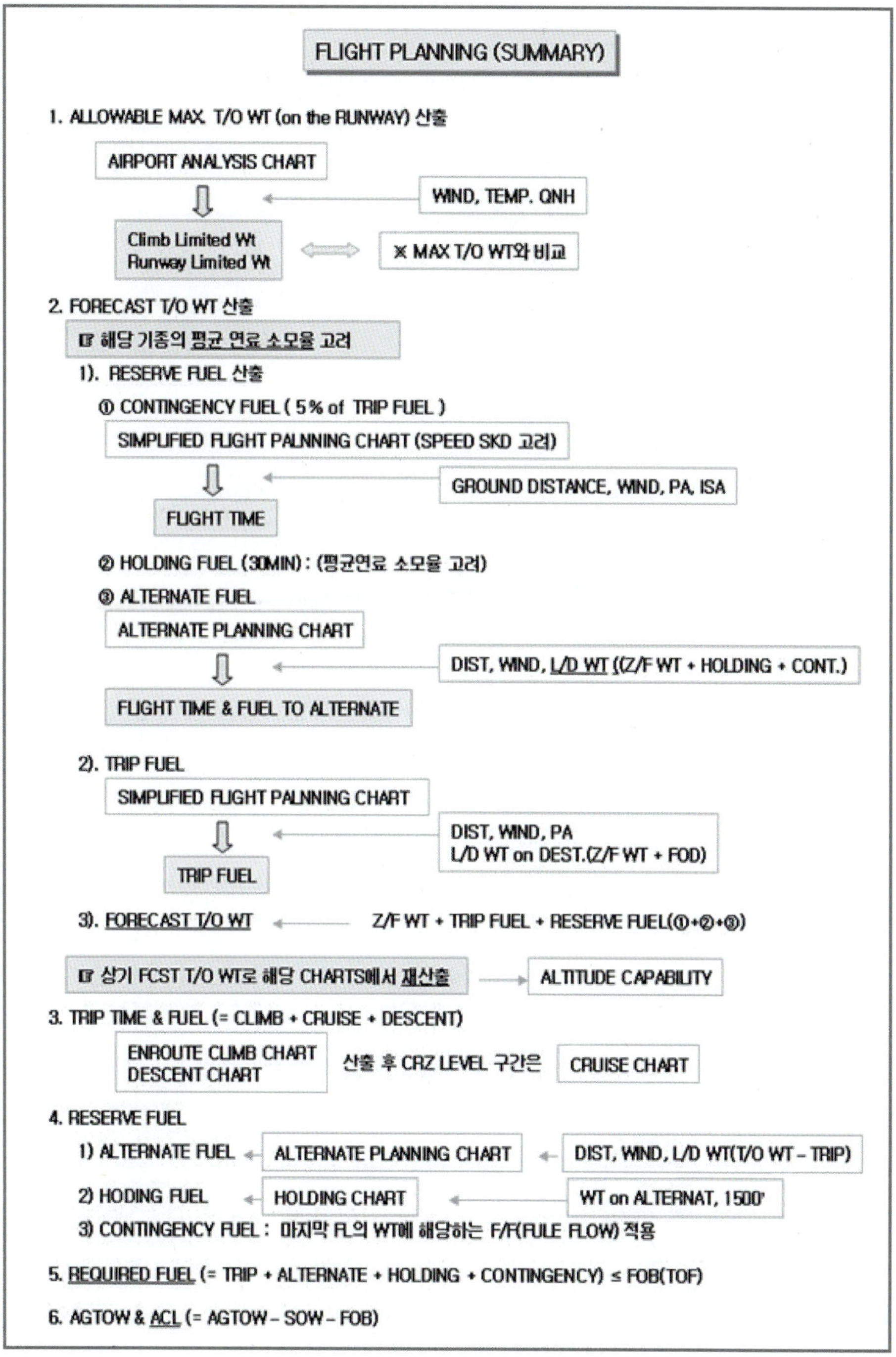
FLIGHT PLANNING (SUMMARY)
1. ALLOWABLE MAX. T/O WT (on the RUNWAY) 산출
AIRPORT ANALYSIS CHART
WIND, TEMP. QNH
Climb Limited Wt
Runway Limited Wt
※ MAX T/O WT와 비교
2. FORECAST T/O WT 산출
☞ 해당 기종의 평균 연료 소모율 고려
1). RESERVE FUEL 산출
① CONTINGENCY FUEL (5% of TRIP FUEL)
SIMPLIFIED FLIGHT PALNNING CHART (SPEED SKD 고려)
GROUND DISTANCE, WIND, PA, ISA
FLIGHT TIME
② HOLDING FUEL (30MIN) : (평균연료 소모율 고려)
③ ALTERNATE FUEL
ALTERNATE PLANNING CHART
DIST, WIND, L/D WT ((Z/F WT + HOLDING + CONT.)
FLIGHT TIME & FUEL TO ALTERNATE
2). TRIP FUEL
SIMPLIFIED FLIGHT PALNNING CHART
DIST, WIND, PA
L/D WT on DEST.(Z/F WT + FOD)
TRIP FUEL
3). FORECAST T/O WT
Z/F WT + TRIP FUEL + RESERVE FUEL(①+②+③)
☞ 상기 FCST T/O WT로 해당 CHARTS에서 재산출
ALTITUDE CAPABILITY
3. TRIP TIME & FUEL (= CLIMB + CRUISE + DESCENT)
ENROUTE CLIMB CHART
DESCENT CHART
산출 후 CRZ LEVEL 구간은
CRUISE CHART
4. RESERVE FUEL
1) ALTERNATE FUEL
ALTERNATE PLANNING CHART
DIST, WIND, L/D WT(T/O WT – TRIP)
2) HODING FUEL
HOLDING CHART
WT on ALTERNAT, 1500'
3) CONTINGENCY FUEL : 마지막 FL의 WT에 해당하는 F/F(FULE FLOW) 적용
5. REQUIRED FUEL (= TRIP + ALTERNATE + HOLDING + CONTINGENCY) ≤ FOB(TOF)
6. AGTOW & ACL (= AGTOW – SOW – FOB)

6.2.2 탑재 연료

운항에 필요한 연료 산정 시, 아래 법규 사항을 준수하고 최신의 기상정보, 비행 중 예상되는 지연을 고려하여 안전한 비행이 수행될 수 있도록 충분한 연료 및 오일을 탑재하여야 한다.

- 항공안전법 시행규칙 별표 17. 항공기에 실어야 할 연료와 오일의 양
- 운항기술기준 8.1.9.13 연료, 오일탑재 계획 및 불확실 요인의 보정, 8.1.9.15 계기비행방식 비행을 위한 최소연료탑재량

1. 연료 탑재량 계산 시 고려사항

1) 연료소모감시시스템에서 얻은 특정 항공기의 최신자료 또는 항공기 제작사에서 제공된 자료
2) 비행계획에 포함되어야 할 운항조건
   (1) 예상 항공기 중량
   (2) 항공고시보(NOTAM)
   (3) 현재 기상보고 또는 기상보고 및 기상예보의 조합
   (4) 항공교통업무 절차, 제한사항 및 예측된 지연
   (5) 정비이월, 외장변경의 영향
   (6) 항공기 착륙지연 또는 연료와 오일의 소모를 증가시킬만한 사항

2. 탑재연료의 구분

1) Ramp Fuel: 항공기가 운항을 위하여 Ramp에서 출발 전에 탑재한 전체 연료를 말한다.
2) Taxi Fuel: Push-back 시점부터 Take-off 전까지 Engine 시동, 보조동력장치(APU) 운용 및 이륙 공항의 현지 조건을 고려하여 지상 활주에 소모될 것으로 예측되는 연료를 말한다.
   (Note) A320/A321: 300 LBS, A330: 800 LBS, A350: 900 LBS, B747: 1,500 LBS

<table>
<tr><td rowspan="10">Fuel In Tank</td><td rowspan="9">Ramp Fuel</td><td rowspan="6">Required Fuel</td><td colspan="2">Taxi Fuel</td></tr>
<tr><td>Trip Fuel</td><td rowspan="8">Planned Takeoff Fuel</td></tr>
<tr><td>Destination Alternate Fuel</td></tr>
<tr><td>Final Reserve Fuel</td></tr>
<tr><td>Additional Fuel</td></tr>
<tr><td>Contingency Fuel</td></tr>
<tr><td colspan="2">Company Reserve Fuel</td></tr>
<tr><td colspan="2">Tankering Fuel</td></tr>
<tr><td colspan="2">Discretionary Fuel</td></tr>
<tr><td colspan="4">Unusable Fuel</td></tr>
</table>

3) Planned Takeoff Fuel: 전체 탑재연료(Ramp Fuel)에서 Taxi Fuel을 제외한 연료를 말하며, 항공기 Take off 직전의 탑재연료이다.

4) Trip Fuel: 항공기가 이륙부터 또는 비행 중 재 비행계획 지점(Point of In－Flight Re－Planning)부터 목적공항에 착륙할 때까지 요구되는 연료량이다.

5) Contingency Fuel: 예상치 못한 요인(Unforeseen Factor)에 대비하기 위한 연료로서 계획된 운항연료의 5% 또는 비행 중 재 비행계획 지점(Point Of In－Flight Re－Planning)에서 요구되는 연료의 5% 연료량으로 한다. 다만, 어떠한 경우에도 표준대기상태에서 목적공항 상공 450m(1,500ft)에서 체공속도로 5분 동안 비행하기 위해 필요한 연료량보다 적어서는 아니 되며, 안전하고 효율적인 항공기 운영을 위해 최소 10분으로 운영한다.

6) Destination Alternate Fuel

(1) 목적지 교체공항이 요구되는 경우, 다음을 수행하기 위해 필요한 연료량

① 목적공항에서 실패접근

② 예상 순항고도까지 상승

③ 예상항로 비행

④ 예상접근이 시작되는 시점까지 강하

⑤ 목적지 교체공항에 접근 및 착륙

(2) 두 개의 목적지 교체공항이 필요한 경우, 위 (1)항에 따라 산정된 두 교체공항 연료 중 더 많은 연료량

(Note) 목적공항에서 교체공항까지 거리가 75NM 미만인 경우, 75NM을 Minimum Distance로 하여 Destination Alternate Fuel을 산정한다.

7) Final Reserve Fuel

목적공항 또는 목적지 교체공항에 도착 시 예상중량을 이용해 산정될 수 있는 연료로 공항 450m(1,500ft) 상공, 표준대기 상태에서 체공속도로 30분 동안 비행할 수 있는 연료량

8) Additional Fuel

Trip Fuel, Contingency Fuel, Destination Alternate Fuel, Final Reserve Fuel에 의해 산정된 최소 연료가 다음을 수행하는 데 불충분할 경우 추가로 탑재하는 연료이다.

(1) 항공기가 항로상 가장 심각한 임계점에서 엔진고장 또는 여압장치 고장이 발생한 것을 가정하여, 둘 중 더 많은 연료를 필요로 하는 경우에 교체공항으로 비행하여 다음을 포함하는 연료

① 표준대기 상태에서 공항 450m(1,500ft) 상공에서 체공속도로 15분 동안 비행

② 접근 및 착륙

(2) 회항시간 연장운항(EDTO) 임계연료 시나리오에 부합하여 항공기가 회항시간 연장운항을 수행하는 데 필요한 연료

(3) 상기 (1), (2)에서 언급되지 않은 기타 추가요건을 충족하기 위한 연료

9) Discretionary Fuel

PIC 또는 운항관리사가 아래의 상황 등을 고려하여 추가로 탑재하는 연료이다.

(1) De-icing에 따른 지연

(2) 항로상 공중대기

(3) ATC가 요구하는 운항 제한

(4) 항로상 상층풍 또는 상층기온 예보에 신뢰가 없을 경우

(5) 악기상으로 우회 가능성

(6) 항로상, 목적공항 또는 교체공항의 기상예보에 따라 필요하다고 판단될 경우

(7) 안전 등 기타 예기치 않은 상황에 대비하여 필요하다고 판단될 경우

10) Company Reserve Fuel

회사 연료 정책에 따라 기종/구간별 연료 소모 실적에 근거하여 비행계획 대비 반복적으로 과다 소모되는 연료량을 보정하기 위해 탑재하는 연료이다.

(1) Recommended Extra Fuel(REF): 운항비행계획서의 신뢰도 향상, 비정상 운항 최소화 및 연료효율성 향상을 위해, 기종/구간별 특이성에 따른 연료 소모 편차의 실적 통계자료를 근거로 탑재하는 연료를 말한다.

(2) Pad Fuel: Re-fle Plan이 적용되는 구간에서 Re-file Point부터 목적공항까지의 법적 연료량 부족으로 Re-file 공항으로 회항하는 사례를 최소화하기 위하여 회사 정책에 의하여 탑재되는 연료이다.

11) Tankering Fuel

출발지와 목적지의 연료 가격의 차이가 발생할 경우 또는 회사 정책상 특정 출발공항에서 왕복연료 또는 예비연료까지 탑재하는 경우의 연료를 말한다.

12) Unusable Fuel

Unusable Fuel은 비행 중 사용하거나 Dump를 하지 않는 연료로 정상적인 연료량에 추가하여 탑재하는 다음의 연료를 말한다.

▶ Ballast Fuel: 이·착륙 시 CG Limit 내로 항공기 균형을 유지시키기 위해 탑재하는 연료

(Note) Ballast Fuel은 비행계획서 FOB에는 포함되지 않지만 계기에 지시되는 연료량에 포함되어 있다.

3. EDTO Critical Fuel

1) 일반

(1) EDTO 비행계획은 항로상에서 객실여압이 되지 않거나, One Engine의 부작동이 동시에 발생한 것으로 가정하여 출발지 및 목적지 비행장을 포함한 En-route Alternate Airport까지 비행이 가능한 연료(Two Engines가 더 많은 연료가 소모될 경우는 Two Engines 연료를 선정)를 탑재하여야 한다.

(2) 운항예정 항로상에 선정된 여러 개의 ETP를 기준으로 계산한 각각의 연료 중 가장 많이 필요로 하는 연료를 EDTO Critical Fuel이라 하고, 이에 해당하는 ETP를 EDTO Critical Point라 한다. EDTO Critical Point에서

EDTO 항로상 교체공항으로 Diversion 하기 위한 연료량이 해당 Point에서의 연료 잔량보다 많은 경우 그 차이가 EDTO 예비연료로 추가 탑재되어야 한다.

2) Critical Fuel 산정방법

(1) Taxi Out Fuel: Taxi Out Fuel에 의하여 산정한다.

(2) Trip Fuel To Critical Point: 출발지 비행장을 이륙하여 Critical Point에 도달할 때까지 필요한 연료이며, 계산은 Trip Fuel에 준하여 실시한다. 단, 강하 시 연료는 계산에 포함하지 않는다.

(3) Trip Fuel From Critical Point To En-route Alternate Airport: Critical Point에서 En-route Alternate Airport까지 필요한 Trip Fuel로 다음의 조건으로 계산한다.

① 기종별 순항속도(예)

단위: KIAS at 10,000ft 순항고도

구분	B777	A350	A330	A321	A320
1 Engine	320	340	330	320	320
2 Engines	LRC Speed				

② 사용하는 예보의 오류를 보정하기 위하여 실제 예보된 풍속 요소의 5%를 더한다(정풍일 경우는 더하고, 배풍일 경우는 감한다). 단, 신뢰할 수 있는 공인된 바람 자료를 사용할 수 없다면 5% 연료를 추가한다.

③ APMS(Airplane Performance Monitoring System) 분석자료 추가

- APMS 분석자료 산정 기번: 해당 APMS 수치
- APMS 분석자료 미산정 기번: +5%

(4) Holding Fuel: En-route Alternate Airport 1,500ft 상공(표준대기기준)에서 15분 동안 Holding에 필요한 연료로서 En-route Alternate Airport의 예상착륙중량을 기준으로 계산한다.

(5) Ice Drag Fuel: Critical Point로부터 En-route Alternate Airport에 착륙할 때까지 Icing Condition이 예상될 경우에 엔진 및 Wing Anti Ice System의 작동과 착빙에 의한 기체저항 증가로 인한 필요 연료량이다.

① Ice Drag Fuel의 계산: 상기 Trip Fuel From Critical Point To En－route Alternate Airport ＋ Holding의 합에 다음 연료량을 추가한다.

② 기종별 Ice Drag Fuel (예)

구분	B777	A350	A330	A321	A320
Two Engines	8%	2%	6%	5%	5%
One Engine	8%	2%	6%	5%	5%

(Note) Critical Point 또는 En–route ALT Airport 10,000ft 상공에서 착륙할 때까지 Icing Condition 이 예상될 경우에 적용한다.

(6) APU Fuel: Critical Point로부터 En－route Alternate Airport에 착륙할 때까지의 시간(예보된 바람의 오차를 감안한 연료 포함), 및 En－route Alternate Airport 상공에서 15분간 Holding 하는 동안 APU 사용에 필요한 연료량이다.

※ 기종별 APU Fuel(예)

기종	B777	A350	A330	A321	A320
연료량	400	293	200	180	180

(7) Anti－Ice Fuel

Critical Point로부터 En－Route Alternate Airport에 착륙할 때까지의 시간(예보된 바람의 오차를 감안한 연료 포함), 및 En－route Alternate Airport 상공에서 15분 동안 Holding 시간에 Anti Ice System을 사용하는 데 필요한 연료량이다. 다만, 상기 Ice Drag Fuel을 고려한 경우는 다시 추가할 필요는 없다.

※ 기종별 Anti Ice Fuel(예)

기종	B777	A350	A330	A321	A320
연료량	250	289	500	300	300

(8) Extra Fuel

기타 필요에 따라서 최소 요구연료량에 추가하여 탑재할 수 있다.

(Note) 다음은 기종별 연료계에 표시되지 않은 Usable Fuel이며, Extra Fuel로써 사용할 수 있다.

※ 기종별 Usable Extra Fuel(예)

기종	B777	A350	A330	A321	A320
연료량	495	335	731	142	142

4. 연료탑재 확인(운항기술기준 8.1.9.20 연료탑재 요건)

Taxi Fuel, Trip Fuel, Contingency Fuel, Alternate Fuel, Final Reserve Fuel 및 필요시 Additional Fuel의 요건을 충족하지 않는 한 비행을 시작해서는 아니 되며, Trip Fuel, Contingency Fuel, Alternate Fuel, Final Reserve Fuel 및 필요시 Additional Fuel의 요건을 충족하지 않는 한 비행계획 재허가 지점을 지나 계속 비행해서는 아니 된다.

6.2.3 교체공항 선정 및 접근절차

1. 목적공항 및 목적지 교체공항의 선정

1) 비행시간에 따른 목적공항 및 목적지 교체공항의 기상요건

운항증명 소지자는 다음의 기상조건을 충족하지 못하면 비행을 허가하거나 출발시킬 수 없다.

비행시간	기상조건
2시간 미만	목적공항 사용예정시간의 기상예보 또는 현재의 기상이 "인가된 IFR 접근 및 착륙 최저기상치 이상"일 때
2시간 이상 8시간 미만	1) 목적공항 사용예정시간의 기상예보가 "인가된 IFR 접근 및 착륙 최저기상치 이상"이고, 2) 교체공항 사용예정시간의 기상예보가 "교체공항 IFR 착륙 최저기상치 이상"일 때
8시간 이상	1) 목적공항 사용예정시간의 기상예보가 "인가된 IFR 접근 및 착륙 최저기상치 이상"이거나, 2) 교체공항 사용예정시간의 기상예보가 "교체공항 IFR 착륙 최저기상치 이상"일 때

※ 기상예보 중 TEMPO는 운항최저치 기상으로 적용하지 않는다.

※ 사용예정시간이란 도착예정시간 1시간 전, 후를 의미한다.

2) 정밀접근 기상최저치

<table>
<tr><th colspan="2">Category</th><th>Minimum Altitude</th><th>TDZ RVR/VIS</th><th>MID RVR</th><th>Rollout RVR</th><th>Far–end RVR</th></tr>
<tr><td colspan="2" rowspan="2">PAR CAT – I</td><td>DH 200ft</td><td>RVR 550m (1,800ft) / VIS 800m(1/2SM)</td><td>If reported RVR 150m (500ft)</td><td>If reported RVR 150m (500ft)</td><td>Reference only (if reported)</td></tr>
<tr><td colspan="5">Use MID if TDZ RVR is inoperative</td></tr>
<tr><td colspan="2" rowspan="2">CAT – II</td><td>DH 100ft</td><td>RVR 300m (1,000ft)</td><td>If reported RVR 175m (600ft)</td><td>RVR 75m (300ft)</td><td>Reference only (if reported)</td></tr>
<tr><td colspan="5">TDZ & Rollout RVR required
If MID & Rollout RVR is inoperative, TDZ is at or above 450m(1,400ft)
If Rollout RVR is inoperative, use MID or Far–end RVR
(In this case, MID RVR must be 175m(600ft) or greater
Or Far–end RVR must be 75m(300ft) or greater)</td></tr>
<tr><td rowspan="4">CAT – III</td><td>FP[1]) Autoland without rollout system</td><td rowspan="2">DH 50ft</td><td rowspan="2">RVR 175m (600ft)</td><td>RVR 175m (600ft)</td><td rowspan="2">RVR 75m (300ft)</td><td rowspan="2">Reference only (if reported)</td></tr>
<tr><td>FP[1]) Autoland with rollout system3</td><td>RVR 125m (400ft)</td></tr>
<tr><td>FO[2]) Autoland with rollout system4</td><td>AH 100ft</td><td>RVR 75m (300ft)</td><td>RVR 75m (300ft)</td><td>RVR 75m (300ft)</td><td>Reference only (if reported)</td></tr>
<tr><td colspan="6">All three RVRs must be operative except 3) and 4)
Use Far–end if Rollout RVR is inoperative.
3) MID or Rollout RVR may be temporarily inoperative.
4) One out of 3 RVRs may be temporarily inoperative.</td></tr>
</table>

1) FP: Fail Passive
2) FO: Fail Operational

(Note)

• Fail–Passive CAT – III System

자동조종 장치 중 어느 하나가 고장 날 경우에 접근로에서 심각한 항공기 이탈 또는 정상 활공각 이하로 고도 상실이 없고, 자동조종장치가 분리된 경우 운항 승무원이 쉽게 조종할 수 없는 Out Of Trim 상태가 되지 않으며, 비행조종장치에 조종장치의 움직임이나 Display 장치를 통해서 운항승무원이 쉽게 인식할 수 없는 비정상 상태가 발생하지 않아야 하는 탑재장치를 말한다.

• Fail–Operational CAT – Ⅲ System

접지 또는 안전한 활주 속도에 도달할 때까지 중복된 운용 능력을 보유한 항공기 탑재장치(이하 '탑재장치'라 한다.)를 말한다. Fail Operational 능력은 자동장치나 수동장치 또는 복합장치로 구성되고 중복 장치는 공동 결함 특성을 가져 서는 안되며 동일 장비일 필요는 없다. 만약 필수 CAT – Ⅲ 장치 중 어느 하나가 경고고도 이하에서 고장날 경우 잔여 운용 장치로서 자세 변경(Flare), 접지 또 는 착륙 활주 조작이 가능해야 한다. 수동식 비행장치인 경우에는 운항승무원의 별도 조작 없이 잔여 운용 장치를 운항 승무원이 이용할 수 있어야 한다.

3) 비정밀접근 기상최저치

Approach 시설	TDZ RVR / VIS		MID RVR	Rollout RVR	비고
	Category A, B, C	Category D			
LOC (with ALS Published MDA)	800M (2,400ft) / 800m	1,200m (4,000ft) / 1,200m	–	–	TDZ RVR 이용 불가 시 MID RVR 적용
Others (LOC, VOR, NDB, ASR) Published MDA	1,600m(5,000ft) / 1,600m				TDZ RVR 이용 불가 시 MID RVR 적용

4) 교체공항 IFR 기상최저치

교체공항 IFR 기상최저치 (SM = Statute Mile)		
접근 항행시설 구성	운고(Ceiling)	기상시정(Visibility)
적어도 1개 이상의 항행시설을 이용한 직진입 비정밀접근 절차 또는 직진입 정밀접근 절차, 또는 계기접근 절차로부터 선회접근 절차 이용 가능 공항	적용할 착륙 최저치(MDH/DH) + 400ft	착륙 최저치 + 1SM(1,600m)
적어도 2개 이상의 항행시설이 운영되고, 각 시설이 서로 다른 활주로[1)]에 직진입접근 절차 이용 가능 공항	사용할 2개의 접근절차 중 높은 착륙 최저치 (MDH/DH)+200ft	사용할 2개의 접근 절차 중 높은 착륙 최저치 + 1/2SM(800m)
One usable authorized CAT Ⅱ ILS IAP	300ft(HAT)	3/4SM(1,200m) or RVR 4,000ft(1,200m)
One usable authorized CAT Ⅲ ILS IAP	200ft(HAT)	1/2SM(800m) or RVR 1,800ft(550m)

(Note)

1. 운항승무원은 활주로가 이용 가능한 상태인지 판단하기 위하여 바람 제한치를 고려하여야 한다.
2. 1) 서로 다른 활주로란 활주로 No.가 서로 다른 활주로를 말한다.

2. 목적지 교체공항 선정 여부에 따른 운항관리 기준

1) 목적지 교체공항 선정이 필요한 조건

(1) IFR 비행계획 시 '목적지 교체공항 선정이 필요하지 않은 조건' 또는 '목적지 교체공항을 선정할 수 없는 조건'인 경우를 제외하고는 최소한 1개의 교체공항을 선정하여야 한다.

(2) 목적지 교체공항을 선정할 경우의 Required Fuel은 다음과 같다.
Taxi Fuel, Trip Fuel, Destination Alternate Fuel, Final Reserve Fuel, Contingency Fuel, Additional Fuel

2) 목적지 교체공항 선정이 필요하지 않은 조건

(1) 목적지 도착예정시각 전후 각 1시간 동안 2개 이상의 분리된 활주로(Separate Runways)를 사용가능하고, 적어도 1개의 활주로에는 계기접근절차(Instrument Approach Procedure)가 수립되어 있어야 하며, 아래의 기상조건을 만족하여야 한다.

구분	Circling Approach	Instrument Approach
Ceiling	If a circling approach is required, 1,500ft above the lowest circling MDA.	If a straight-in approach is available, at least 1,500ft above the lowest published instrument approach minimum or 2,000ft above the airport elevation, whichever is greater.
Visibility	3SM(4,800m) visibility or 2SM(3,200m) more than the lowest applicable visibility minimums, whichever is greater, for the instrument approach procedures to be used.	

(2) 목적지 교체공항 선정이 필요하지 않은 경우의 Required Fuel은 다음과 같다.
Taxi Fuel, Trip Fuel, Final Reserve Fuel, Contingency Fuel, Additional Fuel과 목적공항 상공 1,500ft AFE에서 표준대기 기준으로 15분간 체공할 수 있는 연료

3) 목적지 교체공항을 선정할 수 없는 조건(고립공항: Isolated Airport)

지리적으로 고립되어 있어 부근에 교체공항이 없는 경우이다. 목적지 교체공항을 선정할 수 없을 경우, 순항속도를 기준으로 하여 최소 2시간 이상 비행할 수 있는 추가연료를 탑재하여 운용하여야 한다.

통상 목적공항 DA/DH 또는 Go-around 실시 후 가장 근접한 적합 교체공항으로 회항하는 데 요구되는 연료가 목적공항 상공에서 90분 동안 체공하는 연료를 초과하는 경우의 목적공항을 고립공항으로 간주한다.

3. 접근절차의 종류와 접근고도

1) 정밀접근 절차(Precision Approach Procedure)

활주로방위각 및 활공각 정보를 이용하는 계기접근절차(예: ILS, GPS, ILS/DME, PAR 등)

2) 비정밀접근 절차(Non-Precision Approach Procedure)

전자적인 활공각 정보를 이용하지 아니하고 활주로방위각 정보를 이용하는 계기접근절차(예, VOR, TACAN, NDB, LOC, LOC/DME, VOR/DME, ASR, LDA, SDF, LOC/BC 등)

3) 고도의 종류

(1) DA/DH(Decision Altitude/Decision Height): 정밀접근 절차로 인가된 계기 접근 시 지속적인 접근에 필요한 시각 참조물을 확보하지 못할 경우 반드시 실패 접근을 시작해야 하는 특정 고도/높이 즉 결심고도를 말한다. 결심고도는 실패 접근 시 항공기 강하 타성을 허용하여도 안전이 보장되는 고도를 말하며, DA는 평균해면고도(MSL)를 기준으로 표시하고, DH는 활주로 말단의 높이를 기준으로 표시한다.

(2) MDA/MDH(Minimum Descent Altitude/Minimum Descent Height): 비정밀접근(2D 접근 또는 선회접근) 시에 시각 참조물 없이 더 이상 아래로 강하하지 못하도록 지정된 어느 특정의 고도 또는 높이, 즉 최저 강하고도를 말한다.

MDA는 평균해면 고도를 기준으로 하고, MDH는 비행장표고 또는 활주로 말단고도를 기준으로 한다. 또한 MDH는 직진입접근(Straight-in Approach) 시에는 HAT(Height Above Touchdown), 선회접근(Circling Approach)에는 HAA(Height Above Airport)를 적용한다.

(Note) 경고고도(Alert Height: AH): Fail Operational CAT-III 운항 시 활주로 접지구역(TDZ: Touch Down Zone) 상공 60m(200ft) 이하로 설정되는 고도이며, 중복으로 운용되는 항공기 장비 또는 해당 지상장비 중 어느 하나가 고장 날 경우 이 고도 이상에서는 CAT-III 접근을 중단하고 실패 접근(Missed Approach)을 수행하여야 하며, AH 이하에서는 항공기 또는 관련 CAT-III 장치의 결함이 중대한 상황이 아닌 경우 착륙을 실시할 수 있는 고도를 말한다.

6.2.4 Re-file Procedure

1. 개요

장거리 구간에서 유상 탑재능력을 증가시키거나 비행기 운항 효율을 높이기 위한 절차이다.

1) 출발공항과 목적공항 사이에 Re-file 공항을 선정하고, 이 공항의 전방 혹은 후방 적당한 곳에 Re-file Point를 정하여 둔다.
2) Re-file 공항과 Re-file 교체공항은 목적지 공항과 목적지 교체공항과 마찬가지로 기상조건을 충족해야 한다.
3) ATS FlightPlan은 목적공항으로 제출하고 Re-file 공항을 명시한다.
   Operational Flight Plan은 출발공항 → (Re-file 공항) → 목적공항으로 운항할 수 있도록 작성한다.
4) 출발공항에서 Re-file에 필요한 양의 연료를 탑재하고 운항을 개시하여 Re-file Point에서 당시의 연료 잔량을 점검하여 연료 잔량이 목적공항까지 운항하는 데 필요한 연료량 이하이면 Re-file 공항을 목적공항으로 변경하여 운항한다. 이때 목적공항 변경을 관제기관(ATC)에 통보하고 새로운 Clearance를 받아 운항한다.

5) Re-file Procedure의 적용으로 인한 목적지 변경을 해당 기관에 신속히 보고한다.

6) Re-file Clearance의 내용이 Flight Clearance에 기록되어야 한다.

7) Re-file Procedure 적용 시 연료 탑재량

연료 구분	출발 시의 연료탑재량	Re-file Point에서의 필요연료량
Trip Fuel	출발공항 → 목적공항	Re-file Point → 목적공항
Contingency Fuel	Re-file Point → 목적공항 Trip Fuel의 5%	Re-file Point → 목적공항 Trip Fuel의 5%
Destination Alternate Fuel	목적공항 → 교체공항	목적공항 → 교체공항
Final Reserve Fuel	30분	30분

(Note)
1. 운항관리사는 해당 운항비행계획서에 기장과 함께 서명하여야 한다.
2. 출발공항에서의 연료는 Re-file 공항까지의 정상 비행계획에 의한 연료량 이상이어야 한다.
3. 추가 연료가 요구될 시 기장은 운항관리사와 협조한다.

2. 운항절차

1) 운항절차

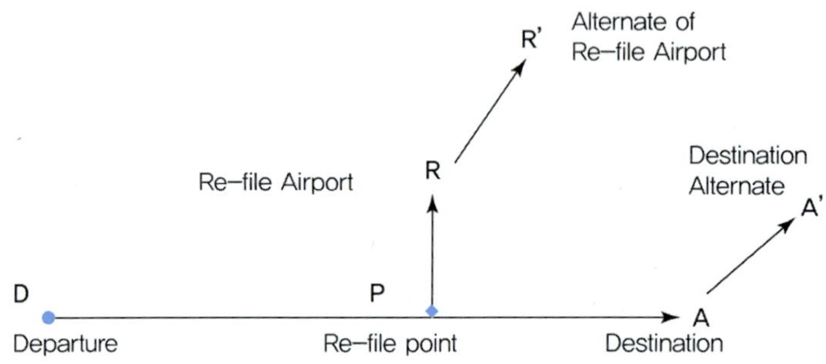

(Note)
1. Re-file Airport에 Landing 시는 Landing Weight를 점검하여 Over Weight Landing이 되지 않도록 유의하여야 한다.
2. Re-file 공항의 교체공항 및 그 거리는 지역별 교체공항 현황을 참조한다.
3. 목적공항보다 가깝고 유사항로를 운영하는 구간은 동일한 기준을 적용할 수 있다.
4. 경제 운항을 목적으로 동부 시베리아 항로 운영 시 Re-file Point "50° N 최근접 R/P (Re-file Point) ANC/ICN 구간은 운영하지 않는다.

2) ATS Flight Plan

ATS Flight Plan은 D(출발공항)－A(도착공항) (교체공항은 A')로 file하며 ATS Flight Plan의 Item 18/Other Information 항에 다음 사항을 명기한다.

(1) RIF(Re－clearance In Flight) / Re－clearance Point(P)부터 Re－file Airport(R)까지의 항로와 Re－file Airport의 ICAO 4 Letter를 명시한다.
예) LAX/ICN 구간: Fukuoka ATMC Address “RJJJZQZX” 및 “RJAAAARO” 추가 Item 18: RIF / OATIS ATS KET OTR10 CVC RJAA

(2) Company Flight Plan은 D － R 및 D － A 구간 공히 운항할 수 있도록 작성한다.

(3) P의 위치는 P → A 구간의 비행시간이 약 2시간 정도인 지점을 기준으로 하며 필요에 따라 항로상의 적절한 지점을 선정할 수 있다.
P 지점부터 최종 목적공항까지의 운항에 필요한 연료량은 목적공항의 기상 상태에 따라 다음 사항을 충족해야 한다.

(4) A 공항의 기상이 IMC인 경우
① Trip Fuel: P － A 구간
② Contingency Fuel: P － A 구간 Trip Fuel의 5%
③ Destination Alternate Fuel: A － A’ 구간
④ Final Reserve Fuel: A’ 상공에서 30분

(5) A 공항의 기상이 VMC인 경우
① Trip Fuel: P － A 구간
② Contingency Fuel: P － A 구간 Trip Fuel의 5%
③ Final Reserve Fuel: A 상공에서 30분
④ 15 Minutes Fuel: A 상공에서 15분

(6) 기장(PIC)은 P 지점에 도착 후 목적공항의 기상 상태와 연료 잔량을 점검하고, 상기 A 공항의 기상조건(IMC 및 VMC)에서의 법정연료와 비교하여 목적공항 또는 Re－file Airport로 운항 여부를 결정하여야 한다.

(7) P 지점에서 목적공항 A로의 계속 운항이 불가능하다고 판단될 경우 항공관제기구에 목적공항 변경에 대한 Clearance를 받아 Re－file Airport에 착륙한다.

6.2.5 EDTO(Extended Diversion Time Operation)

1. 용어의 정의

1) 회항시간연장운항(EDTO)

회항시간연장운항(EDTO: Extended Diversion Time Operation)이라 함은 쌍발 비행기는 운항 중 1개의 Engine이 부작동 시에 무풍 및 표준대기 상태에서의 순항속도(이하 "순항속도"라 한다)로 착륙가능공항으로부터 60분을 초과하는 지점이 포함된 구간을 운항하는, 삼발 이상의 승객을 운송하는 비행기는 모든 엔진이 작동 시에 무풍 및 표준대기 상태에서 순항고도를 순항속도(이하 "순항속도"라 한다)로 착륙가능공항으로부터 180분을 초과하는 지점이 포함된 구간을 운항하는 것을 말한다.

2) 착륙가능공항(Adequate Airport)

착륙가능공항이라 함은 아래의 요건을 모두 만족하는 공항을 말한다.

(1) 예상 착륙 시간대(출발예정시간을 기초로 하여 가장 빠른 비상착륙 예정시간부터 가장 늦은 비상착륙 예정시간까지) 이용 가능할 것

(2) 활주로는 착륙에 적합할 것

(3) 적절한 관제, 조명, 통신, 기상업무, 항행안전시설, 착륙보조시설 및 소방구조 체제 등이 갖추어져 있을 것

3) 항로상 교체공항(EDTO Alternate Airport)

항로상 교체공항이라 함은 착륙가능공항 중 해당 운항 편에 있어서 출발 전의 최신 정보에 의하여, 출발 예정시간을 기준으로 가장 빠른 비상착륙 예정시간부터 가장 늦은 비상착륙 예정시간까지 사이에 아래의 항을 각각 만족하는 것으로 판단되는 공항을 말한다. 본 장에 기술된 착륙적합 기상 제한치와 다음 조건을 충족하여야 한다.

(1) 기상조건은 본 장 착륙적합 공항의 기상에서 정하는 조건일 것

(2) 활주로는 기상조건, 활주로 면의 상태, 비행기의 특성 등을 고려하여 해당 비행기가 안전하게 착륙 가능한 충분한 길이를 갖출 것

(3) 적절한 관제, 조명, 통신, 기상업무, 항행안전시설, 착륙보조시설 및 소방구조 체제 등이 갖추어져 있을 것

4) EDTO 항로상 교체공항(EDTO Alternate Airport)

(1) EDTO 항로상 교체공항은 목적지 교체공항과는 다른 목적으로 제공된다.

(2) EDTO 항로상 교체공항이란 통상 비행기가 One Engine이 부작동되거나, 주요 계통의 결함이 있는 경우에 사용되는 공항을 말하며 출발 전 OFP 및 ATS 비행계획서에 명시되어야 한다.

(3) EDTO 항로상 교체공항의 기상조건은 운영기준 C055(FOM 4.9.2.3)를 따른다.

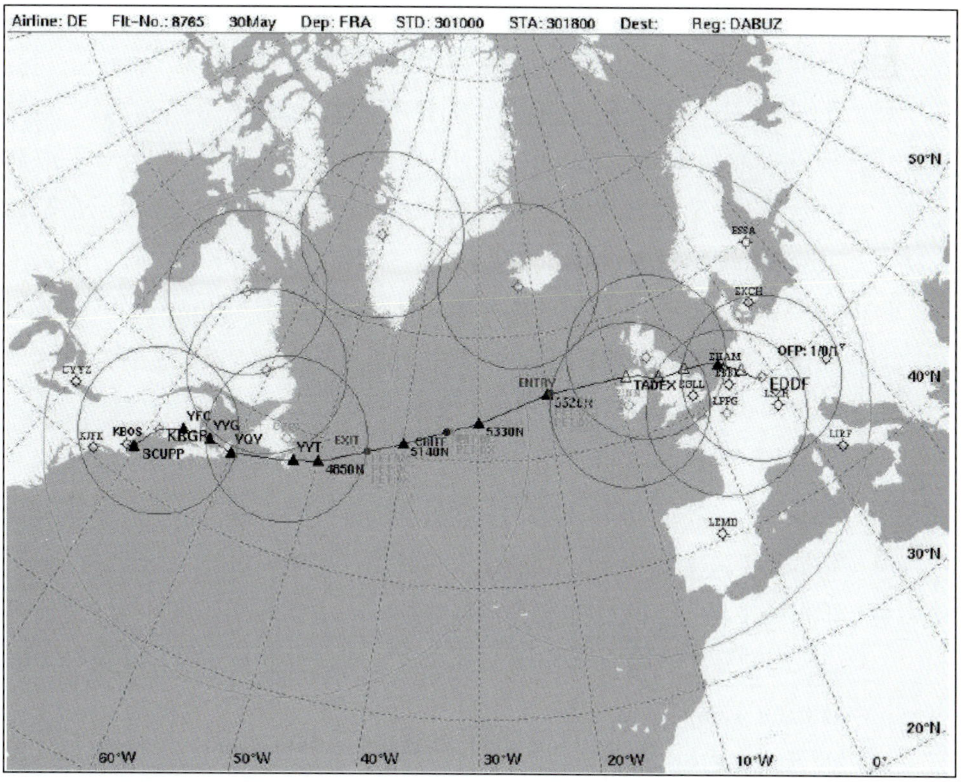

[그림 12] EDTO 운항

5) EDTO 진입점(EDTO Entry Point, EEP)

EDTO 진입점이란 착륙가능공항으로부터 운항 중 1개 엔진이 부작동 시에 순항속도로 60분간 비행하여 갈 수 있는 항로상의 지점으로서 EDTO 지역으로의 진입점을 말하며, 삼발 이상의 승객을 운송하는 비행기의 경우 모든 엔진이 작동 시에 순항속도로 180분간 비행하여 갈 수 있는 항로상의 지점으로써 EDTO 지역으로의 진입점을 말한다.

6) Drift Down

(1) 순항 중 비행기의 1개 엔진이 고장일 때, 현재 순항고도에서 잔여 엔진의 추력을 Maximum Continuous Thrust(MCT)로 설정하고도 고도 유지가 어려운 경우 비행기는 강하하게 된다. 강하는 잔여 엔진의 적절한 추력으로 수평비행이 가능한 고도까지 계속되는데 이를 Drift Down이라 한다.

(2) 고도 유지가 어려운 경우 비행기가 Minimum Flight Altitude 이하로 강하하지 않도록 항로상 최저 운항고도가 OFP에 명시되어야 한다.

(3) 쌍발비행기는 높은 지형 또는 장애물 지역을 비행할 경우 항로상 교체공항(EDTO Alternate Airport)이 OFP에 명시되어야 한다. 만일 항로상에서 1개 엔진고장이 발생할 경우 즉시 가장 근접한 착륙적합공항으로의 Diversion에 적합하게 Drift Down이 수행되어야 한다.

(4) 만일 Diversion이 수행될 경우 항로상 착륙적합공항(En-route Suitable Airport)의 보고된 기상 또는 예보가 비행기 도착예정시각에 해당 공항 착륙기상 최저치 또는 이상이어야 한다.

(5) 쌍발비행기의 최대이륙중량은 1개 엔진 고장 시 Drift Down 성능으로 인하여 제한을 받으므로 다음의 조건을 충족하여야 한다. 최종 목적지까지 비행할 항로를 따라 모든 장애물은 적어도 1,000ft 이상 회피할 수 있어야 하며, 1개 엔진 고장 시점부터 적절한 교체공항까지의 교체 항로를 따라 모든 장애물은 적어도 2,000ft 이상 회피할 수 있어야 하거나, 또는 Positive Rate Of Climb을 유지할 수 있어야 한다.

(6) 첫 번째 조건이 두 번째보다 더 제한적이지만 두 번째 조건의 경우 교체공항은 각 장애물 위험 지역에서도 비행 가능해야 하며 이러한 교체공항은 OFP(운항비행계획서)에 명시되어야 한다. 이러한 두 경우에 있어서 실제 성능은 추가의 Safety Margin을 주기 위해 Drift Down을 위한 최대이륙중량의 계산에 의해 감소될 수 있다.

(Note) 운항비행계획서에 명시된 EDTO 항로상 교체공항은 엔진 고장 시

해당 비행에 있어서 유일한 교체공항으로 이해해서는 안 된다. 그 당시 가장 근접하고 착륙 적합한 공항을 결정하는 것은 기장과 운항관리사의 책임이다.

7) EDTO Exit Point(EXP)

EDTO Exit Point(EXP)라 함은 비행기가 인가된 1개 Engine 부작동 순항속도(무풍, 표준대기상태) 기준으로 Adequate Airport로부터 60분의 비행시간 이내에 계속해서 위치하게 되는 Inbound 경로상의 최초의 지점을, 삼발 이상의 승객을 운송하는 비행기가 모든 엔진이 작동 시에 순항속도로 착륙가능공항으로부터 180분의 비행시간 이내에 계속해서 위치하게 되는 Inbound 경로상의 최초의 지점을 말한다.

8) Critical Point

Critical Point라 함은 EDTO 구간 비행 중 1개의 엔진이 부작동 그리고/또는 기내 여압의 상실 등 비상상황 발생 시 EDTO 운항의 지속에 필요한 연료를 점검하기 위한 항로상의 한 지점이다. 일반적으로 Critical Point는 EDTO 구간의 마지막 ETP(Equal Time Point)가 된다.

9) EETL & LETL

각 EDTO Airport에 대한 공항 상태, 기상조건 등의 검토를 위한 EETL(Earliest Estimated Time of Landing)과 LETL(Latest Estimated Time of Landing)은 다음 기준으로 계산한다.

(1) EETL: Takeoff Time + Flight Time To ETP 1 + Diversion Time At High Speed Cruise, (2 Engine Operating And High Altitude)

(2) LETL: Takeoff Time + Flight Time To ETP 2 + Diversion Time At Low Speed Cruise, (1 Engine Operating And Low Altitude)

(3) 예상 착륙 시간대(Time Of Landing): EETL부터 LETL까지

(4) 예상 운항 시간대(Time Of OPS): EETL 1시간 전부터 LETL 1시간 후까지

2. EDTO 비행계획 시 확인사항

EDTO 비행계획 시 허가된 운항지역, Flight Dispatch 혹은 Flight Release Limitations, 비행기의 EDTO 운항 가능 여부, Fuel Penalties, 각종 제한사항 및 항로상 교체공항 등을 확인하여야 한다.

1) 일반

(1) EDTO 비행계획은 1개 엔진의 부작동, 비행기 주요 계통의 고장, 기타 비행 중 초래될 수 있는 중대한 위험상태가 충족되어야 한다.

(2) OFP 및 ATS Flight Plan에는 출발공항, 목적공항, 항로상 교체공항(EDTO Alternate Airport) 및 교체공항(Alternate Airport), EDTO Route, EDTO Entry/Exit Point가 포함되어 있어야 한다.

(3) EDTO를 인가받은 구간에서 운항여건의 변경에 따라 Non-EDTO 비행이 가능하다면 Non-EDTO 운항 형식으로 운항할 수 있다.

2) 항로 계획

EDTO 항로계획 시 무풍 표준대기(Still Air) 상태에서 1개 엔진 부작동 시의 순항속도로 En-route Suitable Airport까지 인가된 최대회항시간(120, 180, 207분) 내에 도착할 수 있도록 항로를 설정하여야 한다. 이 경우 출발공항도 En-route Suitable Airport로 선정될 수 있다.

3) EDTO 항로상 교체공항의 기상

EDTO 항로상 교체공항의 기상조건은 아래와 같다.

Alternate minima for filing as alternate(for pre-flight and/or in-flight planning) 교체공항 IFR 기상 최저치(SM = statute mile)		
Approach Facility Configuration	Ceiling	Visibility
적어도 1개 이상의 항행시설을 이용한 Straight in Non-precision Approach 또는 Straight in Precision Approach 또는 계기접근절차로부터 Circle to Land 절차를 이용 가능 공항	적용할 착륙 최저치 (MDH/DH) + 400ft	착륙 최저치 + 1SM (1,600m)
서로 다른 2개의 활주로에 적어도 2개 이상의 항행시설이 운영되고, 각 시설이 서로 다른 활주로에 Straight in Non-precision Approach 또는 Straight in Precision Approach 가능케 하는 공항	사용할 2개의 접근 절차 중 높은 착륙 최저치 (MDH/DH) + 200ft	사용할 2개의 접근절차 중 높은 착륙 최저치 + 1/2SM (800m)

(Note)
1. 측풍제한은 돌풍 (Gust)을 포함한 예상 측풍요소가 착륙 시 허용된 최대 측풍치와 같거나 적어야 한다.
2. EDTO 교체공항 선정 시 요구되는 기상 예보치는 이륙 후에는 적용하지 않는다.

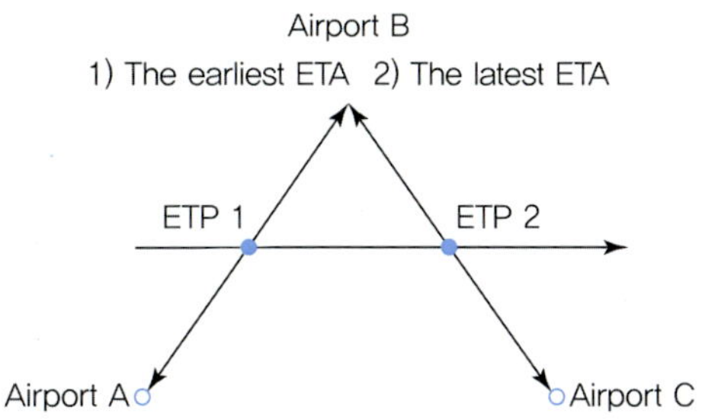

4) 비상착륙 예정 시간대

(1) 비행계획의 기상조건, 공항운영시간 등의 검토 시 EDTO Alternate Airport의 예상착륙 시간대는 다음 기준에 의거하여 산출한다.

(2) Period Of Validity

① EETL(가장 빠른 착륙 예정시각) = ETP1 통과 예정시각 + ETP1에서 B 공항까지 비행시간

② LETL(가장 늦은 착륙 예정시각) = ETP2 통과 예정시각 + ETP2에서 B 공항까지 비행시간

③ 예상착륙 시간대(Time Of Landing) = 가장 빠른 착륙 예정시각부터 가장 늦은 착륙 예정시각까지

5) 이륙 후 계속 운항 가능 결정 기준

(1) 기장과 운항관리사는 Flight Plan에 명시된 EDTO Alternate Airport가 다음 사항에 적합한지를 확인해야 한다.

① 기장은 항공무선통신을 이용하여 EDTO Alternate Airport에 관계되는 기상예보 및 관련 정보를 파악할 수 있도록 노력해야 한다.

② 운항관리사는 비행기가 EDTO 진입점에 도달하기 전에 기상예보, 사용할 활주로 길이 및 착륙시설의 사용 가능성을 재확인해야 한다.

(2) 기장과 운항관리사는 EDTO Alternate Airport가 본 장에서 정한 기준들에 부합되지 않는 경우 아래에서 정한 방법을 택한다.

① 운항관리사는 기장이 알고 있는 EDTO Alternate Airport를 변경하는 등의 필요한 방법을 택할 수 있다. 또한 모든 관련 정보를 기장에게 전달해야 한다. 운항관리사는 새로 선정한 EDTO Alternate Airport가 계획된 항로로부터 최대비행시간 120분 혹은 180분 거리가 되는 영역 내에 위치하도록 해야 한다.

② 기장은 위의 내용을 통보받았을 때 접수된 정보를 근거로 적절한 조치를 취한다. 그러나 기장은 안전 측면에서 보다 적절하다고 판단되는 다른 방식을 취할 수도 있다.

(3) 기장은 항로상의 기상 상태 등으로 인하여 항로를 변경하는 경우 새로 선정한 항로가 EDTO Alternate Airport로부터 최대 비행시간 120분 혹은 180분 거리가 되는 영역 내에 위치하는지 확인하여야 한다. 다만, 비상인 경우와 120분 혹은 180분 거리가 되는 영역을 벗어나서 비행하는 것이 택할만한 것이라 판단한 경우는 제외한다.

(4) 기장은 1개 Engine의 부작동 시 그 당시 상황에서 착륙에 적합하다고 결정을 내린 가장 가까운 Suitable Airport로 속히 회항을 실시하여야 한다.

(5) 비행기 주요 계통이 고장일 경우에 고장 전에 정해진 목적지로 계속 비행하여도 안전상의 문제가 없다는 것이 확인되지 않는 한 기장은 가장 가까

운 EDTO Alternate Airport로 회항을 실시하여야 한다.

(6) 상기 1개의 Engine 부작동 및 비행기 주요 계통 고장 등의 우발사태 발생 시 조치 절차는 비행기의 안전운항을 위하여 기장의 최종권한과 책임을 약화시키는 것은 아니며, 기장은 안전상 더 적절한 다른 공항에 착륙할 수도 있다.

(7) 기장은 기상 상태의 악화 등으로 인하여 EDTO Alternate Airport의 변경이 예상되는 경우에는 가용 통신 수단(Phone Patch, Seoul Radio, ACARS, 기타 ATS 기관)으로 종합통제팀에 통보토록 한다.

(8) 기장은 상기의 노력에도 불구하고 EDTO Entry Point까지 운항관리사로부터 조언을 받지 못하는 경우 현재 위치, 관련 공항의 기상 상태 등을 종합적으로 감안하여 기장의 판단으로 계속 비행 혹은 EDTO Alternate Airport로 회항을 결정할 수 있다. 이와 같이 목적지를 변경할 경우에는 가급적 빨리 ATC 기관을 통해 그 의도를 운항관리사에게 통보한다.

6) 연료탑재 고려사항

EDTO 비행기는 1개의 엔진 고장, 객실 여압 상실 또는 두 가지 상황이 동시에 일어났을 때를 가정하여 최대 임계지점에서 EDTO Alternate Airport까지 비행할 수 있도록 아래에서 정한 상황을 고려하여 충분한 연료를 탑재하여야 한다.

(1) 임계지점에서 1개의 Engine 부작동 시의 인가된 순항속도로 10,000ft까지 즉시 강하하여 순항 비행한다(보조산소량이 충분한 경우는 10,000ft 이상의 고도로 순항할 수 있다).

(2) 목적공항에 접근하여서는 공항 상공에서 1,500ft의 고도로 강하하여 15분간 체공한 후 접근을 시도하여 실패접근을 한 후, 다시 정상으로 접근하여 착륙한다.

(3) 사용하는 예보의 오류를 보정하기 위하여 실제 예보된 풍속 요소의 5%를 더한다(정풍일 경우는 더하고, 배풍일 경우는 감한다). 단, 신뢰할 수 있는 공인된 바람 자료를 사용할 수 없다면 5% 연료를 추가한다.

(4) 연비를 감안한 5%의 연료량을 추가한다(APMS 분석자료에 의한 추가 연료).

(5) 1개 엔진이 부작동 시 APU가 전원 공급원으로 요구될 경우는 APU의 소모

연료량이 계산되어야 한다.

(6) 회항 시 기체 및 엔진의 방빙 및 무방비 상태에서 비행기 표면 빙결로 인한 성능 저하를 고려한 연료소모량이 계산되어야 한다.

7) 통신 및 항법 시설

(1) EDTO 운항을 위한 통신시설은 1개 엔진 부작동 시의 순항고도에서 계획된 항로 및 회항 시 EDTO Alternate Airport까지의 항로에서 비행기와 항공교통관제기관 간에 송수신 음성 통신이 가능하여야 한다.

(2) 비행기에 장착된 항법장치를 고려하여, 계획된 항로와 비행고도 및 1개 Engine 부작동 시의 해당 교체공항까지의 항로와 고도에서 요구되는 항법의 정확도를 제공하기 위해 Non-visual 지상 항행 안전시설이 설치되고 또한 사용 가능하여야 한다.

(3) 인가된 접근절차의 종류와 운항 최저치에 맞도록 Visual, Non-visual 보조시설이 해당 교체공항에서 사용 가능하여야 한다.

8) MEL

(1) MEL에는 EDTO 운항에 적용되는 Dispatch 요구 사항들이 명시되어 있으며, EDTO Dispatch 조항은 다음과 같이 표시된다.

① "For ER operations...." or "Except for ER operations...."

② "The flight must remain within 120(180) minutes of landing at a suitable airport"

(2) MEL 결함사항과 관련된 운항상의 제한사항이나 Penalty를 적용하여야 한다.

9) Operational Flight Plan(OFP)의 준비

출발공항, 목적공항 및 EDTO Alternate Airport 등이 포함된 교체공항을 OFP에 기록하여야 한다.

10) Plotting Chart의 제공

운항관리사는 매 비행 시 EDTO Plotting Chart를 준비하여 제공하여야 한다.

11) 자격

(1) 운항승무원의 자격

EDTO 운항을 하고자 하는 운항승무원은 운항승무원 훈련규정에 의한 교육을 이수 후 EDTO 운항에 관한 지식과 숙련도에 대하여 심사를 받아야 한다.

(2) 운항관리사의 자격

EDTO 비행계획 및 운항관리 업무를 수행하고자 하는 운항관리사는 운항관리사 교육훈련규정에 의한 EDTO에 관한 교육을 이수하여야 한다.

12) 207분 EDTO 비행계획(B777-200)

기상 또는 기타 사정으로 인한 항로상 교체공항을 사용할 수 없을 때 180분 EDTO로는 운항을 수행할 수 없을 경우 회항시간의 15%를 연장하여 207분 EDTO 운항을 적용할 수 있다.

(Note) 207분 EDTO 운항은 B777－200 비행기가 북태평양지역에서 운항할 때만 적용할 수 있다.

207분 EDTO 운항을 위해서는 추가로 다음의 요건들이 충족되어야 한다.

(1) 신속하고 신뢰성 있는 통신수단으로 위성음성통신(SATCOM Voice)이나 위성 데이터통신(SATCOM Data Link)을 사용해야 한다.

(2) 장거리 운항 진입점 이전에 비행기 시스템 성능과 항로상 교체공항에 대하여 점검하고, 그에 따른 운항비행계획서 변경은 데이터통신(Data Link)으로 해야 한다.

운항관리사는 항로상 교체공항을 점검하고, 계획된 항로의 207분 내에서 모든 착륙적합공항을 운항승무원에게 제공해야 한다.

(3) 207분 장거리 운항을 위한 비행기는 한 개의 Engine으로 자동착륙(Single Engine Auto Land)을 수행할 수 있는 성능을 가지고 있어야 하며 비행허가(Dispatch) 전 정상 작동되어야 한다.

(4) 180분 EDTO 운항을 위한 최소장비목록(MEL)을 적용하여야 하고, 추가적으로 207분 EDTO 운항 비행허가(Dispatch) 전에 다음 장비가 작동되어야 한다.

① 연료량 지시장치(FQIS)

② 보조동력장치(APU, 전기 및 공압 공급능력 포함)

③ 자동 추력 조절장비(Auto Throttle System)

④ 위성음성통신(SATCOM Voice)이나 위성데이터통신(SATCOM Data Link)

(5) 항로상 교체공항들에 대한 적절한 수준의 소방구조체제(RFFS) 이용 가능 여부를 확인하여야 하며, 특히 207분 EDTO 운항을 위해서는 207분 Circle 범위 내에 최소한 1개 이상의 ICAO 소방구조체제(RFFS) 7등급 이상의 착륙가능 공항이 있어야 한다. 착륙 가능한 항로상 교체공항들에서 그러한 장비의 사용이 어려울 경우에는 회항 통보 시 동등한 수준의 지원이 적절하게 이루어지도록 조치하여야 한다.

(6) 207분 EDTO 운항이 계획된 때에는 운항승무원에게 사전 통지하여 운항에 필요한 고려사항을 충분히 파악할 수 있도록 하여야 한다.

(7) 207분 EDTO 운항을 비행계획 한 경우에는 관련 서류 및 기록물을 최소 3개월간 보관하여야 하며, 항공당국이 요구할 경우에는 해당 자료를 제공하여야 한다.

(8) 207분 EDTO 운항은 비행 중 엔진정지율(IFSD)을 0.03/1,000시간(최근 12개월 운항평균) 이내로 유지하여야 한다.

13) 207분 EEP 도달 전 점검 사항

(1) 운항승무원: EEP 도달 전에 비행기 상태 및 교체공항에 대해 점검하고 비행계획의 변경이 요구될 시 가용한 통신수단(Data Link)을 사용한다.

(2) 운항관리사: 항로상 교체공항을 점검하고, 필요시 계획된 항로의 207분 내에 있는 모든 항로상 교체공항에 관한 정보를 운항승무원에게 제공한다.

3. EDTO 운항 제한사항(운영기준 D086)

EDTO 운항은 다음 조건들이 충족될 때 본 장의 기준에 따라 적용한다.

1) EDTO 인가 비행기 및 최대 회항 시간

EDTO 인가 비행기에 대한 정보(비행기 등록기호, 비행기 및 엔진 제작사/모델/

형식, EDTO 회항시간 등)는 비행기에 탑재된 운영기준 D086 회항시간연장운항 정비프로그램의 인가 표 1에 따른다.

(Note)

1. 항로상 교체공항(EDTO Alternate Airport)으로부터의 최대 회항시간은 One Engine 부작동 시 무풍 및 표준대기상태를 기준으로 한다.
2. 180분 운항 인가지역에서도 120분 운항이 가능하다.
3. 207분 EDTO 운항은 180분 EDTO 운항이 불가능할 경우 운항 편별로 회항시간의 15%를 증가하여 북태평양 지역 운항에 한하여 207분 이내의 구간을 운항하는 것을 말하며, 해당 기준은 EDTO 인가 비행기를 참조한다.

2) EDTO 인가 비행기

EDTO 인가 비행기(120분, 180분, 207분) 현황은 운영기준 D086 회항시간연장운항정비프로그램 인가를 참조한다.

(1) 120분 비행기, Engine의 형식 및 모델, 제작사, 등록기호
항로상 교체공항으로부터의 최대 회항시간(One Engine 부작동 시 무풍 및 표준대기 상태 기준): 120분

(2) 180분 비행기, Engine의 형식 및 모델, 제작사, 등록기호
항로상 교체공항으로부터의 최대 회항시간(One Engine 부작동 시 무풍 및 표준 대기상태 기준): 180분
180분 운항 인가지역에서도 120분 운항이 가능하다.

(3) 207분 비행기, Engine의 형식 및 모델, 제작사, 등록기호
207분 EDTO 운항은 180분 EDTO 운항을 수행할 수 없을 경우 북태평양 지역 내에서 B777-200 비행기만 적용하여 운영한다.

3) 노선(운영기준 B042)

EDTO 구간의 노선은 운영기준 B042 회항시간연장운항의 B항 회항시간연장운항(EDTO) 착륙가능공항을 참조한다.

4) EDTO 거리 산정을 위한 속도

(1) 계획 및 회항 노선의 항로 최저고도(엔진 및 여압장치 고장)

계획노선 및 회항노선 운항 중 1개의 엔진 및 여압장치 고장 시 항로 최저 고도는 10,000ft or MORA(Minimum Off-Route Altitude) 중 높은 고도(Level off)를 선택한다.

(2) EDTO 거리 산정을 위한 1개 엔진 부작동 시 속도(쌍발비행기)

기종	순항속도	비행거리(NM)			
		60분	120분	180분	207분
B777-200	320 KIAS	425	840	1,257	1,430
B767-300	310 KIAS	422	837	1,257	-
A330-300	330 KIAS	414	793	1,172	-
A321-200	350 KIAS	394	781	-	-
A320-200	350 KIAS	395	775	-	-

(Note) One Engine 부작동 시 Operation Speed는 기종별 FCOM 절차에 따른다.

(3) EDTO 거리 산정을 위한 모든 엔진 작동 시 속도(삼발 이상의 승객을 운송하는 비행기)

기종	순항속도	비행거리(NM)			
		60분	120분	180분	207분
B747-400	MAX	-	-	1,612	-
A380-800	MAX	-	-	1,546	-

※ 삼발 이상의 승객을 운송하는 비행기로의 EDTO 적용 노선은 없음

4. EDTO 운항절차

1) 운항 전 승무원 확인사항

기장은 운항 전 다음 사항을 확인한다.

(1) EDTO Alternate Airport

① Flight plan에 EDTO Alternate Airport의 명시 여부

② 예정 비행경로가 선정된 EDTO Alternate Airport로부터 120분 혹은 180분 거리가 되는 영역 내에 설정되어 있는지 여부

(Note) 최대 회항시간 120분 및 180분은 1개 엔진 부작동 시 표준 대기온도 및 무풍상태에서 착륙적합공항으로부터 최대 회항거리를 선정

하기 위한 것이다. 그러므로, 비행기가 실제 비행 시 동 시간 내에 회항을 완료하여야 한다는 것은 아니다, 따라서 OFP 상의 ETP에서 EDTO Alternate Airport까지의 실제 비행시간은 당일의 바람 적용에 따라 120분 혹은 180분을 초과할 수도 있다.

(2) EDTO Alternate Airport의 운용상황

예상 운항시간대(EETL 1시간 전부터 LETL 1시간 후까지)에 다음 사항을 확인해야 한다.

① 사용 가능한 활주로의 길이가 예상 착륙 중량, 기상 상태 및 활주로 상태 등을 감안하여 해당 비행기의 착륙이 가능한 적정 길이 이상 여부

② 야간 조명시설 등 착륙에 필요한 시설이 이용 가능 여부

③ 계기 진입에 필요한 항행 보조시설이 확보되어 있는지 여부

④ 해당 공항의 기상 상태가 EDTO Alternate Airport의 기상조건 이상인지 여부

(3) 기타

① Critical Fuel이 탑재연료 계산 시 반영되어 있는지 여부

② OFP에 Critical Point 및 ETP가 명시되어 있는지 여부

③ EDTO Entry Point 등

2) Cockpit Preparations

(1) EDTO를 위한 점검은 해당 기종 POM에 따른다.

(2) EDTO를 위한 Checklist는 해당 기종 Checklist에 따른다. IRS는 Full Alignment를 수행한다.

3) EEP(EDTO Entry Point) 통과 전, 후 기상 확인

(1) Before EEP

① 운항승무원은 다음의 방법으로 EDTO Alternate Airport에 대한 최신 기상정보를 확인한다.

- FOM 제6장 정상운영절차의 Weather Update에 의한 방법

• Company/종합통제팀과의 교신 등

② EDTO Alternate Airport의 기상예보는 FOM 제5장 기상의 Landing Minima를 적용한다.

③ 공항예보가 착륙최저치 미만 경우에는 다른 EDTO Alternate Airport로 변경하거나 항로를 수정하여야 한다.

④ 새로이 선정된 EDTO Alternate Airport의 중심 반경으로부터 인가된 비행시간 거리 내에서 사용할 항로가 없을 경우에는 출발공항으로 회항하여야 한다.

(2) After EEP

① EDTO Alternate Airport의 기상예보가 FOM 제5장 기상의 Landing Minima 미만으로 악화되더라도 기장(PIC)은 운항 중인 항로를 변경하지 않고 계속하여 비행할 수 있다.

② 운항승무원은 다음 사항을 준수하여야 한다.

• EDTO Alternate Airport에 대한 최신 기상정보를 유지한다.

• Destination 및 Alternate Airport의 기상예보를 지속적으로 Monitor 한다.

• 기타 EDTO 운항에 요구되는 절차를 당해 기종 POM에 의거 수행한다.

4) 연료 확인(Fuel Monitoring)

(1) 운항 중 연료 확인은 FOM 제6장 정상절차에 의한다.

(2) 운항 중에는 교체공항으로 회항을 위한 소모연료량(EDTO Dispatch 시 요구량)은 고려하지 않는다.

(3) 운항 중 Critical Point에서의 잔여 연료량이 비행계획 단계에서 요구되는 Critical Fuel 요구량보다 많아야 한다는 조건은 없다.

5) Re-routing 또는 Diversion의 결정(항공법 시행규칙 별표 31)

(1) Re-routing(항로변경) 또는 Diversion(회항)은 다음과 같은 경우에 검토하여야 한다.

① EEP 통과 전에 기 계획된 EDTO Alternate Airport의 기상예보가 Landing Minima 미만이 되었을 경우

② EDTO Alternate Airport 요건을 충족하지 못할 경우

③ 특정 절차 또는 특정 항법 성능이 요구되는 특정 지역을 운항 시 설정된 절차를 따르지 못하거나 항법 성능 저하가 발생한 경우

④ 비행기 결함으로 인하여 과도한 연료 소모가 발생한 경우(탑재된 예비연료를 초과 사용)

⑤ 결함의 발생으로 가장 가까운 공항으로 회항하거나 신속한 착륙이 필요하여야 하는 경우

(2) Diversion 시 En-route Suitable Airport의 기상과 제반 조건은 당해 기종의 착륙에 적합해야 한다.

① 기상은 FOM 제5장 기상의 Landing minima 이상이어야 한다.

② 착륙적합조건은 FOM 제4장 운항관리 EDTO 용어 정의의 착륙적합공항(EDTO Alternate Airport)에 의한다.

(3) Re-routing 또는 Diversion에 대한 최종 권한과 책임은 기장에게 있으며, 기장은 관련 부서(ATC, Company/종합통제팀, 타 비행기 등)의 조언 및 제반 여건(비행기 상태, 현 상황 등)을 고려하여야 한다.

(4) 기장은 Re-routing 또는 Diversion을 결심한 경우 이를 관련 부서에 통보하여 적합한 조치가 취해지도록 하여야 한다.

6) Diversion의 실행

(1) Diversion 절차는 FOM 제7장 비정상운영 절차에 의한다.

(2) Diversion은 기내 여압 상실, 엔진 고장 또는 정지, 기내화재, 탑승객의 신체/심리 상태 등 다양한 원인에 의하여 실행될 수 있다.

(3) 기장은 Diversion 중 유지하여야 할 Route, 고도 및 속도 등 전반적인 상황을 고려하여야 한다.

(4) 특정 공역(특정한 절차 또는 특정 항법 성능 요구되는 공역) 또는 지역을 운항하는 경우 설정된 절차를 따른다.

5. Flight Watch(비행 감시)

1) Company/종합통제팀은 EDTO EEP에 진입 전 En-route Alternate Airport에 관하여 다음 사항을 재확인하여야 한다.
   (1) 기상예보
   (2) 사용이 예상되는 활주로의 길이 및 착륙 시점에서의 실용가능성
   (3) 기타 공항 관련 정보의 변경 여부
2) En-route Alternate Airport 또는 기 계획 Route의 변경 시 운항승무원과 협조한다.
3) 운항승무원은 다음과 같은 상황 시 Company/종합통제팀에 필히 보고하여야 한다.
   (1) 계획된 목적공항이 아닌 교체 또는 예비공항으로 회항 시
   (2) 비행계획대비 목적지 도착 예정시간이 15분 이상 초과가 예상될 경우
   (3) 비행계획대비 비행고도가 4,000ft 이상 차이가 날 경우
   (4) 계획된 법적 비행연료 중 목적지 공항까지 Trip Fuel과 Contingency Fuel 이상의 연료가 소모될 것으로 예상될 경우
   (5) 계획된 항로에서 100마일을 초과하여 우회 운항할 경우
   (6) 기타 운항 중 특이 사항 발생 시

6.2.6 ETP(Equal Time Point)

1. 일반

ETP(Equal Time Point)는 운항 중 안전운항에 영향을 미치는 중대한 상황 발생 시 목적공항 또는 앞쪽의 EDTO Alternate Airport(4 Engines 비행기의 경우 Adequate Airport)까지의 비행시간과 출발공항 또는 뒤쪽의 EDTO Alternate Airport(4 Engines 비행기의 경우 Adequate Airport)까지의 비행시간이 동일한 항로 상의 한 지점으로서, 기장의 판단을 돕기 위한 목적으로 설정된다.

1) 중대한 상황은 각 기종에 따라 다를 수 있다.
2) 4 Engines 비행기는 객실 내 여압 상실의 상황을 가정하여, 강하 후 고도 10,000ft로 운항하는 조건의 비행기의 성능 및 기상 자료를 토대로 선정하여야 한다.
3) EDTO 비행기는 객실 여압 상실, 1 Engine Out 또는 두 가지 상황이 동시에 발생하는 것을 가정한다.

2. ETP 선정 공식

$$\text{Distance to ETP} = \frac{\text{T.D} \times \text{GSr}}{2\text{V}} = \frac{\text{T.D} \times (\text{V}+\text{Vw})}{2\text{V}}$$

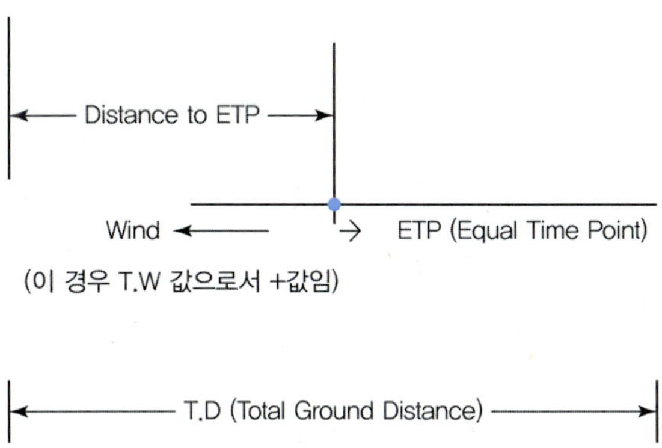

※ GSr = Return 시의 Ground Speed
V = 고도 10,000ft 에서의 항공기 속도 (TAS)
Vw = 고도 10,000ft 에서의 Wind Factor
· +: Tail Wind
· −: Head Wind

3. ETP 선정기준

- 회사에서는 Cabin Decompression 상황의 발생을 가정하여 Descent 후 고도 10,000ft로 운항하는 경우에 대한 비행기성능 및 기상 자료를 기준으로 ETP를 선정한다.
- ETP에서의 Required Fuel은 Descent to 10,000ft + Cruise at 10,000ft + Descent + 15분 Hold Fuel로 계산된다.

1) EDTO(2 Engines) 비행기

(1) 착륙가능공항(Adequate Airport)으로부터 60분 초과 운항 시

(2) 객실 여압이 상실되거나, One Engine Failure 또는 이 두 가지 상황이 한꺼번에 발생하는 것을 기준으로 선정된다.

2) 3 or 4 Engines 비행기

(1) 착륙가능공항(Adequate Airport)으로부터 180분 초과 운항 시

(2) OFP(운항비행계획서) 상 ETP는 객실 여압 상실의 상황을 가정하여 강하 후 고도 10,000ft로 운항하는 경우에 대한 비행기 성능 및 기상 자료를 기준으로 선정한다.

4. 유의사항

1) Emergency 상황이 발생한 위치에 따라서는 충분히 출발공항 또는 목적공항까지 운항이 가능할 수도 있으므로 승무원은 Performance Data의 확인 및 상황의 판단을 신중히 하여 착륙공항을 결정해야 한다.
2) 1 Engine Inoperative 상황이 발생한 경우에는 승무원이 QRH나 Route Guide의 자료를 이용하여 Flight Time 및 연료소모량을 계산하여 착륙공항을 선정해야 한다.
3) Emergency의 유형에 따라서는 본 ETP 관련 공항 이외의 공항에도 착륙할 수 있다.

5. Diversion 시 검토 사항

1) 3 or 4 Engines 비행기

(1) 기상조건: 4 Engines 비행기는 OFP 상 ETP에서 En-route Alternate Airport에 대한 최저기상요건은 항공법에 제한사항이 없다.

(2) 고려사항

① 4 Engines 비행기가 운항 중 1 Engine Failure 시 기장(PIC)은 최근거리 착륙가능공항 착륙보다 새로이 선정한 공항에 착륙하는 것이 안전

하다고 판단한 경우에는 다음 사항을 고려하여 운항을 계속할 수 있다. Engine의 추가 고장이 발생할 가능성과 기계적 결함이 없을 것으로 예상 시, 비행기 중량에 따른 운항고도 유지 및 연료량이 충분할 경우, 각 Alternate Airport의 현재기상 및 예보에 대하여 상호 비교가 가능할 경우, 착륙가능공항에 대한 기장(PIC)의 착륙 경험 또는 공항시설 규모를 파악할 수 있을 경우, 해당 비행기에 대한 정비 지원 가능 여부, Fail 된 Engine의 계속 사용 가능 여부, Fuel Dumping의 필요성, 운항과 관련된 기관/요원(ATC, 운항관리사 등)의 정보 등

② Diversion에 대한 최종 판단은 기장에게 있다. Diversion 시 착륙가능공항을 선정함에 있어 운항관리사나 ATC 등으로부터 얻은 정보도 고려해야 한다.

③ Diversion 후에는 지체없이 가까운 운항관리 관할지역에 Diversion 상황을 반드시 통보하여야 한다.

2) EDTO(2 Engines) 비행기

(1) 기상 조건: OFP 상의 EEP 및 ETP에서 EDTO Alternate Airport에 대한 최저기상요건은 예상 운항시간대(Earliest ETA Minus 1 Hour ~ Latest ETA Plus 1 Hour)의 기상예보가 착륙최저치 이상이어야 한다.

(2) 고려사항

EEP 및 ETP에서 EDTO Alternate Airport의 기상이 예상 운항시간대에 착륙 최저치 미만 시는 다음과 같은 적합한 조치를 취하여야 한다.

① 종합통제팀과 협의하여 사용 가능한 EDTO Alternate Airport 선정

② 필요시 Flight Route 변경

③ 기타 요구되는 조치 시행

6. ETP Diversion 결정 시 연료 점검

1) 일반

(1) 운항 중 외기온도, 바람, 연료소모량 등은 운항여건에 따라 변화될 수 있으므로 실제 연료소모량을 OFP의 계획과 비교 확인하여야 한다.

(2) OFP에 계획된 연료소모량과 실제 연료소모량의 차이가 큰 경우에는 연료 계통의 이상 유무를 확인하는 한편 종합통제팀에 확인하여야 한다.

2) 3 or 4 Engines 비행기

ETP에서 잔여연료량이 OFP보다 적어 연료소모량에 대한 재분석이 필요하다면 종합통제팀에 확인해야 한다. ETP에서의 연료량은 다음 사항들을 기초로 한다.

(1) 객실 여압 상실(Critical한 지점)

(2) Drift Down(10,000ft까지)

(3) Long Range Cruise 비행(항로상 교체공항까지)

(4) 250KIAS로 1,500ft MSL까지 강하(항로상 교체공항 체공 시)

(5) 15분간의 Holding(교체공항 1,500ft 상공)

(6) Anti-ice System On or Off

3) EDTO(2 Engines) 비행기

(1) EDTO 비행기의 연료 탑재는 EDTO Critical Fuel 항목을 참조한다.

(2) 출발 결정 시 MEL/CDL 사항이 저촉되었을 때는 해당 사항의 Performance Penalty를 적용한 연료 추가 탑재가 필요하다.

6.3 중량과 균형(Weight And Balance)

6.3.1 중량과 균형(Weight And Balance)의 목적

항공기의 중량은 허용 한계치를 벗어나게 되면 성능의 감소뿐만 아니라 항공기의 구조적인 손상을 줄 수 있으며, 무게중심(Center of gravity)도 한계를 벗어나면 항공기 성능은 물론 안정성 및 조종성에 영향을 미쳐 안전운항에 저해가 되고 연료 효율성도 떨어지게 된다.

중량과 균형(Weight and Balance) 및 탑재관리(LOAD CONTROL)는 비행 전에 위치별 탑재량과 무게중심을 산출하고 승객 및 화물이 지정된 장소에 탑승 및 탑재되도록 준비하여 안전운항을 도모하고 연료소모량을 줄여 경제운항을 기하는 것이 목적이다. 기장은 운항 전에 반드시 탑재된 항공기의 중량과 균형(Weight and Balance)을 확인하고 최대허용중량을 파악하고 있어야 한다.

6.3.2 중량한계(Weight Limit) 및 무게중심의 허용범위(CG Limit)

항공기는 구조상 안전을 유지할 수 있도록 중량한계(weight limit) 및 무게중심의 허용범위(CG limit)가 정해져 있다. 이러한 중량한계 및 무게중심의 허용범위를 벗어나게 되면 항공기가 운항 중에 비행안정성(Stability)이 떨어져 과도한 비행 조작을 하게 되고 항공기 구조상 위험을 초래할 수도 있기 때문에 중량한계 및 무게중심의 허용범위를 반드시 준수하여야 한다.

6.3.3 무게중심의 위치와 항공기 성능의 변화(CG And Performance)

비행기의 무게중심은 비행기에 탑승하는 승객과 적재되는 화물의 위치, 탑재연료량 등에 따라 변동이 되며, 무게중심의 위치에 따라 항공기에 작용하는 힘의 변화가 발생하여 비행성능에도 변화가 발생하게 된다.

무게중심이 앞쪽으로 이동하게 되면 기수가 아래를 향하게 되어 안정성은 좋아지지만 연료 소모가 늘어나며, 이륙과 상승 및 순항성능은 모두 떨어지고 실속속도가 증가하며 기동성은 감소하게 된다. 반면에 무게중심이 뒤쪽으로 이동하게 되면 기수가 위로 향하게 되어 안정성은 낮아지고 순항성능은 증가하며 실속속도가 감소하지만 실속 및 스핀 상황에서 회복력은 떨어진다.

그리고 허용중량을 초과하게 되면 이·착륙 활주거리가 늘어나며 상승성능이 떨어지고, 순항속도와 거리가 줄어들며, 기동성도 떨어진다. 특히 허용중량 초과 착륙

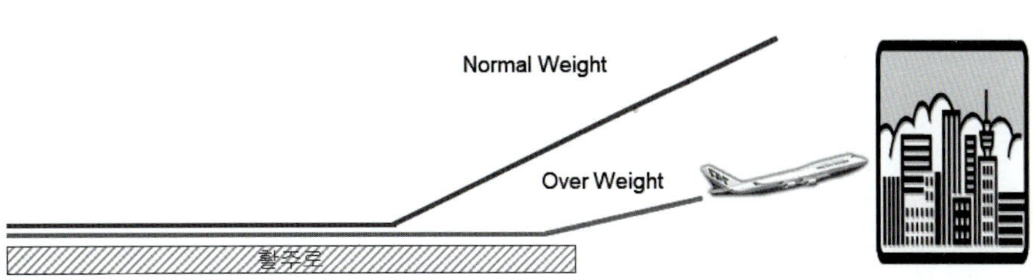

[그림 13] 중량 초과 시 이륙거리

시 착륙장치 등 기체에 손상이 발생할 수도 있다.

따라서 조종사는 운항을 시작하기 전에 반드시 중량한계 및 무게중심의 허용범위와 위치를 확인하고 운항을 시작해야 한다.

6.3.4 항공기의 무게중심(Center Of Gravity)

항공기의 무게중심은 항공기의 전체 무게의 중심이 되는 위치를 말하며, 이 위치는 기수 방향의 모멘트와 꼬리날개 방향의 모멘트가 일치하여 평형을 이루는 지점으로 모멘트의 합이 "0"이 되는 지점이 된다.

일반적으로 항공기 무게중심(CG)은 모멘트(Moment)를 이용해 Inch 단위의 무게중심을 구한 다음 MAC 전체 길이 대비 백분율(%)로 변환하여 표시한다.

1. Moment

기준점(Datum/Reference Point)으로부터 일정 거리(Balance Arm)만큼 떨어진 지점에 물체가 놓여있는 경우 그 물체의 무게로 인해 기준점을 중심으로 회전하려는 성향을 Moment라고 정의한다.

Moment는 무게중심을 구하는 수단이며, 물체의 무게와 기준점으로부터 그 물체가 놓인 거리를 곱해서 구한다(+, − 부호를 가짐).

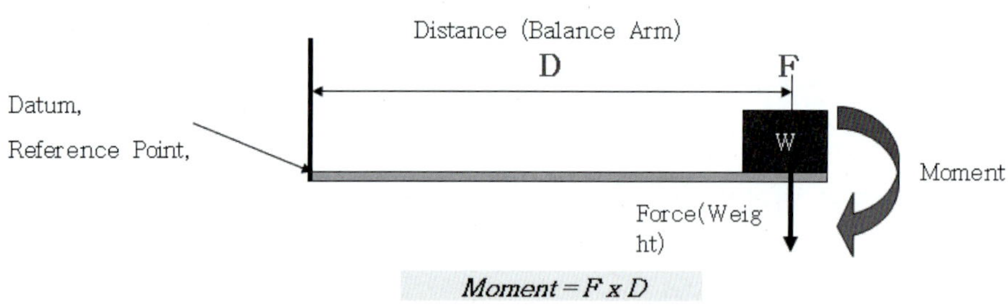

Moment = Force x Distance (힘 x 거리)
= Weight x Balance Arm (Unit: Kg-m/LB-IN)

[그림 14] Moment 계산

2. 무게중심(Center Of Gravity) 구하는 법

여러 개의 무게(예: 항공기 자중과 화물, 승객)가 놓인 상태에서의 CG는 다음과 같은 절차에 의해 구할 수 있다.

1) 기준점을 선정하고 부호를 결정
2) 각 무게 요소들의 기준점으로부터의 거리(B.A.)를 산정
3) 각 물체의 Moment를 구한 다음 그 총합을 산정
4) 각 물체 무게의 총합을 산정
5) Moment의 총합을 무게의 총합으로 나눈다.

I Total Moment = $(W_1 \times D_1) + (W_2 \times D_2) +$ Total Moment = Total Weight x Balance Arm of CG **CG Balance Arm = Total Moment ÷ Total Weight**

예 [그림 15]의 무게중심(CG) 산출

Total Moment = (319 × 30,500) + (1340 × 274,500) = 377,559,500lb−in

Total Weight = 30,500 + 274,500 = 305,000lb

Total Moment ÷ Total Weight = 1237.9in

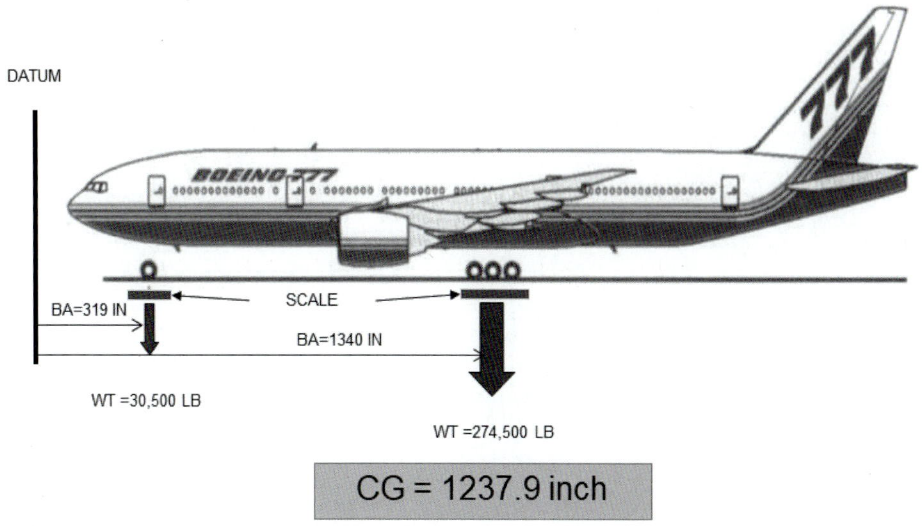

[그림 15] 무게중심(CG)

3. 평균공력시위(MAC)와 % MAC

평균공력시위(MAC: Mean Aerodynamic Chord)는 항공기 날개의 앞전(Leading Edge)에서 뒷전(Trailing Edge)까지의 평균 길이를 말하며, 항공기의 무게중심(CG) 위치는 MAC 길이의 백분율(% MAC)로 표시한다.

예를 들어 CG% MAC이 25%라면 LEMAC(B.A. Of Leading Edge MAC)에서 MAC 길이의 25%에 무게중심(CG)이 위치한다는 의미이다.

무게중심(CG)은 다음식으로 산출한다.

$$CG\%MAC = \frac{BA - LEMAC}{MAC} \times 100$$

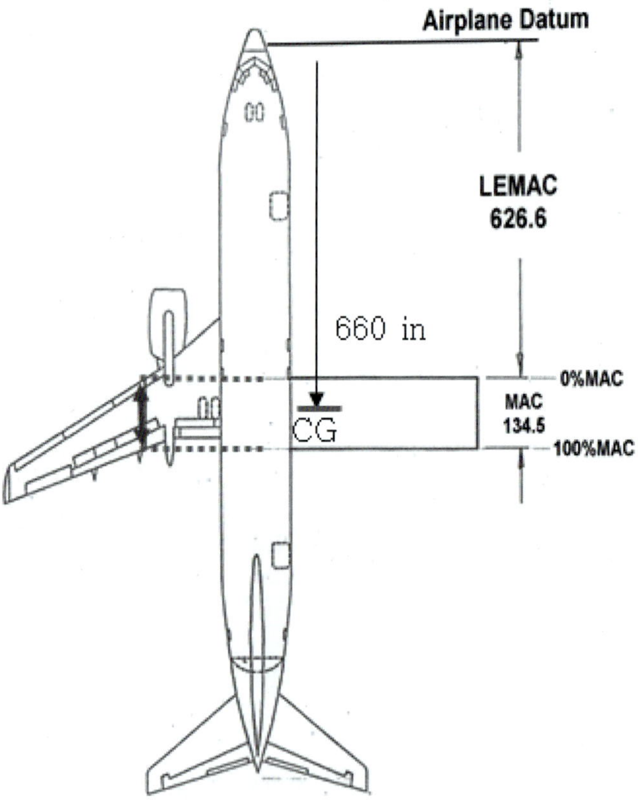

[그림 16] B737-400의 MAC

예 B737－400의 무게중심(CG%MAC) 산출

[그림 16]과 같이 CG의 위치가 기준점(Datum)으로부터 660in일 경우 CG%MAC 은 24.8이 된다(LEMAC은 626.6 in, MAC은 134.5 in로 항공기 제작사인 Boeing 사에서 공표).

$$CG = \frac{660-626.6}{134.5} \times 100 = 24.8\%$$

4. I.U.(Index Unit)

무게중심을 산출하기 위해서는 Moment를 이용하지만, 항공기가 대형화되고 중량이 커짐에 따라 Moment 수치 단위가 커서 사용이 불편하므로 이를 사용하기 쉽게 축소시켜 놓은 것이 I.U.(Index Unit)이며 다음과 같은 식으로 산출한다.

$$\text{Index Unit} = \frac{Wt \times (B.A. - \text{Index Datum } B.A.)}{C} + K$$

Wt: 화물의 무게
B.A.: Balance Arm, Reference Datum으로부터 화물이 놓인 지점까지의 거리
Index Datum B.A.: C.G 한계 내 약 25~ 30% MAC 근방에서 설정된 기준점
C: Moment Constant (I.U.를 보다 간소화한 숫자로 전환시키기 위한 상수)
K: Datum Constant (I.U.가 음수가 되는 것을 방지하기 위해 선정된 상수)
※ W/B 업무: 기준이 되는 SOW와 해당 I.U.로부터 시작

6.3.5 비행기 운항중량의 종류

1. Maximum Take-Off Weight(MTOW)

비행기 제작사에서 정한 비행기 이륙 시 허용되는 최대 중량이다. 이 중량은 비행기가 Take－off 할 당시에 1개의 Engine에 문제가 발생할 경우를 감안하여 정한 중량이다.

2. Maximum Landing Weight(MLDW)

비행기 제작사에서 정한 비행기 착륙 시 허용되는 최대 중량이다. 이 중량은 비행기가 Landing 할 당시에 충격을 충분히 흡수할 수 있는 범위 내에서 결정된 중량이다.

3. Maximum Zero Fuel Weight(MZFW)

비행기에 연료를 보급하지 않은 상태에서 허용된 최대 중량이며, 이 중량 또한 비행기 제작사에서 정한다. 이 중량은 날개 강도를 초과하지 않는 범위 내에서 결정된 중량이다.

4. Manufacturer's Empty Weight(MEW)

비행기의 순수한 자체 중량으로써, 이에는 동체, Engine, 비행기가 운항하는 데 필수적인 각종 설비 및 장비의 중량이 포함된다.

5. Basic Empty Weight(BEW)

비행기를 운용하는 회사에서 MEW에는 포함되지 않았지만, 비행기 운항에 필요한 설비나 장비를 추가로 장착하거나, 혹은 MEW에는 포함되었으나 운용에는 필요가 없어 탈거한 중량을 감안해서 변화된 중량이다.

6. Standard Operating Weight(SOW)

Operating Empty Weight(OEW) 혹은 Dry Operating Weight(DOW)라고도 하며 BEW에 비행기를 운항하는 데 필요한 사항(승무원, 객실서비스 품목, 탑재도서, FAK 등)의 중량을 추가한 중량으로써 동일 비행기 일지라도 비행의 종류 및 비행구간에 따라서 다르다. Load Control 업무가 시작되는 W&B의 기본이 되는 중량이다.

7. Allowable Gross Takeoff Weight(AGTOW)

AGTOW는 매 Flight마다 산출되며, 매 Flight의 비행기는 어떠한 일이 있어도 AGTOW를 초과하여 운항하여서는 안 된다. AGTOW는 아래 4가지 중량 중 가장 적은 값이 되며, 이는 비행기가 안전하게 이륙하여, 안전하게 착륙하기까지의 모든 조건을 충족시키는 중량이기 때문이다.

1) MTOW
2) MLDW + Trip Fuel

3) MZFW + Takeoff Fuel

4) RTOW

8. Maximum Payload(MPLD)

비행기에 최대로 탑재할 수 있는 Passenger, Baggage 및 Cargo 중량의 합을 의미하며 이는 다음 수식으로 계산된다.

MPLD = MZFW − SOW

9. 비행계획 시 고려사항

비행계획 시 해당 운항편의 목적공항 및 교체공항의 출·도착 시간대 기상조건을 고려하여 최대이륙중량과 최대착륙중량을 초과하지 않도록 Performance Limited Weight를 고려하여 비행계획을 수립해야 한다. 또한 비행기의 최대 구조적 이륙중량, 항로상 운항중량, 최대착륙중량을 초과하지 않도록 비행계획을 수립해야 한다.

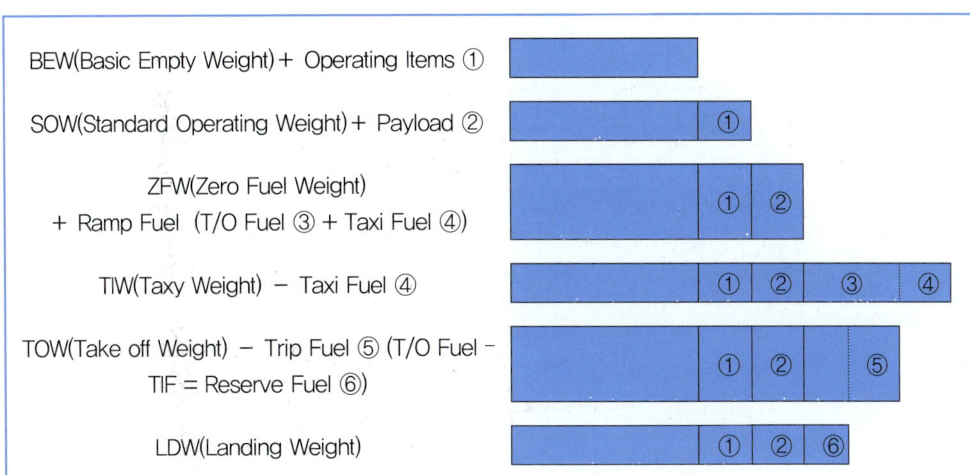

[그림 17] 중량 관계 도표

6.3.6 W&B Tolerance Limit

CG Tolerance : Up To (Plus/Minus) 0.5% MAC

Weight Tolerance : Up To (+/−) 0.5% of Maximum Landing Weight

※ 기종별 W&B Tolerance Limit 예시(Unit: LBS/명)

A/C TYPE	LIMIT	PAX (ADULT, INT/DOM)
B747–400	3,150	15
B777–200ER	2,300	11
A380–800	4,000	20
A330–300	2,039 or 2,061	10
A321–200	832	4
A320–200	710	3

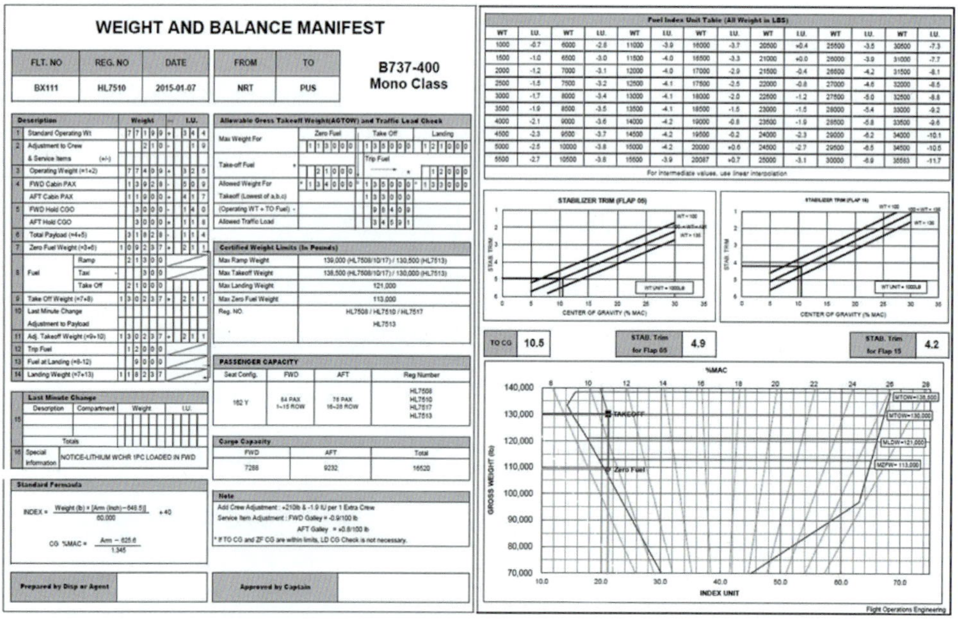

[그림 18] Weight & Balance Manifest 양식

※ 참고문헌

노건수, 운항관리개론, 도서출판 공간아트, 2018

국토교통부, 개정판 항공정비사 표준교재 항공정비 일반, 2020

세화 편집부, 항공법규, 세화, 2022

아시아나항공, 운항일반교범

에어부산, 운항일반교범

ICAO Annex 6 Operation of Aircraft

ICAO Doc 4444 Air Traffic Management

14 CFR PART 121.533 Responsibility for operational control: Domestic perations

ICAO https://www.icao.int/safety/

ICAO Circular 347

CHAPTER 07

항공기상의 이해

7.1 지구대기

[그림 1] 지구는 우리가 대기라고 하는 가스에 둘러싸여 있다.

7.1.1 서론

지구의 대기권에 대한 이해는 항공 종사자에는 필수적이다. 대기는 단지 사람이 숨쉬는 공기일 뿐만 아니라 사람이 비행하고 있는 환경이다. 이 환경은 온순할 수 있지만 매우 위험할 수도 있다. 대기의 전체 깊이는 판단하기 어렵다. 고도가 높아질수록 대기는 서서히 얇아지고 얇아져 우주 공간과 점차 합쳐진다. 하지만 지구로 귀환하는 우주선은 약 120킬로미터의 고도에서 대기 효과를 경험하기 시작한다는 것은 확실하다(400,000ft). 행성 조건에서 대기는 "천체 주변으로 기체가 둘러싸여진"으로 정의된다. 지구의 대기는 중력에 의해 지구 주위에서 유지되는 가스의 집합체다. 지구의 대기를 구성하는 20개 이상의 가스가 있는데, 그중 일부는 다른 것들보다 훨씬 더 많이 존재한다.

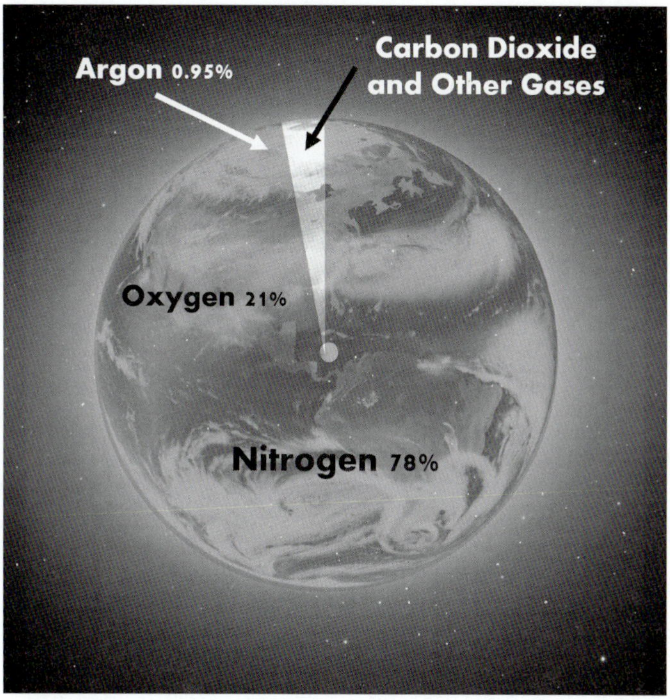

[그림 2] 지구대기의 구성

7.1.2 대기의 구성

지금까지 지구 대기에서 가장 흔한 가스는 질소로, 대기 가스의 약 78%를 차지한다. 생명 유지와 내연기관의 적절한 기능에 필수적인 산소는 대기의 21%에 불과하다. 아르곤은 대기의 1% 미만을 차지한다. 이산화탄소와 미량 가스가 남아 있다. 극미량의 가스에는 일산화탄소, 헬륨, 메탄, 오존 및 수소가 포함된다. 대기 중 존재하는 기체 중 변동될 수 있는 집합체 중 하나는 수소와 산소가 결합한 수증기이다. 부피로 볼 때 수증기는 대기의 0~7%를 차지할 수 있다. 수증기는 우리 날씨에 가장 큰 영향을 미친다. 수증기가 없다면 구름도 강수도 없을 것이다. 수증기는 기체로서 보이지 않지만, 액체 상태(물)나 고체 상태(얼음)일 때 보이게 된다. 대기의 대부분의 수증기는 지구 표면 근처의 가장 낮은 층(대류권)에 포함되어 있다. 구름과 비는 수증기가 액체 상태로 존재하는 예다. 눈과 우박은 수증기가 고체 상태로 존재하는 예다.

대기 가스의 비율은 지구 위 약 60km까지 상당히 일정하다. 따라서 중력 분리는 이러한 가스의 비율을 변화시킨다. 그러나 이 현상에 대한 추가 설명은 조종사로서 알아야 할 범위를 벗어난다.

대기는 여러 층으로 이루어져 있는데, 그 층은 별개의 성질을 가지고 있다. 대기의 구조를 정의하기 위해서는 높이에 따라 변하는 속성을 파악해야 한다. 몇 가지 대기 속성은 높이에 따라 다르지만, 기상학에 있어 결정적인 속성은 온도이다.

7.1.3 대기의 구조

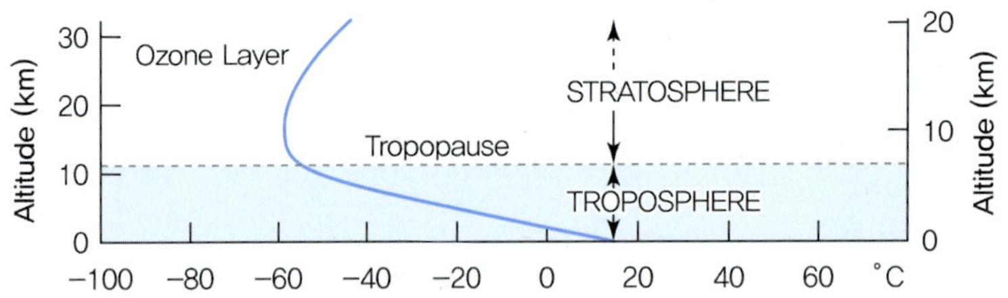

[그림 3] 대류권에서 기온은 고도가 증가함에 따라 낮아진다.

대기는 그림과 같이 층층이 쌓였다. 일반적으로 말해서, 경비행기 조종사는 그의 항공기의 운용 고도에 대한 한계 때문에 대류권에만 관심을 가지고 있다. 그러나 간단히 말하면, 대류권 위의 층인 성층권이 존재한다. 대기의 가장 낮은 층은 혼합이나 회전을 의미하는 그리스어 “Tropos”로 알려져 있는데, 이것은 의심할 여지 없이 온도나 압력이 변화하여 우리의 날씨를 유발하는 공기의 만남과 혼합을 야기하는 것이 대류권에 있다는 사실을 가리킨다. 지구의 거의 모든 날씨는 대류권에서 발생한다.

대류권에는 두 가지 결정적인 특징이 있다. 첫째, 대류권은 수직 범위 전체에 걸쳐 높이와 함께 현저한 온도 감소를 나타낸다. 대류권 내의 이러한 온도 변화는 대기의 수증기가 대류권 내에 대부분 포함되어 있다는 사실과 함께 대기권 내 저고도 부분에 불안정성을 일으켜 구름, 강우(강수, 강설), 그 외 기상 시스템을 초래한다는 것이다. 둘째로, 대류권은 전체 대기의 70% 이상을 포함하고 있다. 공기가 압축될 수 있고 질량을 가지고 있기 때문이다. 공기는 지구 중력장의 영향을 받는데, 대부분 공

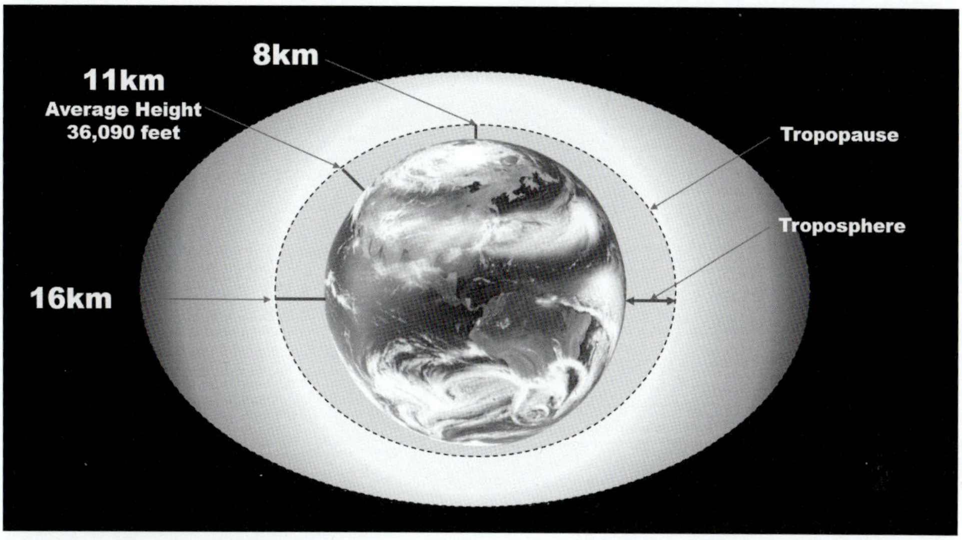

[그림 4] 대류권은 극지방보다 적도 상공이 더 두껍다.

기 질량은 중력의 힘이 가장 큰 지구 표면 가까이에 잡혀 있다. 게다가, 지구 표면 근처의 공기는 그 위에 있는 공기의 무게에 의해 압축된다. 이것은 공기 압력과 공기 밀도가 지구 표면 근처에서 가장 크고 고도가 높아질수록 감소한다는 것을 의미한다.

대류권의 상한고도는 고도가 높아짐에 따라 온도가 더 이상 감소하지 않는 지점으로 정의된다. 이 위쪽 경계를 대류권계면(Tropopause)이라고 한다. 대류권의 두께는 대류권계면의 높이이며, 지구 주위에서 일정하지 않다([그림 4] 참고). 지구의 지리적 북극과 남극 위에서는, 대류권계면의 높이가 약 8km인 반면, 적도 상공에서는 약 16km로 그 두 배가 될 수 있다. 대류권계면의 이러한 높이 차이는 지구의 표면 온도 변화에 의해 발생한다. 지구가 가장 따뜻한 곳, 적도 부근이 대류권계면이 가장 높은 곳이다. 공기가 매우 추운 극지방 상공에서는 대류권계면이 가장 낮다.

대류권계면의 평균 높이는 약 11km, 즉 36,090피트이다. 이것은 약 45도 위도의 대류권계면의 높이로, 또한 이 장 후반에 설명될 ICAO 국제표준대기(International Standard Atmosphere)에서 가정된 평균 높이이기도 하다. 대류권계면이 높을수록 온도가 낮아진다. 적도 상공에서는 대류권계면 온도가 −80℃일 수 있지만, 극지방에서는 −40℃ 정도일 수 있다. 대류권계면의 평균 온도는 약 -56℃이다. 이 온도는 중위도 지역에서 우세하며, 여기서 앞서 언급한 바와 같이 대류권계면의 높이는 약 11km이다. 대류권계면 위의 대기층을 성층권이라고 한다. 성층권은 대류권과는 달리

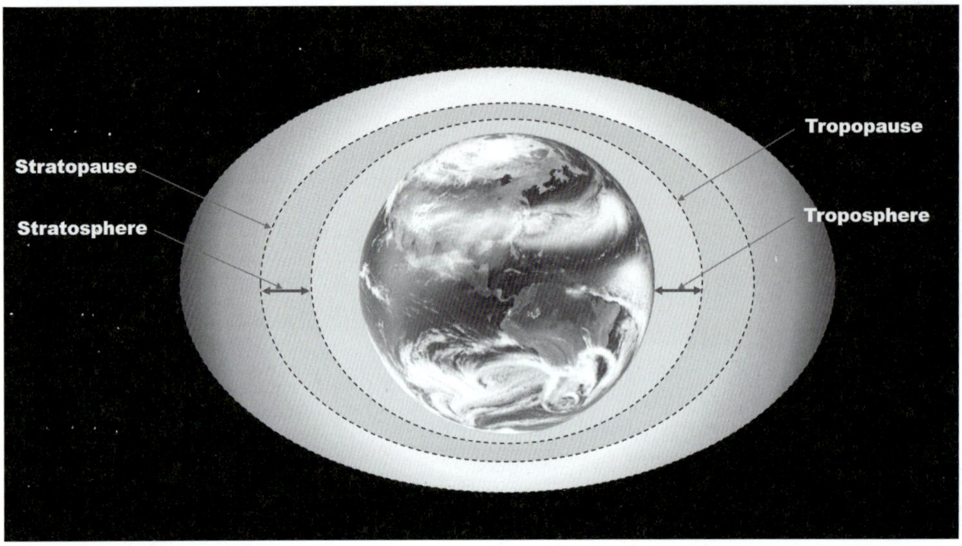

[그림 5]　성층권은 대류권계면 위의 층이다.

높이에 따른 온도, 특히 낮은 층에서 큰 변화가 없는 것으로 특징지어진다.

이러한 낮은 성층권 내의 중요한 온도 변화가 없는 것은 성층권 안정성의 공기를 제공한다. 즉, 이 수직 운동의 메커니즘인 온도 변화가 더는 존재하지 않기 때문에 성층권 내의 공기의 수직 이동은 심각하게 제한된다. 따라서, 구름의 발달은 거의 없어 대류권계면은 대기 중에 경험되는 대부분의 날씨 현상의 상한선을 나타낸다. 사실 성층권의 온도는 오존이 존재하기 때문에 상층부에서 약간 상승한다. 이 현상에 대한 추가 설명은 이 전문적인 기상학 분야이기 때문에 설명을 제외하겠다. 성층권의 위쪽 경계를 성층권계면(Stratopause)이라고 한다. 성층권계면 위로 고도가 높아짐에 따라 온도가 올라가기 시작한다. 성층권계면은 보통 지구 표면에서 약 50km 상공에서 발견된다. 50km 이상의 고도에서, 우리는 로켓 추진 우주선과 우주비행사들을 위해 남겨진 대기의 영역으로 들어간다. 그래서 우리는 성층권계면에서 고도에 따른 온도 변화에 대한 설명을 끝내겠다.

7.1.4 ICAO 표준대기

대기 중 기압, 공기 밀도, 공기 온도 및 습도의 변화는 비행 중인 항공기의 성능과 특정 비행 계기 판독에 큰 영향을 미친다. 물론 실제 대기에서는 이러한 속성이 고도에 따라, 시간이 지남에 따라 A지역에서 B지역으로 이동함에 따라 지속적으로 변화한다. 따라서 공기역학자들, 항공기 제조업체 및 엔지니어가 항공기 성능을 측정하고 항공계기를 보정하는 압력, 밀도, 온도 등에 대한 일련의 표준값을 가질 수 있기 때문에 소위 표준 대기라고 하는 것은 국제민간항공기구(ICAO)에 의해 정의되어 있다.

1964년, 국제민간항공기구인 ICAO는 평균 또는 "표준" 대기의 속성을 정의했다. 이것은 ICAO 표준 대기라고 알려져 있다. ISA의 이 모델은 평균 해수면 위로 32km 또는 약 105,000피트 높이로 제한되지만, 이 높이는 기존의 어떤 항공기로도 달성할 수 있는 최대 고도보다 훨씬 높다.

ISA는 수년 동안 고안된 몇 가지 표준 대기 유형 중 하나이다. 그러나, 그것은 가장 널리 알려진 모델이며 경항공기 조종사와 관련된 유일한 모델이다. ISA 내의 온도, 압력 및 밀도의 변화는 [그림 6]에 나타나 있다.

ISA는 평균 해수면에서는 공기 온도가 15℃이고 기압은 1013.25hPa(mb), 공기 밀도는 1.225kg/m³이라고 가정한다. 평균 해수면에서 11km나 36,090피트까지 온도가 100m당 0.65℃ 또는 1,000피트당 1.98℃까지 감소한다. 이것은 환경감률이다. 대류권계면의 평균 높이인 11km 이상에서는 성층권의 상한을 넘을 때까지 더는 고도가 높아지더라도 온도가 내려가지 않는다. 성층권 내에서는 11km~20km의 온도가 -56.5℃로 일정하게 유지된다. 그러나 20km~32km까지는 1,000피트당 0.3℃, 100m당 0.1℃로 온도가 매우 느리게 상승한다.

모든 항공기 계기는 ISA에 따라 교정되므로, 주어진 날짜의 실제 대기 조건이 ISA

At Mean Sea Level
Temperature 15℃
Pressure 1013.25 hPa (mb)
Density = 1.225 kg/m

From MSL to 11 km : Temperature decreases by 1.98℃ per 1000 ft.

From 11 km to 20 km. Temperatura remains constant at −56.5℃

From 20 km to 32 km : Temperature rises by 0.3℃ per 1000 ft.

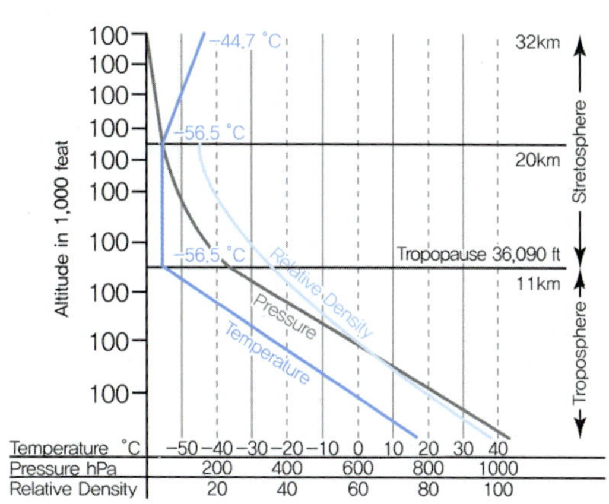

[그림 6] ICAO 표준대기 그래프

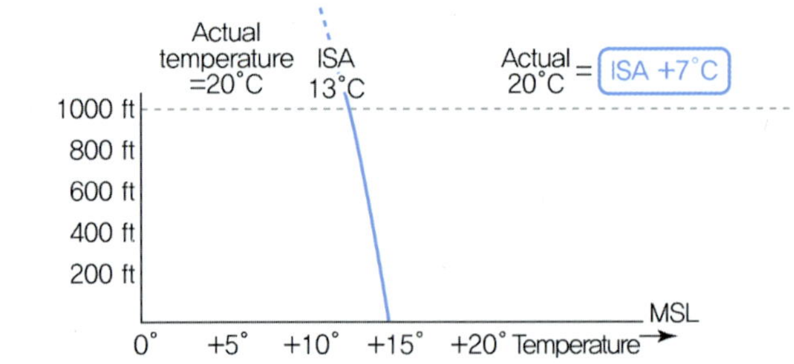

[그림 7] ISA 구하기 I

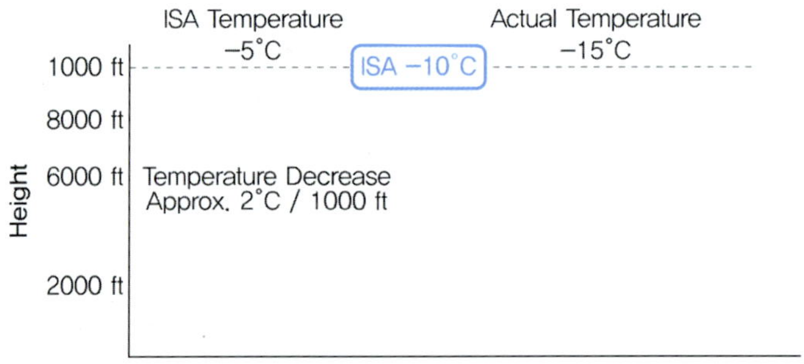

[그림 8] ISA 구하기 II

모델과 얼마나 다른지 파악하는 것이 필수적이다. ISA와 실제 대기 조건을 비교하는 것은 비행계기 판독의 오류를 정량화하는 데 도움이 되며, 따라서 그러한 오류를 수정할 수 있다.

ISA 편차의 예로 [그림 7]에 설명되어 있다. 비행장은 해발 1,000피트 위에 있다. ISA에서 대기 중 평균 해수면 온도는 15℃이며, 이 온도는 최대 11km까지 고도가 1,000피트 증가할 때마다 1.98℃씩 떨어진다(검사의 경우 계산의 단순성을 위해 1,000피트당 2℃의 ISA 환경감률로 가정한다).

따라서 1,000피트에서의 온도는 약 13℃여야 한다. 단, [그림 7]의 예에서 1,000피트에서의 실제 온도는 20℃로 ISA 온도보다 훨씬 높다. 간단한 계산으로 실제 대기는 ISA보다 7℃ 더 따뜻하다는 것을 알 수 있다. 따라서 1,000피트에서의 온도는 ISA +7℃로 표기된다.

추가적인 ISA 편차의 예로 [그림 8]에 설명되어 있다. 이 예에서 10,000피트에서의 실제 온도는 15℃이다. 그렇다면 ISA 편차는 무엇인가?

ISA에서는 온도가 1,000피트당 약 2℃씩 떨어지기 때문에 20℃까지는 해수면에서 10,000피트까지 온도가 감소해야 한다. 해수면에서의 공기의 ISA 온도는 15℃이므로 15℃에서 20℃를 뺀다면 10,000피트인 -5℃에서 ISA 온도를 얻을 수 있다. 그러나 실제 온도가 -15℃일 경우 실제 대기 온도가 ISA보다 10℃ 더 낮다는 간단한 계산을 통해 편차가 ISA -10℃로 표기된다.

7.2 온도

7.2.1 서론

대기는 어떤 날마다 계절마다 한 고도에서 다른 고도로 그리고 이 장소에서 저 장소로, 특히 극에서 적도로 이동함에 따라 공기 온도가 상승한다. 이러한 일별, 계절별, 수직적 그리고 지역적 온도 변화는 우리 날씨에 큰 영향을 미친다.

온도는 "기체나 시스템의 분자(운동에너지)의 이동 및 충돌에서 발생하는 열에너지의 측정치"로 정의된다. 대기와 같은 어떤 주어진 시스템 내에서 가스 분자가 가지고 있는 운동에너지가 높을수록, 그 시스템의 온도는 더 높아질 것이다.

7.2.2 온도 범위

[그림 9] 온도 척도; Fahrenheit(℉) & Celsius(℃)

온도는 다양한 척도로 측정할 수 있다. 가장 흔한 두 척도는 섭씨 Celsius(때로는 Centigrade)와 화씨 Fahrenheit이다. 이러한 척도는 [그림 9]에 설명되어 있다.

켈빈스케일이라고 알려진 또 다른 잘 알려진 온도 표현 방법이 있다. 절대온도를 측정하는 켈빈온도는 항공 기상학에서는 거의 사용되지 않지만, 과학적인 공식에서는 볼 수 있을 것이다. 절대 0, 즉 0켈빈에서는 모든 분자 활동이 중단되었다. 0켈빈은 섭씨 273도와 같다. 여기서 우리가 사용할 온도측정 방법은 섭씨이다.

한 온도등급에서 다른 온도등급으로 변환해야 하는 상황이 종종 있다. 화씨온도를 섭씨로 변환하려면 화씨 값에서 32를 뺀 다음 1.8로 나눈다. 섭씨(℃)를 화씨(Fahrenheit)로 변환하려면 섭씨 값을 1.8로 곱하고 32를 더하면 답이 나온다. 섭씨(Celsius)를 켈빈(Kelvin)으로 변환하려면 273을 더한다. 이러한 변환은 [표 1]과 [그림 10]에 설명되어 있다.

[표 1] 온도 환산표

화씨온도와 섭씨온도 환산	[℉] = ([℃] × 9/5) + 32	[℃] = ([℉] − 32) × 5/9
절대온도와 섭씨온도 환산	[K] = [℃] + 273.15	[℃] = [K] − 273.15
절대온도와 화씨온도 환산	[K] = ([℉] + 459.67) × 5/9	[℉] = ([K] × 9/5) − 459.67
1℃ = 274.15K, 1℃ = 33.8℉		
1℉ = 255.93K, 1℉ = −17.22℃		

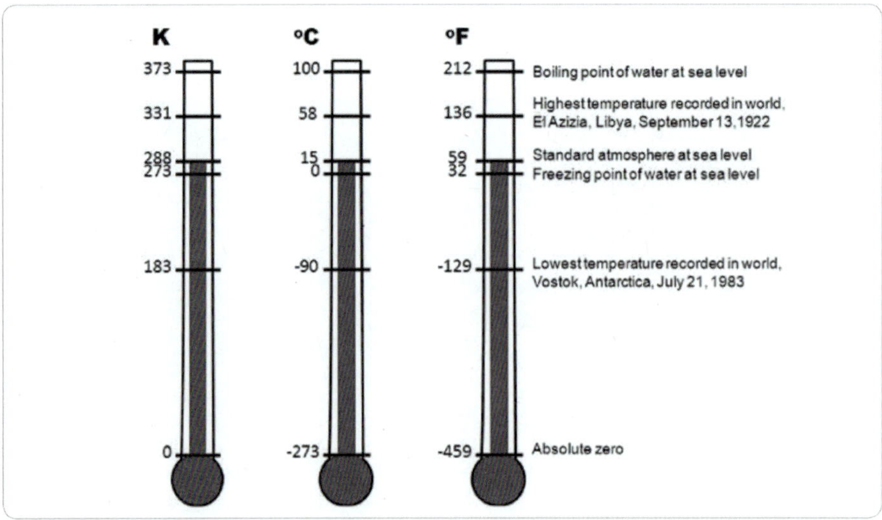

[그림 10] 절대온도, 섭씨온도, 화씨온도계 비교

1.8로 나누는 대신 9로 나누고 5로 곱하는 것이 더 쉽다는 것을 알게 될 것이다. 1.58을 곱하는 대신 5를 나누어 9를 곱하면 된다.

대부분의 Flight Computer에는 화씨 및 섭씨 변환 방법이 있다. ([그림 11] 참고)

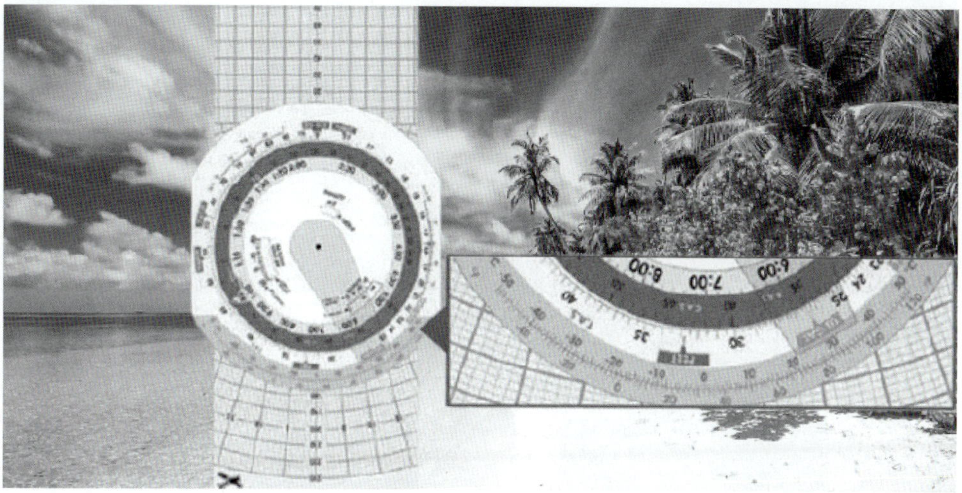

[그림 11] E6B를 활용한 온도 변환

7.2.3 온도 측정

온도를 측정하는 데 사용되는 기구를 온도계라고 한다([그림 13] 참고). 기상학에서 자유공기의 온도를 측정하는 데 사용되는 온도계는 대개 [그림 12]에 나온 것처럼 스티븐슨 스크린에 들어 있다.

스티븐슨 스크린은 지상 4피트 높이에 위치해 있어 백엽상을 통해 공기가 자유롭게 통과할 수 있지만, 태양의 방사선에 직접 노출되는 것을 방지한다. 또한 태양복사에너지로부터 지표면에 반사되어 올라오는 에너지를 제외시키기 위하여 잔디밭에 설치하여 운용된다.

[그림 13]에 표시된 온도계의 유형은 자기온도계(Thermograph)이다. 자기온도계는 기압계와 유사하지만, 시간에 따른 압력 변화를 기록하는 대신, 회전 드럼을 감싸고 있는 도표에 시간 경과에 따른 온도 변화를 기록한다.

[그림 12] 기온 측정기구; 백엽상(Stevenson Screen)

[그림 13] 시간의 지남에 따른 기온을 측정하는 기구; 자기온도계(Thermograph)

7.2.4 태양복사

흔히 태양복사라고 불리는 태양으로부터의 에너지는 파장이 짧다. 지구의 대기는 들어오는 이 단파 태양복사에 거의 모두 이동된다. 따라서 들어오는 태양에너지는 대기를 크게 가열하지 않고 대기를 통과한다. 태양 방사선이 지구 표면에 부딪혀 대기권으로 재방사될 때에만 대기 온도의 유의미한 상승은 있을 수 있다.

[그림 14] 일사량(Insolation)

구름은 우주로 들어오는 태양에너지를 다시 반사한다. 남은 복사에너지는 대기를 통해 지구 표면까지 이동한다([그림 14] 참고). 구름이 없는 날 태양복사의 약 85%가 지구 표면에 도달한다. 지구 표면에서, 서로 다른 특성의 표면은 다른 양의 태양복사를 흡수한다. 일반적으로, 표면이 어두울수록 더 많은 방사선이 흡수될 것이고, 표면이 더 따뜻해질 것이다. 얼음이나 눈의 영역과 같은 반사 표면은 단파 태양복사를 대기 중으로 반사시킬 것이다. 그것은 대기에 가장 큰 난방 효과를 주는 태양복사를 흡수하는 표면이다.

7.2.5 지구복사

일사량이라고 알려진 단파 태양 방사선이 들어와 지구 표면에 흡수되는 곳에서 지구의 표면이 뜨거워진다. 이러한 현상이 일어나는 곳에서 지구는 이제 열을 보존하는 열원의 역할을 하며, 흡수된 열에너지를 계속해서 대기 중으로 방출하지만, 지구복사에너지는 장파 복사로 방출된다.

육지, 물, 콘크리트 모두 단파 태양복사를 흡수한다. 육지와 콘크리트는 빠르게 가열되고 태양에너지를 지구의 대기로의 재방사하여 낮 동안 대기를 따뜻하게 유지하는 주요 원천이다. 물은 태양복사를 훨씬 더 천천히 흡수하기 때문에, 큰물 표면에서 대기로의 재방사는 대부분 밤에 일어나기 때문에 낮 동안은 방출하진 않는다.

장파 복사 형태의 열에너지는 단파 태양복사보다 대기가 흡수하기 훨씬 쉽다. 그러면 대기는 태양에서 직접 나오는 단파 태양복사가 아니라, 그 아래에서 지구 표면에서 방출되는 긴 파장 지구복사에 의해 가열된다.

7.2.6 대기의 가열

그렇다면 지구복사는 대기를 어떻게 가열하는가? 대기를 가열하는데 가장 중요한 요소는 온실가스인 수증기와 이산화탄소 두 가지에 의해 수행된다.

앞에서 설명한 것과 같이, 단파 태양복사는 공기를 거의 가열하지 않고 지구의 대기를 바로 통과한다. 그러나 지구 표면에 흡수된 후, 대기 중으로 다시 방출되는 장파 지구복사에너지는 온실가스에 의해 대기권에 갇히게 되어 대기를 뜨겁게 한다.

수증기와 이산화탄소의 농도가 가장 높은 곳은 지구 표면에 가장 가까운 대기권에 있다. 대부분의 대기 가열이 일어나는 곳은 지표면에 가까운 지역이다. 이 사실은 왜 온도가 고도가 상승함에 따라 내려가는지 설명하는 데 도움이 된다.

상층 대기는 지구 표면으로부터 열을 전달받지 못하기 때문에 차갑다. 상층 대기에서는 수증기와 이산화탄소가 거의 분해되지 않으며, 지구복사에너지의 대부분은 이미 하부 대기 중의 온실가스에 흡수되었다. 이러한 대기 가열 메커니즘은 “온실효

[그림 15] 대기의 가열(Heating the Atmosphere)

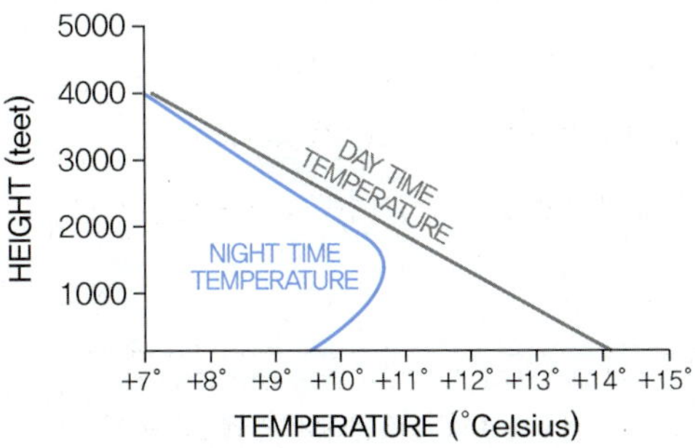

[그림 16] 1일 낮과 밤의 고도에 따른 평균 온도 그래프

과"라고 알려져 있는데, 그 과정은 전형적인 정원 온실 내의 공기를 가열하는 과정과 유사하기 때문이다. 그러나, 대기는 우리가 지금 보게 될 것처럼 여러 가지 다른 방법으로도 가열된다.

전도란 두 몸 사이의 물리적 접촉을 통해 열이 한 물체에서 다른 물체로 전달되는 과정이다. 대기 가열의 경우 접촉하는 두 개의 물체는 지구의 표면과 낮은 고도의 대기권이다. [그림 16]의 그래프의 낮 기온(Day time temperature) 선은 대기가 지구의 표면에서 위로 가열되기 때문에 낮 동안 대기의 가장 낮은 층이 지구와 직접 접촉하여 가장 따뜻한 지역임을 보여준다. 고도가 높아질수록 낮 기온이 선형적으로 떨어진다는 것을 보여준다.

그러나 특히 낮은 고도의 구름이 없는 밤에는 땅이 차가워지면서 차가워진 지표와 접촉하는 공기의 온도가 대기 중 더 높은 고도에 있는 공기의 온도보다 더 빠르게 떨어진다. 이 야간 온도 프로파일은 공기가 열의 시원찮은 전도체이기 때문에 발생한다. 따라서 지구 표면의 즉각적인 영향을 미치지 않는 고도에서 낮 기온은 유지되지만, 지구 표면과 직접 접촉하는 공기는 바로 위의 공기층보다 더 차갑다. 이러한 현상의 결과로, [그림 16]의 밤 기온(Night time temperature) 선의 하부에서 보듯이, 온도 역전이 발생한다. 이 후자의 효과는 겨울과 늦가을 또는 초봄의 맑은 밤에 가장 두드러진다. 일 년 중 이맘때면 표면에 서리를 경험하는 맑은 밤이다.

대류는 다음과 같이 정의된다. 더 따뜻한 공기의 덩어리가 대기로 상승하고, 더 차가운 공기는 아래쪽으로 보상적으로 움직이는 과정. 그러므로 대류는 상승하는 따뜻한 공기의 순환, 낮은 밀도, 그리고 가라앉는 차가운 공기의 고밀도에 의해 발생하

[그림 17] 대류: 콘크리트로 되어있는 지역과 잔디로 이루어진 지역의 낮 동안의 대류현상

[그림 18] 이류(Advection): 수평적 열의 이동

는 열전달이다.

지구의 다른 표면은 열을 다른 범위까지 흡수한다. 예를 들어, 태양의 복사에너지의 영향 아래, 콘크리트의 넓은 면적이 그 옆에 놓여 있는 푸른 들판보다 따뜻해질 것이다. 콘크리트 위의 따뜻하고 밀도가 낮은 공기는 대류 과정에 의해 상승하고, 차가운 녹색 들판 위의 공기는 가라앉을 것이다.

더운 여름날, 이 소규모의 대류는 태양복사에너지를 받아 어른거리는 아지랑이로 눈으로 직접 관측할 수 있으며 종종 적운이라 불리는 수직으로 성장하는 커다란 구름 덩어리를 볼 수 있다.

글라이더 조종사들에게 중요한 "Thermal"이라고 부르는 이러한 상승하는 기둥이 그들의 활공기를 높이 상승시켜 오랜 시간 동안 공중에 떠서, 수백 마일을 횡단할 수 있도록 한다.

어떤 조건에서는 대류 적운이 심지어 대류권계면 고도까지 수직으로 성장하여 대기 중 높은 고도까지 열을 수송한다. [그림 17]은 대류 과정을 나타낸다. 비행장의 콘크리트 주차 구역 위로 따뜻한 공기가 솟아오르고, 풀이 무성한 곳 위로 차가운 공기가 가라앉고 있다.

이류는 대류와 유사하지만, 이류와 함께 열의 전달은 수평면에서 일어난다. 따뜻한 공기가 상승함에 따라, 차가운 공기는 상승하는 공기를 대체하기 위해 수평으로 움직인다. 이러한 차가운 공기의 움직임을 Cold Advection이라고 한다. Cold Advection은 [그림 18]에 묘사되어 있다.

열은 잠열로 알려진 것의 흡수나 방출에 의해 전달될 수 있다. 잠열은 물질이 물리적 상태를 변화시킬 때 열을 방출하거나 흡수한다.

수증기가 기체에서 액체 물로 상태를 변화시킬 때 응결 과정에 의해 에너지가 주변 공기로 잠열 형태로 방출된다. 구름은 수증기가 상승하여 차가워지며 포화되어 형성된다.

반대로 물방울이 수증기로 바뀌면서 증발할 때 대기에서 잠열이 흡수된다.

7.2.7 온도 변화

대기 전체에서 고도에 따른 일반적인 온도 감소를 환경감율(Elvironmental Lapse Rate)라고 한다. ICAO 표준대기(ISA)에서 ELR은 1.98℃/1,000feet이다. 그러나 특정

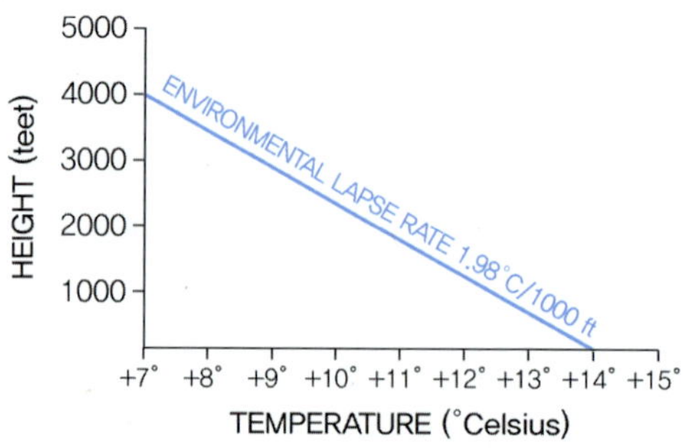

[그림 19] 대류권 내에서는 기온이 고도에 따라 점차 감소한다. ISA에서 평균기온감율은 1.98℃/1,000feet 이다.

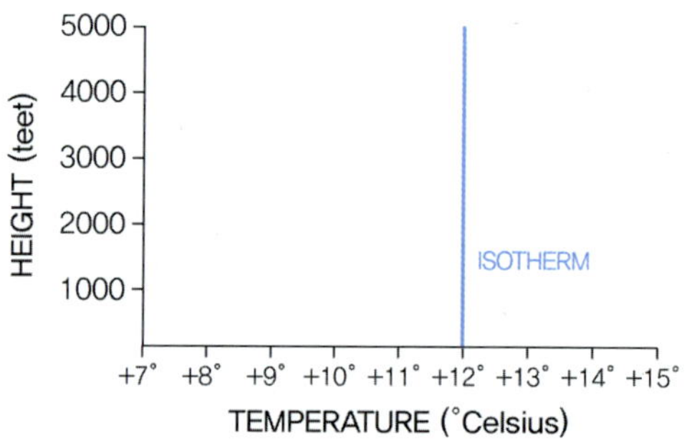

[그림 20] 등온; 고도에 따른 온도가 동일하다.

조건에서는 ELR이 특히 낮은 대류권에서 이 평균이 크게 다를 수 있다.

온도가 주어진 대기 깊이를 통해 일정하게 유지되는 경우, [그림 20]과 같이 등온으로 설명된다. 등온선이 가장 두드러진 예는 성층권 하부의 거의 일정한 온도다. 그러나 등온선은 [그림 20]과 같이 지구 표면 근처에서 발견될 수 있다.

겨울에 구름 한 점 없는 맑은 날 밤과 같은 특정한 상황에서는 고도에 따라 온도가 상승할 수 있다; 기온역전이라고 알려진 이 현상은 앞에서 언급되었다.

공기의 온도는 주어진 장소에서 24시간 동안 크게 달라질 것이다. 이것을 일변화(매일이라는 뜻의 라틴어 diurnus)라고 한다. 태양은 정오에 최고조에 달하며, 그 시간에 들어오는 태양복사에너지가 가장 많이 발생한다. 그러나, '열관성' [어떤 물체가 일정 온도를 가지고 있는 경우 현재의 온도를 유지하려고 하는 성질]때문에 지구의 표면은 계속해서 지구복사로서 방출되는 것보다 더 많은 들어오는 태양복사에너지를 받고 있다. 따라서 실제 최대 공기 온도는 보통 최대 태양 고도 후 약 2~3시간 후에 발생하며, 보통 현지 시간은 약 15시이다. 마찬가지로 '열관성'의 결과로서 최저온도

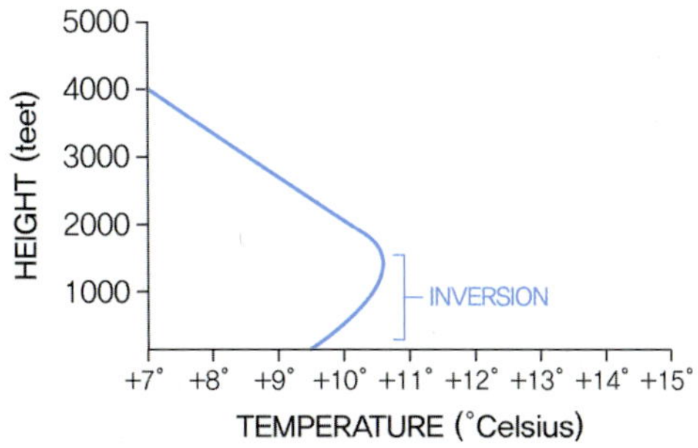

[그림 21] 역전; 고도에 따른 온도가 증가한다.

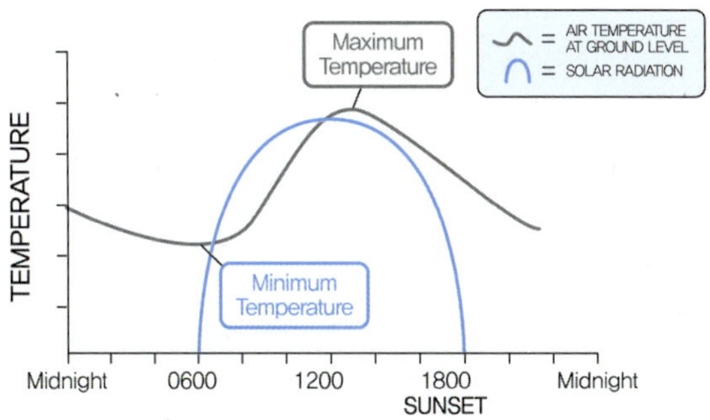

[그림 22] 기온의 일변화

에 도달하는 시간은 새벽이 지난 후 30분 전후가 된다. [그림 22]는 24시간 동안의 일변화를 보여준다.

구름은 최고/최저의 공기 온도에 큰 영향을 미친다. 구름은 낮에 들어오는 태양복사를 반사하여 들어오는 태양복사를 감소시켜 일 최대 온도를 감소시킨다. 그러나 밤에는 구름이 매우 다른 방식으로 작용한다. 구름층 내부에 저장된 열에너지는 수증기에 의해 대기권, 특히 구름 아래에 있는 대기권 부분으로 다시 복사된다. 이렇게 해서 구름은 지구 주위에 담요처럼 작용한다. 대류 과정에 의해 형성되는 구름으로부터의 잠열 방출도 온난화 효과에 기여한다.

따라서 구름이 많을 때, 최저 야간 기온은 하늘이 맑을 때보다 더 높다. 그러면 구름 덮개는 대기의 온도의 일변화 범위를 감소시킬 것이다. 단, 구름의 유무와 관계없이 일변화 곡선의 기본 형태는 거의 동일하다. [그림 23]에는 구름 덮개에 의해 일주변동이 수정되는 방법이 표시된다. 구름 덮개를 씌우면 낮 최고 기온이 낮아지고, 새

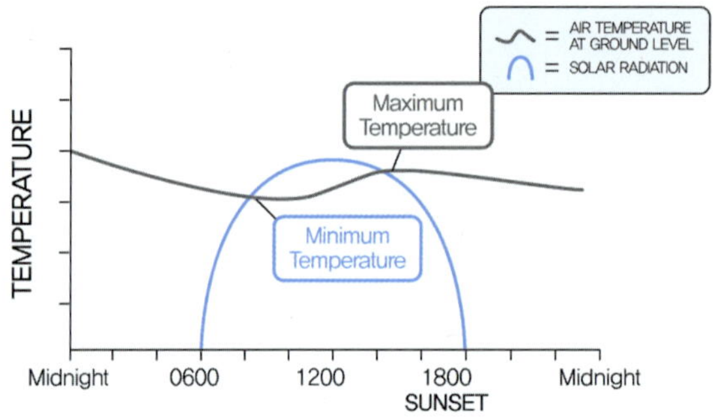

[그림 23] 구름 낀 흐린 날씨의 기온의 일변화

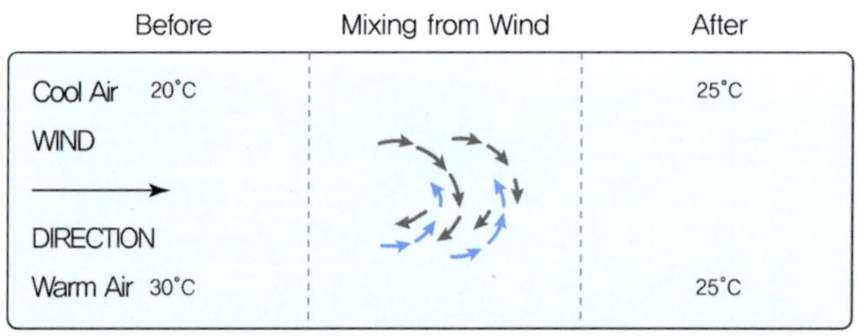

[그림 24] 낮 동안 바람이 강할 때 위층과 아래층의 공기가 섞이게 된다. 낮 동안 바람은 높은 고도의 찬 공기가 지표면에 가까운 아래층의 더 따뜻한 공기가 섞여 지표면 온도를 낮춘다.

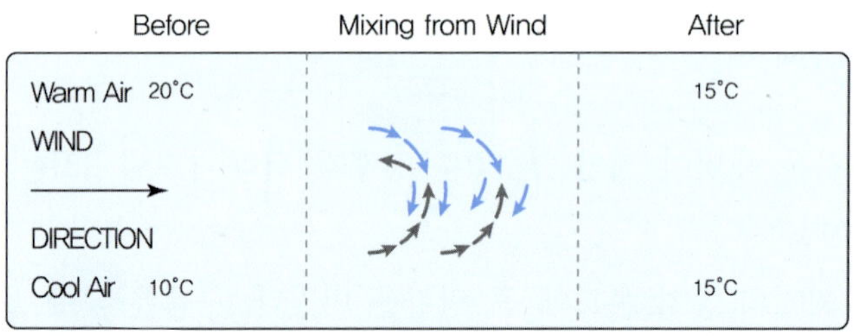

[그림 25] 밤 동안 혼합은 고도에서 따뜻한 공기가 공기의 표면층과 섞이게 되어 표면 공기의 온도를 높인다.

벽 직후 발생하는 최저 기온은 더 높아진다.

바람은 또한 기온의 일변화에도 영향을 미친다. 낮이 되면 바람의 효과는 최고온도를 낮춘다. [그림 24]는 바람으로 인한 대기의 낮은 부분의 난류 혼합, 위에서 차가운 공기를 끌어내리고, 이 차가운 공기를 지구 표면 근처의 따뜻한 공기와 혼합하는 것을 보여준다. 그러면 낮 동안, 섞이는 것은 바람이 없었을 때보다 표면 기온은 더 낮아지게 한다.

밤에는 혼합과정이 정반대의 효과를 낸다. 바람의 존재는 표면 공기의 온도를 그렇지 않은 온도보다 높게 유지시킨다([그림 25] 참고).

[그림 26] 태양에너지의 천정각

밤에는 바람이 불지 않고 구름도 끼지 않으면 지구 표면이 빠르게 식을 것이다. 왜냐하면, 더는 들어오는 태양복사에너지가 없기 때문이다. 따라서 지구 표면과 직접 접촉하는 공기도 가라앉는 반면, 더 높은 고도에 있는 공기는 표면으로부터의 냉각에 의해 크게 영향을 받지 않을 것이다. 이 현상은 기온역전을 초래한다. 그러나 바람이 존재할 경우 난류 혼합은 더 높은 고도로부터 따뜻한 공기를 끌어내리고, 낮은 고도의 대기로 혼합되어 온도를 평균화한다.

또한 지구 표면에는 큰 온도 변화가 있다. 주어진 지역의 위도는 태양으로부터 받은 에너지의 양에 현저한 영향을 미친다. [그림 26]은 태양으로부터 복사에너지의 단위 단면을 고려할 때, 적도보다 높은 위도의 격자 영역에 동일한 양의 에너지가 확산된다는 것을 보여준다. 따라서 위도상으로 극지방 근처에서는 적도 부근의 낮은 위도에 있는 위치보다 태양으로부터 적은 에너지를 받을 것이다.

적도에서는 태양에서 나오는 복사에너지 빔이 지표면과 약 90°의 각도로 지구의 표면을 만나기 때문에, 극지방에 가까운 동일한 양의 복사에너지보다 더 작은 면적에 태양복사에너지가 전파된다. 물론, 극지방의 일사량은 계절적으로도 다르다. 태양을 향해 기울어지는 극은 태양으로부터 멀리 기울어지는 극보다 동등한 면적에 더 많은 태양복사를 받게 될 것이다([그림 27] 참고).

지구의 축은 궤도면을 수직으로 통과하는 선에 23.5°로 기울어져 있다. 이 기울기는 지구의 표면을 가로지르는 기온의 계절적 변화를 일으킨다.

[그림 27]에서, 우리는 북반구의 여름날인 6월 21일에 지구의 기울기가 북반구가 남반구보다 태양으로부터 더 많은 양의 태양복사에너지를 받는 것을 볼 수 있다. 이 사실은 북반구 여름과 남반구 겨울을 정의한다. 실제로 간단한 기하학에서 우리는 북

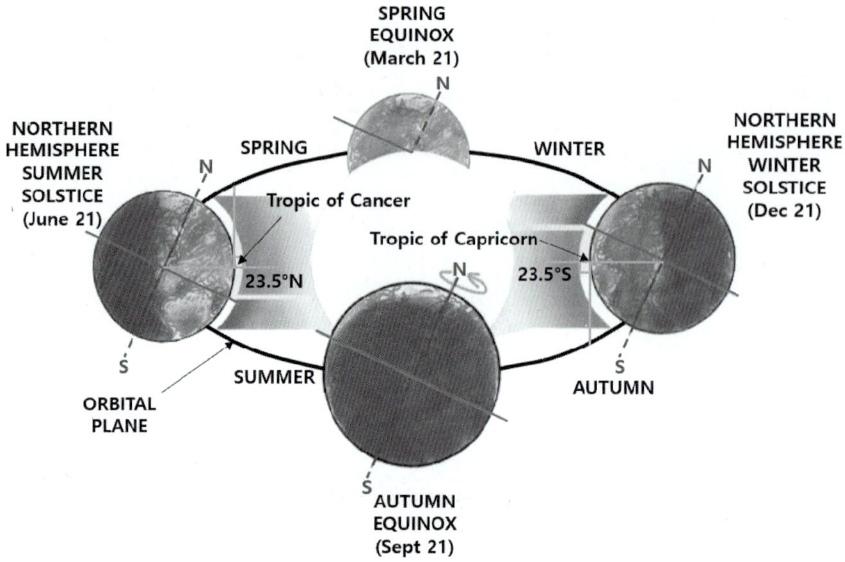

[그림 27] 지구의 기울기와 북반구 지역의 계절에 미치는 영향

반구 여름, 즉 6월 21일에 북반구 여름의 최대 태양복사점을 23.5°로 계산할 수 있다. 북위 23.5도의 위도를 흔히 Tropic of Cancer(북회귀선)이라 한다.

[그림 27]을 보면 북반구의 동지인 12월 21일에 지구의 기울기가 남반구의 태양에 더 많이 노출되는 것을 알 수 있다. 따라서 12월에는 남반구가 북반구보다 따뜻하다. 이것은 남반구 여름과 북반구 겨울을 정의한다. 남위 23.5° 남반구에서 12월 21일의 최대 태양 복사점이다. 남위 23.5도 Tropic of capriconrn(남회귀선)이라고 한다.

북반구에서는 북회귀선과 남반구에서는 남회귀선 사이의 지구의 지리적 영역을 Tropics(열대지방)이라고 부른다. Tropics에는 태양이 머리 바로 위에 있는 지점(90°)에 도달하는-적어도 1년에 한 번- 지구의 지역이 포함된다. 따라서, Tropics는 지구상에서 가장 따뜻한 지역을 나타낸다.

그러므로 지구의 계절적 온도 변화는 계절이 변화 과정에서 일사량의 규칙적인 변동이 원인이다.

육지에 비해 바닷물은 열을 받고 열을 식히는 데 더 오랜 시간이 걸린다. 따라서 바다의 일 온도 변화 폭은 육지보다 적다. 이것은 바다가 육지보다 더 큰 특정한 열량을 가지고 있기 때문이다. 결과적으로, 바다는 동일한 온도 상승을 위해 육지보다 온도를 높이는 데 더 많은 열에너지가 필요하다. 이 효과는 일별/계절별 눈에 띈다.

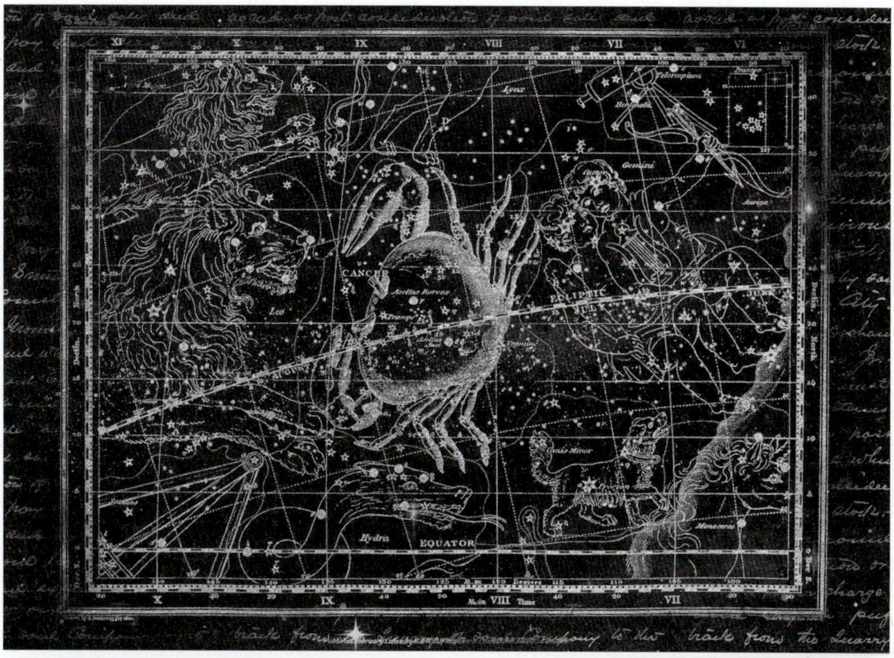

[그림 28] 게자리(Cancer)

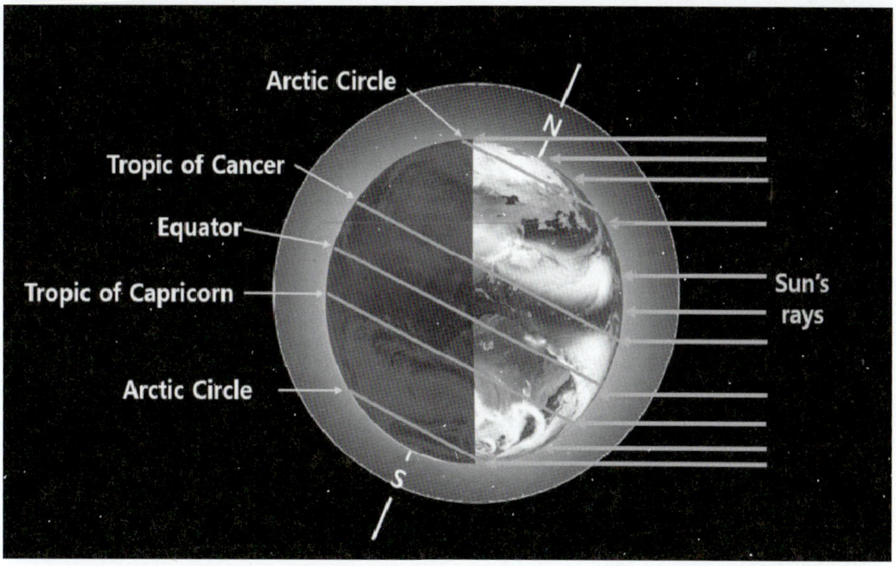

[그림 29] 북반구의 하지에는 북반구에서 최대 일사량이 북위 23.5도, 게자리가 북회귀선에서 관측된다.

[그림 31]은 24시간 동안 세계 해수면 온도가 일반적으로 5도밖에 차이가 나지 않지만, 육지 질량의 온도는 그 수치의 3배까지 다양하다는 것을 보여준다.

낮과 여름에는 육지가 바다보다 높은 온도를 유지하겠지만, 밤과 겨울에는 대체로 바다가 육지보다 따뜻해져 역전된다.

바다와 육지의 온도 차가 해풍과 육풍의 원인이 된다.

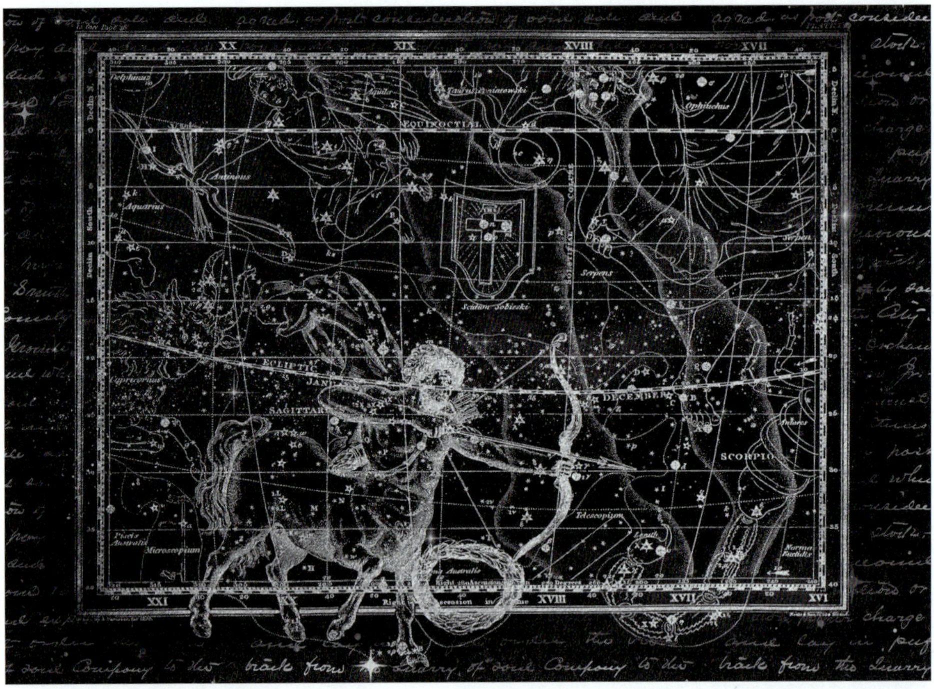

[그림 30] 염소자리(capriconrn)

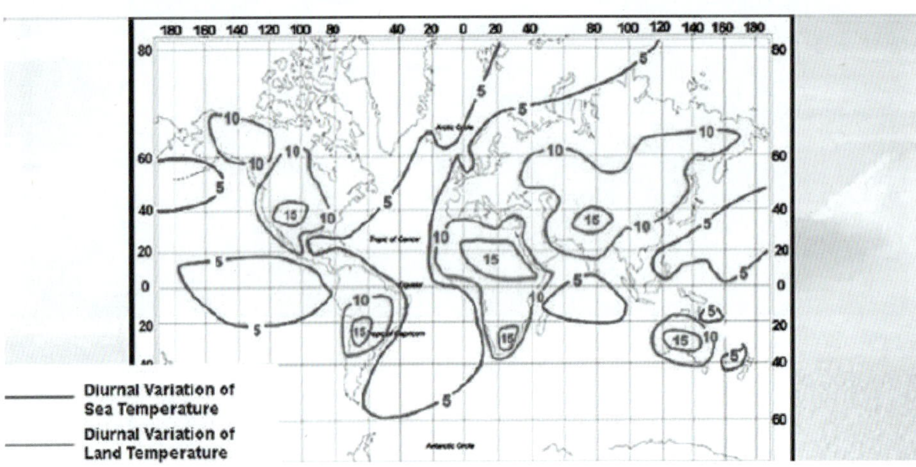

[그림 31] 육지와 바다의 기온의 일변화

7.3 습도

7.3.1 서론

습도란 공기 중에 있는 수증기의 양을 말한다. 높은 습도는 공기 중에 수증기가 많다는 것을 의미하고, 습도가 낮다는 것은 공기 중의 수증기의 양이 적다는 것을 의미한다. 정상적인 대기 조건에서 물은 계속 증발하고 응축되기 때문에 공기 중의 수증기의 양은 끊임없이 변화하고 있다. 물론 이것은 공기의 습도가 끊임없이 변화하고 있다는 말과 같다. 공기 중의 습도 수준은 날씨에 상당히 많은 영향을 미친다.

우리는 세 가지 물의 상태를 보면서 습도를 알아볼 것이다.

7.3.2 물의 세 가지 상태

물은 얼음이라고 불리는 고체 상태, 간단히 물이라고 불리는 액체 상태, 그리고 수증기라고 불리는 기체 상태의 세 가지 상태로 존재할 수 있다. 수증기는 눈에 보이지 않는 기체다.

7.3.3 상태의 변화

물이 한 상태에서 다른 상태로 변하는 메커니즘은 모든 기상 현상의 기본이다. 물이 상태를 변화시킬 때마다 에너지는 열로 방출되거나 주변(환경)으로부터 흡수된다. 이러한 열의 전달은 물의 온도의 상승이나 하강 없이 이루어지기 때문에 방출되거나 흡수된 열을 잠열(latent 라틴어로 숨어서 누워 있다는 뜻)이라고 한다.

물질이 고체에서 액체로 상태가 바뀌면 녹는다고 한다. 고체가 녹으면서 에너지는 잠열 형태로 주변 환경으로부터 흡수되어 액체 내에 저장된다. 물이 고체에서 액체 상태로 바뀌면 얼음은 액체 상태의 물이 된다. 액체에서 가스로의 상태 변화를 증발이라고 한다. 증발하는 동안 잠재 열에너지는 액체가 접촉하는 어떤 면에서 흡수되어 기체 내에 저장된다. 물이 액체에서 기체 상태로 바뀌면 액체 물은 수증기가 된다. 여러분은 일상생활에서 증발하는 동안 열 교환 과정을 경험했을 것이다. 인체가 너무 뜨거워지면 땀을 흘리기 시작해 피부에 수분이 생기게 된다. 그 후 땀의 증발에 따라

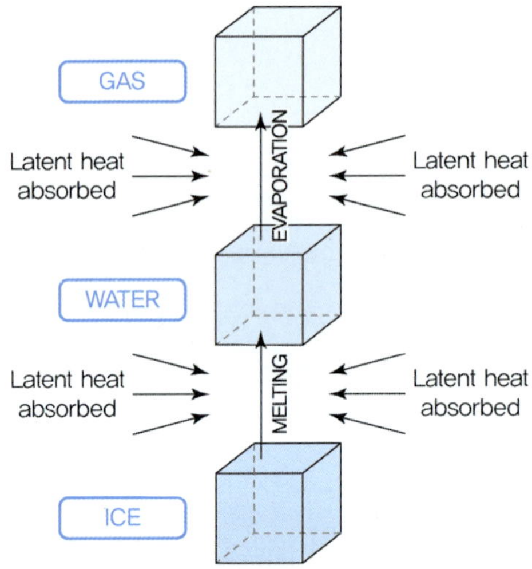

[그림 32] 얼음의 녹음과 증발을 하는 동안의 잠열의 흡수

열에너지가 몸에서 수분으로 이동하여 증발된다. 이 과정은 왜 우리가 수영 후에, 물을 떠나서 야외로 돌아올 때 종종 쌀쌀함을 느끼는지 설명해준다.

얼음에서 액체로, 수증기로의 상태 변화 및 관련 열전달은 [그림 32]에 도표로 표시되어 있다. 상태 변화 중에는 열이 주변 환경으로부터 흡수되지만, 상태 변화가 진행되는 동안에는 물의 온도 변화는 없을 것이다. 예를 들어, 얼음이 모두 녹은 후에야 더 많은 열이 흡수되면 물의 온도가 올라가기 시작할 것이다.

앞에서 언급했듯이, 이러한 상태 변화를 가져오는 데 필요한 열이 잠열이며, 얼음에서 수증기로의 상태 변화 동안 온도의 변화가 없다.

물의 증발은 캘빈온도 0(−273℃) 이상의 온도에서 발생하지만, 증발 속도는 주변 환경 온도가 증가함에 따라 증가한다. 왜냐하면, 더 높은 온도에서 물 안의 분자 활동이 더 크기 때문이다; 다시 말해서, 분자는 더 이동성이 커지고, 상태 변화가 생길 가능성이 크다. 그러나 주어진 온도와 압력에서 주어진 공기 부피가 유지될 수 있을 정도로 수증기가 많다.

공기가 수증기를 더는 흡수할 수 없을 때, 공기는 포화 상태라고 한다. 포화 수준에 도달하면 공기가 더는 수증기를 담을 수 없기 때문에 더는 증발할 수 없다.

[그림 33]의 그래프는 수증기가 주어진 온도에서 1입방미터 공기에 얼마나 많이 담길 수 있는지를 보여준다. 공기 온도가 높을수록 수증기는 더 많이 공기 중에 포함

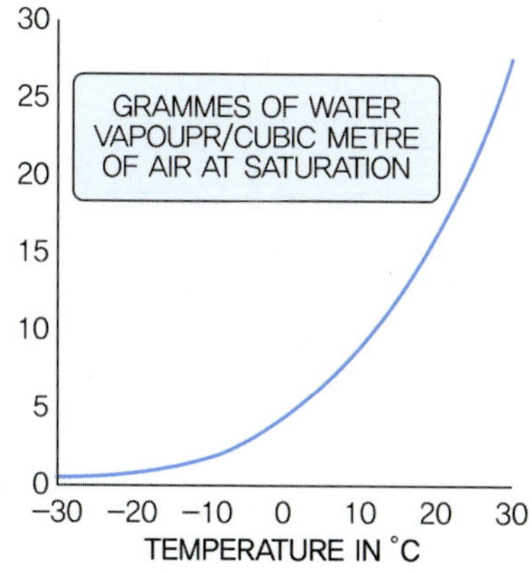

[그림 33] 공기의 온도에 따른 물을 담을 수 있는지와 관련된 그래프

될 수 있다.

공기도 증발 이외의 과정에 의해 포화 상태가 될 수 있다. 차가운 공기는 따뜻한 공기만큼 많은 수증기를 담을 수 없다는 것을 그래프로 볼 수 있다. 이 사실은 왜 추운 날에 우리의 호흡을 내뱉었을 때 입김이 빠르게 식어 하얀 김이 보이는 것으로 설명된다. 수증기가 응축되어 물방울을 형성했기 때문이다.

그래서 일정한 양의 수증기를 함유한 '공기분자'의 공기가 식으면 결국 공기는 포화 상태가 되는 온도(이슬점이라 함)에 도달하게 된다. 더 냉각되면 공기 중의 수증기가 액체 물방울로 응축되어 보이게 될 것이다.

대기권에서는 냉각에 의한 응결로 구름 형성을 일으킨다. [그림 34]는 서로 다른

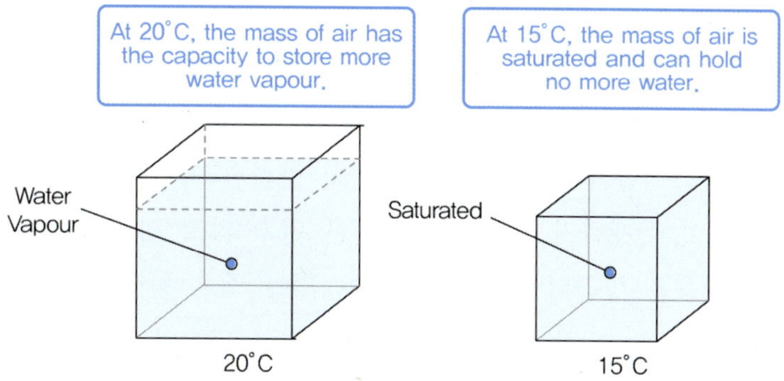

[그림 34] 공기의 포화는 공기를 냉각시킴으로써 달성될 수 있다. 낮은 온도에서는 공기가 높은 온도만큼의 수증기를 담을 수 없다.

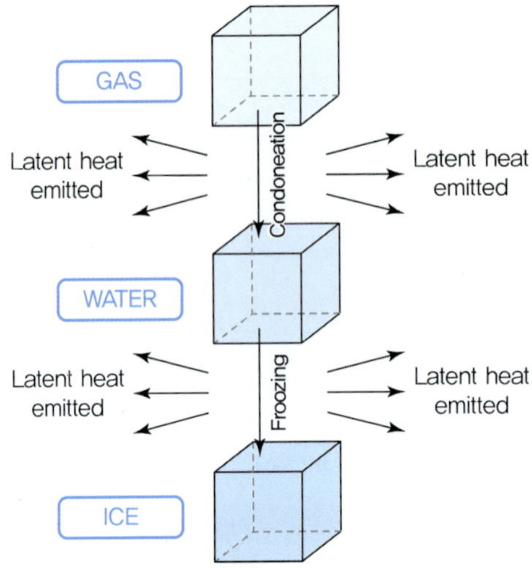

[그림 35] 응축과 결빙을 하는 동안의 잠열의 방출

온도에서 공기의 물 운반 용량을 도식적으로 보여준다.

응축은 증발의 반대이다; 그것은 가스(수증기)에서 액체(물)로의 상태 변화다. 여러분이 배운 바와 같이 수증기는 저장된 잠열을 포함하고 있기 때문에 수증기가 응축되어 다시 물로 변하면 이 잠열을 주변 공기로 다시 방출한다. 대기 중에 응결이 일어나면 수증기의 상태를 눈으로 보이는 물방울로 변화시켜 이슬, 구름, 안개로 형성된다. 그러나 응축 과정은 상당히 복잡하며, 보통 공기의 냉각 과정 이상으로 복잡하다. 응결이 일어나기 위해서는 미세한 입자가 대기 중에 존재하여야 하며, 미세한 물방울이 형성될 수 있는 표면을 제공해야 한다. 이 입자들은 응축핵이라고 불린다. 응축핵은 바다 위의 대기에 흡수된 소금 입자 또는 먼지나 연기와 같은 산업원-공장으로부터의 오염 물질일 수 있다.

물의 상태가 액체에서 고체로 변하는 것을 냉동이라고 한다. 물의 온도가 0℃ 이하로 떨어지면 물은 보통 얼음으로 변하여 주변에 잠열을 방출한다. 자유 대기권에서는 응축과 마찬가지로 일반적으로 동결핵이라고 알려진 미세한 입자가 있어야 한다. 대기 중에 동결핵이 존재하지 않으면 물방울은 얼지 않고 과냉각된 물방울로 남게 된다. 과냉각 물방울은 항공기에서 얼음이 형성되는 주요 원인 중 하나이다.

물의 다른 상태 또는 위상 변화, 즉 승화(Sublimation)와 승화(Deposition)이다. 그것들은 응축이나 증발보다 대기에서 잘 나타나지는 않지만 그럼에도 알고 있어야 하는 부분이다. 승화는 먼저 액체 상태를 통과하지 않고 고체의 상태를 증기로 직접 변화시키는 것으로 설명할 수 있다. 물의 승화는 얼음이 수증기로 직접 변하는 것을 포함한다. 승화 과정에서 수증기는 잠열을 흡수한다. 물이 수증기에서 얼음으로 직접 변할 때, 그 과정을 승화(Deposition)라고 한다. 기체－고체로 위상 변화 중에는 잠열이 방출된다. Sublimation(승화)과 Deposition(승화) 모두 액체 상태를 건너뛴다는 점을 알고 있으면 된다.

승화는 얼음덩어리가 주변 대기보다 온도가 높을 때 일어난다. 승화는 녹기엔 너무 낮은 온도에서 한겨울의 얼음과 눈이 서서히 사라지는 것이다.

기체－고체로의 승화(Deposition)의 예로는 차가운 표면과 공기 중의 수증기 사이의 접촉에 의해 직접 발생하는 차가운 표면에 서리가 형성되는 것으로 설명될 수 있다. 기상학에서 승화라는 용어는 기체－고체로의 승화(Deposition)를 설명하는 데도 사용될 수 있다는 점이다.

7.3.4 수증기의 측정

이 장의 첫 부분에 설명한 바와 같이 습도는 공기 중의 수증기의 양을 가리킨다. 기상학자들이 습도를 측정하기 위해 사용하는 기구는 습도계다. 이 기기는 [그림 36]과 같이 습구온도계와 건구온도계를 모두 포함하고 있다.

[그림 36] 건 · 습구온도계(Wet and Dry bulb thermometer)

습구온도계 하단의 동그란 부분은 촉촉한 모슬린(속이 거의 다 비치는 고운 면직물) 천으로 싸여 있다. 주변 공기가 불포화되면 모슬린에서 물이 증발한다. 증발 중에는 온도계로부터 잠열이 흡수되어 습구온도를 낮추어 건구온도계보다 낮은 온도를 나타내게 된다. 만약 공기가 포화 상태라면 증발은 일어나지 않으며 습구온도와 건구온도는 같을 것이다.

습구온도계와 건구 온도계의 차이는 대기에 포함된 수증기의 양을 나타낸다. 이러한 표현은 상대습도라는 용어로 표현할 것이다.

7.3.5 상대습도

상대습도는 주어진 양의 공기가 포함하고 있는 수증기의 양을 설명하는 표현이다. 상대습도는 공기 볼륨에 존재하는 수증기의 실제 양을 해당 공기 볼륨이 유지할 수 있는 최대 수증기의 양으로 나눈 백분율로 표현된다.

공기가 수증기를 최대한 많이 머금고 있으면 상대습도는 100%라고 하며 공기는 포화 상태라고 한다. 공기 중에 수증기가 있을 수 있는 양의 절반만 포함되어 있으면 상대습도는 50%이다. [그림 37]은 상대습도가 50%인 공기 구획을 나타낸다. 물론 실제로 습도 50%의 공기 중의 수증기는 부피의 절반에만 들어 있지 않고 부피 전체에 퍼져있다. [그림 37]은 표현일 뿐이다.

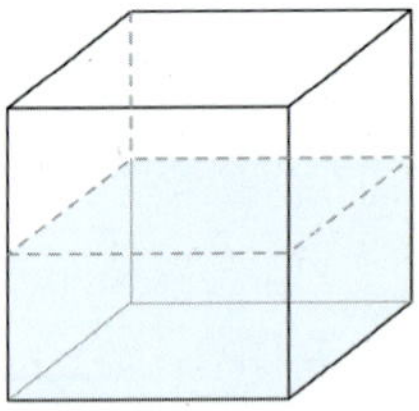

[그림 37] 상대습도 50%

7.3.6 이슬점

상대습도가 100%에 이르는 온도, 즉 포화가 일어나는 온도를 이슬점이라고 한다. [그림 38]은 초기에 15℃의 온도에서 주어진 양의 수증기를 포함하는 공기 구획

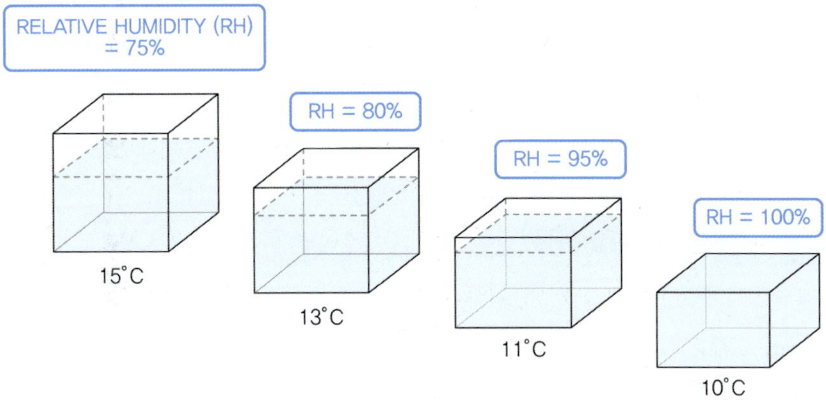

[그림 38] 공기를 냉각시켜 상대습도가 100%가 되는 과정

을 나타낸다. 공기가 냉각되면서 수증기를 담을 수 있는 공기의 용량이 감소하고 공기 구획의 수분량이 상대적으로 증가한다. 즉, 공기가 차가워질수록 상대습도가 높아진다.

중등교육과정에서 배운 과학을 돌이켜보면 이런 현상을 이해하는 데 도움이 될지도 모른다. 일정한 압력(이 경우 대기압)에서 주어진 공기 질량의 부피는 온도가 감소함에 따라 감소한다. 따라서 공기가 주어진 온도에서 일정한 양의 수증기를 보유한다면, 공기의 온도를 낮추면 수증기의 부피가 감소할 것이다. 공기의 부피가 감소함에 따라, 일정한 양의 수증기는 공기가 포화 상태가 될 때까지 감소하는 볼륨의 증가하는 비율을 보여준다.

10℃에서 [그림 38]의 공기 덩어리는 가능한 한 많은 수증기를 보유하며, 따라서 포화 상태에 있다. 현재 공기의 상대습도는 100%이다. 따라서 10℃는 공기의 이슬점이다. 만약 공기 덩어리가 차가워지면, 수증기는 액체 물방울로 응축될 것이다. 대기 중에, 이 응결은 구름이나 안개처럼 존재하게 될 것이다.

CHAPTER

08 항공정비의 이해

8.1 항공기(Airplane)

8.1.1 개요

항공기는 공중을 이용하여 이동하도록 설계된 모든 장치를 총칭하는 용어이다. 항공기에는 비행기, 헬리콥터, 글라이더, 드론, 심지어 우주선까지 다양한 교통수단이 포함된다. '항공기'라는 용어는 운송, 레크리에이션, 연구, 군사용 등 다양한 용도로 사용되는 유인 및 무인 비행체를 설명하는 데 사용된다.

8.1.2 항공기의 정의

국내외 항공법에 따른 항공기의 정의는 다음과 같다.

1. 국내법(항공안전법 제2조 제1항)

공기의 반작용(지표면 또는 수면에 대한 공기의 반작용은 제외한다)으로 뜰 수 있는 기기로서 최대이륙중량, 좌석 수 등 국토교통부령으로 정하는 기준에 해당하는 비행기, 헬리콥터, 비행선, 활공기와 그 밖에 대통령령으로 정하는 기기

2. 국제법(ICAO 규정)

공기의 반동에 의해 대기 중에 부양할 수 있는 모든 기구

3. 미국연방항공규정(FAR)

현재 알려져 있고 또는 앞으로 발명될 기계로서, 공중의 항행 또는 비행을 위해 사용되는 것과 그 목적을 위해 설계한 것

8.1.3 항공기의 분류

항공기는 비행기, 회전 항공기, 활공기, 그리고 공기보다 가벼운 경항공기 등으로 분류된다. 경항공기는 동력 장치의 유무를 기준으로 비행선과 기구로 분류할 수 있고 두 종류 모두 공기보다 가벼운 항공기이지만 차별화되는 특징을 가지고 있어 다르게 운용되고 있다.

[그림 1] 항공기의 종류(비행선, 활공기, 비행기, 회전익항공기)
(출처: 항공정비사 표준교재 항공기 기체(구조/판금), 국토교통부 항공안전정책과, 노드미디어, 2020)

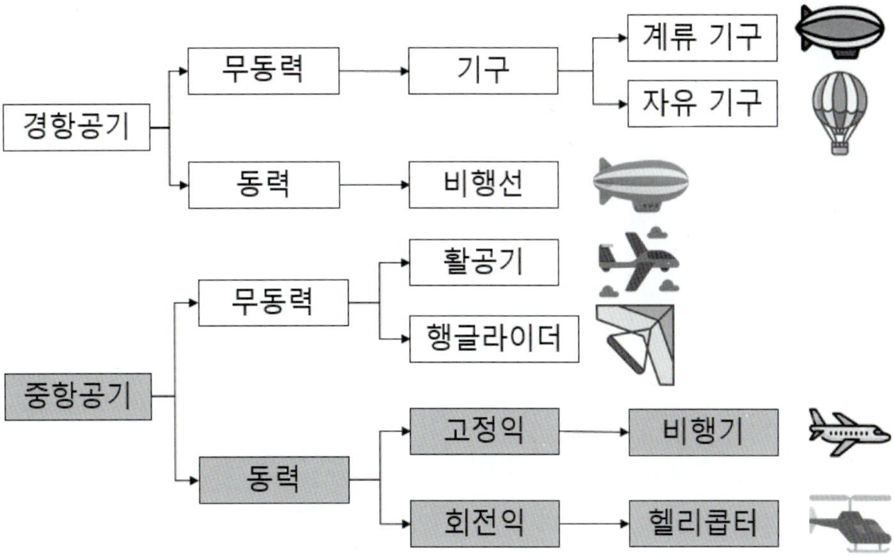

[그림 2] 항공기의 분류

8.1.4 항공기 기체 구조

1. 항공기 기체의 발달

항공기 기체란 추진 시스템과 동력 장치 구성품을 제외한 항공기의 구조 골격을 말한다. 여기에는 항공기의 본체, 날개, 꼬리 부분, 동체, 랜딩기어를 지지하고 형태를 제공하는 기타 구조 요소가 포함된다. 기체의 설계와 구조는 항공기의 전반적인 강도, 안정성 및 공기역학적 성능을 보장하는 데 매우 중요하다.

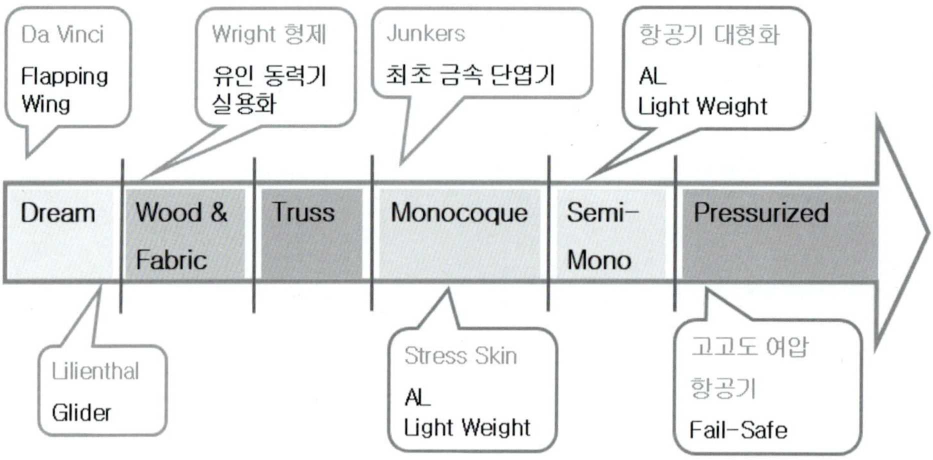

[그림 3] 항공기 기체구조의 발달

2. 항공기 기체의 구성

항공기 기체는 항공기를 지지하고 형태를 형성하는 물리적 구조이다. 이 기체 구조는 공기 역학적 힘, 무게, 외부 하중 등 비행 중에 발생하는 다양한 힘과 응력을 견딜 수 있도록 설계되며, 다음의 주요 구성 요소가 포함된다.

1) **동체(Fuselage)**: 동체는 항공기의 본체로 조종석, 승객 또는 화물칸 및 기타 필수 시스템을 수용한다. 이 공간에는 승무원, 승객 및 화물을 수용한다.
2) **날개(Wings)**: 날개는 날개 윗면과 아랫면 사이의 기압 차이를 이용하여 양력을 생성하여 항공기가 공중에 떠 있는 데 필요한 양력을 제공한다. 날개는 단동체

(단일 날개), 복엽체(이중 날개) 등 다양한 구성을 할 수 있다.

3) **엠펜나지(Empennage)**: 엠펜나지는 꼬리 부분이며 수평 스태빌라이저와 수직 스태빌라이저를 포함한다.

4) **조종면(Control Surfaces)**: 조종면은 조종사가 항공기의 자세와 움직임을 제어할 수 있도록 해주는 날개로 기체에서 움직일 수 있는 부품이다. 여기에는 에일러론(날개의 측면 움직임), 엘리베이터(수평 안정장치의 피치 제어), 러더(수직 안정장치의 요 제어)가 포함된다.

5) **랜딩기어(Landing Gear)**: 랜딩기어는 바퀴, 스트럿 및 기타 지지 구조물로 구성되어 항공기가 이륙, 착륙 및 택싱을 할 수 있도록 한다.

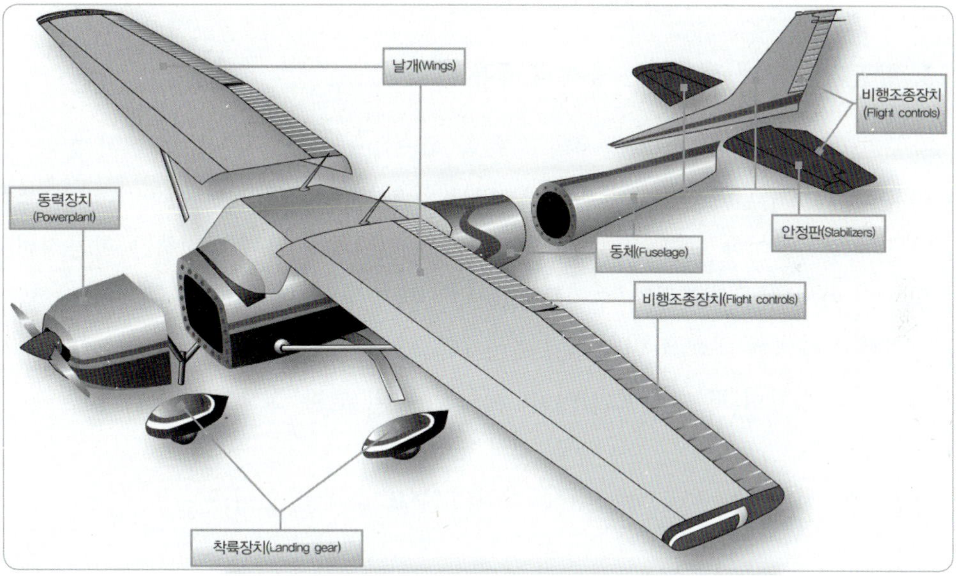

[그림 4] 비행기 기체의 주요 구성(동력 장치, 날개, 동체, 비행 조종 장치, 안전판, 착륙 장치)
(출처: 항공정비사 표준교재 항공기 기체(구조/판금), 국토교통부 항공안전정책과, 노드미디어, 2020)

6) **엔진 마운트(Engine Mounts)**: 엔진 마운트는 엔진을 항공기 구조에 고정하는 역할을 한다. 엔진 마운트는 엔진의 무게, 진동 및 비행 중에 발생하는 힘을 처리할 수 있도록 설계되어야 한다.

7) **구조 요소(Structural Elements)**: 리브, 스파, 스트링거와 같은 다양한 구조 부품은 기체의 모양, 강도, 지지력을 제공한다. 리브는 기체의 세로축에 수직으로,

스파는 동체와 평행하게 이어지는 주요 구조 부재이며 스트링거는 스파에 평행하게 이어져 추가적인 보강을 제공한다.

8) **재료(Materials)**: 최신 항공기 구조물은 일반적으로 알루미늄 합금, 티타늄, 복합 재료(예: 탄소섬유 강화 폴리머) 및 고급 금속 합금과 같이 가볍지만 강한 재료를 사용하여 제작된다. 이러한 소재는 강도, 무게, 내구성의 균형을 맞추기 위해 선택된다.

이러한 구성 요소의 조합과 설계, 통합 및 제조 방식은 항공기의 전반적인 성능, 안정성 및 안전에 기여한다. 항공기 구조는 안전 및 규제 표준을 충족하기 위해 엄격한 엔지니어링 분석, 테스트 및 인증 프로세스를 거쳐야 한다.

3. 항공기 구조에 작용하는 응력의 종류

항공기의 구조는 하중을 이동시키고 응력(stress)에 견디도록 설계되어야 한다. 이런 이유로 항공기 날개와 동체, 날개보, 리브 등의 설계에 있어 금속의 물리적 특성을 반드시 고려하여야 한다. 비록 직접 설계하는 것이 항공기를 정비하는 항공정비사의 임무는 아니지만 부적절한 수리로 인하여 원래의 설계에 변화를 주는 것을 방지하기 위해서 응력에 대해서 이해하는 것은 대단히 중요하다. 응력은 변형에 대항하는 재료의 내부 저항력(또는 반발력)이고, 재료 형상의 변화 정도는 변형이라 한다.

항공기에 적용되는 응력에는 다섯 가지의 주요 응력이 있다.

1) **인장응력(tension stress)**: 구조물을 서로 잡아당겨 늘이려고 하는 힘이 인장이고, 이 인장되는 힘에 저항하려고 하는 재료의 저항력이 응력이다.
2) **압축응력(compression stress)**: 구조물을 압축시켜 줄어들거나 부수려고 하는 힘이 압축이고 재료 내부에서 압축되는 힘에 저항하려고 하는 재료의 저항력이 응력이다.
3) **비틀림응력(torsion stress)**: 구조물을 비틀려고 하는 함이 비틀림이고 재료 내부에서 비틀림(토크)되는 힘에 저항하려고 하는 재료의 저항력이 응력이다.
4) **전단응력(shear stress)**: 재료의 인접한 두 층이 서로 평행하게 미끄러지거나 상

대적으로 움직일 때 한쪽 층이 인접해 있는 다른 쪽 층 위쪽으로 미끄러짐에 의해서 발생하는 힘이 전단이고 이에 저항하려고 하는 응력이다. (예: 스크루, 볼트, 리벳 등)

5) **굽힘응력(bending stress)**: 재료에 압축과 인장이 조합되어 나타나며, 휘었을 때 안쪽 부분은 압축되어 줄어들고 바깥쪽 부분은 늘어난다. 단일 부재에는 응력이 복합적으로 작용한다.

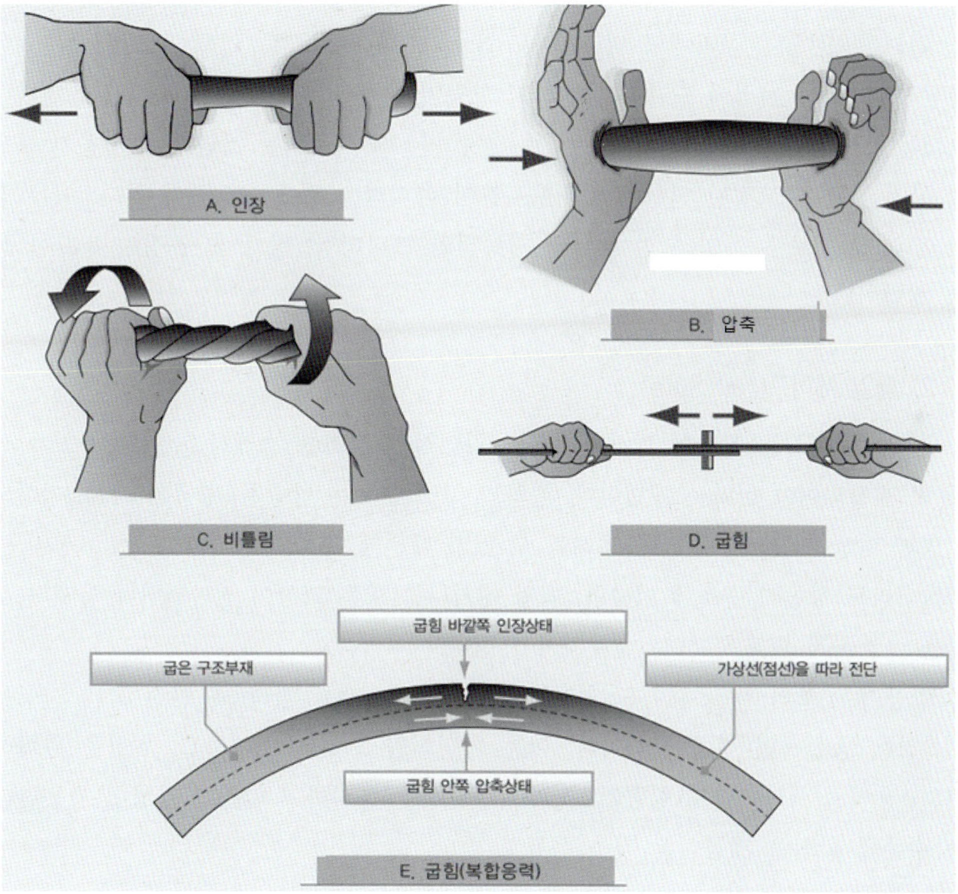

[그림 5] 항공기 및 부품에 작용하는 5가지 응력
(출처: 항공정비사 표준교재 항공기 기체(구조/판금), 국토교통부 항공안전정책과, 노드미디어, 2020)

4. 항공기 기체 설계 요건

항공기의 구조 설계에는 항공기의 안전, 성능 및 감항성을 보장하여야 하며, 다음의 요건이 포함되어야 한다.

1) 안전 수명(Safe Life)

'안전 수명'은 주요 구조 수리 또는 교체가 필요 없는 항공기 구조의 예상 작동 수명을 의미한다. 즉, 안전 수명 동안 탐지가 가능한 균열이 없이 예상되는 반복 하중을 견뎌야 한다. 항공기에서 피로, 마모 또는 기타 요인으로 인해 구조적 무결성이 손상될 수 있는 지점에 도달하기 전까지 항공기의 구조가 정상적인 조건에서 얼마나 오랫동안 안전하게 운항할 수 있는지를 결정하는 데 사용되는 개념으로, 항공기 구조의 안전 수명은 고정된 연한이나 비행시간이 아니라는 점에 유의해야 한다. 이는 검사 결과, 유지보수 등의 요인에 따라 지속적인 모니터링, 평가 및 조정이 필요한 동적 개념이다.

2) 페일 세이프(Fail Safe)

'페일 세이프'는 고장이 발생하더라도 치명적인 결과를 초래하지 않게 구조가 설계 및 제작되어야 한다는 개념이다. 항공기 구조 문제는 탑승자, 항공기 자체, 지상의 인명과 재산에 심각한 결과를 초래할 수 있기 때문에 특히 중요하다. 이는 고장이 발생하더라도 항공기 구조에 이중화, 백업 메커니즘 또는 고장이 전파되거나 통제력 상실을 초래하지 않도록 하는 설계되어야 한다.

항공기 구조의 페일 세이프 설계는 엔지니어링, 재료 과학 및 안전 고려 사항을 포괄하는 종합적인 접근 방식이다. 이는 치명적인 고장을 방지하고, 위험을 완화하며, 고장이 발생하더라도 항공기 구조가 무결성을 유지하고 안전한 운항이 가능하다는 수준의 확신을 제공하는 것을 목표로 한다.

3) 손상허용오차(Damage Tolerant)

'손상허용오차'는 항공기의 운항 수명 동안 발생할 수 있는 결함, 손상 또는 균열을 견디고 안전하게 관리할 수 있는 구조의 능력을 의미한다. 손상허용오차 개념은 작은 결함이 시간이 지남에 따라 더 크고 중대한 문제로 커질 가능성을 다루기 때문에 항공기의 안전과 신뢰성을 보장하는 데 매우 중요하다.

잘 설계된 손상 허용 오차 접근 방식에서는 구조가 설계, 테스트 및 분석되어 손상이 있더라도 정기 유지보수 중에 손상을 수리할 수 있을 때까지 안전하게 계속 작동할 수 있도록 보장한다. 즉, 항공기 운항 수명 동안 중대한 피로, 부식 또는 우발적 손상(Accidental Damage)이 발생하더라도 그 손상이 탐지될 때까지 기체 구조는 파손이나 과도한 변형 없이 하중을 견딜 수 있어야 한다.

5. 항공기 동체

항공기 동체는 항공기 전체 구조의 중요한 부분으로 성능, 안전 및 운영 능력에 기여한다. 비행기의 중심 구조물이며 조종실, 객실, 화물칸 및 비행에 필요한 다양한 시스템을 수용하는 프레임워크의 역할을 위해 충분한 내부 공간이 필요하며 공기 저항의 최소화를 위해 유선형 형태로 제작된다.

항공기 동체는 다음의 주요 기능을 갖고 있다.

1) 승객 및 승무원 공간: 항공기를 조종하는 조종석과 승객이 앉는 객실
2) 화물 공간: 수화물, 화물 및 기타 물품을 운송할 수 있는 화물칸
3) 부착 지점: 날개, 꼬리 어셈블리, 엔진 및 랜딩기어의 동체 부착(비행 및 지상 운항 중에 발생하는 하중과 응력을 효율적으로 분산)
4) 구조적 무결성: 이륙, 비행, 착륙 시 발생하는 공기역학적 힘, 무게, 기타 응력 등 다양한 하중과 힘을 견딤
5) 시스템 통합: 항공 전기·전자, 유압, 연료 및 에어컨과 같은 여러 시스템 배치
6) 비상구: 비상구와 탈출 경로
7) 창문: 승객과 승무원에게 외부를 볼 수 있는 시야 제공

동체는 항공기 유형 및 목적에 따라 모양, 크기, 구성이 다를 수 있다. 초기 항공기의 기체 구조의 재료는 주로 목재로 제작되었고, 그 뒤 강철 배관과 일반적인 재료인 알루미늄을 사용하였으며, 이후 현재의 항공기는 탄소섬유와 같은 성형된 복합재료로 제작되었다.

항공기 동체의 구조부재는 스트링거(stringer), 세로대(longeron), 리브(rib), 벌크

헤드(bulkhead) 등을 포함한다. 날개에서 주요한 구조상의 부재는 날개보(Spar)라고 부른다.

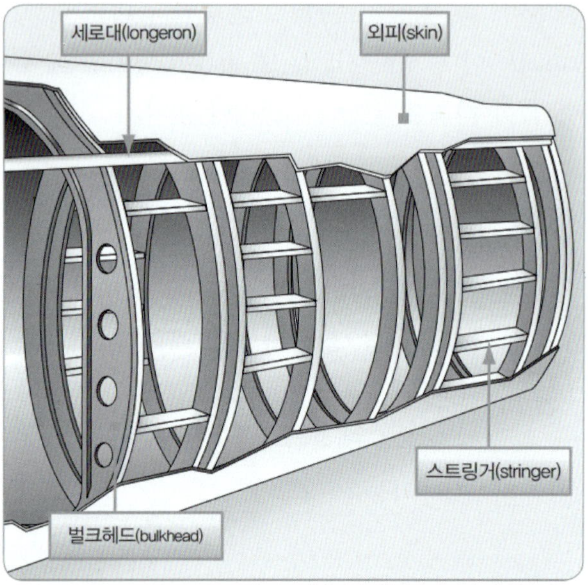

[그림 6] 일반적인 세미모노코크 형 기체 구조(Semi-monocoque Type)
(출처: 항공정비사 표준교재 항공기 기체(구조/판금), 국토교통부 항공안전정책과, 노드미디어, 2020)

1) **'롱제론(longeron)'**은 주로 항공기 동체 제작에 사용되는 구조 부품이다. 기체 길이와 평행하게 이어지는 긴 수평 부재로, 항공기 구조의 프레임과 스트링거에 연결되는 경우가 많다. 롱제론은 기체의 길이 방향 강도를 제공하여 변형을 방지하고 비행 및 기타 운항 조건에서 항공기의 모양과 안정성을 유지하는 데 기여하여 항공기의 전반적인 구조적 무결성을 유지하는 데 중요한 역할을 하고 항공기의 움직임으로 인한 공기역학적 하중, 중력, 내부 응력 등 다양한 힘을 분산하는 데 도움을 준다.

   즉, 롱제론은 항공기 프레임워크의 필수적인 부분으로 동체 구조를 지지하고 강화하며 항공기의 안전과 성능을 보장하는 데 도움을 준다.

2) **'스트링거(stringer)'**는 항공기 동체 또는 날개의 구조적 구성 요소로 세로 강도와 지지력을 제공한다. 스트링거는 일반적으로 항공기 길이와 평행하게 이어지는 얇고 길쭉한 부재이며, 일반적으로 알루미늄이나 복합재와 같은 경량 소재

로 만들어져 무게를 최소화하면서 항공기의 전체 강도를 높이는 데 기여한다. 스트링거는 종종 프레임과 같은 다른 구조 요소와 함께 사용되어 항공기 동체 또는 날개의 전체 골격을 형성하고 공기역학적 힘과 항공기의 무게와 같은 하중을 구조물 전체에 분산하는 데 도움이 된다. 스트링거는 항공기의 구조적 무결성을 유지하고 다양한 운항 조건에서 변형이나 고장을 방지하는 데 중요한 역할을 한다.

즉, 스트링거는 항공기 구조 설계의 필수적인 부분으로 동체와 날개에 종방향 강도와 안정성을 제공한다.

3) **'벌크헤드(bulkhead)'**는 항공기 내부의 여러 구역을 구분하는 칸막이 또는 격벽을 제공하여 다양한 구획을 구분하는 데 사용한다. 벌크헤드는 주로 구조적 무결성을 제공하고, 기내 압력을 유지하며, 벌크헤드는 항공기의 안전, 안정성 및 기능을 보장하는 데 중요한 역할을 한다. 항공기 벌크헤드의 중요 기능은 다음과 같다.

(1) **구조적 무결성(Structural Integrity)**: 격벽은 항공기 구조 전체에 하중, 힘, 응력을 분산하도록 설계되어 항공기 동체의 전반적인 강도와 강성에 기여한다.

(2) **객실 압력(Cabin Pressure)**: 격벽은 객실과 외부 환경 사이의 압력 차이를 유지하는 데 도움이 된다. 이는 특히 외부 기압이 현저히 낮은 높은 고도에서 승객과 승무원의 편안함과 안전을 위해 필수적이다.

(3) **구획화(Compartmentalization)**: 항공기 객실은 조종실, 객실, 조리실, 화장실, 화물칸 등 여러 구역으로 나뉘어 격벽은 이러한 섹션을 분리하여 공간을 효율적으로 사용하고 다양한 기능을 구성할 수 있도록 한다.

(4) **안전(Safety)**: 사고 또는 비상 상황 발생 시 격벽은 화재, 연기 및 파편이 항공기 전체로 빠르게 확산되는 것을 방지하여 승객과 승무원이 안전하게 대피할 수 있도록 한다.

(5) **소음 및 진동 제어(Noise and Vibration Control)**: 격벽은 항공기 여러 부분에서 발생하는 소음과 진동을 줄여 승객과 승무원이 더욱 편안한 비행 경험을 할 수 있도록 도와준다.

(6) **소재 및 디자인(Material and Design)**: 격벽은 일반적으로 구조적 무결성과

무게 고려 사항의 균형을 맞추기 위해 알루미늄 합금 또는 복합 재료와 같이 강하고 가벼운 소재로 만들어진다.

격벽은 항공기 설계에서 공통적인 특징이지만, 구체적인 위치와 개수는 항공기의 크기, 구성 및 용도에 따라 달라질 수 있다는 점에 유의할 필요가 있다. 상업용 여객기, 군용 항공기, 개인 제트기 등 항공기 유형에 따라 특정 운영 요구 사항을 충족하기 위해 격벽의 배열이 다를 수 있다.

8.2 항공기 정비(Aircraft Maintenance)

8.2.1 개요

라이트형제가 1903년 12월 세계 최초로 동력비행을 시작한 이후 비행의 역사는 120년이 넘었다. 이 기간 세계에서 사용하는 항공기 수는 급격히 증가하였으며, 이와 함께 정비를 수행하는 기량과 기술은 향상되고 발전했지만, 아직 완벽함에 도달하지는 못했다.

최신 민간 항공기는 대형화되고 있고, 새로운 시스템이 도입되고 있어 부품의 수는 수백만 개 이상으로 구성되어 있다. 이를 고려할 때 정비 수행을 위하여 다양한 활동들을 위한 정교한 프로그램이 필요하며, 이러한 정비 작업에 수행하기 위한 다양한 정비 점검을 수행해야 한다. 일반적인 정비 점검의 종류는 일일 점검(Daily checks), 48시간 점검(48-hour checks), 월간 A 점검, 연간 C 점검 등으로 이루어져 있다(국내 일부 항공사는 중간점검(Transit Check), 비행 전/후 점검(Pre/Post Flight Check), 월간 A 점검, 연간 C 점검 등으로 구성).

항공기는 비행 중에 보유한 기능을 이용하여 안전하게 운항을 할 수 있는 능력이 있어야 하며, 이를 항공기의 감항성(airworthiness)이라고 한다. 이러한 감항성을 유지하는 행위를 정비라고 한다. 즉, 항공기와 항공기 부분품 및 부품들의 고장 발생 요인을 미리 발견하고 사전에 제거함으로써 항상 완전한 기능을 가지도록 유지하는 것을 정비라고 한다.

8.2.2 정비의 정의

정비는 "시스템이 설계된 신뢰성과 안전성의 수준에서 의도된 기능을 지속적으로 수행하도록 보장하는 프로세스"라고 정의한다.

이 정의는 항공기 시스템 또는 부분품 및 부품의 적절하고 지속적인 작동을 보장하는 데 필요한 모든 것(서비싱, 조정, 교환, 복원, 오버홀 등)을 함축하지만, 이 장비들이 고유한 (설계) 수준의 신뢰성과 안전성을 갖춘 특정 목적을 위해 설계되었다는 개념을 강조한다.

아래와 같이 시스템과 부분품 및 부품에 요구되는 정비를 수행하기 위하여 여러 방법이 필요하다.

1) 일부 품목은 지속적인 서비싱 및 조정이 필요
2) 다른 품목들은 오일, 윤활 또는 기타 유체를 교환하거나 보충이 필요
3) 또한 이외의 품목들은 이러한 궁극적인 목표를 달성하기 위해 오버홀, 교환(부분품 및 부품)이 필요

하지만 아무리 정비를 잘 수행하더라도 시스템의 설계된 능력보다 더 좋게 만들 수는 없다.

8.2.3 정비의 목적

항공기나 항공기의 부분품과 부품은 지속하여 사용하면 시간의 차이는 있으나 언젠가는 고장이 발생하게 되어있다.

고장의 원인으로는 여러 가지가 있으나 대개는 설계 결함, 제작 시의 품질 불량, 사용 시의 조절 불량, 부적절한 운용과 재료의 마멸 및 주위 조건에 의한 퇴화, 부식 등을 들 수 있다. 따라서 항공기를 안전하게 운항하기 위해서는 항공기를 구성하고 있는 모든 부분이 그 작동 조건에 알맞게 각각 제 기능을 다할 수 있도록 예방 정비가 이루어져야 한다.

정비부서는 신뢰성이 높은 항공기를 확보하기 위하여 정비와 예방 정비를 수행한다. 그러나 이와 같은 정비와 예방 정비도 갑작스러운 부품이나 시스템의 고장, 기능

저하를 완벽하게 막아 주지는 못한다. 하지만, 비행 중에 예기치 않는 고장 발생을 최소화하여 항공기가 최적의 비행 상태에 있도록 하여야 한다.

이에 따라 항공기 정비를 해야 하는 이유는 "안전성, 신뢰성, 그리고 감항성을 보증해야 하기 때문이다." 항공기 정비부서는 항공기 제작사와 항공사의 정비방식에 따라 정비 업무를 완수해야 하는 책임이 있다. 즉, 정비부서의 목표는 안전성, 신뢰성, 그리고 감항성을 보증하는 것이다.

8.2.4 정비의 특성

상업용 항공기 정비 목적을 달성하기 위해 관계 규정을 준수하고, 기체, 엔진 및 장비에 대한 모든 기능을 유지할 수 있도록 다음과 같은 정비 방침에 의하여 정비가 이루어져야 한다.

1. 안전성

항공기의 안전성이란 사건이나 사고 없이 운항할 수 있는 능력을 의미하며, 택싱(taxing), 이륙(takeoff), 순항(cruising), 착륙(landing) 등 모든 운항 단계에서 승객, 승무원, 화물의 안녕과 보호를 보장하는 것을 말한다. 항공기 안전은 항공산업에서 가장 중요하며 위험과 잠재적 위험을 최소화하기 위한 여러 단계의 예방 조치를 포함한다.

즉, 안전성은 항공기가 안전하게 비행할 수 있는 성능을 말하며, 항공기 운항에 있어서 인명과 자산의 보호를 위하여 필수적인 항목이다. 항공기 운항 중에 안전을 저해하는 다양한 요소를 사전에 제거하여 지속적인 항공기 성능을 향상 유지하도록 해야 한다.

항공기는 기계적 또는 구조적 문제를 즉시 파악하고 해결하기 위해 엄격한 스케줄에 따라 정기적인 유지보수 및 검사를 시행한다. 잘 정비된 항공기는 비행 중 고장이 발생할 가능성이 적어진다.

2. 정시성

항공기의 정시성은 항공사의 운항 스케줄에 따라 예정된 시간에 출발 및 도착을

할 수 있는 능력을 말한다. 즉, 항공기가 예정된 출발 및 도착 시간을 얼마나 잘 준수하는지를 측정한다.

정시성은 승객 만족도, 항공사 평판, 항공 운송의 전반적인 효율성에 영향을 미치기 때문에 항공에서 매우 중요한 요소이다. 항공사와 공항은 승객의 지연, 중단 및 불편을 최소화하기 위해 높은 수준의 정시성을 유지하기 위해 노력해야 한다.

항공기의 정시 운항은 고객에 대한 중요한 서비스로 필요한 정비 작업을 주어진 시간 안에 완료하여야 하고, 고장 발생을 미리 방지하도록 하여 항상 항공기 운항이 정상적으로 이루어지도록 한다.

3. 쾌적성

항공기의 안락함은 여행 중 승객에게 제공되는 전반적인 경험과 편의를 의미한다. 항공사는 승객의 만족도를 높이고 경쟁사와 서비스를 차별화하기 위해 항공기의 안락함을 개선하기 위해 노력한다. 여기에는 승객의 쾌적하고 즐거운 비행에 기여하는 다양한 요소(승객의 좌석, 기내 엔터테인먼트(IFE), 온도 및 환기, 기내 소음, 기내식 서비스, 수화물 처리 등)가 포함된다. 항공기 모델, 좌석 클래스(이코노미, 비즈니스, 퍼스트) 및 개별 항공사에 따라 편안함의 수준이 다를 수 있다. 궁극적으로 항공기의 쾌적성은 물리적 특징, 편의시설, 서비스 및 여행 중 승객에게 제공되는 전반적인 경험의 조합이다. 항공사는 여행객의 기대에 부응하고 긍정적인 비행 경험을 보장하기 위해 이러한 측면을 개선하기 위해 지속적으로 투자해야 한다.

즉, 여객을 운송하는 항공기는 탑승객에게 만족감과 신뢰감을 주기 위하여 항공기가 충분한 제 기능을 발휘하게 하고, 항공기 내부와 외부에 대한 청결 및 화물에 대한 손상이 없도록 해야 한다.

4. 경제성

항공기의 경제성은 항공기 소유, 운영 및 유지관리의 재정적 측면을 의미한다. 항공기의 경제성을 이해하는 것은 항공사, 항공기 제조업체 및 기타 항공 이해관계자가 정보에 입각한 의사결정을 내리고 비즈니스 전략을 최적화하는 데 필수적이다. 여기에는 항공 운항의 비용과 수익성에 영향을 미치는 다양한 요소(항공기 취득 비용, 운영 비용, 연료 효율성, 항공기 가동률, 승객 로드 팩터, 유지보수 비용 등)가 포함된다.

항공사는 항공기 운영의 경제성을 평가하고 최적화를 위해 노력한다. 비용, 매출, 수익성의 균형을 맞추는 것은 항공 비즈니스의 장기적인 성공과 지속 가능성을 위해 필수적이다. 또한 연비를 개선하고 운영 비용을 절감하며 항공기의 전반적인 경제성 향상을 지속적으로 추구해야 한다.

즉, 최소의 경비로 최대의 효과를 얻을 수 있도록 정비를 담당자는 앞서 설명한 안전성, 정시성, 쾌적성을 확보하는 데에 모든 자원에 대한 경제성을 고려하여 정비를 수행한다.

[그림 7] 정비의 4대 기본 방침

8.2.5 항공정비사(Aircraft Maintenance Technician, AMT)의 역할

항공사에서는 항공정비사를 구분하기 위해 다양한 용어를 사용한다. 메카닉(Mechanics), 테크니션(Technician) 및 유지보수자(Maintainers)라는 용어는 종종 항공업무를 수행하는 조직에서 계획 정비 또는 비 계획 정비 작업을 수행하는 사람들을 구별하기 위해 사용한다. 또한 일반적으로 기술지원조직에서 일하는 사람을 엔지니어라고 불리며, 라인, 격납고 및 공장정비에서 근무하는 사람들과는 상당히 다른 업무를 수행한다.

항공기는 설계된 수준의 완전함을 영구적으로 유지할 수는 없다. 부분품과 부품 또는 시스템은 사용하면 할수록 기능이 저하되고, 많은 경우에는 사용하지 않아도 시간이나 환경에 따라서 기능이 저하된다. 운영자나 항공사가 잘못 사용하면 조기에 기능, 성능의 저하나 심각한 손상을 초래하기도 한다. 이러한 퇴화(Deterioration)나 약화(Degradation)는 시스템의 전체 엔트로피가 증가함을 나타낸다. 항공정비사의 임무는 정비매뉴얼에 따라 부품 및 부분품의 장탈, 교환, 고장 격리(Fault Isolation)/고장탐구(Trouble Shooting) 등을 통해 시스템의 결함을 해소하고, 의도한 용도에 맞게 시스템을 복원하는 것이다.

8.2.6 항공기 정비 작업 구분

시스템은 시간이 지남에 따라 자연적인 엔트로피(퇴화) 증가를 나타낸다. 시스템이 설정한 낮은 수준 이하로 퇴화되면 시스템을 설계된 완전한 수준으로 복원시키기 위해 조정, 미세한 변경, 서비싱 또는 기타 형태의 정비를 수행한다. 즉, 일정한 주기로 정비를 수행하여 엔트로피를 원래 수준으로 복원하는 것을 예방 정비(Preventive Maintenance)라고 하며, 이것을 계획 정비(Scheduled Maintenance)라고도 한다.

시스템은 사용 중에 기준 이하의 수준으로 빠르게 퇴화되거나 완전히 고장나는 경우도 발생한다. 이러한 고장은 예측할 수 없는 다양한 주기로 발생하기 때문에, 이 고장을 수정하기 위해 사용되는 정비행위를 비 계획 정비(Unscheduled Maintenance)라 한다.

따라서 항공기의 정비 작업(maintenance task)은 정상작업(regular work task)과 특별작업(project work task)이 있으며, 정상작업은 계획 정비 작업(scheduled maintenance task)과 비 계획 정비 작업(unscheduled maintenance task)으로 구분된다.

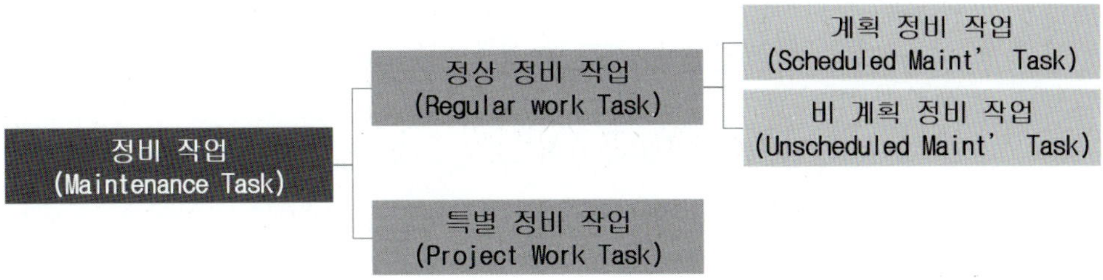

[그림 8] 항공기 정비 작업의 구분

8.2.7 신뢰성(Reliability)

시스템의 설계된 완성도 수준을 해당 고유 신뢰성(Inherent Reliability)이라고 한다. 고유 신뢰성은 시스템이 실제 작동하는 기간에 갖는 신뢰성이다. 어떤 정비행위로도 시스템의 신뢰성을 고유 신뢰성 이상으로 증가시킬 수는 없다. 그러나 항공사는 항상 이 수준의 신뢰성을 유지하는 것이 바람직하다. 고유 신뢰성은 품목이 고장 없이 생존할 수 있는 시간이 아니라 예방적 정비와 적절한 서비스 및 윤활로 보호될 때 갖게 되는 신뢰성의 수준이다. 신뢰성의 정도는 부분품 및 부품의 설계 특성과 정비 요구사항을 결정하는 데 사용되는 프로세스(예 : MSG)에 따라 달라진다. 즉, 이 프로세스의 목적은 시스템 또는 부분품의 고유 신뢰성 설계 수준을 유지하기 위함이다.

8.2.8 고장률 패턴(Failure Rate Patterns)

정비는 간단하지 않고 매우 복잡하다. 모든 시스템이나 부분품이 동일한 비율로 고장나거나, 일정한 패턴의 마모와 고장을 보여주지 않는다는 것이다. 이에 따라, 이러한 부분품 및 시스템에서 수행되는 정비의 특성은 고장률 및 고장 패턴과 관련이 있다. 미국의 유나이티드 항공은 수명 고장률에 대한 연구를 수행한 결과 [표 1]과 같은 6가지 기본 패턴을 발견했다.

1) 곡선 "A"는 일반적으로 초기 고장률(Infant Mortality)이라 한다. 이 고장 발생률 유형은 부품 수명 기간 중 초기 단계에 높은 고장이 발생하고 있음을 나타내며, 설계 오류, 부적절한 부품 사용 및 여러 가지 잘못된 이유로 초기에 발생하는 고장을 나타난다. 이러한 초기문제가 해결되면 고장률이 일정하거나 시간이 지남에 따라 약간씩 증가하며, 마지막 단계에서 고장률이 증가한다. 이것은 사용된 재료가 물리적인 한계에 도달한 것을 나타낸다.
2) 곡선 "B"는 초기 고장은 없고 부품의 수명 기간 중 확정적인 마모 단계까지 고장 발생률이 일정하거나 조금씩 상승하는 것을 보여준다.
3) 곡선 "C"는 초기 고장이 없고 구분할 수 있는 마모 기간도 없지만, 어느 시점에서 사용할 수 없게 되는 부품으로 고장 발생률이 서서히 증가함을 보여주고 있다.

4) 곡선 "D"는 신제품 출시 또는 출고 직후에 고장 발생률은 낮으나, 일정한 수준으로 증가하여 그 수준을 수명이 거의 다하는 기간 동안 유지하는 현상을 보여주는 부품의 고장율 패턴이다.
5) 곡선 "E"는 이상적인 고장율을 가지고 있는 부품이다. 초기 고장 및 마모 기간도 없으며, 전 수명 기간 중 일정한 수준(또는 약간 상승)의 고장 발생률을 나타내고 있다.
6) 곡선 "F"는 초기 고장은 있으나 이 시기가 지나면서 일정한 수준 또는 다소 증가하는 고장 발생률을 보이며 마모 기간은 없는 부품의 고장율 패턴이다.

[표 1]에서 알 수 있듯이 실험에 사용한 품목 중 11%만이 작동 한계 설정 또는 마모 상태에 대한 반복점검을 통해 이득을 얻을 수 있고, 나머지 89%는 그렇지 않다는 것을 보여주고 있다. 따라서 사용할 수 없을 정도로 퇴화 또는 고장이 날 수 있는 시점을 예측할 수 있는 경우는 전체의 11%가 해당한다. 이와 같이 한정된 수명 또는 마모 기간이 있는 부품은 계획정비가 유리하다. 계획정비는 필요한 정비행위를 가능한 시간대에 걸쳐 분산시킬 수 있다. 따라서 작업량이 어떤 특정 시간대에 몰리는 것

[표 1] **고장률 패턴**

곡선	형태	초기 고장률	특징	비율
A		있음	고장률은 일정하거나 약간씩 증가 확실한 마모기간이 있음	4%
B		없음	고장률은 약간씩 증가 확실한 마모기간이 있음	2%
C		있음	고장률은 약간씩 증가 확실한 마모기간이 없음	5%
D		증가	고장률은 일정하거나 약간씩 증가 확실한 마모기간이 없음	7%
E		없음	고장률은 사용기간 중 일정 확실한 마모기간이 없음	14%
F		있음	고장률은 사용기간 중 일정 확실한 마모기간이 없음	68%

출처: F. Stanley Nowlan and Howard F. Heap: Reliability-Centered Maintenance; U.S. Department of Commerce, National Technical Information Service, Washington, DC, 1978

을 피할 수 있게 된다. 그러나 나머지 89%는 고장이 발생할 때까지 사용하여야 하며 고장 시점에 부품을 교환하거나 수리하게 되어, 비 계획정비가 필요하게 된다. 이와 같은 고장 특성은 비 계획정비가 특정 시기로 집중되는 것을 감소시키기 위해 체계적인 방법으로 정비를 접근하도록 하게 한다.

8.2.9 정비 고려사항(Other Maintenance Considerations)

항공기 제작사 및 항공사는 항공기 부분품 또는 부품 고장으로 인하여 정비를 수행하기 전까지 발생하는 운항 중단을 해결하기 위한 세 가지 관리 기술을 개발했다. 이것은 장비품의 다중화(equipment redundancy), 운항정비 교환 품목(Line Replaceable Units, LRU), 그리고 최소장비목록(Minimum Equipment List, MEL)이다.

1. 장비품의 다중화

부분품 또는 시스템의 다중화 개념은 고도의 신뢰성이 요구되는 시스템의 기술 설계에서는 보편적이다. 다중화 장치는 주 장치와 보조 장치(primary and backup units)로 구분되고, 한 장치가 고장이 나면 나머지 장치가 그 기능을 맡게 된다. 다중화 장비품의 고유 특성은 정비 요목에도 영향을 준다. 운항승무원이 어떤 시스템의 주 장치 및 보조 장치 모두에 대한 고장 발생을 인지할 수 있도록 구성되어 있다면, 고장 여부를 판정하기 위한 사전 정비를 요구하지는 않지만, 인지할 수 없다면, 항공정비사는 주 장치 및 보조 장치 모두 작동 여부를 판정하기 위해 중간점검이나 다른 적당한 시기에 점검을 수행해야 한다. 대부분의 항공기 시스템은 승무원에게 백업 시스템이 사용 가능함을 보여주도록 구성되어 있으며, 주 장치에 고장이 발생하는 경우 자동으로 보조 장치로 전환된다.

2. 운항정비 교환 품목(LRU)

항공분야의 LRU는 고장이 발생한 장비를 항공기에서 신속하게 장탈 및 교환할 수 있도록 설계된 부분품 또는 부품을 말한다. 이는 정비를 위한 불필요한 지연 없이 항공기가 계획된 운항에 투입될 수 있도록 한다.

3. 최소장비목록(MEL)

운영자 및 항공사는 정비지연을 최소화하기 위한 MEL을 사용한다. 이 MEL은 어떤 품목의 기능 상실이 안전 및 비행안전에 지장을 초래하지 않는다는 조건 아래에서 해당 품목이 작동하지 않는 상태로 항공기를 운항에 투입할 수 있도록 한다. 이 MEL의 장비품 또는 품목들은 해당 항공기의 초기 설계 및 시험 기간 중 제작사에서 신중하게 선정되어 감항당국의 인가를 받는다.

제작사는 MMEL(Master Minimum Equipment List)을 발행하며, 여기에는 해당 항공기 모델의 장비품 및 부품 등을 수록한다. 항공사는 MEL을 제정하기 위해 자사 항공기 형식에 적합하도록 MMEL를 기준으로 편집한다. MEL 중 많은 항목이 다중화 시스템과 연계되어 있다. MEL의 개념은 조종사의 임무 수행을 방해함이 없이 정비행위를 이월할 수 있어야 한다. 그리고 정해진 기간(1일, 3일, 10일 또는 30일) 내에 반드시 정비를 수행하여야 한다. MEL과 유사한 CDL(Configuration Deviation List, CDL)도 있다. CDL은 항공기 외부의 어떤 점검 패널에 이탈이 발생한 경우, 또는 기타 안전에 영향을 주지 않는 외형상 변형이 확인되었을 때 항공기를 비행에 투입시키기 위한 정보를 제공한다. NEF(Non Essential Equipment and Furnishing) 리스트는 감항성 또는 항공기의 비행안전에 영향을 미치지 않는 가장 일반적인 정비이월 항목을 포함한다. 이 NEF는 MEL의 일부분이다.

8.3 정비프로그램(Maintenance Programs)

8.3.1 서론

항공기 정비의 기본 목적을 달성하기 위하여 정비 작업을 효율적으로 수행할 수 있도록 유지하는 정비 체계가 필요하며, 이를 정비프로그램이라고 한다.

이에 따라, 정비 방법, 정비 요목, 정비 작업 등 여러 요인의 역할과 상호 관계를 효율적 사용할 수 있도록 정비프로그램을 갖추어야 한다.

항공기에서 사용되는 정비프로그램은 일반적으로 구형 항공기는 모델에는 프로세스 지향(Process Oriented) 정비프로그램을 많이 사용하고, 최신 항공기 모델에는 테스크 지향(Task Oriented) 정비프로그램을 이용한다.

8.3.2 정비프로그램 개요(Aviation Maintenance Program Outlined)

미국항공연방청(FAA)은 민간 상업용 항공사에 정비프로그램을 승인하는 운영기준(Ops Specs), FAA 규정에서 요구하는 정비 매뉴얼, 항공기에 장착해야 할 운항 장비들을 요구하고 있다. 이 FAA Advisory Circular(AC) 120−16E 요건의 근거는 FAR 14 CFR part 119, 항공 운송 사업자에게 적용되는 part 121 및 part 135이다.

1) FAA AC는 항공 운송 업체의 정비, 예방 정비 또는 항공기의 변경 개조(Alteration)에 종사하거나 이를 위해 고용된 각 정비사에게도 모두 적용된다.
2) 운영기준에는 작업이 항공사 또는 수리업체(계약자)에 의해 수행되었는지에 관계없이 모든 인가된 정비 및 변경 개조를 수행하는 데 대한 책임이 항공사에 있다는 것이 규정되어 있다.
3) 하지만, 정비제공자에 의해 수행된 정비 작업과 그에 대한 승인에 대한 일차적인 책임은 정비제공자에 의해 이행된다. 정비제공자는 서비스에 투입되는 항공기가 감항성에 적합하고 안전한지 확인할 책임이 있다.

FAA는 이러한 지침이 미래의 사고나 불상사를 방지하는 데 사용될 수 있다고 생각한다.

8.3.3 정비 방법(maintenance method)

정비 방법은 항공기 시스템, 장비품 및 기체 구조 등에 따라 부위(zone)별로 구분하여 정비 요목을 설정하기 위한 수단으로 계획 정비 작업을 수행하기 위해 프로세스 중심의 정비 접근 방식인 Hard Time(HT), On−Condition(OC) 또는 Condition Monitoring(CM)의 세 가지의 기본 정비 프로세스를 사용한다.

HT와 OC 방식은 각각 명확한 수명 한계가 있는 부분품 및 부품에 사용되고, CM 방식은 HT 또는 OC 방식을 사용할 수 없는 부분품 및 부품을 모니터링하는 데 사용된다. 따라서 CM 항목은 고장이 발생할 때까지 운영되며, 고장 예측 및 예방을 위하여 고장률이 추적된다.

1. 프로세스 지향 정비(Process-Oriented Maintenance)

프로세스 지향의 정비프로그램은 Air Transport Association of America(ATA)에서 개발한 결정 논리 절차를 사용하여 만들어졌다. MSG－2(Maintenance Steering Group－2) 프로세스는 항공기에 장착된 각각의 장치(시스템, 부분품, 또는 설비)를 분석하여 HT, OC 또는 CM 방식 중 하나를 사용하는 상향식(bottom－up) 접근 방식이다.

HT 방식은 일반적으로 미리 정해진 정비 주기에 장치를 장탈하는 것을 의미하며, 주기는 보통 비행시간(Flight Hours), 비행주기(flight cycles) 또는 캘린더 시간(Calendar Time)을 이용하여 지정된다. OC 방식은 항목이 더 사용 가능한지를 결정하기 위해 지정된 정비 주기(비행시간, 비행주기 또는 캘린더 시간)에 점검하는 방식이다. CM 방식은 정비 계획 수립을 쉽게 하기 위해 고장률, 장탈률 등의 모니터링이 포함된다.

1) Hard Time(HT) 방식

하드 타임(HT) 방식은 일정한 사용 시간에 도달한 장비품, 부품 등을 항공기에서 장탈하여 지정된 정비 주기를 초과하기 전에 정비하는 고장 예방 프로세스로서 가장 적합한 방법으로 장비품의 폐기(discard), 복원(restored) 및 오버홀(overhaul) 등이 요구된다.

HT 방식의 주기는 캘린더 시간(calandar time), 엔진 또는 항공기 점검 주기(엔진 교환, "C" 점검 등), 착륙 또는 작동사이클, 비행시간, 블록 시간, 해상비행 등 또는 다른 프로세스(OC 등)와 함께 병행하여 지정될 수 있다.

HT 방식은 정해진 시간동안 작동 후 대부분 고장이 나는 부분품 및 부품에 적용된다. 예를 들면, 기체구조 검사, 랜딩 기어 오버홀, 수명 제한 엔진 부품의 교환에는 HT 방식이 적용된다. 사용기간이 명확한 품목의 경우 HT 방식은 가장 경제적인 프로세스일 것이다.

2) On-Condition(OC) 방식

온 컨디션(OC) 방식은 항공기 기체, 엔진, 부분품 및 부품 등의 상태를 확인하여 계속 사용할 수 있는지 여부를 결정하기 위해 주기적으로 검사하거나 테스트하여 감항성을 유지할 수 있다고 판단되면 다음 점검 주기까지 계속 사용하고, 발견된 결함에 대해서는 수리 또는 장비품 등을 교환하는 고장 예방 프로세스이다.

OC 방식은 측정, 테스트 또는 분해 검사를 수행하지 않는 기타 수단을 통해 지속적인 감항성이 결정될 수 있는 부분품, 장비품 또는 시스템으로 제한된다.

주기적으로 계획된 OC 점검은 계획된 차기 상태 점검까지 지속적인 운영에 대한 적합성을 확인할 수 있는 유의미한 내용으로 구성되어야 한다.

OC 방식을 적용할 수 있는 부품의 예는

(1) 브레이크 마모 지시 핀(Brake Wear Indicator Pins)

(2) 조종 케이블

(3) 연결장치(Linkages), 컨트롤 로드, 풀리, 롤러 트랙, 잭 스크류 등

3) Condition Monitoring(CM) 방식

컨디션 모니터링(CM) 방식은 항공기 계통, 장비품의 고장을 분석하고 그 원인을 제거하기 위한 적절한 조치를 취하여 감항성을 지속적으로 유지하는 정비방식이다.

CM 방식은 HT 또는 OC 방식을 적용할 수 없는 경우에 적용된다. CM 방식에는 명확한 한계 수명을 가지고 있지 않은 개별 부분품 또는 시스템의 고장률, 장탈률 등에 대한 모니터링을 포함한다. CM 방식은 HT 및 OC 방식과 같은 고장 예방 프로세스가 아니다. CM 방식을 적용하는 품목은 고장 날 때까지 사용하기 때문에 미국항공운송협회(ATA)는 이러한 품목들이 다음 조건을 준수하도록 명시하였다.

(1) CM 품목은 고장이 날 때 안전에 직접적인 악영향을 미치지 않아야 한다.

(2) CM 품목에는 고장이 안전에 직접적인 악영향을 미칠 수 있는 숨겨진 기능이 없어야 한다.

(3) CM 품목은 운영자의 CM 또는 신뢰성 프로그램에 포함되어야 한다.

CM 방식의 가장 적절한 적용은 복잡한 시스템(항공기 전기 및 전자)과 고장을 예측할 방법이 없는 부분품 또는 시스템(네비게이션 및 통신 장비, 조명, 계기)에 적용하는 것이다.

2. 테스크 지향 정비(Task-Oriented Maintenance)

테스크 지향 정비프로그램도 미국항공운송협회(ATA)에서 개발한 의사결정 논리 절차를 사용하여 만들어졌다. 이 MSG－3 프로세스는 MSG－2 방식을 수정하여 개

선한 것이다. MSG－3 프로그램은 고장 분석 시 MSG－2와 같은 부품 수준이 아니라 항공기 시스템의 최상위 수준에서 수행되는 고장에 대한 하향식(top－down) 접근방법이다.

MSG－3 방식은 고장을 방지하고 시스템의 고유한 수준의 신뢰성을 유지하기 위해 적절한 계획정비 테스크를 결정하는 데 사용되며, 아래 3가지 그룹으로 나누어진다.

1) 기체 시스템에 대한 정비 테스크
2) 기체 구조 품목에 대한 정비 테스크
3) 구역별 정비 테스크

1) 기체 시스템에 대한 정비 테스크(Maintenance tasks for airframe systems)

MSG－3 방식에서 테스크들은 의사 결정 분석 결과와 시스템과 부품 등의 특정 요구사항에 따라 결정된다. 기체 시스템에 대한 8가지 정비 테스크는 다음과 같다.

(1) 윤활(Lubrication): 고유한 설계 기능을 유지하기 위한 오일, 그리스 등의 물질을 보충
(2) 서비싱(Servicing): 부분품 및 부품이나 또는 시스템의 기본 요구사항에 주의를 기울이는 행위
(3) 검사(Inspection): 품목의 시험(정해진 기준과 비교)
(4) 기능 점검(Functional Check): 품목의 각 기능이 정해진 한계 내에서 작동되는지 확인(일반적으로 장비 필요)
(5) 작동 점검(Operational check): 품목이 작동 목적을 충족하는지 확인(장비 불요)
(6) 육안 점검(Visual check): 품목이 작동 목적을 충족하는지 관찰하고 판정하여 고장을 발견하는 테스크
(7) 복원(Restoration): 부분품 및 부품을 정해진 기준으로 되돌리는 데 필요한 작업(세척, 부품 교환, 완전한 오버홀 등)
(8) 폐기(Discard): 정해진 수명 한계에서 장탈

다중화 장비(Redundancy Equipment)는 안전 및 작동에 부정적인 영향을 주지

않고 사용 중 고장이 발생하는 것을 허용하기 위해 사용한다. 신뢰성 프로그램(CM 프로세스와 유사하지만 더 정교한)은 일반적으로 고장률을 예측할 수 없는 부분품이나 시스템, 그리고 계획 정비 테스크가 없는 시스템에 대해 사용된다.

2) 기체 구조 품목에 대한 정비 테스크(Maintenance tasks for structural items)

기체 구조의 약화는 아래의 세 가지 원인으로 구분할 수 있다.

(1) 환경적 약화(Environmental deterioration): 기후나 환경과의 화학적 상호 작용의 결과로 인한 품목의 강도 또는 고장에 대한 저항성의 물리적인 약화. 이 환경적인 약화는 시간에 따라 영향을 받는다.

(2) 우발적 손상(Accidental damage): 항공기의 일부가 아닌 물체와의 접촉 또는 충격으로 인해 발생하는 물리적 약화 또는 제작, 작동 또는 정비 수행 중에 발생한 인적 오류로 인한 손상이다.

(3) 피로 손상(Fatigue damage): 주기적 하중으로 인한 균열 및 균열의 전파.

항공기 기체 구조의 약화를 검사하려면 다음의 세 가지 유형의 구조 검사 기법으로 확인한다.

(1) 일반 육안검사(General Visual Inspection): 명확한 불만족 상태 또는 결함을 감지하는 육안검사. 이 검사는 페어링 커버(fillets)의 장탈 또는 점검창이나 점검패널을 열거나 장탈해야 수행할 수 있다.

(2) 상세 검사(Detailed Inspection): 지정된 세부 사항, 조립 또는 장착 상태에 대한 집중적인 육안검사이다. 필요한 경우 조명, 거울, 확대경 등과 같은 검사 도구를 사용한다.

(3) 특별 상세 검사(Special detailed inspection): 특정 부위에 대한 집중 검사. 세부 검사와 비슷하지만 특별한 기법이 필요하다. 필요한 기법은 형광침투검사(FPI), 고성능 확대경(high-powered magnification), 자분탐상검사(MPI), 와전류검사(ECI) 등과 같은 비파괴검사(NDI)이다.

3) 구역별 정비 테스크(Zonal maintenance tasks)

항공기의 지정된 구역 내에 포함된 모든 시스템, 배선, 기계 장치, 부분품 및 설치물에 대한 상태를 결정하기 위해 적절한 감시(surveillance)를 받도록 한다. 일반적으로 형식증명(TC) 및 부가형식증명(STC) 보유자가 MSG-3 논리를 사용하여 일련의 검사를 개발하여 구역 정비를 위한 정비 및 검사 테스크를 만드는 데 사용되고, 각 구역에는 숫자로 된 기준이 부여된다. 구역 정비 및 검사 수준 기법은 ① 일반적인 육안검사, ② 세부 육안검사를 사용한다.

3. 정비요목(Maintenance Requirement Items)

정비요목(MRI)은 정비방법에 의해 설정된 각각의 부위에 대한 점검 항목, 정비 실시 시기, 정비 실시 방법 등을 정하는 것이다.

정비요목(MRI)은 제작사에 의해 형식, 성능, 구조, 기능이 설정되므로 설정할 때에 이를 고려하여야 한다. 그리고 제작 회사의 권고, 항공기 사양, 다른 항공 회사의 자료, 운용 실적 및 경험을 분석하고 검토하여 운용하는 것이 바람직하다.

8.3.4 정비 작업의 분류

항공기의 정비 작업은 정상작업과 특별작업이 있으며, 정상작업은 계획 정비 작업과 비 계획 정비 작업으로 구분된다.

1. 계획 정비 작업(Scheduled Maintenance Task)

계획 정비 작업은 정비요목에 의하여 발행되는 작업 태스크 카드에 따라 일정 간격으로 반복 수행하는 정비 작업이다.

일반적으로 운항 정비(Line Maint.)와 점검 정비(Base Maint.) 작업으로 구분하며, 점검 정비란 공장 정비(Shop/Hangar Maint.) 개념을 포함한다.

아래 운항 정비의 중간 점검(Transit Check) 및 비행 전/후 점검(Pre/Post Flight Check)은 우리나라 항공사에서 주로 사용하는 점검이다.

1) 운항 정비

(1) 중간 점검(Transit Check)

연료의 보급과 엔진 오일의 점검 및 항공기의 출발 태세를 확인하는 것으로 필요에 따라 상태 점검과 액체, 기체류의 점검도 수행한다. 이 점검은 중간기지에서 수행하는 것이 원칙이지만 출발기지에서도 운항편이 바뀔 때마다 실시한다.

(2) 비행 전/후 점검(Pre/Post Flight Check)

비행 전/후 점검은 그날의 최종 비행을 끝마치고부터 다음 비행 확인 전까지 항공기의 출발 태세를 확인하는 점검이다. 일반적으로 항공기 내외의 청결, 세척, 탑재물의 하역, 액체 및 기체류의 보급, 결함 수정 등을 수행하는 것을 말한다.

수행 시기는 국내선만 운행하는 경우 최종 비행 후 다음 비행이 계획된 날 첫 비행 이전에 수행하고, 국제선을 포함하는 경우는 점검 수행 후 첫 비행 시각으로부터 48시간 이내에 수행한다.

2) 점검 정비(Base Maint.)

점검 정비는 항공기 시스템, 구조물 및 구역에 대한 정비요목 수행 및 이상 유무를 점검하여 감항성을 유지하는 것을 목적으로 한다. 점검 단계에 따라 “A”, “B”, “C”, “D” 점검 등이 있다.

B737 TRANSIT CHECK LIST
(EDTO Approved A/C)

A/C No .HL__________ STATION__________ DATE__________

NOTE: “EDTO” items should be performed by EDTO qualified personnel.

CHECKED BY : _____/_____, _____/_____, _____/_____
_____/_____, _____/_____, _____/_____

※ In “CHECKED BY” column : Staff - Stamping or (Signature & Employee No.)
Certified Staff - Signature & AUTH No.

※ Classification of Technical Level(T1) in “CHECKED BY” Column is applicable at ICN/GMP station only

※ DESCRIPTION	CHECKED BY
1. ARRIVAL 1) Check A/C for parking and ground safety condition. 2) **(EDTO)** Check Flight & Maintenance Log and rectify all flight squawk items. 3) **(EDTO)** Check the open defer items, which have maintenance action to be performed each flight or periodically. 4) **(EDTO)** Check engine oil level and add oil as required between 5 minutes and 60 minutes after engine shutdown (Spec. : Mobil Jet Oil Ⅱ Only) (use EIS or sight glass). Record the serviced quantity on Flight & Maintenance Log. (If not serviced, record as “0”) Note: If the added oil exceeds the permitted oil consumption rate in AMM, notify Maintenance Control Center.	T1(EDTO)

[그림 9] B737 TRANSIT Check List 일부분(예시)

B737 PRE/POST FLIGHT CHECK LIST
(EDTO Approved A/C)

A/C No .HL__________ STATION__________ DATE__________

A/C Type : 737-800☐ / 737-900ER☐ ※ Mark "✓" on the applicable A/C type for this check.

※ NOTE: PRE FLIGHT check must be performed within 4 hours prior to the scheduled departure time.

※ NOTE: "EDTO" items should be performed by EDTO qualified personnel.

CHECKED BY : _____/_____, _____/_____, _____/_____

_____/_____, _____/_____, _____/_____

※ In "CHECKED BY" column : Staff - Stamping or (Signature & Employee No.)
Certified Staff - Signature & AUTH No.

※ Classification of Technical Level(T1) in "CHECKED BY" Column is applicable at ICN/GMP station only

POST FLIGHT(ARRIVAL) CHECK LIST	
DESCRIPTION	CHECKED BY
2. COCKPIT AND CABIN 1) **(EDTO)** Check Flight & Maintenance Log and rectify all flight squawk items. 2) **(EDTO)** Check the open defer items, which have maintenance action to be performed each flight or periodically. 3) **(EDTO)** Interrogate and rectify the FMC CDU for left and right engines faults. (Ref. AMM task 73-21-00-740-803-F00) 4) Check hydraulic fluid level and add fluid as required (Spec. : HyJet V or HyJet IV-A Plus). Record the serviced quantity on Flight & Maintenance Log. (If not serviced, record as "0") Warning: Hydraulic fluid level is approximately 92%. (Refer to Technical Information Bulletin B737-29-001.) 5) Operationally check fire warning system. (use the FIRE/OVHT test switch.) 6) Check crew oxygen system for correct pressure. 7) Operationally check the flight deck door access system. 8) Check the cockpit windows for general condition. 9) Check Halon Fire Extinguisher in cockpit for correct pressure and alignment of "DOT" marking between valve assembly and bottle. 10) Perform an Operational Test for Flight Data Recorder System. 11) Perform an Operational Test for Cockpit Voice Recorder System 12) Operationally check brake accumulator pressure drops using brake pressure indicator. (Ref. AMM Task 32-44-00-790-801, Parking Brake Hold Check-Parking Brake Set)	T1 (EDTO)

[그림 10] B737 PR/PO Check List 일부분(예시)

2. 비 계획 정비 작업(Unscheduled Maintenance Task)

항공기 점검 또는 검사 결과, 결함 또는 오작동 상태가 발견되고, 항공 기재의 상황, 부품 및 인력 등 특정 조건에 해당하였을 경우 필요에 따라 수행하며 원칙적으로 NON ROUTINE JOB CARD에 의해 수행한다.

3. 특별 작업(Project Work Task)

항공기 기재의 안정성 및 기능을 향상시키며 운항의 제 조건에 적응시키기 위한 개조 작업(Modification), 임시로 처치한 불량 상태를 계획에 의거 수행하는 수리, 특정 기간을 정하여 행하는 특별작업 및 검사(One Time Inspection), AD(Airworthiness Directive), SB(Service Bulletin) 및 특별 점검 지시 등 작업명령서에 의거 계획적으로 수행되는 작업 등이 있다.

8.3.5 정비프로그램 문서(The Maintenance Program Documents)

새로운 항공기 모델에 대한 원본 정비프로그램과 해당 모델의 새로운 운영자가 사용할 프로그램을 구성하는 데 MSG-3 프로세스의 분석 결과를 사용한다.

항공기 제작사는 항공법과 항공 규정을 기본으로 항공기 설계·제작 과정에서 설계 기술 요원, 항공공학 요원, 그리고 정비프로그램 개발 주관 및 인가 위원회(ISC: Industry Steering Committee)에 의해 정비 프로그램(maintenance program)이 결정된다. 이 결정된 정비프로그램은 제작 국가 항공 당국의 정비 검토위원회로부터 정비프로그램으로 인가를 받고, 그 위원회의 보고서(MRBR)를 바탕으로, 제작사는 정비계획자료(MPD)를 제공한다. 제작사는 MRBR(Maintenance Review Board Report)라는 FAA 승인 문서로 발행된다. 보잉사에서는 이 문서를 정비 계획 데이터 문서(Maintenance Planning Data Document), 그리고 에어버스사는 정비 계획 문서(Maintenance Planning Document)라고 한다.

정비본부의 기술부서는 제작사의 정비계획자료(MPD)를 바탕으로, 항공 당국의 인증 범위 안에서 항공사의 운영기준과 정비규정에 따른 MPD를 제작한다. 그리고 이에 따른 정비요목을 결정하며, 정비부서에서 적용하는 정비 테스크를 위한 작업카드를 발행한다.

만일 정비 작업이 항공사 품질관리부서의 신뢰성 관리에 의해 보완이 필요한 경우에 품질관리부서는 정비요목의 변경을 기술부서에 요청하고, 항공사는 제작사에 정비 계획자료 변경을 요청할 수 있다. 그리고 제작사는 필요에 따라 감항성 개선지시서(AD: Airworthiness Directive) 또는 정비회보(SB: Service Bulletin) 등을 통해 설계·제작 결함이나 개선사항을 항공사에 권고할 수 있다.

MPD에는 정비 계획을 지원하기 위해 다양한 방식으로 작업을 분류한다. 이 문서에는 주로 정시 주기점검(Letter Check–A, C 등)과 시간, 사이클, 캘린더 시간별로 그룹화한다.

8.3.6 정의된 정비 주기(Maintenance Intervals Defined)

정비 작업 주기는 기본적으로 항공기 제작사에 따라 다르다. 하지만 FAA가 승인한 원래의 정비 작업 요목 및 상태가 유지되는 한 항공사가 자체적으로 정한 정비 주기를 정의하고 있다.

항공기 정비점검은 일반적으로 항공기가 비행한 시간인 총 비행시간(Total Air Time), 총 랜딩 사이클 (Total Landing Cycle)을 사용한다. FAA(감항당국)의 감독하에, 항공사와 항공기 운영자는 그들의 운영기준에 따라 지속 감항성 유지 프로그램(Continuous Airworthiness Maintenance Program, CAMP)을 준비해야 한다. CAMP는 일상 점검 및 상세 점검의 개요를 보여준다. 일반적으로 항공사, 항공기 운영자 및 감항당국은 이러한 유형의 검사를 A, B, C, D 체크라고 한다. 아래의 일일 점검(Daily checks), 48시간 점검(48–hour checks)은 대부분의 해외 항공사에서 사용된다.

1. 일일 점검(Daily checks)

일일 점검은 오일 레벨 점검으로 주로 구성되며 정비이월 항목도 포함된다. 항공기 엔진의 오일 레벨의 정확한 판독 값을 얻으려면 일반적으로 엔진 정지 후 15분에서 30분 사이에 확인해야 한다. 즉, 오일 레벨은 착륙 직후에만 확인 및 보충이 가능하다(첫 출발 전에 오일량을 확인해야 하는 경우, 엔진을 2분 이상 가동하여 오일을 예열한 후 엔진 정지 15분 후에 오일량을 확인). 또한 EDTO(Extended Diversion Times Operation) 항공기는 또한 일일 점검의 일부인 출발 전 서비스 점검을 받는다. EDTO는 ETOPS(Extended–range operations with two–engine airplanes)로부터 발전되었다.

2. 48시간 점검(48-hour checks)

48시간 점검은 항공사 운영기준(Op Spec)에 따라 48시간마다 수행된다. 일반적으로 이 점검에는 일일 점검보다 더 자세한 작업이 포함된다. 예를 들어, 휠 및 브레이크 검사, 엔진 오일 및 유압과 같은 유체 보충, 보조동력장치 오일 보충 및 점검, 동체, 날개, 객실 내부 및 조종석의 일반 육안검사와 같은 항목이 있다. 따라서 48시간 점검은 일일 점검을 대체할 수 있다.

3. 시간 한계 점검(Hourly limit checks)

MSG 분석으로 결정된 시간 한계 점검에는 장치 또는 시스템이 작동한 시간에 따라 정해진 정비 테스크가 있다. 이 방식은 엔진, 비행기 조종계통 및 지속적으로 작동하는 여러 시스템에 적용된다.

4. 작동 사이클 한계 점검(Operating cycle limit checks)

일부 항공기 시스템은 운항한 사이클 횟수에 따라 정해진 정비 테스크가 있다. 예를 들어 이착륙 시에만 사용되며 주기적 응력(Cyclic Stress)을 받는 랜딩기어, 동력장치/엔진 부품 등에 적용된다.

5. 정시 주기 점검(Letter checks)

보잉 777 항공기 이전 정비프로그램 개발을 위해 MSG-3 프로세스를 사용하는 항공기의 정비프로그램에는 다양한 Letter check를 A, B, C 및 D 체크로 명시되었다. 수정된 MSG-3 프로세스를 사용하는 Boeing 777은 특정 주기에 해당 정시 점검 패키지를 모두 수행하는 Letter check를 삭제하였다. 이는 모든 테스크를 시간 또는 주기로만 명시되었으며, 장비나 시스템에 가장 적합한 시간에 정비를 수행할 수 있다는 점에서 최적의 정비프로그램을 생성하여 운영자의 입장에서 프로그램을 필요에 맞게 조정할 수 있게 하였다.

6. 항공에서 사용되는 유사한 의미의 단어(Word Pairs Used in Aviation)

1) 검증 및 확인(Verification and Validation)

항공분야에서 verification(검증)과 validation(확인)의 두 단어는 일반적으로 명백히 다른 의미를 갖는다. 항공기 장비 또는 시스템의 상태, 정확성 또는 가용성을 테스트하거나 측정하기 위해 verification(검증)과 validation((유효성) 확인)이라는 단어는 정비가 절차에 의해 제대로 처리되었는지 확인하는 데 사용한다.

- Verification(검증): 시험대상 부품에 대한 테스트 절차가 지식이 있는 정비사가 읽고 이해할 때, 그것이 설계에 맞는 의도한 목적에 맞고 적절하며 수용 가능하다는 것을 의미
- Validation(확인): 작성된 테스트 절차가 적절하게 훈련된 정비사에 의해 수행되었으며, 작성된 절차가 이해할 수 있고 적절하며 가장 중요한, 설계에 맞는 의도된 목적을 달성하는 것이 입증되었음을 의미

프로세스 개념으로 접근하여 보면 검증은 개선사항을 실제 실행하기 전에 확인하는 과정이고 유효성 확인은 개선사항을 실행한 후에 진행하는 확인 과정이다.

2) 작동 및 기능 점검(Operational and Functional Test)

작동 및 기능의 두 단어는 일상생활에서 거의 같은 의미로 사용되지만, 항공에서는 분명히 다른 의미이다. 이 용어는 항공기 장비, 시스템 또는 부분품을 테스트하는 프로세스와 함께 사용된다.

- 작동 점검(Operational Test): 장비, 시스템 또는 부분품이 정상 모드 및 기능으로 작동하고 설계에 맞는 의도된 목적에 사용할 수 있는지를 결정하는 것을 의미한다. 테스트 장비나 도구가 필요하지 않으며 측정도 수행되지 않는다.
- 기능 점검(Functional Test): 장비, 시스템 또는 부분품이 설계에 맞는 정확도를 위한 특정 물리적 측정값(전압, 주파수 등)을 측정하는 데 필요한 장비나 도구를 사용하여 점검되었음을 의미한다.

이 두 가지 테스트 유형의 차이점은, 작동 점검은 장비 자체만 사용(예: 라디오 볼륨 조절)하고, 기능 점검은 장치의 다양한 매개 변수(주파수 다이얼의 정확성과 볼륨 크기, 입력 신호 강도 등)를 더욱 정확하게 측정하기 위해 추가 장비 또는 도구를 사용한다.

3) 기능적인 고장과 잠재적인 고장(Functional and Potential failure)

• 기능적 고장(Functional Failure): 항공기 부분품 및 부품이 특정 성능 표준을 충족할 수 있는 기능이 손상되었거나 기능이 상실될 수 있음을 나타내며, 이 기능적 고장은 반드시 수정되어야 한다.

• 잠재적 고장(Potential Failure): 항공기 부분품 및 부품에 기능적 고장이 곧 발생할 수 있음을 나타내며, 기능적 고장을 방지하려면 정비가 수행되어야 한다. 즉, 잠재적 고장이 감지되면 기능적 고장 가능성을 줄이려는 조치를 수행한다.

8.3.7 정비프로그램의 목표(Goals of a maintenance program)

항공사의 목적은 이익을 만들기 위해 사람이나 물품을 한 장소에서 다른 장소로 옮기는 것이다. 이에 따라 정비본부는 회사의 운항을 지원하기 위해 운항본부가 비행 일정을 수행하는 데 사용할 항공기가 정비가 완료된 상태인지를 확인해야 한다.

따라서 항공사 정비프로그램의 목표는 다음과 같이 명시될 수 있다.

1) 비행 스케줄에 맞춰 운항이 가능한 항공기를 운항본부에 제시간 안에 제공한다.
2) 모든 정비 조치가 완료 또는 정비가 이월된 상태로 항공기를 제공한다.

FAA는 정해진 주기와 기준에 따라 정비 수행을 요구한다. FAA는 정비 작업을 수행할 수 없는 상황이 있는 경우(부분품/부품 또는 유자격 정비사 부족, 시간 제약 등) 정비를 적절한 시기로 연기할 수 있도록 허용하며 승인된 정비프로그램에서 규정된 최대 작동 시간 또는 주기 및 캘린더 날짜의 시간제한에 따라 연기 시간 내에 수리가 완료되어야 한다.

8.3.8 정비프로그램의 목적(Maintenance program objectives)

정비프로그램의 명시된 목표(Goals)를 달성하려면 채택하는 목적(objectives)을 명확하게 해야 한다. 이러한 목적은 새로운 비행기 모델이 개발될 때 초기 정비프로그램의 수립과 함께 개발되며, 일반적인 항공사 정비프로그램의 목적은 다음과 같다.

1) 항공기의 고유 안전성과 신뢰성 수준의 실현을 보장
2) 부분품 및 부품의 성능저하 발생 시 안정성과 신뢰성을 고유 수준으로 복원
3) 고유 수준의 미충족 시 정비프로그램 최적화(조정)에 필요한 정보 획득
4) 고유 신뢰성이 불충분한 항목의 설계 개선에 필요한 정보 획득
5) 최소 정비 비용으로 목적을 달성

항공기 제작사가 개발한 정비프로그램은 항공기의 새로운 운영자가 사용하기 위한 일반적인 지침일 뿐이다. 운영자가 운영을 시작하면서 항공사의 운영환경에 따라 정비프로그램을 조정할 수 있다. 운영자는 경험을 통해 제작사가 정한 정비 주기가 해당 항공사의 운영환경에 적합하지 않은 불량 부품, 부적절한 절차, 정비사 교육 부족으로 인해 정비 결과가 기대에 미치지 못할 수 있다. 이들 모두는 항공기의 전반적인 신뢰성과 안전에 영향을 미칠 수 있으며, 항공사는 항공기 제작사에 연락해 항공기의 설계변경을 요청하거나, 항공사에서 자체적으로 해결해야 한다. 항공사의 목적 달성 능력과 관련된 영역에서 심각한 문제가 발생하면 운영자에 대한 FAA(감항 당국) 인가에 영향을 미칠 수 있다는 점을 유념해야 한다.

8.4 정비문서(Documentation for Maintenance)

8.4.1 개요

항공기 정비문서에 관한 사항은 미항공연방청(FAA)과 같은 감항당국에 의해 요구되며, FAA Advisory Circula(AC) 120-16E, Air Carrier Maintenance Programs에는 항공사 정비매뉴얼 시스템, 정비기록/문서 보관 시스템 및 기타 다양한 요건들이 기술되어 있다. 현대 제트 여객기의 정비문서들은 정비에 대한 요구사항을 이해하고, 확인하고, 이행하는 데 상당한 양의 많은 문서가 필요하다. 항공기가 제작되면 문서가 만들어지기 시작하고, 항공기가 운영 기간에는 정비로그북, 기술지시(EO), 감항성개선지시(AD), 기술회보(SB), 정비개선지시(FCD), 소수리와 대수리 기록 그리고 점검 단계별 정비 수행 문서도 수집된다. 항공기가 매각(disposal), 해체, 말소될 때까

지 모든 정비문서는 항공기와 함께 관리되어야 한다. 항공기와 시스템, 항공기 수리 및 정비에 필요한 작업을 구분하는 문서를 알아야 한다. 이 문서 중 일부는 특정 항공사가 원하는 문서 형태로 변형하여 항공사를 위하여 항공기 부품 공급업체가 제작사에 제공하기도 하지만, 문서의 개정 사항은 항공기 제작사에 의해 정기적으로 배포된다.

관리문서(Controlled documents)는 FAA 규정에 따라 항공기의 운용이나 정비에 사용된다. 이러한 유형의 문서는 항공사 내에서 배포가 제한되어 있으며, 개정 목록과 유효 페이지 번호 및 삭제된 페이지 번호와 함께 정기적인 개정이 있어야 한다. 운영자는 최신 문서만 사용해야 한다. 문서에 대한 정보는 항공기 제작사 및 항공기에 장착된 시스템과 장비 제작사에 의해 제공된다. 감항당국이 제공하는 문서와 항공사가 직접 작성한 문서에는 개별적인 유지관리 프로세스가 있어야 한다. 이 문서들의 종류는 아래와 같다.

- 제작사의 문서
- 규제 당국의 문서
- 항공사에서 생성한 문서
- 미국항공운송협회(ATA) 문서 표준

8.4.2 제작사의 문서(Manufacturer's Documentation)

항공기 제작사는 항공기 정비를 위해 운영자에게 문서를 제공한다. 문서의 형식과 내용은 항공기 제작사마다 다르다. 정비를 위해 사용하는 기술 도서는 기체, 엔진, 장비품을 형을 정비하고 유지하는 데 필요한 내용이 수록되어 있다. 이 문서들은 항공기 제작사에서 발행하는 간행물이다. 항공기 제작사가 제공하는 아래 매뉴얼은 사용되는 정보의 유나타낸다.

1. 항공기 정비매뉴얼(Airplane Maintenance Manual, AMM)

항공기 정비매뉴얼(AMM)은 항공기 및 탑재 장비의 운용과 정비에 관한 모든 기본 정보가 수록된 공식 문서이다. 이 문서에는 항공기 각각의 시스템 및 서브 시스템에 관한 자세한 설명 및 작동, LRU의 장착과 장탈과 같은 기본적인 정비 및 서비스 조치와 기능 테스트, 작동 점검, 조정(adjustment), 오일 서비싱, 연료 보급 등 시스템 및 장비에 대해 수행되는 다양한 정비사항이 기술되어 있다(예: B767 매뉴얼은 약 2만 페이지). 항공기 정비매뉴얼은 항공기 구조 또는 복합소재 패널을 포함되는 유형의 기체수리 사항은 일반적으로 제외한다. 결함 수정 또는 정비 작업 등이 완료되면 정비사는 AMM의 ATA 챕터 및 하위 챕터 시스템과 관련 내용을 참조 및 사용하여 정비 로그북 또는 작업카드에 기록하고 확인 서명하여 정비 업무를 마무리한다.

2. 부분품 및 공급업체 매뉴얼(Component and vendor manuals, CMM)

항공기 제작사는 주로 동체를 만들고, 엔진, 착륙 장치, 운항승무원 좌석, 승객 좌석 등은 외부 부품 제작업체가 만든다. 이에 따라 제작사는 외부 판매업체로부터 부품을 구매하여 항공기에 장착해야 하고, 제작사가 항공사에 항공기를 판매할 때는 부품을 수리하거나 교환해야 할 경우를 대비하여 부분품 및 공급업체 매뉴얼(CMM)을 함께 제공한다. 일반적으로 CMM은 부분품을 완전히 구성하는 모든 부분품의 분해도를 보여준다. 항공사는 일반적으로 시간을 절약하기 위해 전체 부품 어셈블리를 장탈하여 교환하기 때문에, 이 CMM은 부품작업장(공장)에서 주로 사용된다.

3. 고장탐구 매뉴얼(Fault Isolation Manual, FIM or TSM)

고장탐구 매뉴얼은 항공기에서 발생한 고장을 쉽게 찾을 수 있도록 만들어진 정비매뉴얼이다. 이 고장탐구 매뉴얼은 보잉(Boeing) 항공기의 경우 FIM(Fault Isolation Manual), 에어버스(Airbus) 항공기에서는 TSM(Trouble Shooting Manual)이라고 한다. 고장탐구 매뉴얼은 고장탐구 수행을 돕고, 고장이 발생한 부분을 격리하여, 항공기의 다양한 시스템 및 부분품과 관련된 문제를 확인하고 정확하게 찾아내기 위하여 항공기 제작사에서 제공하는 정비매뉴얼이다. 이 매뉴얼에는 고장탐구 절차가 포함되어 있다.

최근에 만들어진 항공기는 일반적으로 조종석의 엔진 지시 및 승무원 경고 시스템(Engine Indicating & Crew Alerting System, EICAS)의 화면에 메시지로 결함 발생을 보여주고, 실시간으로 고장 내용을 지상의 정비통제센터에 통보하여 항공기가

737-600/700/800/900
AIRCRAFT MAINTENANCE MANUAL

GROUND CONDITIONED AIR CONNECTION DUCT AND CHECK VALVE - REMOVAL/INSTALLATION

1. **General**

A. This procedure has these tasks:

(1) A removal of the ground conditioned air connection duct

(2) An installation of the ground conditioned air connection duct

KAL 001-004, 006, 010-016, 020, 051, 054-060, 071, 072, 080-099

(3) A removal of the cooling exchange check valve

(4) An installation of the cooling exchange check valve

KAL ALL

(5) A removal of the ground conditioned air check valve

(6) An installation of the ground conditioned air check valve.

B. The ground conditioned air connection duct is installed below the mix bay. The function of the duct is to provide a connection for a supply of external conditioned air. To gain access to the duct, do this step:

(1) Open this access panel:

Number	Name/Location
191E	Access Door - Forward Fairing

C. The check valve is installed in the mix bay just forward of the air conditioning bays. The function of the check valve is to let conditioned air from an external source to be put into the distribution system and also to seal the distribution system when external conditioned air is not being used.

D. The check valve is a component of the lower mix manifold. It is necessary to remove the mix manifold to get access to the check valve.

TASK 21-21-01-000-803-002

2. **Ground Conditioned Air Connection Duct Removal**

(Figure 401)

A. **References**

Reference	Title
21-00-00-800-802	Remove Conditioned Air from the Airplane (P/B 201)
25-52-17-000-801	Forward Cargo Compartment Aft Bulkhead Liner - Removal (P/B 401)

B. **Location Zones**

Zone	Area
125	Air Conditioning Distribution Bay - Left
126	Air Conditioning Distribution Bay - Right
192	Lower Wing-To-Body Fairing - Under Wing Box
212	Flight Compartment - Right

C. **Access Panels**

Number	Name/Location
191E	Access Door - Forward Fairing
821	Forward Cargo Door

[그림 11] 항공기 정비매뉴얼(예시: AMM 21–20–01)
(출처: Boeing B737NG Airplane Maintenance Manual)

공항에 착륙하기 전에 고장탐구 매뉴얼을 이용하여 결함 해소를 위한 예상 정비 방법, 장비나 부품 등의 준비를 사전에 할 수 있게 한다.

4. IPC(Illustrated Part Catalog)

항공기 부품과 장비의 식별에 사용하고, 부품과 장비를 신청, 확보, 저장 및 불출 시에 이용할 수 있도록 만들어진 정비매뉴얼이다.

IPC는 항공기 제작사에 의해 제공되며, 항공기 부품의 목록과 위치 다이이어그램을 포함하고 있다. 이 매뉴얼에는 항공기 시스템에 대한 모든 부품이 포함되며, 항공기별 적용(applicability)과 함께 그림, 부품 번호 및 품목 번호별로 부품을 표시한다.

5. 기체수리 매뉴얼(Structural Repair Manual, SRM)

기체수리 매뉴얼(SRM)은 항공기 스킨과 특정 허용오차 및 구조적 손상이 경미한 경우 항공정비사에게 절차에 대한 정보를 제공하는 기체에 특화된 정비매뉴얼이다. 기체수리 매뉴얼은 항공기 구조에 허용되는 치수와 손상 한계를 제공하고 항공정비사는 이를 이용하여 운항이 가능한지 여부와 언제 손상을 수리해야 하는지 알 수 있도록 한다.

만일 구조에 대한 손상이 SRM 한계를 초과할 경우, 항공사의 엔지니어링 부서는 항공기 제작사의 엔지니어들과 연락을 취한다. 수리는 통상적으로 항공기 정비부서와 검사부서에게 수리 방법과 확인 서명, 항공기를 감항성이 있는 상태로 환원하기 위한 지침을 제공하는 기술지시(EO)에 의해 수행된다.

6. 시스템 개략도 매뉴얼(System Schematic Manual, SSM)

시스템 개략도 매뉴얼(SSM)은 항공기 각 계통의 구성을 계략적으로 표현한 정비매뉴얼이다. SSM은 항공기 각 계통에서 필요한 전기 회로도를 수록한 도서이며, 주로 전기·전자 기호로 구성되어 있다. 이 매뉴얼은 항공기의 전기·전자 및 유압 시스템의 다이어그램과 해당 시스템의 논리 다이어그램을 포함하고, 시스템을 설명하고 고장탐구를 지원하기 위해 단순화한 매뉴얼이다. SSM에는 자세한 정보가 수록되어 있으며 와이어링 하니스, 커넥터 및 인터페이스 장비에 대한 정보가 명시된다.

BOEING

737-800
STRUCTURAL REPAIR MANUAL

IDENTIFICATION 1 - HORIZONTAL STABILIZER LEADING EDGE SKIN

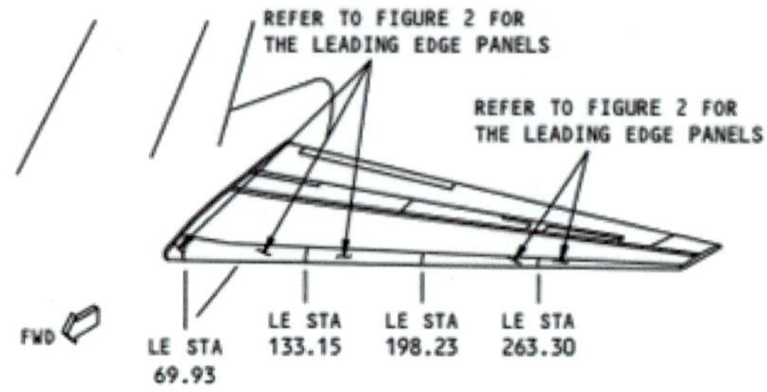

NOTE: REFER TO TABLE 1 FOR THE REFERENCE DRAWINGS.

LEFT SIDE IS SHOWN, RIGHT SIDE IS OPPOSITE

UPPER SURFACE IS SHOWN

F57186 S0006592403_V1

Horizontal Stabilizer Leading Edge Skin Locations
Figure 1

Table 1:

REFERENCE DRAWINGS	
DRAWING NUMBER	TITLE
186A1001	Leading Edge Assembly/Installation - REM, Horizontal Stabilizer
186A1200	Skin Assembly - REM LE, Horizontal Stabilizer
186A2001	LE Installation - Fixed, Horizontal Stabilizer

[그림 12] 기체수리 매뉴얼(SRM)
(출처: Boeing B737NG Structural Repair Manual)

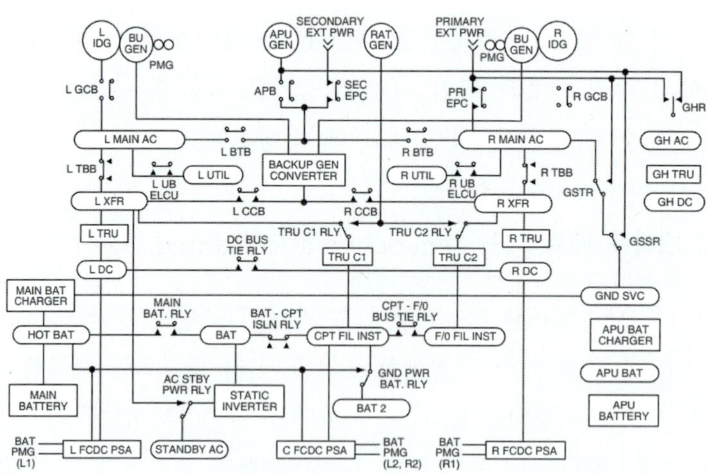

[그림 13] 시스템 개략도 매뉴얼(예시: B777 SSM)
(출처: 항공정비사 표준교재 항공기 전자전기계기(기본), 국토교통부 항공안전정책과, 노드미디어, 2020)

7. 배선 다이어그램 매뉴얼(Wiring Diagram Manual, WDM)

배선 다이어그램 매뉴얼(WDM)은 모든 시스템과 부분품에 대한 배선 연결 정보 요소를 포함하고 있는 고장탐구에 필수적인 정비매뉴얼이다. 최신 항공기의 전기전자 시스템은 매우 복잡하다. 게이지와 센서와 같은 제어장치는 네트워크 시스템처럼 복잡한 배선망을 통하여 조종실로 정보를 전달한다. 배선 다이어그램 매뉴얼은 항공기의 전방에서 후방까지(기체에 번들로 배선된 전선), 한쪽 섹션에서 다른 커넥터, 센서 및 제어장치로 연결되는 배선을 보여준다.

와이어링 하니스(Wiring Harness)는 와이어링 번들의 일종이며, 와이어의 길이는 몇 피트를 넘지 않기 때문에 수리, 고장탐구, 장탈 및 장착에 용이하며, 이에 비해 와이어는 항공기 기체 쪽의 경우 배선 경로에 따라 수백 피트의 길이가 될 수 있다.

8. 최소장비목록(Minimum Equipment List, MEL)

항공기는 신뢰성이 높은 장비와 다중화(redundancies) 시스템으로 설계되지만 고장은 언제든지 발생할 수 있다. 최소장비목록(MEL)의 목적은 일부 항공기 장비가 작동하지 않는 경우, 이 상태에서 운용사의 수익성을 고려하여 운영하면서 허용 안전 수준을 지키는 것이다.

최소장비목록(MEL)은 항공기 문서의 일부로서 모든 항공사의 운항 필수 품목이며, 운항에 대한 부담을 완화하기 위하여 설계되었다. 그러나 결함으로 인하여 MEL을 적용할 때 여객 또는 화물 운송 능력에서 큰 페널티를 적용해야 하는 일부 MEL이 있다. 이런 경우 항공사는 항공기에 페널티를 부과하여 운항하는 것보다 결함 상태를 수정하여 MEL을 적용하지 않고 운항하는 것을 고려하기도 한다. 여압 시스템(cabin pressurization system), 에어 컨디셔닝 시스템(air conditioning system), 미끄럼방지 시스템(anti-skid system) 등의 중요한 시스템 결함으로 MEL이 적용되었으면 기장은 항공기의 운항을 거부할 권한이 있다.

최소장비목록(MEL)의 수리 기한은 카테고리(category)를 기준으로 제한된다. 유의할 사항은 MEL을 적용한 날은 계산에서 제외한다. 예를 들어 8월 15일 MEL을 적용하였고, 수리 기한이 카테고리 B인 경우 3일의 기한은 8월 16일부터 시작하여 8월 18일 자정에 만료가 된다.

21-01 **Air Conditioning Packs**
21-01-01 **All Passenger Configuration**
21-01-01-03 **-900/-900ER**

Interval	Installed	Required	Procedure	After Door Close
C	2	1	(M) (O)	Return to Gate
Except for ER operations, one may be inoperative provided: a. Flight altitude remains at or below FL 250. b. Forward cargo heat duct is secured closed. c. Airport ambient temperature does not exceed 103 degrees F (39 degree C)				

PLACARD

Affected pack switch - INOP

[그림 14] 최소장비목록(예시: B737 MEL)

[표 2] MEL 카테고리 및 수리 기한

Category	수리 기한(Day of Discovery)
A	MEL에 명시(일반적으로 1~2일)
B	3일
C	10일
D	120일

9. 외형변경목록(Configuration Deviation List, CDL)

외형변경목록(CDL)은 항공기의 시스템과 장비보다는 항공기 외부의 형상을 대상으로 이용한다. 따라서 CDL은 항공기 외부에 있는 각종 패널, 플랩 힌지 페어링, 기어 도어 등을 포함하여 명시하며, 이러한 품목들이 부서짐, 탈락, 부작동, 금이 있을 때 적용한다. 일반적으로 이러한 품목들은 항공기 운항을 위한 라인 검사 또는 당일 비행 전/후 검사 중에 발견된다. 이 CDL 품목들은 항공기의 감항성 및 안전성에 영향을 주지 않는다. 그러나 일부 CDL 적용 시 비행 속도 제한(예: 기어 도어, 플랩 힌지 페어링 등), 연료 추가, 결빙 조건으로 인한 제한이 있을 수 있다.

일반적으로 CDL은 카테고리 C 등급이며, 발견한 날을 제외하고 10일 이내에 수리를 해야 한다.

10. 비필수장비 및 비품(Nonessential Equipment and Furnishing, NEF) 목록

비필수장비 및 비품(NEF)은 조종실 또는 객실 구역의 페인트, 컵 홀더 등과 같은 항목이다. NEF는 파손, 균열, 깨짐 또는 탈락이 될 수 있으나 항공기의 안전 또는 감항성에 영향을 미치지 않으며, 항공사의 NEF List를 이용하여 정비이월이 가능하다.

8. NEF ITEM LIST

A. CABIN AUDIO/VIDEO

Number	DISCREPNACY / PROCEDURE
23-30-01	DVD Player Abnormal
23-30-02	Airshow Abnormal
23-30-03	Boarding Music Abnormal
23-30-04	IFE Controller Inoperative (PVSCU/CMT/CT/CP/iCMT)
23-30-05	IFE Seat/Seat Column Faults (Both Cabin) **(M)PROCEDURE** 1. Seat column off utilizing by port power control on CMT & CT. 2. Ensure the monitor can be secured in retracted position.
23-30-06	IFE System Inoperative (Including Wireless AVOD System)
23-30-07	Monitor Touch Screen Function Inoperative
23-30-08	In-Arm Monitor Hard to Install / Extend
23-30-09	Overhead and Wall Mounted Movie / TV Monitors Inoperative **(M)PROCEDURE** - Individual fault monitor/projector off or disable utilizing by PVSCU/CMT/CT/CP/iCMT. **NOTE** - Alternate pre-flight passenger safety briefing procedures may be required.
23-30-12	Only Handset Inoperative
23-30-13	Handset Cradle Inoperative
23-30-14	Inflight Wi-Fi (IFC) Inoperative **NOTE** - This item should be applied on Wireless Internet (IFC) inoperative, If Wireless AVOD (IFE) inoperative, refer to NEF 23-30-06
23-30-15	Non-TPED approved LRU Installed (737-8 Only) **NOTE** - Airplane must also be dispatched using NEF 23-30-06 (IFE System Inoperative), and NEF 23-30-14 (Inflight Wi-Fi (IFC) Inoperative) **(M) PROCEDURE** Open the C/B P6 / D12 (CWAP/SERVER) and let Cabin Attendant know
23-30-16	WAP (Wireless Access Point) inoperative **NOTE** - This item can only be applied when some WAPs are inoperative but Inflight Wi-Fi and Wireless AVOD are operating normally. If Inflight Wi-Fi and Wireless AVOD inoperative due to WAP failure, refer to NEF 23-30-06 or 23-30-14
24-00-11A	In-Seat Power System(ISPS) - Single Seat or Seats Group Abnormal
24-00-11B	In-Seat Power System(ISPS) - Zone Abnormal
24-00-11C	In-Seat Power System(ISPS) - Entire Abnormal **(M)PROCEDURE** - At Video Control Center, position PC POWER SWITCH to OFF. **NOTE** Entire ISPS may be inoperative and seats may be occupied provided ISPS is deactivated.
25-20-11	USB Module (Inop, crack, etc.)
25-24-01	VCC Area Storage Boxes

B. CABIN GENERAL

Number	DISCREPNACY / PROCEDURE
23-00-01	Credit Card Reader Inoperative
23-42-01	Cabin Interphone Button (worn, Light INOP, etc.) **NOTE** 1. Cabin Interphone must be fully operative. 2. If associated cabin interphone is inoperative, refer to MEL.
24-00-01	Ground Service Electrical Outlet Abnormal
25-00-01	Cabin Interior & Furnishings Dirty
25-24-02	Door Arming Lever Cover Damaged **NOTE** - The "Automatic", "Manual" marking must be legible.
25-24-03	Attendant Storage Box
25-24-04	Bassinet Abnormal
25-24-05	Cabin Vanity Mirrors
25-24-07	Magazine Rack Abnormal
25-24-08	Seat Track Covers Damaged, Loose or Missing **NOTE** - Any exposed wiring must be protected.
25-24-11	APPEARANCE ITEMS - Worn, Soiled, Frayed, Torn, Damaged, Loose or Missing, Trim Torn, Damaged or Missing
25-24-12	Carpet Worn or Torn
25-24-13	Curtain Tie Backs Damaged, Torn or Missing **(M)PROCEDURE** - Remove the curtain tie if it restricts any passenger from access to the main aircraft aisle.
25-24-14	Divider Curtain Abnormal
25-24-15	Door Cover / Slide Bustle Dirty, Minor or Insignificant Damage
25-24-16	Girt Bar Brackets Dirty
25-24-17	PSU (Passenger Reading light, Passenger Seat Call light, etc.) Abnormal **NOTE** - For inoperative "NO SMOKING / FASTEN SEAT BELT" lighted signs, refer to MEL.
25-24-18	PSU Air Vent Inoperative
25-24-19	Sidewall Panel Abnormal
25-24-20	Ventilation Grills Abnormal **NOTE** - For 737 NG and 737-8 aircraft, refer to MEL - Return Air Grille.
25-24-21	Window Shade (or EDW) Abnormal
25-60-01	Spare Life Vests
25-60-02	Life Vest Storage Box Seal **NOTE** 1. In case the seal is missing, ensure the life vest can be pulled out without any obstacles. 2. Security Check of Associated Life Vest Storage Box is needed.
25-60-03	Safety Demo Equipment (Safety Belt, Life Vest and Oxygen Mask, Safety Information Card)
25-60-04	Emergency Equipment Bracket Broken (FAK, EMK, Axe, Portable Fire Extinguisher, Megaphone, Flashlight, etc.) **NOTE** - If the emergency equipment is relocated, marking is necessary.
25-60-05	Slide Raft Cover Abnormal
33-24-01	Door Work Lights Inoperative
52-00-01	Cabin Step Stool / Ladder
52-00-09	Door Arming Safety Pin Damaged or Missing
56-00-01	Cabin Window Dirty, Moisture

[그림 15] 비필수장비 및 비품(예시: NEF ITEM LIST)

이 NEF List는 항공사가 MMEL로부터 항공사 맞춤형 정비이월 프로그램을 개발하여 사용한다. NEF 품목은 수리를 이행해야 하는 수리 기한을 가지고 있는데, 이는 부품 가용성에 따라 또는 NEF에 기술된 것보다 늦지 않게 수정해야 함을 의미하며, 이는 보통 다음 A 점검(check)을 초과하지 않아야 한다.

11. 정비 계획 데이터 문서(Maintenance Planning Data Document, MPD)

정비계획 데이터 문서(MPD)는 항공사가 항공기에 대해 수행해야 할 정비 및 서비싱 테스크 목록을 제공한다. 여기에는 다른 정보와 함께 MRB 보고서의 모든 항목을 포함하고 있다. 이 테스크들 중 일부는 인증 정비 요건(CMR)으로 확인되며, FAA가 항공기의 인증을 유지하기 위해 요구하는 사항이다. CMR은 MSG 프로세스에 의해 개발되지 않는다. MSG 프로세스에 의해 개발된 다른 모든 테스크들은 제작사가 권고하는 다른 테스크들과 함께 포함된다. 테스크는 일별, 중간점검, 정시주기점검(Letter check), 시간 및 사이클 제한 등 구형 항공기 모델에 대해 다양한 그룹으로 나뉘며 항공사의 정비계획 목적으로 사용된다. 이후 모델에서는 Letter check로 작업을 그룹화하지 않고 각 개별 테스크에 대한 시간, 주기 및 캘린더 시간별로만 작업을 그룹화한다.

12. 테스크 카드(Task Card, TC)

테스크 카드(TC)는 항공기 부품 장탈 및 장착, 테스트, 서비싱 등 정비 항목에 대한 AMM의 특정 테스크를 발췌하여 별도의 테스크 카드로 제작함으로써 정비사가 정비매뉴얼 전체를 휴대하지 않고 작업을 수행할 수 있도록 한다. 이러한 테스크 카드는 AMM에 있는 내용을 그대로 사용할 수 있으며, 항공사 또는 항공기 운영자가 수정할 수도 있다.

13. Service Bulletins, Service Letters, and Maintenance Tips

항공기, 엔진 또는 부품 제작사는 정비나 개선을 위한 개조사항 또는 제안사항이 있을 때 해당 항공사에 적절한 문서를 발행한다.

1) 정비회보(SB)는 항공기, 엔진, 장비품 및 부품의 신뢰성 향상을 목적으로 항공기 제작 회사가 발행하는 점검, 수리, 개조에 대한 절차를 포함하는 기술지시 문서이며, 일반적으로 시스템의 안전이나 작동의 개선에 대한 상세한 설명을 포함한다. 감항성 개선지시(AD)는 항공기 제작사의 감항당국에서 발행하며 반드시 이행하여야 하는 강제적인 기술지시 문서이고, 정비회보는 항공기, 엔진 또는 부품 제작 회사가 발행하는 권고적인 문서로 선택 사항이며 항공사가 채택 여부를 결정한다.

2) Service Letter는 일반적으로 장비 개조 없이 정비 조치를 개선하기 위한 정보를 제공한다.
3) Maintenance Tips는 정비 작업을 지원하거나 상태를 개선할 수 있도록 제안하는 사항을 제공한다.

8.4.3 규제 문서(Regulatory Documentation)

1. 미국연방항공규정(Federal Aviation Regulations, FAR)

미국에서 연방법은 연방규정집(Code of Federal Regulations, CFR)으로 알려진 문서로 발행된다. 이 미국연방항공규정(FAR)은 민간, 상업 및 실험용 항공기, 공항, 항법 보조 장치, 항공 교통관제, 조종사, 관제사, 항공정비사 등의 훈련 및 기타 관련 활동을 포함한 항공 분야의 모든 측면을 다룬다. 이 문서에서 대형 상용 항공기 part 121의 인증 및 운용에 관한 규정은 14 CFR 121로 명시되며, "FAR part 121"이라고 부른다.

2. 권고회보(Advisory Circulars, AC)

권고회보(AC)는 항공기 운영자에게 다양한 FAR의 요건을 충족하기 위한 도움을 주기 위해 FAA가 발행하는 문서이다. 이 권고회보는 법적 구속력이 없으며, 요건을 준수하는 방법에 대한 제안일 뿐이다. FAA는 운영자를 규제하지 않고도 원하는 결과를 얻을 수 있도록 규정이 충족되는 방법에 대한 자유를 허용한다.

3. 감항성 개선지시(Airworthiness Directives, AD)

감항성 개선지시(AD)는 항공기 제작 회사의 감항당국 및 항공 회사의 규제 당국 등이 발행하는 문서로서 항공기, 엔진, 장비품 등에 존재하는 위험 요소(불안전 또는 위험하게 될 가능성이 있는 상태)를 수정하기 위해 발행하는 중요한 문서로 필요한 점검 및 조치, 운용상의 제한 조건 등을 포함하며 의무적으로 수행해야 한다.

감항성 개선지시(AD)는 안전을 저해하는 상태가 확인될 때 감항당국에 의해 최초로 발행될 수 있으며, 항공기 제작사는 위험 요소로 알려진 문제와 관련된 정비회보

(SB)를 발행할 수 있다. 정비회보(SB)의 수행은 선택 사항이지만, FAA에 의해 감항성 개선지시(AD)로 발행되는 경우, 수행은 필수요건 사항이 된다. 항공기 소유자 또는 운영자는 모든 감항성 개선지시(AD)를 준수하여야 한다.

감항성 개선지시(AD)는 (a) 위험 요소에 대한 설명, (b) AD 적용 장비품, (c) 필요 시정 조치, (d) 시한 준수 날짜, (e) 추가 정보를 얻을 수 있는 곳, (f) 대체 수행 방법에 대한 정보가 수록되어 있다.

4. 규정개정입법예고(Notice of Proposed Rule Making, NPRM)

규정개정입법예고(NPRM)은 기존 미국연방항공규정(FAR)을 변경 또는 개정하기 위한 FAA 절차이다. 이 규정개정입법예고 절차는 사전 고지, 제안된 규정에 대해 공청회 개최 및 의견 제시하여 FAA는 연방항공규정 형식으로 새로운 규칙을 발행한다.

8.4.4 항공사 생성문서(Airline-Generated Documentation)

항공사가 정비 활동을 수행하기 위해 생성하는 문서들이다. 이는 운영자마다 명칭과 실제 내용이 다를 수 있다.

[표 3] 항공사 생성문서

제목(Title)	약어(Abbr.)	비고
운영기준(Operations Specifications)	Ops Specs	
정비규정 (Technical Policies and Procedures Manual)	TPPM	
검사메뉴얼(Inspection Manual)	IM	
신뢰성프로그램메뉴얼 (Reliability Program Manual)	RPM	
최소장비목록(Minimum Equipment List)	MEL	
테스크 카드(Task Cards)	TC	제작사나 항공사가 각사 또는 함께 작성한 문서
기술지시(Engineering Orders)	EOs	정비계획에 명시되지 않은 정비 작업용 문서

8.4.5 ATA 문서 표준(ATA Document Standards)

항공 인력의 혼동을 줄이기 위해 ATA는 모든 제작사의 문서가 보다 쉽게 호환이 될 수 있도록 정비매뉴얼의 형식을 표준화하였다. ATA 챕터 번호는 항공기 및 그 하위시스템과 시스템 유형을 이해하는 데 도움이 되도록 설계되었으며 ATA 표준 챕터 번호가 할당된다.

[표 4] ATA 표준 챕터

챕터	제목	챕터	제목
5	주기점검 (Time limits/maintenance checks)	41	물 밸러스트(Water Ballast)
6	치수/구역 (Dimensions/Areas/Access Panel)	42	통합 모듈 전자장치 (Integrated modular avionics)
7	부양 및 버팀목(Lifting and Shoring)	44	객실정비(Cabin Maintenance)
8	균형 및 중량(Levelling and weighing)	45	중앙 정비 시스템 (Central Maintenance System)
9	견인 및 지상이동(Towing and taxiing)	46	정보 시스템(information system)
10	주기, 계류, 저장 (Parking/mooring/storing)	51	기체구조 일반 (Standard Practices /Structures General)
11	게시 및 표시(Placards and Markings)	52	출입문(Doors)
12	서비싱(Servicing)	53	동체(Fuselage)
20	항공기 표준절차 (Standard practices - Airframe)	54	나셀 및 파일론(Nacelles/Pylons)
21	공조 및 여압 (Air Conditioning and Pressurization)	55	안정판(Stabilisers)
22	자동비행조종장치 (Auto Flight Control System)	56	윈도우(Windows)
23	통신(Communication)	57	날개(Wings)
24	전기(Electrical power)	70	엔진 표준 절차 (Standard Practices–Engines)
25	장비(Equipment/Furnishings)	71	동력장치(Powerplant–Package)
26	화재방지(Fire Protection)	72	엔진(Engine–Internals)
27	비행조종(Flight Controls)	73	연료 및 제어(Fuel and Control)

챕터	제목	챕터	제목
28	연료(Fuel System)	74	점화(Ignition)
29	유압(Hydraulic Power)	75	엔진 블리드 에어(Air)
30	제방빙(Ice and Rain Protection)	76	엔진 제어(Engine controls)
31	계기(Instrument)	77	엔진 계기(Engine Indicating)
32	착륙장치(Landing Gear)	78	배기(Exhaust)
33	조명(Lights)	79	오일(Oil)
34	항법(Navigation)	80	시동(Starting)
35	산소(Oxygen)	81	터빈(Turbines)
36	공압(Pneumatic Power)	82	물 분사(Water Injection)
37	진공(Vacuum)	91	차트(Charts– miscellaneous)
38	급수/오수(Water/Waste)		

항공기 제작사는 동일한 코딩 시스템을 사용하며, 숫자의 구조로 나타난다. 첫 두 자리(ATA 챕터)는 모든 제작사에서 동일하며 정비매뉴얼 시스템에 사용된다. 두 번째(섹션)와 세 번째(제목) 그룹은 적용되는 시스템 구조의 차이로 인해 제작사마다 그리고 항공기 모델에 따라 다를 수 있다. 마지막 숫자 그룹(페이지 블록)은 모든 정비매뉴얼에 대해 동일하다. 이 페이지 블록은 항공기 정비매뉴얼에 포함된 특정 유형의 정보를 나타낸다.

이 시스템의 장점은 하루에 여러 항공기(보잉 757, 에어버스 A320, 봄바르디아 Q400 등)를 정비하는 라인 정비사에게 매우 도움이 된다.

[표 5] **기술 도서 번호 구성(예: 51–11–01–401)**

구분	의미	예제	내용
장(chapter)	계통(system)	51	출입문(Doors)
절(section)	하위 계통(subsystem)	11	승객 출입문
항(unit)	대상(subject)	01	승객 출입문 핸들
페이지(page)	페이지 블록(page block)	401	승객 출입문 핸들의 장탈착 절차

[표 6] 항공기 정비 매뉴얼 페이지 블록의 구성

페이지 블록(page block)	제목(subject)
001-099	설명 및 작동(Description and operation)
101-199	고장탐구(Fault isolation)
201-299	정비 실행(Maintenance practices)
301-399	서비싱(Servicing)
401-499	장탈/장착(Removal/installation)
501-599	조정/테스트(Adjustment/test)
601-699	검사/점검(Inspection/check)
701-799	세척/페인팅(Cleaning/painting)
801-899	인가된 수리(Approved repairs)

출처: 미국항공운송협회 ATA(Air Transport Association), iSpec 2200

1. 설명 및 작동(Discription & Operation) - Page Block 001-099

이 페이지 블록은 해당 시스템이 무엇을 하는지 알려주고, 다양한 작동 모드를 명시하며, 시스템과 그 필수 부분품의 작동 방식을 상세히 설명한다. 정비사는 시스템에 비정상적인 문제가 무엇인지 효과적으로 판단하기 위해 시스템의 작동 이론과 작동 모드를 이해할 필요가 있다.

2. 고장탐구(Fault isolation) - Page Block 101-199

페이지 블록 100은 해당 시스템에서 발생하는 여러 문제의 결함 해소를 위하여 사용되는 고장 예상 계통도(Fault Trees)를 포함한다. 그러나 이러한 고장 예상 계통도를 수행하여 항공기 수명 시간 동안에 특정 시스템 내에서 발생할 수 있는 모든 문제를 발견하지는 못할 것이다. 이러한 절차는 비행 중 승무원이 이용할 수 있는 경고등, 메시지, 경고와 같은 조종석에 나타나는 지시(Flight Deck Effect, FDE)에 기반한 특정 결함을 찾기 위해 작성되었다.

3. 정비 실행(Maintenance practices) - Page Block 201-299

페이지 블록 200은 해당 시스템의 정비 작업이 두 개 이상 수행되어야 할 때 사용되며, BITE 테스트, 기능 점검, 조정 절차 또는 서비스 지침에 따르는 장탈/착 절차가 포함된다.

4. 서비싱(Servicing) - Page Block 301-399

페이지 블록 300은 오일, 유압유, 물 및 연료의 주입 및 교환, 폐기물 처리 등의 모든 서비싱 작업이 포함된다. 이 절차에는 단계별 지침과 필요한 재료 및 해당 재료의 규격이 포함된다.

5. 장탈/장착(Removal/Installation) - Page Block 401-499

페이지 블록 400의 절차는 운항정비 교환 품목(Line Replacement Unit, LRU)을 장탈하고 다른 LRU를 교환하는 방법에 대한 상세한 단계별 지침을 제공한다. 일반적으로 LRU를 장탈 하기 위한 준비단계에서 특정 준비순서가 필요하며, 대부분은 LRU 장탈 전에 회로차단기 차단, 전원 분리, 유압 제거 등과 같은 특정 조건이 충족되어야 한다. 또한 LRU 장착 시에도 주로 역순의 세심한 일련의 단계가 필요하다. 장착 후 지상 시험(Ground Test) 등 추가 절차를 수행해야 하는 경우도 있으며, 이러한 사항은 장탈/착 절차에 참조토록 기술되며, 주로 페이지 블록 500에서 다룬다.

6. 조정/테스트(Adjustment/test) - Page Block 501-599

페이지 블록 500에는 부분품이나 부품이 교환될 때, 또는 계획, 비 계획 정비 중에 조정이 필요할 때 부분품이나 부품을 조정하는 절차가 포함되어 있다.

또한 이 페이지 블록에는 테스트 장비 없이 항공기 시스템의 작동을 검증하는 데 사용되는 비교적 간단한 작동 테스트(Operational Test) 절차가 수록되어 있다. 페이지 블록 500에는 보다 상세한 시스템 확인을 위해 사용되는 기능 테스트(Functional Test) 절차도 포함되어 있다. 이 테스트는 시스템의 특정 매개변수(Parameters) 측정을 위해 추가 시험 장비나 도구가 필요할 수 있다.

7. 검사/점검(Inspection/check) - Page Block 601-699

페이지 블록 600에는 항공기의 명시된 각 구역에 다양한 결함이 있는지 검사하기 위한 구역 점검(Zonal Inspection) 절차가 수록되어 있다.

8. 세척/페인팅(Cleaning/painting) - Page Block 701-799

페이지 블록 700에는 항공기 세척, 청소, 페인팅(도장) 등의 절차와 사용할 자재에 대한 사양도 포함되어 수록되어 있다.

9. 승인된 수리(Approved repairs) - Page Block 801-899

페이지 블록 800에는 FAA에 의해 운영자가 수행토록 승인한 기체 구조 및 항공기 외피에 대한 수리 절차가 수록되어 있다.

8.4.6 기술 정책 및 절차 매뉴얼(Technical Policies and Procedures Manual, TPPM)

기술 정책 및 절차 매뉴얼(TPPM)은 FAA 감항 감독관 핸드북에 포함된 정보에 기초하여 작성되며, 정비본부 조직의 모든 측면을 기술한다. 이 TPPM은 정비본부 내 인원에게 직무 및 책임의 수행에 관한 지침을 제공하기 위한 추가 내부 정책과 절차를 포함한다. 정비 담당자의 활동을 통제하고 지시하는 데 사용되는 관리 도구이며, 여기에는 아래의 내용이 기술된다.

1) 핵심 인력의 명시, 직무 기능 및 자격에 대한 설명
2) 운영자의 철학과 목표에 대한 정의
3) 작업장, 격납고, 램프 및 기타 정비 활동과 관련된 중요한 건물과 구역을 포함하는 정비시설의 배치도 및 지도
4) FAA 규정에 따른 특정 항목 및 운영자의 재량에 따른 특정 정비, 검사 및 테스트 활동이 수행되는 방법을 기술하는 구체적인 항목

TPPM에는 검사 및 정비 기능을 수행하기 위한 세부 지침 또는 구체적인 참고 문서가 포함되어야 한다. 또한 엔진 교환과 같은 반복적이고 비일상적인 요구사항 및 하드랜딩(Hard landing), 낙뢰 조우(Lightning strike), 조류 충돌(Bird Strike) 등과

같은 비정상적인 사건 발생에 대한 양식, 지침 및 참고 문서를 포함해야 한다.

TPPM은 비행기의 감항성을 보장하기 위해 운영자의 정비 및 서비싱 담당자가 사용할 수 있도록 해야 한다. TPPM은 반드시 제작사 기술 매뉴얼에 대한 적용 영역을 기술해야 하며, 해당 부서 운영의 바이블이기 때문에 항공사의 정비 훈련 활동에도 폭넓게 활용해야 한다.

TPPM은 관리되는 문서이기 때문에 정보가 필요한 항공사 내의 부서에 한정하여 배포되어야 한다.

8.5 정비본부 조직

8.5.1 정비본부 조직(Organization of Maintenance and Engineering)

정비본부 조직을 위한 구조는 회사의 경영 철학과 조직의 규모와 유형에 따라 달라진다. 조직 구조는 회사의 목표와 목적을 달성할 수 있도록 해야 하며 정비본부 내의 각 부서는 이러한 목적을 수행하고 목표를 달성할 수 있는 충분한 인력과 권한이 있어야 한다. 다음의 중형 규모의 상업 항공사에 가장 효율적이고 효과적인 조직 구조는 경험과 관찰을 통하여 만들어진 구조이다. 대형 또는 소형 항공사에 적용하기 위해서는 조직 구조가 수정되어야 한다. 하지만 여기에 명시된 기능과 활동들은 효과적인 운항을 위해 필수적인 것으로서 각각의 부서들이 독립적 혹은 연합하여 수행해야 한다.

8.5.2 조직 구조(Organizational Structure)

중형 항공사의 기본 조직 구조는 세 가지 기본 개념이 있다. 이 중 두 가지는 전통적인 경영 사고에서 비롯된다. 이것들은 관리의 범위와 유사한 기능을 그룹화한 개념이다. 세 번째 개념은 항공에 존재하는 것으로, 검사, 통제, 모니터링(품질보증, 품질관리, 신뢰성, 안전성)과 같은 감독 기능과 생산 활동(정비본부)을 분리하는 것이다.

1. 관리의 범위(Span of control)

이 개념은 감독자나 관리자가 3~7명을 효과적으로 감독하거나 통제할 수 있다는 것이다. 즉 이 개념은 감독 또는 통제 인원이 3명 미만이면 시간과 인력의 사용이 비효율적이고, 7명 이상이면 관리자가 힘들게 된다는 것이다. 즉, 상위 관리 수준에서는 관리 범위를 3~7명의 적은 수의 인원으로 유지하는 것이 좋다. 예를 들어 [그림 16] 조직 구조에서, 정비본부의 본부장은 5명의 임원을 감독한다. 그리고 각 부서의 임원은 부서의 기능을 수행하는 데 필요한 인원을 관리한다. 이는 관리자가 감독해야 할 인원을 제한하여 사람과의 관계에 따른 손실 없이 조직의 업무가 효율적이고 만족스럽게, 인력을 보다 쉽게 관리될 수 있게 하는 것이다. 조직의 하위 단계에서 실제 정비 작업을 수행하는 다양한 기량의 정비 인력들의 통제 범위는 넓은 편이다. 라인 또는 격납고 정비 감독자는 20명에서 30명의 정비 인력을 감독할 수 있다.

[그림 16]은 중형항공사 정비본부 조직을 위한 기본 조직도이다. 이 구조는 VP(vice president) 레벨에서 시작하여 필요에 따라 책임자(부서장급), 관리자 및 감독자로 내려간다.

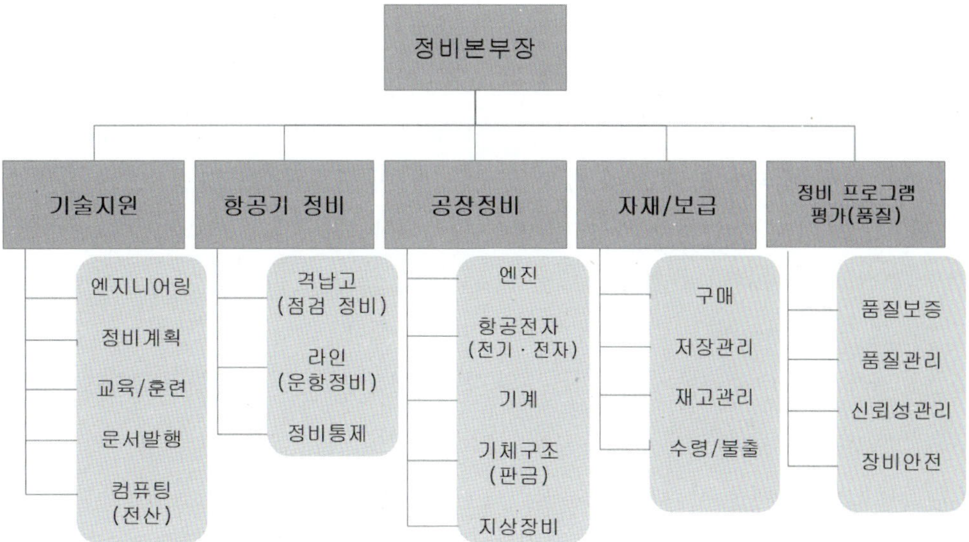

[그림 16] 정비본부 조직도(중형항공사)

2. 유사한 기능 그룹화(Grouping of similar functions)

조직 철학의 두 번째 기본 개념은 한 명의 임원/부서장, 관리자 또는 감독자 밑에 유사한 기능을 그룹화하는 것이다.

정비 조직을 유사한 5가지 주요 기능으로 그룹화한다.

1) 엔지니어링 업무 기능(정비기술, 정비기획, 교육/훈련, 문서발행 등의 기능)
2) 항공기 정비 활동(라인, 격납고, MCC)
3) 오버홀 공장 정비의 기능(전기 및 전자 공장, 기계 공장, 유압 공장 등)
4) 정비프로그램 평가 기능(작업자 심사, 부품 검사, 부품 공급업체 검사 또는 검사 활동, 국내에서는 품질보증과 심사 및 검사기능)
5) 자재 및 보급 기능(물품 구매, 창고관리 및 재고관리 기능)

위와 같이 정비 조직을 분류하여 전문지식을 갖춘 관리자와 책임자가 적절한 감시와 통제를 유지할 수 있도록 한다.

3. 생산 및 감독 기능 분리(Separation of production and oversight functions)

조직 구조에 적용되는 세 번째 개념은 정비 조직에서 특별하다고 할 수 있다. FAA 규정에 따라 항공사는 상업용 항공 운송 회사를 운영하기 위해 인증을 받아야 한다. 항공사가 인증을 받으려면 규정(규제 당국의 규칙과 항공사 자체 규칙)을 잘 이행하고 있는지 확인을 위한 자체 모니터링 기능이 포함된 프로그램이 있어야 한다.

이 프로그램은 FAA가 항공사를 매년 재인증해야 하는 부담을 덜어준다. 일반적으로 이러한 자체 모니터링 기능에 대한 요구사항은 품질보증(QA), 품질관리(QC), 신뢰성관리 및 안전관리 프로그램의 형태로 이루어진다.

이 자체 모니터링 기능은 정비본부의 현장 생산업무와 별도로 운영하여 이해가 상충하는 문제를 방지한다.

8.5.3 M&E 일반적인 조직구조(General Groupings)

항공사의 정비본부장(Vice president of maintenance and engineering)은 정비본부의 총책임자이다. 정비본부장은 항공사의 책임자 또는 회사의 운영 책임자(사장, 최고 운영 책임자(COO)) 바로 아래에 있어야 하며 운항본부 책임자(VP Flight Ops)와 같은 레벨이어야 한다. 정비본부와 운항본부는 서로 보완하는 동일한 중요도를 가지고 있다.

운항본부는 항공기의 운송을 수행할 책임이 있고, 정비본부(M&E)는 비행 스케줄을 맞추기 위해 운항본부에 감항성이 있는 항공기를 제공하는 역할을 담당한다. 정비본부는 항공기에 대한 모든 계획 정비, 개조 등을 정해진 정비 일정의 한도 내에서 수행할 책임이 있다. 정비본부와 운항본부는 서로를 필요로 하고 항공사는 두 조직이 모두 필요하다.

8.5.4 기술지원부서(Technical Services Directorate)

기술지원 책임자(부서장)는 정비 및 검사 기능을 지원하는 수많은 활동 및 서비스를 포함한다.

1. 엔지니어링(Engineering)

엔지니어링 조직은 아래와 같은 모든 엔지니어링 기능을 담당한다.

1) 초도 정비프로그램 개발(테스크, 주기, 일정 등)
2) 항공기와 부분품에 적용될 수 있는 정비회보(SB)와 Service Letter의 평가
3) SB와 SL의 수행 상태 감독
4) 감항성 개선지시(AD) 수행 및 규제 당국이 요구하는 개조사항의 감독
5) 신뢰성 프로그램에 의해 결정된 정비 문제 및 수행된 정비점검으로 인한 문제의 평가
6) 엔지니어링(M&E) 조직의 정책과 절차를 수립하는 업무

엔지니어링 조직은 엔진, 기체구조, 항공전자, 항공기 성능 및 시스템(유압, 공압

등)의 해당 전문 분야를 다루어야 하며, 따라서 높은 수준의 전문지식을 갖춘 엔지니어링 전문가가 필요하다.

항공사의 엔지니어링 조직은 일반적으로 설계 엔지니어링 업무를 실제로 수행하지는 않지만, 최종 결과가 항공사의 요구사항을 충족하는지 확인하기 위해 엔지니어링 컨설팅 회사 또는 계약업체와 협력하게 된다.

2. 생산계획관리(Production Planning and Control, PP&C)

생산계획관리(PP&C) 조직은 모든 정비 또는 개조 활동에 필요한 정비 인력, 부품, 시설, 공구 및 특별 지원을 위한 일정을 수립하고 계획을 담당한다. PP&C 조직의 자세한 기능은 다음과 같다.

1) 정비본부와 관련된 모든 생산 계획 활동(단기, 중기, 장기)
2) 정비 인력, 자재, 시설, 공구 및 장비에 대한 표준 제정
3) 작업(정비 또는 개조) 일정 수립
4) 격납고 관리
5) 항공기 정비 수행
6) 작업지원 진행 상황 모니터링

3. 기술교육훈련(Education & Training)

기술교육훈련 조직은 정비본부 직원이 참여하는 모든 정규교육(regular training)에 대한 커리큘럼 및 과정 개발, 행정, 교육 이수 기록 등을 담당한다. 이 기술교육훈련 조직은 부서 외부에서 필요한 교육(제작사 및 부품 교육)을 조정하고, 직무훈련(OJT) 및 재교육(recurrent training) 또는 일회성 교육 개발을 위해 라인 및 격납고 정비 담당자와 협력한다. 이 기술교육훈련 조직은 항공사의 요구에 부합하는 특별한 훈련과정을 수립할 수 있어야 한다. 이 특별 훈련과정은 신뢰성 분석, 새 장비 또는 개조의 수행 또는 새로운 항공기 형식이 추가되어 발생하는 경우가 많다.

4. 기술문서발행(Technical publications)

기술문서발행 조직은 엔지니어링(M&E) 조직이 사용하는 모든 기술적인 문서를 책임진다. 이 조직의 기술 도서실(Tech Pubs)은 항공사가 자체 제작한 문서뿐만 아니라 제작사와 공급업체로부터 받은 모든 최신 문서를 보관한다. 또한 기술문서 발행 조직은 다양한 작업 센터에 적절한 문서와 개정판이 배포되도록 하는 책임이 있다. 작업 센터는 보유 문서를 최신 상태(revision)로 유지할 책임이 있고, 기술 문서발행 조직은 이 보유 문서가 최신 상태로 유지 작업이 잘 수행되고 있는지 정기적으로 점검해야 한다. 또한 기술문서발행 조직은 중앙기술자료실과 라인 지점 자료실을 포함한 항공사 시스템 내의 모든 원격 자료실을 최신의 상태로 유지할 책임이 있다.

5. 컴퓨팅 지원(Computing services)

컴퓨팅 지원 조직은 아래의 사항에 대해 책임이 있다.

1) 개별 부서의 사용 정보 및 요구사항을 입력
2) 사용할 소프트웨어 및 하드웨어 선택
3) 컴퓨터 사용에 필요한 정비, 검사 및 관리 인력의 지속적인 교육
4) 사용 조직에 대한 지속적인 지원

8.5.5 항공정비부서(Aircraft Maintenance Directorate)

항공정비부서는 항공기 정비 활동, 즉 라인 정비 및 격납고에서 수행하는 정비와 MCC 활동에 대한 책임을 진다.

1. 격납고 정비(Hangar maintenance)

격납고 정비는 항공기 개조, 엔진 교환, "C" 점검 이상 수행, 부식 관리, 도장 등 모든 정비 작업과 작업을 위한 지상 장비 지원 그리고 다양한 지원 작업장(용접, 시트 및 인테리어 원단, 복합재료 등)도 포함된다.

2. 라인 정비(Line maintenance)

라인 정비는 항공기가 운항하는 동안 라인에서 정비 작업을 수행한다. 이 정비 작업에는 중간점검(turn around) 및 서비스, 일일 점검, 짧은 주기 점검("A" 체크 주기 미만), "A" 체크 등이 포함되며 격납고를 사용하지 않고 간단한 개조 작업을 할 수도 있다. (우리나라 항공사는 대부분 중간 점검(Transit Check)과 비행 전/후 점검(Pre/Post Flight Check)을 수행하고 있다.)

3. 정비통제센터(Maintenance Control Center, MCC)

정비통제센터(MCC)는 운항 중인 항공기와 지점에 있는 모든 항공기를 상태를 추적한다. 이러한 항공기에 필요한 모든 정비 요구사항은 MCC를 통해 조정된다. 또한 MCC는 운항 부서와 정비 작업 수행을 위한 다운타임 및 스케쥴 변경을 조정한다. 일부 항공사는 지점 활동을 조정하기 위해 라인 스테이션(Line station)의 감독자를 둘 수 있으며 대부분 MCC 조직의 일부로 운영된다.

8.5.6 오버홀 정비공장(Overhaul Shops Directorate)

오버홀 정비공장은 항공기에서 장탈된 품목(엔진, 전기, 전기 및 전자와 다양한 기계)에 대한 정비를 수행한다. 이러한 정비공장들은 편의에 따라 개별적으로 또는 함께 운영할 수도 있다. 이들 중 일부는 다른 항공사나 부품업체에 업무를 위탁하여 수행할 수도 있다.

1. 엔진 정비공장(Engine shops)

엔진 정비공장은 엔진과 보조 동력장치(APU)에 대해 모든 오버홀 정비 및 수리를 수행한다. 한 개 이상의 엔진 타입을 정비하는 경우, 작업을 수행하는 엔진 유형별로 별도의 엔진 작업장이 있거나, 한 명의 선임 관리자 아래 각각의 엔진 타입에 대한 감독자를 두기도 한다.

2. 항공전자(전기 · 전자) 정비공장 (Avionics(Electrical and electronics) shops)

항공전자 정비공장은 항공기에서 장탈된 전기 및 전자 부품의 정비를 책임진다. 이 부분품과 부품 분야에 대한 장비를 다루는 데 필요한 기술은 매우 다양하다. 이 정비공장은 여러 계통(무선, 내비게이션, 통신, 컴퓨터, 지시, 전기 구동 부분품 등)으로 구분하여 운영할 수 있다. 일반적으로 이 항공전자 정비공장은 인력과 공간을 최적화하고 테스트 장비를 최소화하기 위해 함께 운영된다.

3. 기계부품 정비공장(Mechanical component shops)

기계부품 정비공장은 항공전자(전기 · 전자) 정비공장과 유사하다. 이 기계부품 정비공장의 작업장들은 액추에이터, 항공기 날개(플랩, 슬랫, 스포일러), 유압, 연료, 산소, 공압 등의 기계 부분품 및 부품을 취급한다.

4. 기체구조 정비공장(Structures shops)

기체구조 정비공장은 모든 항공기 구조 부분품의 정비 및 수리를 책임진다. 이 정비공장은 판금 및 기타 기체구조 요소(Structural elements)뿐만 아니라 복합재료를 포함하여 취급한다.

8.5.7 자재부서(Material Directorate)

자재부서는 정비본부에서 정비를 수행하는 조직의 모든 부품 및 자재의 취급에 대한 책임을 지며, (a) 부품 구매, (b) 부품 저장 및 유통(창고), (c) 재고 관리, (d) 정비본부 조직이 사용하는 부품 및 물자의 수송 및 수령 등으로 기능이 구분된다. 또한 항공기의 정비, 서비스 및 엔지니어링에 사용되는 부품과 소모품도 포함된다.

1. 구매(Purchasing)

구매 조직은 부품과 물자를 구매하고, 주문을 추적할 책임이 있다. 이는 새로운 항공기가 추가될 때 해당 부품의 초기 발주와 사용량에 따라 지속적으로 부품을 보충한다. 또한 구매 조직은 하자 보증 청구 및 계약 수리를 처리하여야 한다.

2. 저장관리(Stores)

저장관리 조직은 라인, 격납고, 정비공장 정비 작업 시 사용하는 부분품, 부품 및 자재의 보관, 취급, 유통에 대한 책임을 진다. 다양한 작업장 근처에 보관구역 또는 부품 불출 지점을 위치시키고 정비사가 부품과 자재에 신속하게 접근할 수 있도록 하여 부품과 물품들을 수령 시간을 최소화하여야 한다.

3. 재고관리(Inventory control)

재고관리 조직은 보유 부분품 및 부품과 물품, 자재가 충분한지, 과다한 재고 품목 비용이 묶여 있는지, 통상적으로 사용하는 품목이 재고가 조기에 또는 자주 소진되지 않도록 확인할 책임이 있다.

4. 배송 및 수령(Shipping and receiving)

배송 및 수령 관리자는 출고 자재에 대한 포장, 운송장 작성, 보험, 관세 등은 물론 입고 자재에 대한 통관, 포장 해체, 수령검사, 표찰부착(Tagging) 등을 담당한다. 여기에는 항공사에 입/출고되는 모든 부품이 포함된다.

8.5.8 정비프로그램평가부서(Maintenance Program Evaluation Directorate)

정비프로그램평가(MPE)부서는 정비본부 조직을 감시하는 업무를 담당한다. 정비프로그램평가부서는 항공사의 지속적 분석 및 감시 시스템(CASS) 활동을 담당한다. 이 MPE의 기능에는 품질보증, 품질관리, 신뢰성 및 안전이 포함된다.

1. 품질보증(Quality Assurance, QA)

품질보증(QA) 조직은 정비본부 내 모든 부서가 FAA 요건뿐만 아니라 회사의 정책과 절차를 준수하는지 확인할 책임이 있다. 이러한 품질보증(QA) 조직은 정비본부 운영기준을 정하고, QA 심사원은 해당 운영기준의 준수 여부를 매년 심사를 통해 확인한다. 또한 QA 조직은 규제 당국의 규칙과 규정뿐만 아니라 회사의 규정 준수에 대한 외부 공급업체와 계약자의 심사에 대한 책임도 있다.

2. 품질관리(Quality Control, QC)

품질관리(QC) 조직은 정비 작업 및 수리작업의 일상적인 검사, 정비 및 검사 인력의 자격관리, 필수검사항목(RII) 프로그램 관리 등을 담당한다. 필수검사항목(RII) 프로그램 관리 기능은 RII 항목의 지정과 그 작업을 검사하고 승인할 수 있는 권한을 부여받은 특정 인원에 대한 자격부여가 포함된다. 또한 QC 조직은 비파괴시험 및 검사(NDT/NDI) 절차를 수행하거나 감독을 하고, 공구 및 테스트 장비의 교정에 대한 책임을 진다.

3. 신뢰성(Reliability)

신뢰성 조직은 신뢰성 프로그램을 운영하고 문제 영역 확인 시 신속하게 처리할 책임이 있으며, 데이터 수집 및 분석, 문제 영역의 확인 및 월간 신뢰성 보고서의 발행이 포함된다.

4. 안전(Safety)

안전 조직은 정비본부의 여러 조직 내에서 안전 및 보건 관련 활동을 개발, 구현, 관리할 책임이 있다. 또한 안전관리자는 정비본부의 안전문제에 관한 모든 보고와 클레임을 처리하여야 한다.

8.6 라인 정비 및 격납고 정비(Line & Hangar Maintenance)

8.6.1 라인 정비의 개요

라인 정비 조직의 구성은 항공사의 규모에 따라 다를 수 있으나 일반적으로 중형 항공사는 운용 항공기 형식, 일일 운항 횟수 및 적절한 운용에 필요한 정비 인력에 따라 구성된다.

라인 정비는 항공기가 공항에 도착 후 다시 출발하는 비교적 짧은 턴어라운드(Turnaround) 시간 때문에 신속히 진행되며, 계획 및 비 계획 정비로 구성된다. 라인 정비는 운항 스케줄을 방해하지 않고 운항 중인 항공기에 대해 수행할 수 있는 모든 정비 작업을 의미한다. 일반적으로 이 라인 정비 작업은 일일 점검부터, 48시간 점검 및 "A" 점검 항목까지 모든 것을 포함할 수 있다.

라인 정비사는 보통 항공사가 운용하는 항공기와 시스템에 관한 상당한 지식과 이해를 갖춘 경험 많은 사람이다. 라인 정비사는 도착 항공기로부터 결함에 관한 정비 요청을 받으면, 대부분의 결함을 신속히 해결하고 항공기를 안전하고 감항성이 있는 상태로 만드는 방법을 잘 알고 있다. 라인에서의 작업은 뜨거운 날씨, 비, 눈과 같은 불리한 조건에서 진행되고, 때로는 작업을 위해 불편한 위치에서 몸을 구부려 항공기 부품을 장탈·장착 작업을 수행해야 한다. 안전기준을 준수해야 하는 엄청난 부담이 있으며, 이 기준을 충족하기 위해 수행하는 정비 항목은 수시로 많은 스트레스를 유발한다.

8.6.2 정비 통제 기능(Functions that Control Maintenance)

정비통제센터(MCC)는 라인 정비 조직의 신경 중추로, 운영 중인 모든 항공기를 추적하는 역할을 담당한다. MCC는 운영, 정비본부 활동 전반에 걸쳐 항공기를 추적하고 주요 부서와 협조하여 필요할 때 정비 업무에 대한 신속한 처리로 운항 지연·취소 및 다운타임을 최소화할 수 있도록 노력해야 한다. MCC는 항공기 비행 노선에 따라 운항 스케줄의 모든 항공기를 다루며, 정비 조치를 위하여 항공사 자체 혹은 외주 업체가 수행하는 모든 정비 활동을 조정해야 한다. MCC는 활동의 운항 단계별로 지원하는 데 필요한 정비 작업, 고장탐구 또는 부품 지원을 제공할 수 있는 필요한 인력을 회사 내에서 배치하고 파견한다. 지점의 정비 담당자는 정비 조치, 현지에서의 부품 대여 또는 구매, 심지어 임시 정비 인력의 계약까지 주 정비기지의 MCC를 통해 조정할 수 있다. 정비통제센터(MCC)의 역할은 다음과 같다.

1) 항공기의 일일 점검 완료 여부 확인
2) 중간점검(Transit) 혹은 턴어라운드 정비 수행

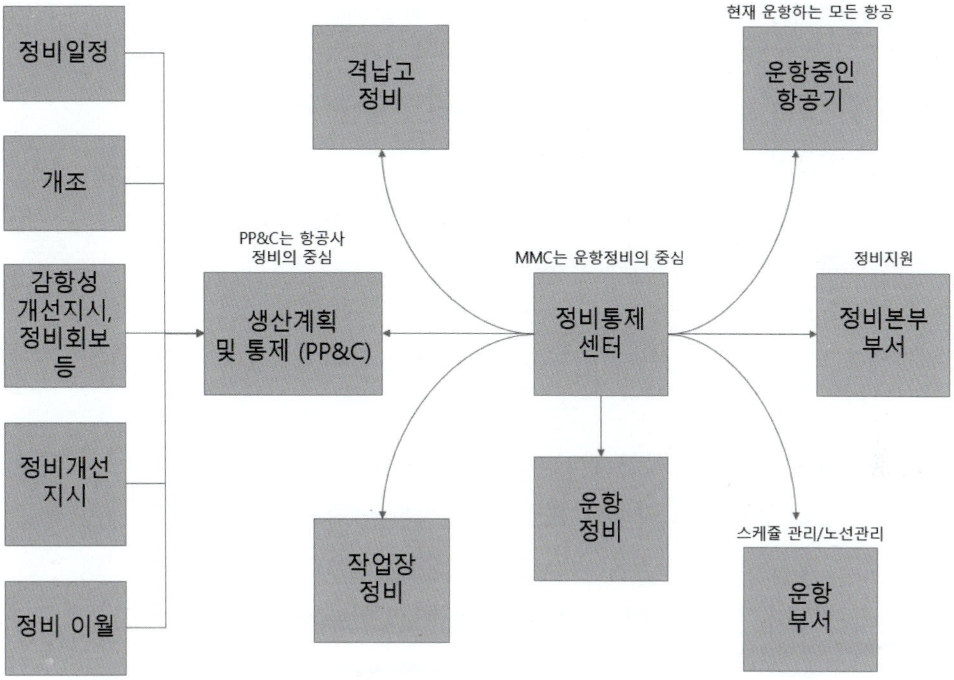

[그림 17] 정비통제기능

3) 항공기에 서비싱되는 음식, 물, 연료 등 탑재 확인
4) 정비 문제 해결 또는 정비계획 일정수립 혹은 적절한 시기로 정비이월(MEL, CDL, NEF)
5) 정비 문제 해결을 위한 작업지원을 위해 주 정비기지(main maintenance base), 지점(line station)의 자재(material), 엔지니어링(engineering), 검사(inspection), 계획 및 기타 정비본부 조직의 여러 부서와 협력
6) 정비 수행, 정비이월, 기능점검비행(functional check flight), 공수비행(ferry flight) 허가에 따른 비행 일정을 운항 부서와 조정하여 영향 최소화
7) 비행 중인 항공기의 위치, 항공기 상태 및 정비 요구사항 확인을 위한 추적
8) 필요시 지점에서 정비를 다른 항공사 혹은 인가된 외부 업체와 계약조정
9) 조류 충돌(bird strike), 비행 중 엔진 정지(IFSD), 번개 조우(lightning strike)로 인한 항공기 회항 또는 비상 장애를 유발하는 비상 상황 발생 시 해당 항공기 로그 페이지 수집

정비통제센터(MCC)는 매일 아침 회의(Morning Meetings)를 진행한다. 이 회의는 정비본부 운영의 가장 중요한 활동 중 하나이며 현재 정비 상태를 해결하기 위해 수행한다. 일반적으로 아침 회의에서 아래 사항을 정비본부에 공지한다.

1) 항공기 전반(격납고 및 운항정비)에 걸친 비운항 항공기 정비 상태
2) 항공기 AOG 현황 및 해결 상황
3) 당일 항공편 운항 일정
4) 당일 비행 및 정비 작업 일정에 영향을 줄 수 있는 중요 사항

이 회의의 목적은 정비본부 관리자 및 감독자가 진행 중인 모든 사항을 파악하고 발생할 수 있는 문제를 신속하게 해결할 수 있도록 하는 것이다.

8.6.3 라인 정비 운영-일반(Line Maintenance Operation—General)

항공기는 운항 중 고장(fault)이나 결함(discrepancies)이 발생할 수 있다. 비행 중 결함이나 기능 불량(malfunction)이 발생하면, 이 문제는 항공기 로그북에 기록되고 항공기 도착 후 지상의 항공정비사에게 통보된다.

이러한 문제로 인한 지연을 최소화하기 위해 운항승무원과 정비통제센터(MCC)는 항공정비사에게 운항 중 사전 통보하는 것이 권장된다. 이를 통해 지상의 항공정비사는 항공기 도착 전 이전 기록(결함 및 정비 작업)을 검토하고 문제 해결을 위한 시간을 확보할 수 있도록 해준다. 대부분의 경우, 정비사는 사전에 해결방안을 준비하여 처리할 수 있게 되어 정비 작업시간을 단축하고 지연 및 결항을 최소화할 수 있다. 이러한 작업은 정비사가 로그북의 다른 정비 항목을 처리하는 동안 팀의 다른 정비사에 의해 수행될 수 있다. 항공기를 운항으로 복귀시키기 전에 모든 결함(혹은 정비 이월)에 관한 확인 서명(Sign off)과 서비스를 모두 완료해야 한다.

8.6.4 항공기 로그북(Aircraft Logbook)

항공기 로그북은 항공기 결함을 문서화하기 위해 감항당국(FAA 등)과 항공사가 요구하는 문서이다. 이에 따라 항공기 로그북 이용 시 아래 사항을 지켜야 한다.

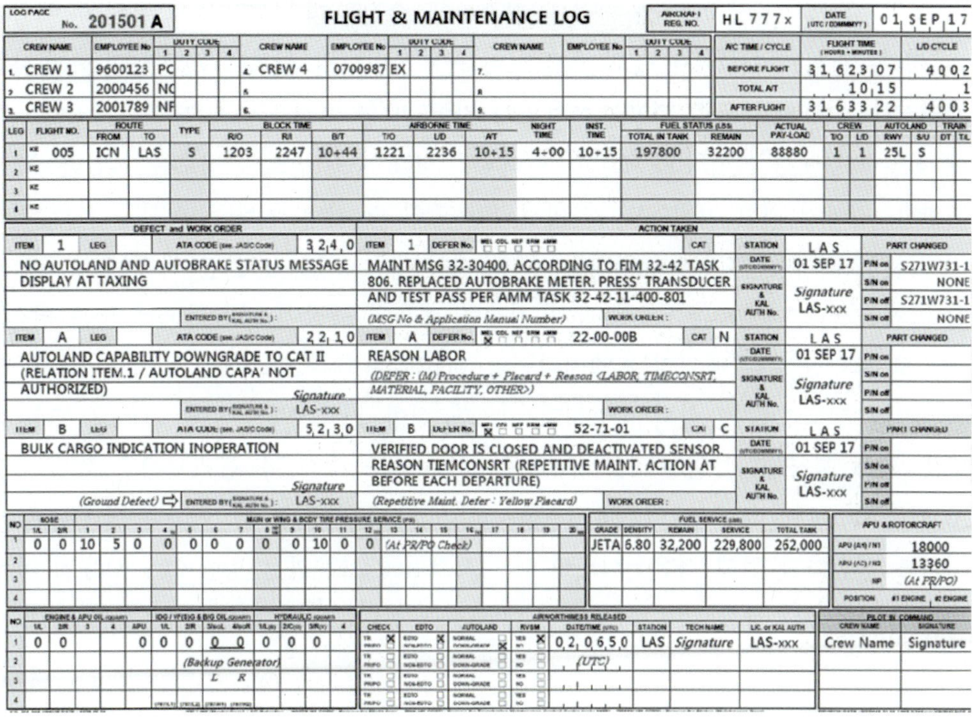

[그림 18] 항공기 로그북(Flight & Maintenance Log Copy)(예시)

1) 로그북은 항상 항공기에 위치하여야 한다

2) 로그북 없이 어느 목적지로도 비행할 수 없으며 다른 위치로도 이동할 수 없다.

3) 항공기 운항하기 전에 로그북을 통하여 정비 조치 사항, 미해결 정비 결함 및 항공기나 시스템의 손상 상태를 확인한다.

4) 정비부서는 로그북을 최신 상태로 유지할 책임이 있다.

5) 로그북에는 항공기 총 비행시간(flight time) 및 사이클(flight cycle)과 같은 정보를 기록하여야 한다.

6) 로그북에 기장은 운항승무원 이름과 항공편명과 같은 기본 정보를 기입하고 항공기 인수 시 로그북에 서명해야 한다.

7) 운항승무원은 로그북에 비행 전 점검 시 발견한 정비 결함, 비행 중 및 비행 후 점검에서 확인한 정비 문제를 기록하고 MCC에 통보하여 정비를 위한 인력 문제를 해결할 수 있도록 해야 한다.

정비 결함의 성격에 따라 결함을 신속하게 수정하거나 MEL을 적용하여 이월할 수 있다. 정비통제센터(MCC)와 항공정비사가 정비이월 항목에 합의하면 정비사는 정비 결함(DEFECT and WORK ORDER) 기록 칸 옆 시정조치(ACTION TAKEN) 칸에 적절한 정보를 기입하고 MCC가 알려주는 MEL 승인 번호와 정보를 기입한 후 서명한다. 결함에 대한 이월 조치가 완료되고 확인 및 서명 후에, 정비사는 로그 페이지 사본을 떼어내 MCC에 전달한다. 로그 페이지는 보통 4장이 한 세트이며, 뒤에 3장은 사본으로 복제가 된다(첫 장의 기재한 내용이 뒷장에 복사되도록 하는 방식). MCC로 보내진 로그 페이지는 엔지니어링(M&E) 데이터베이스에 입력되며, 정비 · 엔지니어링, QA, QC 및 신뢰성 부서가 다양한 정비 조치, ATA 검증, 그리고 향후 참고를 위해 활용한다. 완전히 사용된 로그북은 항공기 기록 관리부서로 전달된다. ACARS(ARINC Communications Addressing and Reporting System)는 항공사로 데이터를 전송하기 위해 사용된다. ACARS 시스템을 사용하는 항공기는 성능에 따라 정비 결함을 확인하고 서명하는 데 사용되기도 한다(전자 로그북 사용 시).

8.6.5 램프 및 터미널 운영(Ramp and Terminal Operations)

환승(transiting) 항공기는 공항에서 짧은(약 30분) 시간 동안에 많은 주의가 필요한 대상이다. 이 턴어라운드 동안 비행 지원(flight handling), 연료 보급, 기내식 서비스 및 정비 관련 작업을 완료해야 한다.

1. 비행 지원(Flight handling)

비행 지원의 주목적은 승객, 수하물 및 탑재 화물을 필요에 따라 항공기에서 내리고 싣는 것이다. 이것은 항공기가 게이트에 주기된 후 탑승교나 승강용 계단을 위치시키고 항공기 문을 여는 것으로부터 시작하여, 정비사, 지상 조업원, 운항 및 객실승무원, 공항 터미널 직원 및 지상 관제사 간의 유기적인 협력으로 이뤄진다. 또한 수화물 및 화물 적재는 해당 직원들이 장비를 사용하여 비행지원 업무를 수행한다. 서비스에는 급유, 식수 보급, 필요한 모든 음식과 음료, 그리고 이전 비행의 쓰레기와 기타 폐기물 처리가 포함된다.

이 동안 항공정비사는 기내에 로그북을 확인하고 승무원에게 항공기의 이상 유무를 확인한다. 정비 문제를 확인하고 고장탐구 후 수리를 하거나, 미완료 시 정비이월 조치 수행 후 로그북에 내용을 기록한다. 기장(Pilot in Command)은 비행 전 이 상태에 대하여 통보를 받으며, 이 조건에서 항공기 출발 여부의 최종 결정권을 갖는다. 정비이월이 허용되지 않으면, 즉시 정비 및 수리를 실시해야 한다. 지연이나 비행 취소가 발생하면 MCC는 운항 및 항공사 터미널 직원과 협력하여 승객과 필요에 따라 수하물을 처리해야 한다.

2. 라인 - 비행 전 · 후 점검(Flight line-preflight and postflght)

1) 비행 전 점검(Preflight Inspection)

항공기의 당일 첫 비행 전에 수행되어야 하는 점검이다. 비행 전 점검은 일반적으로 부조종사(Copilot)가 실시하며, 아래는 권장되는 비행 전 점검 순서의 예시이다.

- 항공기 외부 안전 점검
- 비행 전 외부 점검
- 객실 안전 점검
- 조종실 장비 위치
- 조종실 안전 육안점검(Scan)

항공기 외부 및 내부(객실 및 조종실) 점검은 육안 관찰로 상세하게 수행된다. 부기장은 윈도우, 안테나, 엔진, 카울링(cowlings), 접근 패널(access panel) 및 비상 출구와 같은 항공기 외부 표면에 특별히 주의를 기울이며 육안 관찰을 수행하며 부분품 및 부품 출입구(hatches)가 정확히 닫혀있고 잠겨져 있는지 확인하여야 한다. 비행 전 점검에서 이상 혹은 정비 결함이 발견되면 운항승무원은 ACARS나 항공기 라디오를 통해 메시지를 통보하고 MCC를 통해 정비를 요청하여 문제를 해결한다.

해당 항공기 확인 정비사는 항공기가 비행에 필요한 모든 작동유, 연료 등의 보급이 완료되고, 항공기 각 계통의 작동점검 및 최종 외부점검(Final Walk Around Inspection)을 통하여 항공기의 모든 기능이 비행 가능 상태임을 확인한다.

항공기 계통의 모든 기능이 비행을 위한 정상 상태임을 확인한 후에 항공기 로그북(Flight and Maintenance Logbook)의 확인 정비사 부분에 서명함으로써 감항성을 입증하게 되고 로그북을 운항승무원에게 인계하여 최종 비행 준비를 마치게 된다.

2) 비행 후 점검(Postflight Inspection)

운항승무원은 매 비행 후 점검을 실시해야 한다. 이 점검은 다음 비행을 위하여 결함을 발견하기 위함이며, 비행 전 점검보다 간단한 점검으로 이뤄진다. 비행 후 점검에서 정비 결함이 발견되면 승무원은 MCC에 결함을 보고하고 그 사항을 항공기 로그북에 기록한다. 또한 전체 승객이 하기한 후 모든 비상전원, 배터리, 산소 공급 및 외부전원을 차단하는 것은 승무원의 책임이다.

정비사가 비행 중 항공기 전 기능 작동에 따른 기계적 변형 또는 장치 내부의 결함 등에 대하여 육안을 통하여 점검하는 단계로써 조종실 내부로부터 항공기 외부 표피 및 동체 미부에 이르기까지 외부로 드러난 항공기의 모든 부분을 대상으로 광범위한 육안점검과 결함이 의심되는 부분에 대한 세밀한 확인 행위까지를 포함한다.

※ 항공기 결함 해소(Trouble Shooting & Squawks Clear): 비행 중 발견된 기능 이상이나, 비행 후 항공기 외부의 육안점검 및 작동점검을 통해 탐지된 부분의 기능 이상은 차기 비행의 안전성을 확보하기 위하여 본래의 제 기능 상태로 복원되어야 한다. 항공기의 기능 이상은 경고등(Fault Indication Light) 또는 결함 메시지(Fault Message) 등의 형태로 나타나며, 항공기 제작사의 정비 Manual 및 정비사의 기술적 지식 등을 토대로 결함 해소 작업(Trouble Shooting)을 수행한다.

3) NFF(No Fault Found)

항공기 비행 중 또는 지상에서 결함이 발생하였지만, 정비사가 지상점검에서 결함이 확인되지 않아 "No Fault Found"라고 항공기 로그북에 기입하고 종결하는 경우가 있다. NFF라고 기록하는 것은 나중에 결함이 나올 수 있어 비효율적이고 잘못된 고장탐구를 덮기 위한 행위로 보일 수도 있다. 만일 운항승무원이 로그북에 결함을 기입했다면 항공기에 어떤 문제가 있었다는 것이다. 기존의 정비방법을 통해 문제를 발견할 수 없다면 로그북의 기록사항이 오류라는 것을 의미하는 것은 아니라, 정비에 다른 접근법을 사용하는 것이 필요하다는 것을 나타내는 것이다. NFF로 결론을 내리는 것은 고장탐구의 끝이 아니고 고장탐구 프로세스를 재검토하여 새로운 정비의 방향을 모색하라는 신호이다. 정비사는 NFF가 중요한 문제를 유발할 수 있는 것이었다면 결함 수정을 위해 지속하여 노력할 것이다.

4) 기타 라인 정비 작업(Other Line Maintenance Activities)

항공기 비행 후 진행된 턴어라운드가 정리되면 라인 정비 조직은 다양한 정비 업무를 수행한다. 일반적으로 항공기에 대한 일일 점검 혹은 48시간 점검(우리나라 일부 항공사는 PR/PO 점검)이며, 이 점검은 보통 당일 첫 비행 전(야간 혹은 아침)에 실시된다.

[표 7] 대표적인 48시간 점검(예: 쌍발 제트엔진)

점검 대상	점검 요목
브레이크	상태점검(파손 등)
	브레이크를 밟은 상태에서 작동 및 마모상태 점검
IDG & APU 오일	오일레벨 점검(과부족 상태 확인)
전방 및 주 착륙장치 타이어	타이어 마모 상태 점검
	타이어 압력 상태 점검
전방 및 주 착륙장치	상태 점검
테일스키드 지시기	테일스키드 돌출 지시기(popup indicator) 상태 점검
예비전력(Standby Power)	예비전력 작동 상태 점검
화재방지계통	Squib Test Panel에서 엔진, APU, Cargo의 Bottle Squib Test로 상태 점검
	Fire Test Panel에서 화재방지계통 시스템 작동 점검
비상탈출 슬라이드 Squib	Test Panel에서 비상탈출 슬라이드의 Bottle Squib 상태 점검
내부 비상등	내부 비상등(Emergency Light) 작동 점검
공중충돌방지시스템(TCAS)	TCAS 작동 점검
화물도어	화물도어 씨일(cargo door seal) 상태 육안 점검(ETOPS)

이러한 점검들은 운영기준에 명시된 정비프로그램의 항목으로 구성되며, 여객기와 화물기 그리고 항공사에 따라 약간 다를 수 있다. 시간과 조건이 허락하면 일일 점검 및 48시간 점검에 더하여 “A” 점검보다 짧은 주기에 수행이 예정된 정비프로그

램 항목들을 턴어라운드 동안이나 일일 운항 계획상 야간 또는 주간 비행 중 지상에 항공기 주기 시 정비 업무를 수행한다. 이러한 업무는 정비 항목(tasks)이 단순하고 장시간 소요되지 않을 시 수행한다. 아울러 제작사, 규제 당국, 또는 QA/QC 부서의 요구에 의해 턴어라운드 동안이나 항공기 주기 시 특별 점검, 간단한 개조, 장비에 대한 점검을 실시할 수 있다.

8.6.6 라인 스테이션 정비 활동(Line Station Activities)

항공사의 정비모기지(MMB)가 아닌 공항에서 진행되는 정비 활동이며, 라인 스테이션(line station) 또는 아웃 스테이션(outstation)이라 한다. 환승 항공기에 대한 이곳의 정비 활동은 정비 수행을 위한 인력과 기술, 부품과 물품 수급, 주기장, 격납고 공간, 지상서비스 장비(ground service equipment, GSE) 등의 제한이 있을 수 있다. 이러한 결과로 정비모기지보다 라인 스테이션에서 더 많은 수의 정비이월 조치가 취해질 것이다. 수리는 다음 기착지 또는 경로상의 다른 기착지에서 행해지거나 모기지 도착 때까지 연기될 수 있다. MCC는 정비이월 조치로 인한 MEL/CDL의 제한 때문에 발생하는 문제 해결을 위해 필요한 부품, 필요 물품과 정비 인력을 준비하고 제공되도록 해야 한다. 이것은 항공사가 상시 활동을 수행하지 않는 스테이션에도 적용된다. 이에 따라 문제 해결에 필요한 정비사와 필요 물품 등을 다른 항공사로부터 현장에서 구하거나, 해당 항공사가 현장으로 공수해야 한다. 이러한 조치가 불가한 경우, 최후 수단으로 수리를 위해 항공기를 모기지로 귀환시키거나 다른 적합한 장소로 공수비행을 할 수도 있다.

8.6.7 정비 인력 기량 필요조건(Maintenance Crew Skill Requirements)

운항 정비 작업은 턴어라운드 정비와 서비스 작업을 포함하여 수행하는 작업 범위가 상당히 넓다. 공장과 격납고에서의 정비 작업은 하나 또는 몇 가지 항목을 반복 작업하는 정비사가 할 수 있으나, 운항 정비 요원은 항공기 전체 시스템과 그들의 상호작용에 관해 알아야 하고 여러 항공기의 상이한 문제를 처리해야 한다.

특히 라인 정비 인력은 감항당국과 항공사로부터 인가를 받아 기체, 엔진, 항공기 시스템의 작업을 수행할 수 있는 자격과 항공기를 사용 가능 상태로 환원(Return to

Service)을 승인할 수 있는 자격이 있는 정비 인력이어야 한다.

라인 정비 인력은 면허증 소지자와 교육생이 포함될 수 있으나 자격(rating)이 있는 인력의 감독하에 작업해야 한다. 라인의 항공정비사는 항공사가 보유한 항공기에 따라 항공기 유형을 숙지해야 하며, 운항 정비 업무와 관련된 항공사 정책과 절차뿐만 아니라 해당 감항당국(FAA 등) 규정과 규칙도 잘 알고 있어야 한다. 유자격 항공정비사는 발생하는 모든 일에 책임이 있기 때문에 계획 및 비 계획 정비, 고장탐구, 필수검사(RII), 경착륙 및 조류 충돌 등의 검사에 필요한 모든 문서 작업 수행에 필요한 기량을 갖추어야 한다.

서류 작업에는 로그북, 작업카드 및 기술지시, 반복 항목, 이월된 정비 항목의 기한 도래, 그리고 기타 보고서에 대한 조치가 포함된다.

8.6.8 정비 계획(Maintenance schedule)

항공사들이 어떤 정비를 어떻게, 언제 또는 얼마나 자주 할 것인지를 규정하는 정비 일정을 수립해야 한다.

이러한 규정은 항공사가 이러한 모든 개별 정비 테스크를 일련의 계획 작업 패키지로 묶어서 체계화할 수 있을 정도로 광범위하다. 일반적으로 항공사는 FAA 승인 문서인 MRB 보고서에 명시된 항공기 제작사로부터 정비 테스크 스케줄을 받으며, 정비 관련 추가 정보와 테스크는 정비계획데이터서문(MPD)와 같은 제작사 문서로도 제공될 수 있다.

정비 테스크는 제시된 주기(비행시간, 비행 사이클 또는 캘린더) 항목에 따라 그룹으로 나누어지며 특정 운항 주기마다 수행될 수 있다(예: 매일, 비행 후, 200시간, 100 사이클).

그러나 각 운영자마다 항공기 사양, 운영 및 환경 조건, 운항과 정비의 품질과 범위도 항공사별로 다르기 때문에, 정비 테스크 수행 계획은 항공사에 따라 다르다.

8.6.9 필수검사항목(Required Inspection Items)

FAR 121.369(b)와 135.427(b)는 항공사가 필수검사항목(RII)이 필요하다고 간주되는 정비 테스크를 지정하도록 요구한다. 항공사의 RII는 비행 안전 및 감항성과 직결되며, 항공사 매뉴얼에 따라 올바르게 수행되지 않을 경우, 부적절하게 수행된 정비 테스크, 부품 고장 또는 시스템 오작동으로 인해 비행 안전을 위태롭게 할 수 있다.

항공사 매뉴얼에는 RII 절차와 RII 승인을 명시하도록 하여야 한다. 항공사는 작업 문서, 작업카드 및 기술지시(EO) 상에 RII 요구사항을 명시해야 한다. RII 검사원은 검사 항목에 대한 교육을 받아야 하며, RII가 필요한 항목을 승인하거나 거부할 수 있는 권한이 있다.

8.6.10 격납고 정비의 개요

격납고 정비는 항공사가 비 운항(out-of-service) 항공기에서 수행되는 정비를 의미한다. 이 정비에는 다음과 같은 유형의 정비 작업이 수행된다.

- 계획점검(C 점검, D 점검, 중정비 입고)
- 정비회보(SB), 감항성 개선지시(AD) 또는 기술지시(EO)에 따른 항공기 기체 또는 항공기 시스템의 개조
- 정비개선지시(Fleet Campaign)
- 항공기 엔진 장탈 및 장착
- 항공기 페인팅
- 항공기 인테리어 개조
- 감항당국(FAA)에서 요구하는 특별 검사(예: 부식 프로그램)

모든 격납고 정비는 정비 목표를 달성하고 정비가 중단되는 시간을 최소화하기 위해 다양한 선행 작업이 포함될 수 있다. 이러한 작업의 일정 관리는 관련 부서와의 조정을 통해 생산 계획 및 통제(PPC) 조직에 의해 수행된다.

주 격납고는 일반적으로 정비 전용으로 사용되며, 격납고의 문이 닫힌 상태에서 항공기를 수용할 수 있을 정도로 커야 한다. 이 격납고에는 수직 꼬리 부분의 높이와 정비 작업대 및 정비 작업에 필요한 장치를 수용할 수 있는 항공기 주변 공간이 포함되어야 한다. 또한 격납고 건물 내에는 많은 지원 작업장, 오버홀 작업장 및 지상 지원 장비(GSE)를 위한 공간과 격납고 정비관리, PP&C, 보관창고 및 물류, 관리 직원을 위한 사무실 공간을 제공한다. 격납고 정비 진행의 통제센터 역할을 하는 도크

(dock) 영역이 제공돼야 한다. 이 격납고에는 작업을 할당하고 수행한 정비 작업 항목을 확인 서명(Sign off)하기 위한 작업카드 및 비 일상정비(nonroutine) 작업카드가 보관되는 공간이 포함된다. 이 구역은 격납고 감독과 검사원의 중요한 장소이며, MCC가 운항정비를 위해 사용하는 격납고 정비 구역으로써 작업과 통제의 중심이다. 격납고에서 수행되는 정비에 필요한 부품 및 자재들은 가능한 항공기 근처의 전용 보관구역에 보관해야 하며, 항공기에서 장탈된 부분품과 새롭게 장착되는 품목을 위한 별도의 공간이 있어야 한다.

격납고 바닥 배치 및 도크 간격은 항공기 기종에 따라 계획되며, 다양한 기종의 항공기들이 동시에 정비될 수 있도록 공간을 제공한다. 격납고 바닥 도면 및 배치도는 일반적으로 항공사의 정비규정에 명시된다. 격납고의 기능과 요구사항은 기본적으로 (a) 격납고 공간은 수행될 작업에 적합해야 하며, (b) 격납고 정비는 필요한 작업이 제시간에 완료되도록 계획, 일정 및 통제가 되어야 한다. 항공기 세척은 램프 외부 또는 특수 에이프런에서 수행할 수 있지만, 항공기 페인팅은 일반적으로 전용 페인트 격납고 안에서 수행된다.

8.6.11 격납고 정비 조직(Organization of Hangar Maintenance)

격납고 정비책임자는 항공기 정비책임자(DOM) 아래에 관리자급으로 배치되며, 정비책임자 밑에는 항공기 정비, GSE, 시설 및 지원 작업장과 같은 관리 및 감독 직책을 가진 조직 구조가 있다. 정비책임자는 모든 격납고 정비 활동을 책임지며, 점검 작업을 수행하는 정비 직원들뿐만 아니라 항공기의 이동(hangar in/out)을 통제하며, 격납고에 있는 항공기에 대한 정비 및 지원 작업장, 자재, 생산 계획 및 통제, 운항정비 및 운항에 관련된 업무 사항을 조정한다. GSE 및 시설의 감독자는 격납고 정비 인력을 지원하고, 모든 지상 지원 장비 및 운항 정비 활동에 사용되는 건물 및 시설 관리에 대한 책임이 있다. 지원 작업장에는 판금, 용접, 복합재료, 객실 장비품, 좌석 및 인테리어를 지원하는 작업장이 포함된다.

8.6.12 격납고 정비의 문제 영역(Problem Areas in Hangar Maintenance)

1. 비 일상정비 항목(nonroutine items)

기본적인 격납고 정비점검에는 항공기 장비품에 대한 다양한 검사, 기능 점검 및 작동점검에 대한 작업 사항이 필요하다. 이 작업 사항을 일상정비 항목(Routine Maintenance Items)이라고 하며, 이 작업 완료에 일정 시간이 소요된다. 소요 시간 요건은 MPD 및 작업에 필요한 예상 항목에 명시되며, 모든 부품, 소모품, 공구, 장비 및 직원들과 같은 자원이 항공기에 이용 가능한 조건이라고 가정한다. 또한 모든 작업은 지연 없이 원활하게 진행되고, 정비사는 정확히 무엇을 어떻게 정비 작업을 해야 하는지 알고 있다는 것을 가정한다. 항공사는 예상 시간의 2~3배(경년 항공기의 경우 시간이 더 걸림)를 곱하여 계획한다. 이 시간은 정비프로그램이 개발될 때 엔지니어링 또는 생산 계획 및 통제(PP&C)에 의해 계획 수립 시 반영된다.

정비점검이 계획에 따라서 진행된다면, 정비 작업은 정해진 시간만 필요할 것이다. 그러나 이러한 일상정비 항목 작업 중 해결이 필요한 문제들이 드러나게 될 것이다. 정비사의 기량, 부품, 소모품 및 예상 소요시간의 요구사항은 발견된 결함의 특성에 따라 크게 달라질 수 있다. 이를 비 일상정비 항목이라고 하며, 이 결함 해결을 위하여 격납고에서 점검을 수행하는 데 필요한 항공기 운항 중지 시간을 연장해야 할 수도 있다. 이러한 비 일상정비 항목에 필요한 시간을 적절하게 추정하여 과도한 지연을 일으키지 않도록 정비사와 관리자는 지속적인 노력을 기울여야 한다. 정비사와 관리자는 향후 정비점검의 적절한 계획이 수립될 수 있도록 이러한 비 일상정비 작업을 수행하는 데 걸리는 평균 시간을 아는 것이 중요하다.

2. 부품 가용성(parts availability)

부품 가용성은 정비 중단 시간에 영향을 미치는 가장 중요한 요소이다. 자재 부서(Material)는 정비에 사용하는 부품 및 소모품을 적시에 격납고에 인도해야 하는 책임이 있다. 격납고 관리자는 격납고에 부품 준비 구역을 제공하여 이들 부품과 소모품을 보관하고 배송해야 한다. 이 부품 준비 구역은 정비 작업자가 접근할 수 있어야 하며 동시에 부품 유용을 발생하지 않도록 해야 한다.

또한, 이 구역은 정비사가 항공기에서 장탈된 부품을 보관하여 적합하게 처리(폐기, 수리 등)할 수 있도록 해야 한다. 이러한 품목에는 올바르게 표찰(Tag)을 부착해야 한다. 이 부품 준비 구역은 필요할 때 부품을 제공함으로써 정비사가 필요한 부품과 자재를 수집하는 데 시간을 소비하지 않도록 한다.

3. 부품 유용(Parts robbing or cannibalization)

항공기 정비에서 부품 유용(Cannibalization)은 필요성을 인정해야 한다. 부품 유용은 부품을 제공할 수 없는 상황인 경우, 운항 부서에 감항성이 있는 항공기를 시간 내에 전달하고 비행 일정을 유지하기 위하여 필요한 모든 정비를 완료한 상태로 항공기를 제공하기 위함이다. 비행기를 신속하게 운항에 복귀시키기 위해 부품 유용으로 빠른 정비를 하는 것은 좋지만, 다른 항공기에서 부품 유용을 하는 것은 두 번째 항공기의 운항 복귀를 지연시키는 결과를 초래한다. 일반적으로 자재 부서에서 주문된 부품이 도착할 때까지 부품 유용은 항공기에서 항공기로 계속되어 진다.

부품 유용 시 서류를 작성해야 하며 일반적으로 부품을 유용한 장소, 부품에 대한 설명, 일련번호 및 위치, 부품이 유용된 항공기가 기록된다. 부품 유용 규칙은 항공기 정비규정 또는 항공사의 항공기 운영 매뉴얼에 아래와 같이 규정되어 있다.

1) 부품 유용은 필요한 경우에만 실시한다.
2) 유용된 부품은 자재 부서를 통해 주문해야 한다.
3) 부품 유용은 관리자의 허가를 얻어야만 가능하다.

부품 유용 규칙의 목적은 항공기가 즉시 운항이 가능한 상태로 복귀할 수 있도록 하고, 필요한 부품이 주문되어 있는지 반드시 확인하며, 관련된 모든 정비본부 부서가 상황을 인식하도록 하는 것이다.

8.6.13 격납고 정비 활동 – "C" 점검(Hangar Maintenance Activity—"C" Check)

"C" 점검의 내용은 항공사에 따라 항공기마다 다르며, 심지어 동일한 항공기 또는 동일한 기종에도 다른 점검이 있을 수 있다. 일반적으로 이 점검은 (1) 준비, (2) 예비 활동, (3) 점검 수행, (4) 완료 및 확인 서명(Sign–Off), (5) 사용 가능 상태 환원(return to service)의 다섯 부분으로 나누어지며, 이는 서로 융합될 수도 있다.

1. "C" 점검 준비(Preparation for "C" check)

격납고 정비 조직은 점검을 시작하기 위해 항공기 수령, 점검 및 물류 관리를 준비해야 한다.

1) 격납고를 청소하고, 항공기를 위한 공간을 확보하고, 작업대, 임시 가설물(scaffoldings) 및 기타 필요한 장비는 사용할 수 있도록 준비한다.
2) 작업 수행에 필요한 부품 및 소모품이 적시에 제공되도록 부품 보관구역에 준비한다.
3) 점검 관리 및 운영이 수행되는 도크에는 대형 포켓 벽걸이에 정비프로그램 및 점검에 필요한 모든 일상정비 작업(Routine Task) 카드가 채워져 있다. 각 워크 센터(항공전자, 유압 등)의 카드를 위한 행(row)이 있으며, 완성된 카드와 아직 작업 중인 카드들로 구분된다.
4) 정비사들은 항공기 도착을 대기한다.

2. "C" 점검 예비 활동(Preliminary "C" check activities)

첫 번째 업무 순서는 항공기를 세척하는 것이다.

1) 항공기는 철저한 세척을 위해 안전을 위한 통신 장비와 날개 감시자(wing walkers)와 함께 세척시설 구역으로 견인된다.
2) 세척이 완료 후 항공기를 격납고에 주기(Parked)하고 바퀴에 고임목을 고정하고 작업을 시작한다.
3) 패널과 카울링이 열고 육안검사가 수행하며, 발견된 모든 결함은 QC에 의해 비 일상정비(nonroutine) 작업카드로 생성된다.
4) 검사와 함께, 작업대와 임시 가설물을 작업 구역에 접근할 수 있도록 항공기 주변에 배치한다.
5) 계획 작업에 필요한 특수 공구와 테스트 장비뿐만 아니라 모든 지상 전원, 공압 또는 유압 카트도 배치한다.

3. "C" 점검 수행(Conduction of the "C" check)

1) PP&C에서 작성된 점검 일정에 따라 정비사를 배정한다. 하나 이상의 작업이 특정 영역에서 수행 시 작업 영역의 혼잡을 피하고 패널, 카울링 등의 개폐 작업을 최소화하기 위해 순차적으로 계획되어 있다.
2) 작업 중에 발생된 비 일상정비 항목은 Nonroutine 카드에 기록되며 작업되거나 나중에 작업되도록 계획된다.
3) 계획된 작업 일정을 보여주기 위해 PERT(Program Evaluation and Review Technique) 차트 또는 다른 형태의 시각 보조 자료를 활용하며, 비 일상정비 작업이나 발생할 수 있는 작업 지연 또는 일정 조정을 위해 점검 중에 필요에 따라 업데이트 된다.
4) 아직 배송되지 않았거나 원래 계획에 없었던 추가 부품 및 소모품에 대한 요청은 도크(dock) 직원에 의해 자재 부서에 전달될 것이다. 자재 부서는 부품 준비 구역으로 이러한 항목을 전달할 것이다.
5) 품질관리 검사원은 이전에 불합격된 품목을 재검사하고 작업을 승인한다.
6) 운항 복귀에 영향을 미치는 지연은 도크(dock) 관리자에 의해 MCC 및 운항 부서가 함께 조정한다.

4. "C" 점검 완료 및 확인 서명(Completion and sign-off of the "C" check)

1) 모든 작업카드(일상정비 및 비 일상정비)가 완료되어 작업자는 확인 서명(Sign Off)을 한다.
2) 품질관리 검사원은 모든 작업카드에서 작업자의 서명을 검토하여 작업의 달성 및 완료를 확인하고, QC 검사가 필요한 모든 작업에 대한 재확인을 수행해야 한다.
3) 이때 지적된 결함 사항은 추가 작업 및 점검이 필요하더라도 작업과 후속 재작업 및 바이백(Buyback) 조치를 반드시 시행하여야 한다.
4) 모든 작업카드에 대한 조치가 완료되고, 확인 서명 및 QC 승인이 완료되면 선임 QC 검사원은 점검을 완료한 것으로 종료 확인 서명(Sign Off)한다. 항공기는 점검이 완료된 상태로 출고할 수 있다. "C" 점검이 완료되고 항공기는 모든 필수 작업이 정비이월 항목 없이 완료 상태로 출고될 것이다.

5. 사용 가능 상태 환원(Return to Service)

1) QC가 점검 종료 확인 서명을 하면, 도크 관리자는 MCC 및 비행 운영부서에 항공기가 사용 가능함을 통보한다.
2) 정비 부서에 의해 항공기가 격납고에서 램프로 견인되고, 운항 부서(Flight Ops)는 항공기를 운항 가능 스케줄(Active Flight Schedule)로 복귀시킨다. 운항 투입 전 지상 직원들은 항공기에 서비싱(연료, 음식, 청소 등)을 시작한다.

점검이 완료되고 항공기가 격납고 밖으로 이동되면 격납고 및 도크(dock) 구역에 청소가 및 정리가 필요하다.

1) 먼저 점검 중 중요한 항목을 분석하고 기록하기 위해 완료된 모든 작업카드를 수집하여 다른 정비본부 부서(PP&C, 엔지니어링 및 신뢰성 등)로 보내야 한다.
2) 이를 통해 PP&C 부서는 향후 점검 계획 개선에 도움이 될 것이며, 엔지니어링 및 신뢰성 부서는 향후 결함 조사를 지원하고 점검 주기 조정에 도움을 줄 수 있게 된다.
3) 부품 준비 구역에 남아있는 미사용, 수리 가능 또는 폐기된 품목은 자재 부서가 철수시킨다.
4) 격납고 및 도크 구역은 다음 항공기 점검을 위해 청소하고 순서대로 배치한다.

항공사의 규모와 보유 기종의 구성에 따라 격납고 활동은 다르지만, 그 과정은 본질적으로 동일하다.

8.6.14 지상 지원 장비(Ground Support Equipment, GSE)

상업용 항공기는 정비 및 운영 활동을 지원하기 위해 상당한 양의 장비와 공구의 지원이 필요하다. 항공정비사와 엔지니어가 정상적인 정비를 위해 사용하는 공구 및 테스트 장비가 필요하고 이외에도 지상 지원 장비라는 명칭으로 제공되는 다양한 장비가 있다. 지상 지원 장비(GSE)는 "모든 탑재 장비 및 항공 장비의 작동 및 정비를 지원하는 데 필요한 장비"로 정의된다. GSE는 크게 두 가지 카테고리로 나눌 수 있다.

1) 운항 중인 항공기의 지상 이동 활동에 관련된 서비스 및 취급을 지원하는 장비
2) 턴어라운드 또는 비 가동 시간 동안 용이한 정비를 위해 사용되는 장비

첫 번째 카테고리인 서비스 및 취급을 지원하는 장비는 공항 당국 또는 터미널 운영자가 소유하고 운영하는 GSE와 항공사 자체가 소유하고 있는 GSE로 세분화할 수 있다. 두 번째 카테고리인 정비 장비에는 라인이나 격납고 공유하며 사용할 수 있는 장비가 포함된다. 이러한 GSE에는 간단한 작업대부터 수백만 달러의 토우바리스(towbarless) 토잉카에 이르기까지 다양한 장비가 포함되어 있다.

서비스 중 안정성과 수익성을 극대화하려면 운영자는 항공기에 적합한 GSE 및 공구를 조달해야 한다. 일부 GSE 및 공구는 여러 기종의 항공기에서 사용할 수 있으며, 터그카(Tugs car), 토잉카(Towing car), 토우바(Towbars) 및 기타 특수 공구 및 고정 장치는 특정 항공기 모델에만 사용될 수 있다.

GSE 및 시설 조직은 새로운 항공기의 구매 또는 임대가 고려될 때마다 사용할 수 있는 기존 장비 및 공구를 확인하고 새로운 기종에 어떤 장비와 공구를 주문해야 하는지를 첫 번째 항공기를 인도하기 최소 9~12개월 전부터 엔지니어링 부서와 협력하여 결정해야 한다. GSE 및 공구의 선택에는 다음과 같은 여러 변수를 고려하여야 한다.

1) 항공사가 수행할 정비 유형 및 수준
2) 장비가 지원될 운항정비지점의 수(다수의 장치 필요 가능성)
3) 램프 운영의 수(개별/동시 사용 요건)
4) 운영자가 수행하는 오버홀 작업의 수준
5) 장비 대여 또는 계약 업무(항공사에 의한 또는 항공사를 위한)를 위해 다른 부서와의 업무조정 등이다.

중소항공사의 경우 GSE는 격납고 정비 조직과 연관된 그룹에 의해 처리되며 격납고에 수용된다. 대형 항공사의 GSE는 정비본부 조직 하부에 별도의 관리자 또는 책임자가 있을 수 있으며 자체 격납고에 보관될 수 있다. 어떤 방식의 조직이던 라인과 격납고 모두에서 정비를 지원하는 것이 임무이다. 지상 지원 장비의 규모가 크고 수

량이 많은 경우 일반적으로 격납고 외부의 운영자 시설 근처 램프의 지정된 구역에 보관되는 반면, 소형 장비는 격납고에 보관된다. 전형적인 중형항공사의 GSE 및 시설그룹은 정비본부 조직에서 사용하는 모든 건물 및 시설의 일반적인 정비뿐만 아니라 모든 GSE의 일반 정비 및 유지관리를 담당한다.

※ 참고문헌

<국내 저서>

1. 구민성 외 4명(2024년 1월), "항공정비관리(Aviation Maintenance Management) 제2판", 이나무러닝
2. 이영섭 외 2명(2014년 3월), "항공기 일반". 경상남도교육청, 도서출판 드림북, p153-154, p164-168.
3. 김천용 외 9명(2020년 3월), "항공정비사 표준교재 항공기 기체(구조/판금)", 국토교통부 항공안전정책과, 노드미디어, p1-6 ~ 1-11.
4. 김천용 외 9명(2020년 3월), "항공정비사 표준교재 항공기 전자전기계기(기본)", 국토교통부 항공안전정책과, 노드미디어, p2-39.

<국외 저서>

1. Harry A. Kinnison & Tariq Siddiqui. "Aviation Maintenance Management)", McGraw Hill, Second Edition

<국외 자료>

1. Boeing B737NG Airplane Maintenance Manual(Feb, 2023)
2. Boeing B737NG Structural Repair Manual(Feb, 2023)

CHAPTER 09

한국형 도심항공교통 소개

K-UAM(Korea-Urban Air Mobility) 발전 방향

9.1 UAM이란?

도심항공교통(Urban Air Mobility, 이하 "UAM")은 도심 내 활용이 가능한 친환경 전기동력 수직이착륙기(eVTOL) 등을 이용하여 승객이나 화물 운송 등을 목적으로 타 교통수단과 연계되어 운용되는 새로운 항공교통체계이다. UAM은 도심 안팎에서 승객·화물 운송을 비롯하여 공공목적(긴급의료 등)과 관광사업 등을 위해 운용될 수 있다.

9.2 단계별 K-UAM 운용 시나리오

항목	초기(2025년~)	성장기(2030년~)	성숙기(2035년~)
기장 운용	On Board	Remote 도입	Autonomous 도입
교통관리체계	UAM 교통관리서비스 제공자 역할 단계적 확대, 항공교통관제사 참여 단계적 축소		
교통관리 자동화 수준	자동화 도입	자동화 주도 및 인적 감시	완전자동화 주도
회랑운영방식	고정형 회랑 (Fixed Corridor)	고정형 회랑망 (Fixed Corridor Network)	동적 회랑망 (Dynamic Corridor Network)
항공통신망	상용이동통신(4G · 5G), 항공음성통신	상용이동통신(5G · 6G), 저궤도 위성통신, C2 LINK 등	
항법시스템	정밀위성항법	정밀위성항법+ 영상기반 상대항법	복합상대항법
버티포트 입지 및 형태	수도권 중심 버티포트	수도권 및 광역권 중심 버티포트	전국 확대

9.2.1 초기(2025년~) K-UAM 운용 형태

초기 K-UAM 운용은 기장이 탑승하여 수도권 단일 또는 복수의 K-UAM 시범 서비스 고정형 회랑에서 K-UAM 운용을 시작하는 단계이며 이를 위한 주요 지표는 다음과 같다.

1) 조종사 운용: 조종사(기장) 탑승, 시계비행방식 초기 적용
2) 교통관리체계: UAM 교통관리체계 도입(항공교통관제사 협조를 통해 검증·고도화)
3) 교통관리: 음성기반, 인적기반에서 데이터 기반 자동화 도입으로 발전
4) 회랑운영방식: 고정형 회랑(Fixed Corridor) 방식
5) 항공통신망: 상용이동통신(4G, 5G) 및 항공음성통신
6) 항법시스템: 정밀위성항법
7) 버티포트 입지 및 형태: 수도권 K-UAM 상용화 시범 서비스를 위한 공항과 도심을 연결하는 소수의 버티포트 인프라 구축

9.2.2 성장기(2030년~) K-UAM 운용 형태

성장기 K-UAM 운용은 원격조종을 도입하고 필요시 안전관리자 탑승 하에 수도권 및 광역권에서 고정형 회랑망을 구성하여 K-UAM 운용이 성장하는 단계이며 이를 위한 주요 지표는 다음과 같다.

1) 조종사 운용: 원격조종사(기장) 도입, 원격조종 기능 미지원 시 조종사(기장) 탑승, 원격조종 시스템 도입 시에는 필요에 따라 비상개입 및 승객안전 등을 고려하여 기내 안전관리자 탑승 여부 결정
2) 교통관리체계: UAM 교통관리서비스 제공자 주도(교통관리 기능을 제외한 회랑 개폐 등의 항공교통관제사 제한적 개입)
3) 교통관리: 데이터 기반 자동화 주도, 인적감시 보조
4) 회랑운영방식: 고정형 회랑망(Fixed Corridor Network) 방식
5) 항공통신망: 상용이동통신(5G, 6G), 저궤도 위성통신 및 C2 LINK 등

6) 항법시스템: 정밀위성항법 및 영상기반 상대항법
7) 버티포트 입지 및 형태: 수도권 및 광역권 서비스 제공을 위한 버티포트망 구축, 기능 및 규모에 따라 버티포트 위계 설정

9.2.3 성숙기(2035년~) K-UAM 운용 형태

성숙기 K-UAM 운용은 무인 자율비행을 도입하고 전국 도심에 동적 회랑망을 구성하여 K-UAM 운용이 성숙화에 이르는 단계로 이를 위한 주요 지표는 다음과 같다.

1) 조종사 운용: 무인 자율비행 도입
2) 교통관리체계: UAM 교통관리체계 완전 운용(항공교통관제사는 비상시에만 개입)
4) 교통관리: 데이터 기반 자동화 관제, 비상시 음성관제 보조
5) 회랑운영방식: 동적 회랑망(Dynamic Corridor Network) 방식
6) 항공통신망: 상용이동통신(5G, 6G), 저궤도 위성통신 및 C2 LINK 등
7) 항법시스템: 정밀위성항법 및 복합 상대항법
8) 버티포트 입지 및 형태: 전국 도심 서비스 제공을 위한 버티포트망 구축 및 운용 자동화 구현

9.3 K-UAM 운용 개념(초기)

9.3.1 개요

UAM은 기장이 탑승하여 사전 설정된 다수의 UAM 고정형 회랑(Fixed Corridor)을 통해 운용한다. 이로써 기존 항공교통관리(ATM)와 UAS 교통관리(UTM) 운용에 미치는 영향을 최소화한다.

UAM 회랑 내에서 운용되는 UAM 항공기는 성능기반항법(PBN)의 요구조건을 충족하여야 한다. 다만 회랑별 요구조건은 서로 다를 수 있다. UAM 회랑 내에서는 항

공교통관제사의 직접적인 개입 없이 UAM 교통관리서비스 제공자의 관리·감독하에 전략적·전술적 분리가 이루어진다.

UAM 운항자, 항공당국 및 기타 이해관계자들은 UAM 교통관리서비스 제공자를 통해 정보를 공유하며, 서로 다른 UAM 교통관리서비스 제공자들은 PSU 간의 네트워크를 통해 정보를 교환하고 조정한다.

항공교통관제사는 UAM 비정상상황 발생으로 인한 회랑이탈 시 주변 항공기 통제, 충돌 예방 등에 힘쓴다. UAM 항공기가 지정된 회랑 밖으로 운항할 때에는 운용유형, 공역 등급 및 고도에 따라 관련 항공교통관리 규칙을 준수한다.

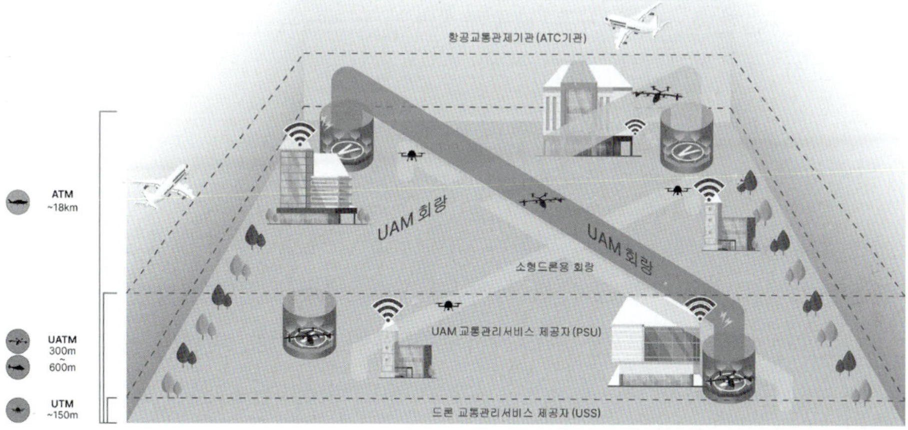

[그림 1] 초기 K-UAM 회랑(Corridor)의 개념

9.3.2 이해관계자 역할 및 책임

본 절에서는 UAM 운용과 관련된 주요 이해관계자의 역할과 책임을 정의한다. 세부적인 역할과 책임을 실제로 수행하는 과정에서는 관련 법령 등에 따라 권한 위임 또는 계약 등을 통하여 다양한 이해관계자를 참여시킬 수 있을 것이다.

1. 항공당국

항공당국은 우리나라 공역 내 모든 민간 항행안전을 책임지며 관련 안전규정을 마련하고 그 규정의 이행을 감독한다. 특히 UAM 산업 활성화를 위한 지원정책을 마련하여 시행하고, 안전한 UAM 운항환경 조성을 위한 규정 마련, 민간 표준(Community Based Standard) 채택, 관련 기관 협의 및 이해관계자의 역할과 책임 조정, 관련 인·허가 수행 및 관리·감독 기능 등을 총괄 수행한다. 항공당국은 기능에 따라서 크게 정책당국, 안전당국으로 구분할 수 있다.

2. 정책당국

정책당국은 우리나라 UAM 산업 활성화를 위해 관련 법·제도를 마련하고 그 이행을 지원하는 당국이다. 주요 역할은 K-UAM 상용화를 촉진할 UAM 특별법을 마련하고, 이해관계자의 역할과 책임을 정의하고 조정함으로써 우리나라 UAM 산업생태계 육성을 지원한다. 또한 기존 교통체계와의 연계·환승을 도모하여 효율적이고 조화로운 도심 교통체계를 확립하는 역할을 수행한다.

3. 안전당국

안전당국은 항행안전 관리와 UAM의 우리나라 공역 내 안전한 통합을 위한 관련 법·제도를 마련하고 그 이행을 감독하는 당국이다.

운항 측면의 주요 역할은 항공기, 버티포트, 운항지원정보 인프라 등의 안전 기준과 운항·보안 규정 등을 제·개정하고, 그 이행을 관리·감독한다. UAM 관련 민간 표준의 채택과 유지 업무도 담당한다. 또한 UAM 운항 관련 최소기준을 정하고 UAM 항공기, UAM 운항자, 버티포트, 종사자 자격 등에 관한 증명과 인허가 등을 담당한다.

공역안전관리 측면에서는 UAM의 공역 내 안전한 통합을 위한 정책 및 규정, UAM 회랑 기준, UAM 교통관리 관련 자격 및 시스템에 대한 최소기준도 마련한다. 또한 안전한 공역관리를 위해 민간·공공에서 제안한 UAM 회랑, UAM 교통관리서비스, 항행안전시설 인프라 등에 관한 규제 업무를 담당한다. UAM 회랑의 체계적인 운영통제 계획도 마련한다. 이외 국가 공역 안전관리 차원에서의 UAM 회랑운영에 대한 조언과 K-UAM 교통체계 검토 등을 수행하며, UAM 이해관계자 사이의 역할과 책임의 조정 및 버티포트, 항행시설 등 도심항공교통시설에 대한 투자를 총괄한다.

안전당국은 항공사고의 예방 및 항공안전의 증진을 위해 각종 항공기 고장·결함

자료, 사고자료와 UAM 운항자, UAM 교통관리서비스 제공자 등 이해관계자의 운항 관련 자료 등을 보관하고 분석한다.

4. UAM 운항자

UAM 운항자는 고객의 수요에 맞추어 UAM 항공기를 사용하여 유상으로 여객이나 화물을 운송하는 서비스 등을 제공한다. 공공의 안전과 이익을 위해 공적인 목적(응급지원, 의료, 수색, 감시 등)의 운항 서비스를 제공하는 조직이나 단체도 넓은 의미에서 UAM 운항자로 본다.

UAM 운항자는 운영증명서와 운영기준(Operations Specifications)에서 제시된 사항을 준수한다. UAM 기단(Fleet)의 감항성 유지 등을 포함하여 실제 UAM 운항의 모든 측면을 책임진다.

또한 비행계획 수립 · 제출 · 공유, UAM 기단(Fleet)의 상태 정보(비행준비, 이륙, 순항, 착륙, 정상 · 고장 · 결함 등) 공유, UAM 항공기 보안 관리, 지상서비스와 승객 예약, 탑승, 안전관리 등에 관한 책임을 갖는다.

UAM 운항자는 비상상황에 대비하여 규정에 부합하는 비상착륙장을 비행계획에 반영하여야 한다. 또한 UAM 운항자는 UAM 교통관리서비스 제공자를 통해 운항 중인 UAM 항공기의 상태 · 성능 정보 등을 관련 이해관계자들과 공유한다.

5. 기장(Pilot in Command)

기장은 UAM 항공기에 탑승한다. 운항 전반에서 규정과 규칙을 준수하고 UAM 항공기와 승객 안전에 대하여 최우선적인 책임을 지는 UAM 항공기의 조종사이며, 이에 적합한 자격증명을 보유하고 있다.

기장은 비행 전 UAM 항공기 준비상태를 확인하고, 안전한 비행이 가능한지를 판단한다. 비행 중 UAM 운항자와 협력하여 의사결정을 내린다. 비행 중 비행계획의 변경 필요시 UAM 운항자에게 알리고 재승인된 비행계획에 따라 비행한다.

또한 기장은 항공기 상태 및 그 항공기의 운항 상태, 승객 및 객실 상황을 모니터링하고 비상상황이 발생하였거나 발생할 우려가 있다고 판단되는 경우, UAM 항공기에 탑승한 승객에게 적절한 행동지침을 안내하고 그 밖에 필요한 안전조치를 강구한다. 그리고 관련 규정에 따라 운항 중에 발생한 UAM 항공기 및 객실에서 발생한 안전장애 관련 사항을 보고한다.

6. UAM 교통관리서비스 제공자

UAM 교통관리서비스 제공자는 UAM 운항자가 UAM 회랑 내에서 안전하고 효율적인 운항을 하기 위한 교통관리서비스를 제공하며, 이를 위하여 회랑 주변에 항행안전시설(버티포트 관련 시설은 제외한다)을 구축·운용·유지한다.

UAM 교통관리서비스 제공자는 UAM 항공기가 항행 중에 회랑을 이탈할 경우 관련 정보를 항공교통관제기관에 즉시 전달한다. 이 경우 이탈 공역이 관제공역에 해당되면 해당 UAM 항공기의 교통관리 업무에 대해 항공교통관제기관의 지휘를 받을 수 있다.

필요시 동일 지역 또는 회랑의 UAM 교통관리서비스를 복수의 UAM 교통관리서비스 제공자가 제공할 수 있다.

1) 운항 안전정보 공유 및 교통흐름 관리

UAM 교통관리서비스 제공자는 회랑 내 UAM 항공기 운용상태, 공역 제한 여부, 기상 상황 등과 같은 운항안전정보를 UAM 운항자 및 관련 이해관계자들과 지속해서 공유한다.

UAM 교통관리서비스 제공자는 UAM 운용상의 비정상상황 발생 등으로 전술적 분리가 필요한 경우 UAM 운항자, 기장 등과 협력하고, 신속한 분리·회피 대응을 지원한다.

UAM 교통관리서비스 제공자는 UAM 항공기의 안전한 착륙을 위해 버티포트 운영자에게 버티포트 가용성(FATO, 하기장 등)을 확인하여 관련 이해관계자들과 해당 정보를 공유한다.

UAM 교통관리서비스 제공자는 필요시 항공교통관제사 및 UAS 교통관리서비스 제공자와 운항 안전정보를 공유한다.

UAM 교통관리서비스 제공자는 제도 수립·개선 및 사고조사 등 공공의 목적을 위해 수집한 운항정보를 저장할 수 있다. UAM 교통관리서비스 제공자는 이 정보를 PSU 간 네트워크를 통해 공유할 수 있어야 한다.

2) 비행계획 승인 및 항로이탈 모니터링

UAM 교통관리서비스 제공자는 운항안전정보 등을 이용하여 UAM 운항자가 제출한 비행계획의 승인 여부를 판단한다.

UAM 교통관리서비스 제공자는 PSU 간 네트워크를 통해 타 UAM 교통관리서비스 제공자와 비행계획 등의 다양한 정보를 공유하고 비행계획을 조율한다.

UAM 교통관리서비스 제공자는 필요시 UAS 교통관리서비스 제공자와 비행계획을 서로 공유하고 조율할 수 있다.

UAM 교통관리서비스 제공자는 UAM 항공기의 항적, 속도, 비행계획 대비 일치성 등을 상시 감시한다. 불일치 사항이 발견되면 해당 UAM 항공기에 후속 조치를 안내하고 그 정보를 항공교통관제사, UAM 운항자, 타 UAM 교통관리서비스 제공자 및 버티포트 운영자 등과 공유한다.

7. 운항지원정보 제공자

운항지원정보 제공자는 안전하고 효율적인 UAM 운용과 교통관리를 위해 UAM 운항자 및 UAM 교통관리서비스 제공자 등 관련 이해관계자들에게 지형, 장애물, 기상 상황 및 기상 예측 정보, UAM 운용소음 상황 등의 운항지원정보를 제공한다. 이러한 정보는 비행계획 단계는 물론 비행 중인 상황에서도 업데이트하여 제공한다.

8. 버티포트 운영자

버티포트 운영자의 역할과 책임은 다음과 같은 가정을 전제로 한다.

- 버티포트는 사업목적(운송, 정비 등)과 사업범위(운송, 운송·충전, 운송·충전·정비 등)에 따라 유형과 등급을 나눈다. 이에 따라 각각 필요한 자격과 시설이 구분된다.
- UAM 항공기는 사전에 지정된 출도착 절차에 따라 계획된 항로로 운항한다.
- 항공당국은 버티포트 주변 상공에 버티포트 운영자가 감시하는 권역(버티포트 권역)을 설정하고 그 권역 정보를 고시한다.
- 기타 국가공역시스템 사용자가 버티포트 권역을 비행하기 위해서는 버티포트 운

영자의 사전승인이 필요하며, 버티포트 운영자는 이를 UAM 교통관리서비스 제공자와 공유한다.

- 보안 검색은 UAM 항공기 중량과 탑승인원 등을 고려한 UAM의 보안위험도 평가 등을 통해 그 수준을 설정한다.

1) 운영

버티포트 운영자는 사업목적과 사업범위를 선언하고, 이에 따라 적정한 자격과 시설을 확보하여 관계당국의 승인을 받아야 한다.

버티포트 운영자는 UAM 운항자, UAM 교통관리서비스 제공자와 협력하여 UAM 항공기가 착륙해서 이륙할 때까지의 지상 운용을 담당한다. 또한 UAM 항공기의 안전 운용을 위해 버티포트 권역을 감시하고 관리한다.

버티포트 운영자는 효율적이고 안전한 지상운용을 위해 버티포트의 자원관리, 운용감시, 일치성 감시, 위험도 관리 체계 및 버티포트 운용현황을 공유할 수 있도록 관련 정보 인터페이스 체계를 구축한다. 버티포트 운용현황 정보는 UAM 운항자, UAM 교통관리서비스 제공자 및 타 버티포트 운영자와 공유한다.

버티포트 운영자는 버티포트에 필요한 항행안전시설을 구축·운용한다. UAM 항공기 이착륙시 기장과 직접 통신이 가능해야 한다.

2) 안전

UAM 항공기는 버티포트 표면이동 시 원칙적으로 로터(프로펠러)를 정지시켜야 한다. 다만, 버티포트 운영자의 사전승인을 받은 경우 로터 회전을 이용하여 표면이동을 할 수 있다. 이때 버티포트 운영자는 UAM 교통관리서비스 제공자, UAM 운항자, 기장 등과 협력하여 지상 운용의 안전을 확보해야 한다.

버티포트 운영자는 UAM 항공기의 에너지 충전 또는 에너지 저장장치 교체를 위한 안전확보 방안을 마련하고, 필요한 설비를 구축해야 하며, 관계당국의 승인을 받아 해당 설비를 운용·유지해야 한다.

버티포트 운영자는 승객이 안전하게 탑승장에 진입하여 UAM 항공기에 탑승할 수 있도록 지상조업자 또는 승객인솔자를 교육하고 관리해야 하며, 적정한 안내표시, 마킹, 조명 등을 설치해야 한다.

버티포트 운영자는 버티포트 권역을 감시한다. UAM 운용에 위해요소(비협력적 항공기, 조류 등)가 확인된 경우 관련 이해관계자(UAM 교통관리서비스 제공자, UAM 운항자, 기장)에게 경고하고 관련 정보를 즉시 공유한다.

3) 비상대응

항공 버티포트 운영자는 화재발생에 대비하여 소방법 등에서 요구하는 소방 관련 예방 및 비상대응 절차를 마련하고 필요한 설비를 구축해야 하며, 관계당국의 승인을 받아 운용·유지해야 한다.

버티포트 운영자는 비상상황 방지 및 대처를 위해 지역 관계당국(경찰, 소방, 의료 등)과 긴밀히 협조하고 주기적인 예방 및 대응 훈련을 시행해야 한다.

4) 보안

버티포트 운영자는 UAM 운용의 안전성 및 효율성 확보를 위해 버티포트 내 제한구역을 설정하고, 이를 구별할 수 있는 시설을 설치·운용해야 한다. 제한구역 설정과 운용 방안은 관계당국의 승인을 받아 운용·유지해야 한다.

버티포트 운영자는 버티포트 근무자, 기장, 승객 및 휴대물품에 대해 보안 검색을 완료한 후 제한구역 진입을 승인하고, 안전교육을 받은 승객에 한해 UAM 항공기에 탑승하도록 한다.

9. UAS 교통관리서비스 제공자

UAS 교통관리서비스 제공자는 저고도(지상고도 150m 이하)에서 무인 비행장치의 교통관리와 운항안전을 지원한다.

UAS 교통관리서비스 제공자는 UAM 회랑을 지나는 무인 비행장치 비행계획의 공유와 조정, UAM 교통관리서비스 제공자와의 협력, 무인 비행장치 비행관련 정보(비행준비, 이륙, 순항, 착륙, 정상·고장·결함) 등을 공유함으로써 UAM의 안전운항을 지원한다.

10. 기타 국가공역시스템 사용자

기타 국가공역시스템 사용자는 국가공역 내에서 UAM 항공기 이외의 항공기를 운용하는 사용자이다. 기타 국가공역시스템 사용자는 UAM 회랑을 이용·통과 또는 회피하기 위하여 관련 요구사항을 인지하고 이를 충족시킬 책임이 있다.

11. 기타 이해관계자

기타 이해관계자는 안전정보 확인, 사생활 침해 방지, 보안 및 공공안전 확보 등 공익을 목적으로 UAM 운용정보에 접근할 수 있는 기관 또는 단체이다.

12. 고려사항 및 향후 정책 방향

이 부분에서 제시하고 있는 UAM 관련 주요 이해관계자는 상호 배타적이지 않다. 예를 들어 UAM 운항자, 버티포트 운영자, UAM 교통관리서비스 제공자는 상호 업무 연계성이 높으므로 하나의 주체가 둘 이상의 역할을 담당하거나 일부 업무를 위탁·조정하는 것이 더 효율적일 수도 있다.

각자의 역할이 확정적이지 않은 초기 단계에서는 더욱 그러하다. 안전 및 공익에 문제가 되지 않는 범위에서 각각의 자격요건을 충족하면서 효율적인 업무 체계를 구축할 수 있도록 제도화할 필요가 있다.

9.3.3 K-UAM 회랑(Corridor) 선정 및 관리

1. 회랑의 필요성

UAM은 기존 항공체계(유·무인기 운항체계)와는 다르게 도심의 상공(평균 운항 지상고도 450m 수준)을 비행한다. UAM 비행경로에 따라 건물의 높이 등의 안전운항 위험요소, 지역별 소음기준 등이 달라질 수 있으므로 자유로운 비행을 허용하기보다는 엄격하게 비행경로를 관리할 필요가 있다. UAM 회랑은 UAM 항공기의 비행이 허용된 제한된 공역으로, UAM 운용에 미치는 부정적 영향을 최소화하면서, 그 이용 효율은 최대화하도록 설정하고 관리해 나가야 한다.

2. 회랑 선정

UAM 회랑 내에서는 항공교통관제사의 전술적 분리 서비스는 제공되지 않는다. UAM 회랑의 구조 및 운용 형태는 UAM 운용량 증가 등에 따라 확장되거나 변경될 수 있다. UAM 회랑의 설정 범위는 출발지 버티포트로부터 도착지 버티포트까지의 경로이며, 설정 고도는 출발지 및 도착지 버티포트 고도로부터 회랑별 UAM 운항고도까지이다.

기타 국가공역시스템 사용자가 UAM 회랑 내를 운항하거나 통과하고자 할 때에는 운항성능, 비행계획 공유, PSU 접속링크 등 해당 회랑의 운항 성능요구 사항들을 충족해야 한다.

UAM 회랑의 선정 및 설계 시에는 다음의 사항들을 고려해야 한다.

- 지역사회 및 기존 이해관계자 등 직·간접 이해관계자의 요구사항 반영
- 지역 환경 및 소음, 안전, 보안 등 공공의 요구조건 충족
- 기존 항공교통관리(ATM) 및 UAS교통관리(UTM) 운용에 미치는 영향 최소화
- 기존과 신설 회랑의 중복성 고려, 비행 안전성 등에 미치는 영향 최소화

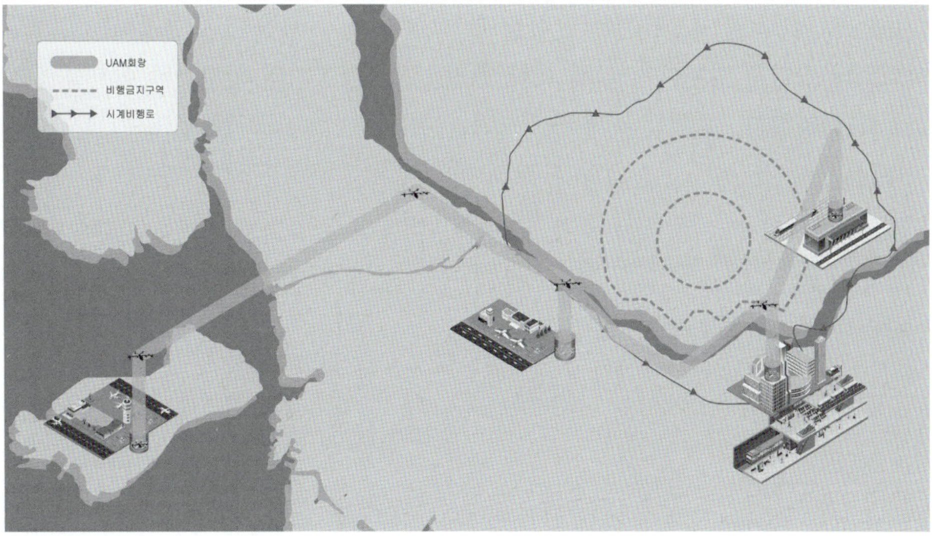

[그림 2] 한강 헬기 회랑을 이용하는 2024년 서울 도심 UAM 실증노선(안)

1) 초기 상용화 회랑

초기 상용화 회랑은 공항 등 도심 외곽과 도심 간 이동을 위한 용도로 설계한다. 초기 상용화 회랑은 관련 이해관계자와 협의하여 기존 헬기 회랑을 활용할 수 있다.

초기 상용화 회랑은 지상고도 450±150m 내외를 기준으로 검토한다. 상용이동통신망을 기반으로 안정적인 정보통신 서비스가 제공되어야 하며, 항로상에서는 성능기반항법이 적용되도록 한다.

UAM 회랑이 항공교통관리 제공 공역과 중첩되는 경우, UAM 회랑은 해당 관제대상 공역에서 제외해야 한다. UAM 회랑은 기존 항공기 운항에 영향이 최소화되도록 설정·운영되어야 하며, 기존 항공기가 운항하는 공역과 안전하게 분리되도록 해야 한다.

2) 회랑 용량 관리

초기 상용화 회랑의 저밀도 UAM 교통량 관리는 목적지 버티포트의 수용 용량에 기반하여 관리된다. 고밀도 UAM 교통량 상황으로 발전하게 되면 고도분리 회랑 추가, 수평분리 회랑 추가 등 기존 회랑의 확장을 통해 늘어나는 교통량을 관리한다.

3) 회랑 분리 및 항로이탈 모니터링

초기 상용화 회랑은 안정적인 통신서비스 도달 고도, 기존 헬기 회랑 및 비행금지구역 현황 등을 고려하여 설정한다. 기존 헬기 회랑과는 고도분리(수직분리, ±150m를 기준으로 검토)를 통해 운항 안전을 확보한다. 초기 상용화 회랑에서는 비행금지구역으로의 침입을 방지하기 위해 운항 중인 UAM 항공기의 항로이탈 여부를 실시간으로 모니터링한다. 회랑의 구체적인 크기는 한국형 UAM 실증사업(K−UAM Grand Challenge : K−UAM GC) 결과 등을 고려하여 설계한다.

4) 회랑 간 분리

초기 상용화 회랑은 기존 헬기 회랑과 고도를 분리하여 운용한다. 회랑의 특정 구역에서 수평분리가 필요한 경우 이를 검토할 수 있다.

5) 회랑 내 분리

UAM 회랑 내에서의 기본적인 항로분리는 비행계획 공유 및 승인 등 전략적 분리를 통해 이루어지며, 운항 중 승인된 비행계획의 변경이 필요한 경우(항로 위 기상변화, 버티포트 수용량 변화, 항공기 고장 등)에 기장, UAM 운항자, UAM 교통관리서비스 제공자 등이 협력하여 비행계획 변경에 의한 전술적 분리를 수행할 수 있다.

6) 항로이탈 모니터링

초기 상용화 회랑에서는 비행금지구역으로의 침입을 방지하기 위해 운항 중인 UAM 항공기의 항로이탈 여부를 실시간으로 모니터링한다. 항로이탈 발생 시, PSU 간 네트워크 및 통신을 통해 기장과 이해관계자에게 항로이탈 발생 경보를 전파한다. 비행금지구역 내 회랑의 경우에는 보다 세밀한 항로이탈 모니터링을 시행한다. 항로이탈 모니터링은 필수항행성능(RNP) 수준을 검토하여 관리되며 구체적인 수준은 한국형 UAM 실증사업(K-UAM GC) 결과 등을 고려한다.

3. 고려사항 및 향후 정책 방향

UAM 도입 초기의 회랑은 시범적 성격이 강하므로 정책당국을 중심으로 하여 설정하는 것이 바람직하다. 회랑 운영의 안전성 등이 검증되고, 충분한 노하우가 확보된 이후에는 이에 대해 더욱 유연한 접근이 가능할 것이다. 예를 들어 민간 사업자가 충분한 수요와 안전성을 확보할 수 있는 회랑을 발굴하여 제안하면, 해당 민간 사업자가 그 회랑의 운영 권한을 일정 기간 보유하는 방식(도로, 철도 등에서의 민간투자 방식) 등도 고려해 볼 수 있을 것이다.

9.3.4 K-UAM 교통체계의 구조 및 정보 흐름

K-UAM 교통체계의 구조와 각 이해관계자의 역할과 책임 수행을 위해 필요한 이해관계자 간 정보의 흐름을 설명한다. 이해관계자들의 주요 역할과 책임에 대한 자세한 내용은 앞 절의 설명을 따른다. 정보 흐름에 관한 서술은 주요 정보의 제공자와 사용자 및 사용 목적을 기술하여 K-UAM 교통체계의 구조를 설명하기 위함이다. 각 이해관계자 간 공유되는 정보의 종류는 본 절에 기술된 것에 국한되지 않는다.

1. 초기 K-UAM 교통체계의 구조 및 실시간 정보 흐름

아래 그림은 각 이해관계자의 주요 역할과 책임이 수행되어 필요한 정보의 흐름을 나타냄으로써 초기 K-UAM 교통체계의 구조를 보여준다.

UAM 항공기 운항을 위한 주요 서비스 제공자인 UAM 교통관리서비스 제공자와 버티포트 운영자를 중심으로 정보의 흐름을 설명하면 다음과 같다.

1) UAM 교통관리서비스 제공자 중심의 주요 정보 흐름

UAM 교통관리서비스 제공자는 교통관리서비스 제공을 위해 UAM 운항자들뿐만

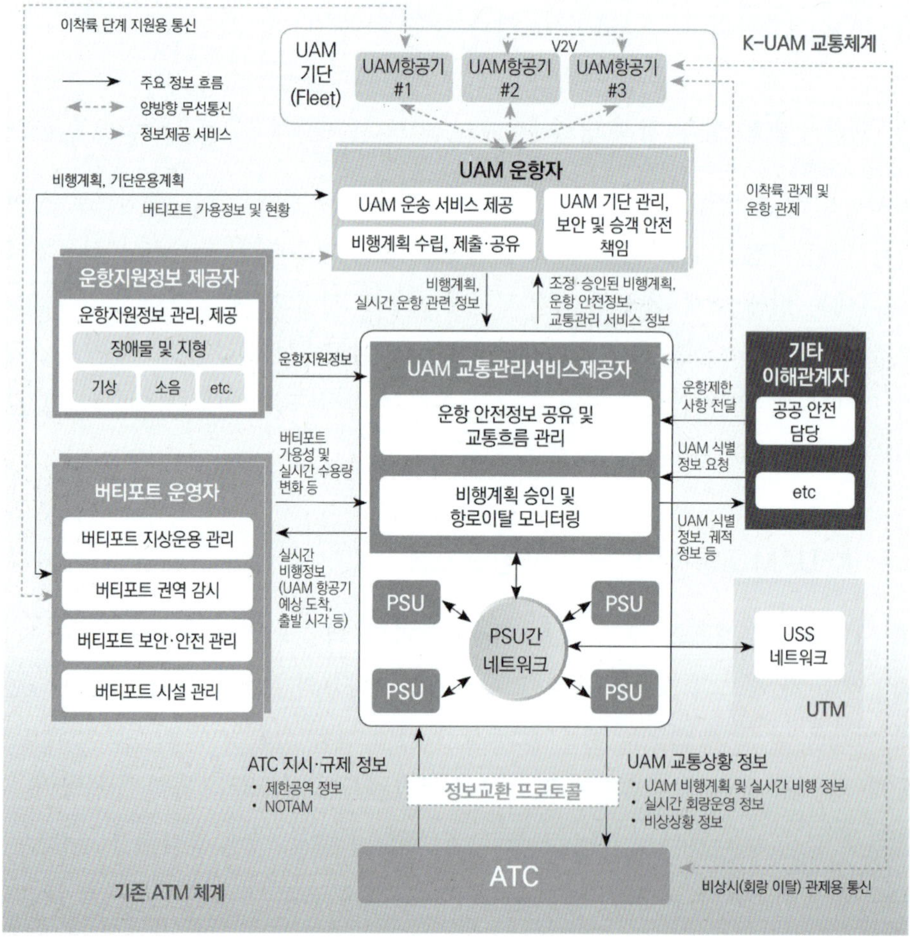

[그림 3] 초기 K-UAM 교통체계의 구조

아니라 버티포트 운영자, 운항지원정보 제공자, 기장, 기타 이해관계자 및 항공교통 관제사와 각각 필요한 정보를 주고받는다.

UAM 운항자는 UAM 교통관리서비스 제공자, 운항지원정보 제공자 및 버티포트 운영자로부터 운항정보(회랑 가용성, 출도착지 버티포트 가용성)와 운항안전정보(기상, 제한공역 정보 등)를 확보하여 비행계획 수립에 적용한다.

UAM 교통관리서비스 제공자는 이미 승인된 타 비행계획과 운항지원정보의 종합 분석을 통해 UAM 운항자가 신규 제출한 비행계획의 안전성을 확인하여 이를 승인하거나 UAM 운항자와의 협력을 통해 비행계획을 조정한다.

UAM 교통관리서비스 제공자는 UAM 감시 정보, UAM 항공기의 실시간 운항정보와 기타 국가공역시스템 사용자 정보를 종합하여 실시간 교통관리서비스를 수행하고 필요시 이해 관계자들과 정보를 공유한다.

기타 이해관계자는 공익을 목적으로 UAM 운용정보(UAM 항공기 식별 정보와 이동 궤적 등)에 접근할 수 있다. 이러한 정보는 UAM 교통관리서비스 제공자로부터 제공된다.

공공업무를 담당하는 기타 이해관계자는 화재 진압이나 대규모 야외 행사 개최 등으로 인해 공공의 안전확보 차원에서 특정 지역 상공에서의 UAM 운항을 일시적으로 제한할 필요가 있을 경우, 이 운항제한 사항을 UAM 교통관리서비스 제공자에게 고지한다.

UAM 교통관리서비스 제공자들 사이에는 PSU 간 네트워크를 구성한다. 이를 통해 관련 정보를 공유함으로써 서로 다른 UAM 교통관리서비스를 제공받는 UAM 항공기들 사이에서 안전한 분리가 이루어질 수 있도록 실시간으로 UAM 교통을 관리해야 한다.

PSU 간 네트워크를 통해 동일 지역에서 서비스를 제공하는 UAS 교통관리서비스 제공자와 서로의 공역 사용 정보를 공유할 수 있다. PSU 간 네트워크는 공유 정보의 보안유지 필요성과 공유대상·범위·수준의 형평성 등을 동시에 고려하여 운영되어야 하며, 공유된 정보들은 표준화된 방식으로 관리되어야 한다.

2) 버티포트 운영자 중심의 주요 정보 흐름

버티포트 운영자는 버티포트 가용성, UAM 항공기 운용상태, 실시간 수용량 변화,

버티포트 권역 감시현황 등의 정보를 UAM 교통관리서비스 제공자와 UAM 운항자에게 제공한다. 이 정보는 UAM 운항자의 비행계획 수립, UAM 교통관리서비스 제공자의 비행계획 승인, 이착륙 관리 및 분리 서비스 제공에 이용된다.

UAM 교통관리서비스 제공자는 버티포트의 실시간 수용량 변화 정보를 수요-수용량 관리에 적용함으로써 보다 효율적인 교통관리서비스를 제공할 수 있다.

버티포트 운영자는 UAM 운항자와 UAM 교통관리서비스 제공자로부터 비행계획이나 실시간 비행정보(예상 도착시간 등)를 제공받아 효율적인 버티포트 운영에 활용할 수 있다.

버티포트 운영자는 안전하고 효율적인 UAM 운용을 위해 버티포트 권역 내에서(이착륙 과정 포함) 기장과 직접 통신할 수 있다.

2. 타 항공교통관리 체계와의 정보 공유 및 연계

항공교통관제사의 업무부담이나 기존 항공교통관리체계에 미칠 영향을 최소화하기 위해 UAM 교통관리정보 교환은 기존 항공교통관리 정보망과 분리하여 수행해야 한다. 한편 UAM 항공기의 회랑이탈과 같은 비정상상황이 발생한 경우에는 아래와 같은 절차를 고려하여 대응한다.

항공교통관제사의 지시·규제 정보(비행 제한공역, NOTAM 등)가 UAM 교통관리서비스 제공자에게 보내지면 UAM 교통관리서비스 제공자는 해당 정보를 직접 이용하거나 UAM 운항자와 기장에게 전달한다. 불가피하게 관련 지시·규제를 이행하지 못하는 경우 UAM 교통관리서비스 제공자는 항공교통관제사에게 즉시 보고한다.

항공교통관리체계에서는 필요에 따라 UAM 교통관리서비스 제공자에게 UAM 운항 관련 정보(UAM 비행계획, 실시간 비행 정보 및 회랑 정보 등)를 요청하여 획득할 수 있다. UAM 교통관리서비스 제공자는 정보교환 프로토콜에 따라 요청받은 비상상황 정보를 보고해야 한다. 향후 이를 위한 시스템이 별도로 구현될 수 있다.

UAM 교통관리서비스 제공자는 항공교통관리에 영향을 줄 수 있는 상황이 발생할 경우, 해당 정보를 항공교통관리체계에 전달한다. 항공교통관리체계에서는 해당 정보를 종합하고 필요시 지시·규제 등의 정보를 생성하여 UAM 교통관리서비스 제공자에게 전파한다.

K-UAM 교통체계는 안보상황 등을 고려하여 필요시 군 등과 정보를 교환한다.

이러한 정보교환 및 연계는 국가항행계획(NARAE, National ATM Reformation And Enhancement)과 조화롭게 추진되어야 한다.

3. 고려사항 및 향후 정책 방향

UAM 항공기의 운항빈도가 늘어날수록 단절 없는 정보의 흐름이 중요하므로 체계화·고도화된 정보 네트워크 구축을 통해 사람의 개입을 최소화하고, 각 이해관계자가 실시간으로 필요한 정보를 취득할 수 있도록 만들어나갈 필요가 있다. 본 내용에서는 UAM 교통관리서비스 제공자가 정보 흐름의 중심에 있으며, PSU 간 네트워크가 정보의 유통과 확산에 핵심적인 역할을 수행한다. 다만, PSU 간 네트워크는 아직 개념상으로만 제시된 것으로 더욱 구체적인 연구가 필요하다. 향후 항공교통관리와 UAS 교통관리를 종합적으로 고려하여 발전 방향을 설정해 나아가야 한다.

9.3.5 K-UAM 통신·항법·감시·정보(CNSi)

1. 통신

K-UAM 안전운항을 위해 UAM 회랑에서 안정적인 정보통신서비스를 제공할 수 있어야 하며, 이를 위해 상용이동통신망 이용을 우선적으로 고려한다. 초기 상용화 단계에서는 기존 항공교통관제서비스에서 사용하는 음성통신을 활용할 수 있다. 회랑의 요구항법성능을 만족하지 못하는 상황(항공기 또는 관련 지원시스템의 고장 등)이 발생하여 회랑을 벗어난 UAM 항공기는 항공교통관제사의 직접적인 통제를 받아야 하므로, 관련 이해당사자는 사전에 이에 적합한 통신시스템을 갖추고 있어야 한다.

2. 항법

K-UAM 운항을 위한 항법시스템은 GNSS를 기반으로 한다. 성능기반항법의 적용을 위해 항로상에서는 SBAS를, 버티포트 착륙 접근 시에는 DGNSS(Differential GNSS)를 활용할 수 있다. 또한, GNSS 사용 불가 상황에 대비하기 위한 보조 항법시스템 장착(구축)을 추가로 고려할 수 있다.

3. 감시

K-UAM 운항감시정보는 상용이동통신 기반의 UAM 항공기 운항정보 보고시스템으로부터 획득한다. 회랑의 요구항법성능을 만족하지 못하는 상황(항공기 또는 관련 지원시스템의 고장 등)이 발생하여 회랑을 벗어난 경우에 대비하여 ADS-B OUT이 기능하도록 해야 한다.

4. 정보

운항 중인 UAM 항공기의 비행 안전 관련 주요 항공부품의 상태정보는 UAM 운항자에게 전달된다. UAM 운항자는 이를 바탕으로 해당 항공기의 유지 관리 정보를 축적하는 한편, 긴급 정비 필요성 등을 검토·판단할 수 있다.

개별 UAM 항공기의 운항상태나 기타 항공기의 안전성 관련 정보 등은 UAM 운항자에게 전달되어 비행계획 일치성 모니터링에 활용되며, 필요시 UAM 교통관리서비스 제공자에게도 전달되어 긴급구조나 비상상황 대응 등에 활용될 수 있다.

항공당국이 발행하는 긴급 항공고시정보 등 안전운항에 필수적인 정보는 UAM 교통관리서비스 제공자를 통해 UAM 기장에게 전달된다.

탑승객들은 비행 중에 휴대전화를 통해 웹서핑, 동영상 시청, 다음 교통수단을 활용하기 위한 티켓팅 등 다양한 인포테인먼트 서비스를 제공받을 수 있다.

5. 고려사항 및 향후 정책 방향

통신·항법·감시·정보체계는 UAM 항공기와의 연계가 필수적이나, 아직 활용 가능한 인증 항공기가 없으므로 항공기 자체에 요구되는 구체적인 기술요소 등에 대한 고려는 반영되어 있지 않다. 향후 활용 가능한 인증 항공기가 생산되면 본 내용을 발전시켜 나갈 필요가 있다.

9.4 K-UAM 운항 시나리오(초기)

9.4.1 정상 운항 시나리오

정상 운항 시나리오는 앞장에서 기술된 기장, UAM 운항자, 버티포트 운영자, UAM 교통관리서비스 제공자, 운항지원정보 제공자, UAS 교통관리서비스 제공자 및 항공교통관제사 등의 이해관계자와 UAM 회랑, UAM 교통관리체계, CNSi, 기상 등의 운항환경이 정상적으로 운용된다는 가정하에 기술되었다.

UAM 운용절차는 아래에 제시하였다. 본 절차는 정상 운항 시나리오에 대한 예시다. UAM 운항자는 상용서비스를 위한 운용절차를 개발하고, 안전당국의 승인을 받아 해당 절차를 확정한다.

정상 운항 시나리오를 기술하기 위해 아래와 같이 4단계(비행계획, 비행 전, 비행, 비행 후)로 구분하였으며, 필요에 따라 세부 단계를 더했다.

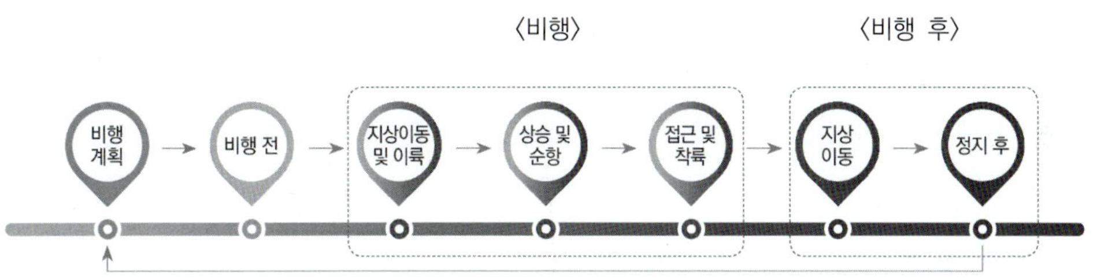

[그림 4] 비행 단계

1. 비행계획 단계

1) UAM 운항자는 버티포트 운영자 등과 협력하여 UAM 항공기에 대하여 일상 점검을 수행한다.
2) 버티포트 운영자는 버티포트(비상착륙장 운영 권한을 보유한 버티포트 운영자인 경우, 비상착륙장 포함) 가용현황을 확인하고 그 결과를 UAM 교통관리서비스 제공자와 UAM 운항자에게 공유한다.
3) UAM 운항자는 운항지원정보 제공자가 제공하는 기상, 환경 등의 정보, UAM 교통관리서비스 제공자가 제공하는 회랑 등의 정보, 그리고 출도착지 버티포트

운영자가 제공하는 버티포트 가용성 정보를 바탕으로 비행계획을 수립한다.

4) UAM 운항자는 버티포트 운영자에게 비행계획(안)을 검토 받은 후 UAM 교통관리서비스 제공자에게 승인을 요청한다.
5) 버티포트 운영자는 비행계획(안)에 대한 검토 결과를 UAM 교통관리서비스 제공자와 UAM 운항자에게 통보한다.
6) UAM 교통관리서비스 제공자는 회랑 가용성, 버티포트 상태·용량, 비상착륙장 가용성, 기상, NOTAM 등의 정보를 확인하여 비행계획의 적절성을 검토하고 필요시 전략적 분리를 위한 조치를 수행한다.
7) UAM 교통관리서비스 제공자는 비행계획과 관계된 제반 조건을 고려하여 이를 승인하고, 승인된 비행계획을 UAM 운항자와 버티포트 운영자에게 전송한다. 또한 필요시 항공교통관제사, UAS 교통관리서비스 제공자 등과 승인된 비행계획을 공유할 수 있다.
8) 버티포트 운영자(필요시 UAM 운항자)는 비행계획을 고려하여 지상서비스를 준비한다.
9) UAM 운항자는 UAM 교통관리서비스 제공자로부터 비행계획을 승인받아 승객·화물 목록과 함께 기장에게 전송한다.
10) 기장은 승인된 비행계획과 승객·화물 목록을 확인한다.

2. 비행 전 단계

1) 기장은 승인된 비행계획을 확인하고 항공기 운항을 준비한다. 이때 항공기를 점검하고 승객·화물 목록을 확인하며, 사용 회랑, 목적지, 비행시간 등을 숙지한다. 기장은 탑승을 위한 준비가 완료되었음을 UAM 운항자와 버티포트 운영자에게 통보한다.
2) 버티포트 운영자는 승객 및 화물에 대한 보안 검색을 실시하고, 승객이 격리대합실 내에서 안전하게 대기하도록 안내하고 격리대합실 상태를 확인한다.
3) UAM 운항자는 보안 검색이 완료된 승객을 대상으로 운항안전교육을 실시하고 탑승을 안내한다.
4) 버티포트 운영자(필요시 UAM 운항자)는 기장과 협력하여 출발준비를 지원하고, 탑승이 개시되면 승객의 이동 및 탑승을 지원한다.

5) 기장은 승객(화물)의 탑승(적재) 완료를 확인한 후, UAM 교통관리서비스 제공자에게 출발준비 완료를 통보하고 지상이동 승인을 요청한다.
6) 기장은 직접 또는 단말기(인포테인먼트 시스템 등)를 통해서 승객들에게 비행계획(경로, 시간 등)을 브리핑한다.
7) UAM 교통관리서비스 제공자는 비행계획, 회랑 가용성, 도착 버티포트 가용성 등을 확인 후, 버티포트 운영자에게 출발계획(FATO, 출발방향, 출발순서 · 시간 등)에 따른 지상이동 승인을 요청한다.
8) 버티포트 운영자는 출발계획, 버티포트 가용성(FATO, 지상이동경로, 타 비행일정, 버티포트 권역 등) 및 주변 상황을 확인 후 지상이동을 승인(지상이동경로 포함)하고 UAM 교통관리서비스 제공자에게 통보한다.
9) UAM 교통관리서비스 제공자는 출발계획과 지상이동 승인 사실을 기장에게 통보하고, UAM 운항자와 버티포트 운영자에게 전달한다.

3. 비행 단계

비행 단계는 지상이동 및 이륙, 상승 및 순항, 접근 및 착륙 단계로 구분한다.

1) 지상이동 및 이륙

① 기장은 UAM 교통관리서비스 제공자와 통신을 유지하면서 지상이동 경로를 따라 지정 FATO로 이동한 후 이륙 승인을 요청한다.

② UAM 교통관리서비스 제공자는 출발계획 및 회랑 가용성 등을 재확인 후 기장에게 이륙 승인을 통보하고, 이를 버티포트 운영자와 UAM 운항자에게 알린다.

③ 기장은 이륙 승인을 통보받은 후, UAM 교통관리서비스 제공자와 통신을 유지하면서 출발계획에 따라 이륙절차를 수행하고, 이를 UAM 교통관리서비스 제공자에게 통보한다.

④ 버티포트 운영자는 UAM 항공기의 지상이동 및 이륙을 지속적으로 모니터링하고, 이 정보를 UAM 교통관리서비스 제공자, UAM 운항자와 공유하며, 비정상상태 발생에 대비해 기장과 통신을 유지한다.

⑤ UAM 교통관리서비스 제공자는 이륙시간 등을 반영한 최신화된 비행계획

(예상 도착시각 등)을 관련 이해관계자들에게 전파한다.

2) 상승 및 순항

① 기장은 비행계획에 따라 상승 및 순항한다. 기장은 안전한 비행을 위해 항공기 상태와 기상상황을 모니터링하고, 이를 UAM 교통관리서비스 제공자, UAM 운항자와 공유한다.

② UAM 운항자는 비행 중인 항공기 상태와 비행계획 일치성을 모니터링하고, 경로상의 기상데이터를 기장에게 제공한다.

③ UAM 교통관리서비스 제공자는 비행계획(위치, 시간, 항법성능 등) 일치성을 감시하여 해당 정보를 PSU 간 네트워크로 공유하며, 비행 경로상의 운항지원정보 등을 지속해서 확인하여 안전한 비행을 지원한다. 필요시 UAM 운항자는 기장 또는 UAM 교통관리서비스 제공자 등의 요청에 따라 비행계획을 수정하고, UAM 교통관리서비스 제공자는 이를 조율, 승인하여 전파한다.

④ 버티포트 운영자는 UAM 항공기 상승 시 버티포트 권역을 지속해서 감시하고 이 정보를 UAM 교통관리서비스 제공자와 공유한다.

3) 접근 및 착륙

① 도착 버티포트 운영자는 버티포트 권역과 버티포트 가용상태를 지속적으로 확인하여 이 정보를 UAM 교통관리서비스 제공자, UAM 운항자와 공유한다.

② UAM 교통관리서비스 제공자는 항공기 운항정보(위치, 상태 등)를 지속적으로 모니터링한다. 버티포트 현황, 외부상황(기상, 타 항공기 등)을 고려하여 필요시 전술적 분리를 지원한다.

③ 기장은 도착 버티포트에 접근하여 UAM 교통관리서비스 제공자에게 착륙승인을 요청한다.

④ UAM 교통관리서비스 제공자는 비행계획, 회랑 가용성, 착륙을 대기 중인 다른 UAM 항공기, 버티포트 가용성 등을 확인 후 착륙계획(FATO, 접근방향, 착륙시간 등)에 따른 착륙승인을 버티포트 운영자에게 요청한다.

⑤ 버티포트 운영자는 착륙계획, 버티포트 가용성(FATO, 지상이동경로, 하기장, 다른 비행계획)과 버티포트 권역상황 등을 확인한 후 UAM 교통관리서

비스 제공자에게 착륙승인(지상이동경로, 하기장 지정 포함)을 통보하고, 지상서비스를 준비한다.

⑥ UAM 교통관리서비스 제공자는 착륙계획과 착륙승인을 기장에게 통보하고, UAM 운항자와 버티포트 운영자에게 알린다.

⑦ 기장은 착륙승인을 통보받은 후, UAM 교통관리서비스 제공자와 통신을 유지하면서 착륙계획에 따라 착륙절차를 수행하고, 이를 UAM 교통관리서비스 제공자에게 통보한다.

⑧ UAM 교통관리서비스 제공자와 UAM 운항자는 안전운항 데이터의 공유상태를 유지하면서 항공기 상태를 모니터링한다.

⑨ 버티포트 운영자는 지속적으로 항공기 착륙을 감시하고, 이 정보를 UAM 교통관리서비스 제공자, UAM 운항자와 공유한다.

4. 비행 후 단계

비행 후 단계는 지상이동과 정지 후 단계를 포함한다.

1) 지상이동

① 기장은 FATO에 착륙한 후, UAM 교통관리서비스 제공자와 통신을 유지하며 지상이동경로를 따라 지정 하기장으로 이동한다.

② 버티포트 운영자는 UAM 항공기의 착륙 및 지상이동을 지속해서 감시하고, 이 정보를 UAM 교통관리서비스 제공자, UAM 운항자와 공유하며, 비정상상태 발생에 대비해 기장과 통신을 유지한다.

2) 정지 후

① 기장은 지정 하기장에 정지한 후, UAM 교통관리서비스 제공자에 승객 하기 준비완료를 통보하고 UAM 운항자에게 알린다.

② UAM 운항자는 항공기 정지·승객 하기 준비 완료 확인 후, 비행 종료를 선언한다.

③ UAM 교통관리서비스 제공자는 승객 하기 준비 완료 상태를 버티포트 운영자에게 통보하고, 운항결과를 정리 및 보관한다.

④ 버티포트 운영자(필요시 UAM 운항자)는 승객 하기 준비 완료 통보 후 승객(화물)의 안전한 하기(적하)를 지원하고, 지상서비스(충전, 점검, 청소 등)를 실시 또는 지원한다.

9.4.2 비정상상황 시 운항 시나리오

비정상상황은 UAM 운용과 관련된 임의의 구성요소, 외부 요인 또는 운용환경이 정상적이지 않은 상황이다. 모든 운용단계 중에 발생할 수 있으므로 해당 상황에 맞추어 대응하는 것이 중요하다. 각각의 이해관계자들은 비정상상황별로 비상대응 매뉴얼 또는 우발계획 등을 개발하여 안전당국의 승인을 받아야 한다.

UAM 운용에서 정상상황과 비정상상황에 대한 구분은 아래 표에 제시하였다.

[표 1] 비정상 운용 구분에 따른 개념 설명

운용상태		상황 설명
정상상황 (Nominal)	정상 운용 (Normal Operation)	UAM 운용과 관련된 모든 시스템이 정상을 유지하는 상태
비정상상황 (Off-nominal)	경미한 비정상상황 (Abnormal Operation)	최초 계획된 목적지로 비행이 가능하나 일부 시스템 · 환경 등이 비정상인 경우
	우발상황 (Contingency)	위험한 수준의 요인발생으로 계획된 목적지에 도착할 수 없는 경우. 우발계획(Contingency Plan) 등으로 대처 필요
	비상상황 (Emergency)	치명적 수준의 요인발생으로 항공기 통제가 불가능한 경우. 사고대응 절차 등에 기반하여 조치 필요

본 절에서는 비정상상황을 비행계획을 준수할 수 있는 경우와 비행계획을 준수할 수 없는 경우, 마지막으로 긴급 비상상황으로 분류한다. 비정상상황이라 하더라도 비행계획을 준수할 수 있는 경우는 비행경로 변경, 비행 중 대기 등의 대응으로 비행계획을 완수할 수 있다. 비정상상황 중 비행계획을 준수할 수 없는 경우는 공역변경, 비상착륙, 착륙복행(Balked Landing) 등의 대응을 할 수 있다. 마지막으로 긴급 비상상황은 항공기가 추락하는 경우이며, 이때는 응급구조 및 사고 후처리가 필요하다.

UAM 운용 측면에서 비정상상황 시 관련 이해관계자들에 대한 신속한 정보 공유 및 전파가 필수적이다.

1. 비행계획을 준수할 수 있는 상황

비행계획을 준수할 수 있는 비정상상황은 최초 계획된 목적지로 비행이 가능하다. 일부 시스템·환경 등이 비정상인 운용상황(Abnormal Operation)에 처해 있지만 비행안전에는 영향을 끼치지 않는 정도를 가정한다.

또한 비행안전에 영향을 끼치더라도 준비된 대체요소로 교체·전환하여 비행안전에 영향이 없도록 조치하여 운항을 지속할 수 있는 경우도 이에 포함된다. 이러한 상황을 대비하여 UAM 항공기 제작자 및 UAM 운항자는 반드시 대응 매뉴얼을 작성하여야 하며, 이에 대한 대응지식과 능력은 기장, UAM 운항자, UAM 교통관리서비스 제공자 등의 자격조건에도 반영되어야 한다.

경미한 비정상상황의 예시는 아래와 같다.

- (비행안전과 무관한 경우) 에어컨디셔너 작동 불량 또는 고장
  ⇒ 승객에게 양해를 구하고 정상 운용 지속
- (비행안전에 영향, 대체요소로 극복) 내비게이션 S/W 오류 또는 고장
  ⇒ 대체 S/W 사용으로 정상 운용 지속
- (비행안전에 영향, 대체요소로 극복) 5G 통신망 연결 오류
  ⇒ 대체 통신방식으로 변경하여 통신망 유지 후, 정상 운용 지속
- (비행안전에 영향, 대체요소로 극복) 회랑 내 비협력적 비행체 돌발 출현
  ⇒ 전술적 충돌 회피(비행 중 대기 포함) 후 안전한 정상 운용 지속
- (비행안전에 영향, 대체요소로 극복) 비행 경로상 돌발적 악기상 발생(운항지원정보)
  ⇒ 비행경로 변경을 통한 정상 운용 지속

2. 비행계획을 준수할 수 없는 상황

비행계획을 준수할 수 없는 비정상상황은 위험한 수준의 요인 발생으로 계획된 목적지에 도착할 수 없는 우발상황이다. 비행안전 확보를 위해 추가적으로 준비된 대체요소조차도 고장 또는 비정상적 동작을 일으키는 경우와 기타 사유로 의해 비행계획의 준수가 불가능 경우도 이에 포함된다.

우발상황이 발생하면 신속한 상황 전파와 동시에 착륙절차를 수행할 필요가 있다.

UAM 항공기의 회랑 이탈로 인해 타공역 사용자가 영향을 받을 수 있으므로, UAM 운항자는 우발계획을 수립하여 기장, UAM 운항자, UAM 교통관리서비스 제공자 등이 신속히 대응할 수 있도록 해야 한다.

UAM 운항자와 항공당국은 비상착륙 후 항공기 점검과 운항 데이터 분석을 통해 우발상황의 발생원인을 규명해야 한다.

우발상황의 예시는 아래와 같다.

- (비행안전에 영향, 대체요소 없는 경우) 조류 충돌에 의한 비행 관련 구성품 고장
  ⇒ 기장 판단으로 비상착륙
- (비행안전에 영향, 대체요소도 비정상 경우) 내비게이션 S/W 오류 또는 고장 → 대체 S/W 사용 중 오류 또는 고장
  ⇒ 기장 판단으로 비상착륙
- (비행안전에 영향, 대체요소도 비정상 경우) 비행 경로상 돌발적 악기상 → 대체 비행경로 지정 불가
  ⇒ 기장, UAM 교통관리서비스 제공자, UAM 운항자가 협력하여 비상착륙
- (비행안전과 무관한 기타 사유) 항공기 강제 착륙 명령 또는 이륙 금지
- (비행안전과 무관한 기타 사유) 심정지 등 긴급 환자 발생
  ⇒ UAM 운항자 또는 UAM 교통관리서비스 제공자가 지정한 착륙장(의료기관과 최단거리)에 비상착륙

3. 긴급 비상상황

긴급 비상상황은 치명적 수준의 요인 발생으로 항공기 통제가 불가능한 상황이다. 항공기 추락 시에는 기장, UAM 교통관리서비스 제공자, UAM 운항자가 신속히 정보를 공유해야 하며, 관련 이해관계자들에게 긴급 비상상황을 전파해야 한다. 해당 상황 발생 시 지역사회와 연계된 응급구조, 사고 조치 등이 반드시 동반되어야 한다. 항공당국은 사고 항공기의 비행기록 등을 확보하여 조사·분석하고 사고의 원인을 규명해야 한다.

9.4.3 고려사항 및 향후 정책 방향

K-UAM 초기 운항 시나리오는 정부에서 실증사업으로 준비하고 있는 K-UAM GC를 통해 검증하고, 발전시켜나갈 계획이다. K-UAM GC의 1단계는 개활지에서, 2단계는 도심지에서 진행할 예정이며, 2단계 도심지 실증과 관련한 사항은 이번 운항 시나리오를 마련하는 데 충분히 고려되지 않았으므로 향후 새로운 항목이 추가될 수도 있다. 또한, 현재의 운항 시나리오는 서비스 공급자 입장을 중심으로 작성되어 있고, 반면 실제 UAM을 이용하는 수요자 입장에 대한 고려가 부족하다. 운항 시나리오를 발전시켜 나아가는 과정에서 수요자가 더욱 안전하고 편리하게 이용할 수 있도록 검토할 계획이다.

PART

03

항공분야와 관련된 국제적 기구와 조직 소개

항 공 학 개 론

Introduction to the World of Aviation

CHAPTER 10

국제민간항공기구 (International Civil Aviation Organization: ICAO)

10.1 ICAO 개요

"국제민간항공기구(International Civil Aviation Organization: ICAO)"는 유엔(UN) 산하의 전문 기구로서 국제항공운송에 필요한 기술과 원칙, 안전에 대한 연구를 진행한다. 국제항공운항의 원칙과 기술을 체계화하며 안전하고 질서 있는 성장을 보장하기 위해 국제항공운송의 계획과 개발을 촉진한다.

ICAO의 본사는 캐나다 퀘백 주 몬트리올에 위치해 있다. ICAO는 총회, 이사회, 사무국과 보조기관 등 다양한 위원회로 구성된다. 위원회에서는 항공 운항, 기반 시설, 비행 점검, 불법 간섭 방지 및 국제민간항공의 국경 횡단 절차 촉진에 관한 표준과 권고안을 채택한다.

또한 ICAO는 국제민간항공에 관한 국가의 운송 안전 당국이 따르는 항공 사고 조사를 위한 프로토콜을 정의하고 있다. ICAO는 시카고 조약을 비준하는 각국의 운송 안전 당국의 준거가 되는, 항공기 사고 조사에 관한 조약을 정하고 있다.

위에서 언급한 시카고 조약이란 제2차 세계 대전 시기에 민간 항공기의 발전에 따라서 1944년 국제민간항공조약에 근거해 1947년 4월 4일에 발족한 조약을 뜻한다. 1944년 시카고 국제회의에서 채택된 민간항공 운영을 위한 기본조약으로 연합국과 중립국 52개국이 체결하여 일명 시카고 조약, 시카고 협약이라고도 한다. 이 시카고 회의를 통해 유엔 산하 국제민간항공기구(ICAO) 발족을 위한 초석을 마련하게 되었다.

10.2 ICAO 설립 배경, 역사

ICAO의 설립 배경은 다음과 같다. 제2차 세계대전이 종료된 후 항공기는 고속화

됨과 동시에 대형화가 되면서 장거리 운송 수단으로 변화하게 되었다. 이러한 항공기의 발전은 전쟁 종료 후 평화유지를 위한 교통수단의 관점에서 주목받았다. 바로 이용이 가능하면서 효과를 낼 수 있는 교통수단인 항공기를 규제하는 일은 최우선의 해결과제로 인식되었고 파리협약을 비준하지 않았던 미국으로서는 새로운 항공질서를 확립할 수 있는 국제기구를 창설하기를 희망했다.

이러한 상황 속에서 시카고 회의(1944.11.1.)를 통해 국제민간항공의 방향을 설정하고 건전한 발전을 도모하며, 임시항공로와 항공편의 신속한 마련 및 새로운 항공협약의 채택을 위한 원칙과 방법을 논의하기 위해 52개국의 대표가 모였다. 이 회의의 결과, ICAO(국제민간항공협약)를 체결하였으며, 이 협약은 1947.4.4.에 26개국의 비준으로 발효됐다.

이는 역사적으로 국제민간항공의 초석이 되는 법률제도를 마련했다는 의의가 있다. 때문에 시카고 회의는 가장 성공적이고 생산적인 국제회의 중 하나로 평가받고 있다.

10.3 ICAO의 목적

ICAO는 국제항공의 원칙과 기술을 발전시킴과 동시에 국제항공운송의 계획과 발달을 도모한다. ICAO의 운영목적은 다음과 같다.

1) 세계전역을 통하여 국제민간항공의 안전하고 정연한 발전을 보장
2) 평화적 목적을 위한 항공기 설계와 운송기술을 장려
3) 국제민간항공을 위한 항공로, 공항 및 항공시설 발전 촉진
4) 안전하고 정확하며 능률적이고 경제적인 항공운송에 대한 세계 각국 국민의 요구에 부응
5) 불합리한 경쟁으로 발생하는 경제적 낭비 방지
6) 체약국의 권리가 충분히 존중되도록 하고 체약국이 모든 국제 항공기업을 운영할 수 있는 공정한 기회를 갖도록 보장

7) 체약국간의 차별대우 금지
8) 국제항공상의 비행의 안전 증진
9) 국제민간항공의 모든 부문의 전반적 발전 촉진

10.4 ICAO Vision and Mission

1. Vision

• 글로벌 민간 항공 시스템의 지속적인 성장 달성

2. Mission

• 국제민간항공을 위한 국가들의 글로벌 포럼 역할을 수행한다.
• ICAO는 정책과 표준을 개발하고, 준수 감사(compliance audits)를 수행한다.
• ICAO는 연구와 분석을 수행하고, 지원을 제공하며, 회원국과 이해관계자의 협력을 통해 항공 역량을 구축한다.

10.5 ICAO 주요 업무

ICAO의 업무는 항공운송, 법률, 국제표준화, 기술지원, 국제민간항공에 대한 불법적 방해에 관한 문제, 토의 등 크게 6가지의 항목으로 나눌 수 있다.

1. 항공운송

정기, 부정기 항공운송에 관한 국제협정, 법률문제, 과세정책, 국제항공운송의 간편화, 국제항공우편, 공항과 항로시설 관리, 통계, 항공과 관련된 경제분석, 계획수립을 위한 예측, 항공운송 간행물 발간, 항공운송과 운임에 관한 규제를 담당한다.

2. 법률

시카고 협약의 해석 및 추가적인 개정과 국제항공법, 국제민간항공에 영향을 미치는 사법 관련 여러 문제를 검토 후 권고사항을 입안하는 업무를 담당한다.

3. 국제표준화

ICAO 부속서에 반영할 국제표준과 권고사항을 채택한다.

4. 기술지원

만약 항공기 사고가 발생했다면 이에 대한 조사를 시행한다. 그전에 우선적으로 항공기 사고 발생을 미연에 방지하기 위해 힘쓰는 것도 ICAO의 업무이다. 이를 위해 항공통신과 정비, 항공기상업무, 공항기술, 정비, 항공보안, 언어, 구조 및 소방 등 여러 방면에서 기술적인 분석 및 발전을 위해 노력한다.

5. 국제민간항공에 대한 불법적 방해에 관한 문제

국제민간항공에 대한 불법적인 방해 및 간섭을 방지한다.

6. 토의

ICAO는 국제민간항공과 관련된 중대한 변화 및 사항에 대한 토의를 계속해서 진행한다.

10.6 ICAO 전략적 목표

세계적인 기업과 승객의 사회적, 경제적 발전과 더 넓은 연결성 요구를 충족시키거나 능가하는 글로벌 항공운송 네트워크를 지원하고 가능하게 하기 위한 지속적인 임무에서, ICAO는 시스템 안전, 효율, 편의성 또는 환경 성과에 불필요한 악영향 없이 2030년까지 전 세계 항공운송능력이 두 배로 증가할 것으로 예상하고 관리해야 할 명백한 필요성을 인정하면서, 다섯 가지 포괄적인 전략 목표를 수립했다.

1. Safety(안전)

글로벌 민간 항공 안전을 강화한다. 이 전략적 목표는 주로 국가의 규제 감독 능력에 초점이 맞춰져 있다. 글로벌 항공안전계획(GASP)은 3년 동안의 주요 활동을 설명한다.

2. Air Navigation Capacity and Efficiency(항공 항법 용량 및 효율성)

글로벌 민간 항공 시스템의 용량을 늘리고 효율성을 향상시킨다. 기능적으로 그리고 조직적으로 안전과 상호 의존적이지만, 이 전략적 목표는 주로 항공 항법 및 비행장 인프라를 업그레이드하고 항공 시스템 성능을 최적화하기 위한 새로운 절차를 개발하는 데 중점을 두고 있다. 글로벌 항공 항법 용량 및 효율성 계획(Global Plan)은 3년의 기간을 위한 주요 활동을 개략적으로 설명한다

3. Security & Facilitation(보안 및 편리화)

글로벌 민간 항공 보안 및 편리화를 강화한다. 이 전략적 목표는 항공 보안, 편리화 및 관련 국경 보안 문제에 대한 ICAO의 리더십의 필요성을 반영한다.

4. Economic Development of Air Transport(항공운송의 경제적 발전)

건전하고 경제적으로 실행 가능한 민간 항공 시스템의 개발을 육성한다. 이 전략적 목표는 경제 정책 및 지원 활동에 중점을 둔 항공운송 프레임워크를 조화시키는 ICAO의 리더십 필요성을 반영한다.

5. Environmental Protection(환경보호)

민간 항공 활동의 환경 악영향을 최소화한다. 이 전략적 목표는 모든 항공 관련 환경 활동에서 ICAO의 리더십을 함양하고 ICAO 및 UN 시스템 환경보호 정책 및 관행과 일치한다.

10.7 ICAO ANNEX

ICAO ANNEX(부속서)는 ANNEX 1부터 ANNEX 19까지 있다.

- ANNEX 1 : Personnel Licensing
- ANNEX 2 : Rules of the Air
- ANNEX 3 : Meteorological Service for International Air Navigation
- ANNEX 4 : Aeronautical Charts
- ANNEX 5 : Units of Measurement to be used in air and ground operation
- ANNEX 6 : Operation of Aircraft
- ANNEX 7 : Aircraft Nationality & Registration Marks
- ANNEX 8 : Airworthiness of Aircraft
- ANNEX 9 : Facilitation
- ANNEX 10 : Aeronautical Telecommunication 1, 2, 3, 4, 5
- ANNEX 11 : Air Traffic Service
- ANNEX 12 : Search and Rescue
- ANNEX 13 : Aircraft Accident and Incident Investigation
- ANNEX 14 : Aerodromes
- ANNEX 15 : Aeronautical Information Services
- ANNEX 16 : Environmental Protection 1, 2
- ANNEX 17 : Security
- ANNEX 18 : The Safe Transport of Dangerous Goods By Air
- ANNEX 19 : Saftey Management

※ ANNEX 1은 항공종사자 자격증명을 기술한 부속서이다. 자격증명을 위한 표준 및 권고사항은 국제민간항공협약(시카고. 1944) 제37조 규정에 따라 1948년 4월 14일 이사회에 의해 처음 채택되었으며, ANNEX 1로 지정되었다.

※ ANNEX 2는 항공규칙에 관한 부속서이다. 항공교통업무, 항공교통 관리절차 등 항공규칙의 표준에 대한 권고사항을 정리하고 있다.

※ ANNEX 3은 국제항공항행기상업무를 다룬다. 기상학과 관련된 표준 및 권고사항이 정리된 부속서로써 국제표준이 되는 항공기상의 내용을 볼 수 있다.

※ ANNEX 4는 항공지도에 관한 내용이다. 조종사는 다양한 차트를 활용하면서 비행을 준비하고 진행하게 된다. 이러한 항공 차트에 대한 표준 및 권고사항이 정리되어있으며, 용어에 대한 설명 또한 나와있다.

※ ANNEX 5는 공중 및 지상운용에서 사용되는 측정단위를 정리했다. 항공분야를 공부하다 보면 다양한 측정단위와 마주하게 된다. 때문에 어느 부분에 어떠한 측정단위가 사용되는지에 관한 정리가 중요하다.

※ ANNEX 6은 항공기의 운항에 관한 내용이 정리되어있다. 이륙, 순항, 착륙 등 항공기 운항에 적용되는 최소한의 표준과 권장사례에 관한 내용을 볼 수 있다.

※ ANNEX 7은 항공기 국적 및 등록기호이다. 사람에게 이름이 있듯이 항공기에는 국적 기호와 등록 기호가 있다. 적절한 방법으로 국적, 등록을 표시하기 위한 표준을 정리하고 있다.

※ ANNEX 8은 항공기의 감항성을 다룬 부속서이다. 감항성이란 항공기가 정상적인 성능과 안정성 및 신뢰성이 있는지 여부를 뜻한다. 안전과 관련된 부분인 만큼 세세하게 정리가 되어있다.

※ ANNEX 9는 출입국간소화에 관한 내용이 정리되어있다.

※ ANNEX 10은 항공통신이다. 비행하는 데 있어 VOR, DME 등 많은 시설의 도움을 받게 된다. 이러한 무선항법보조시설에 대해 명확한 이해가 있으면 보다 원활한 비행이 가능하다.

※ ANNEX 11은 항공교통업무이다. 항공 교통관제 업무, 비행정보업무, 경보기관 등에 관한 설명을 볼 수 있다.

※ ANNEX 12는 수색 및 구조업무에 관한 내용이 정리되어있다. 당연히 항공기 관련 사고가 발생하지 않는 것이 최우선이지만, 혹시 모를 사고에 대비하기 위한 절차 및 관련 정보가 기재되어있다.

※ ANNEX 13은 항공기 사고조사이다. 만약 항공기 관련 사고가 발생했다면 그에 관한 조사를 실시하여 이후에 똑같은 사고가 발생하는 것을 방지하기 위한 것이다.

※ ANNEX 14는 비행장에 관한 내용으로, 비행장의 설계와 운영에 관한 내용을

볼 수 있다.

※ ANNEX 15는 항공정보업무를 다룬 것으로, 항공 정보 관리절차 및 항공 정보 서비스의 적용을 규정한다.

※ ANNEX 16은 환경보호 관련 부속서이다. 항공기에 의해 발생하는 소음과 항공기 엔진의 배기가스 관련 내용 등이 기재되어있다.

※ ANNEX 17은 항공보안이다. 불법 간섭 행위에 대한 국제민간항공 보호를 위한 부속서이다.

※ ANNEX 18은 항공기로 위험한 물품을 안전하게 수송하기 위한 내용이 기재되어있다.

※ ANNEX 19는 안전관리에 관한 내용이다

ICAO ANNEX의 자세한 내용을 볼 수 있는 완전한 파일은 ICAO 웹사이트에서 구매하여 볼 수 있다.

10.8 ICAO 회원국

ICAO는 26개국의 회원국으로 시작하여, 현재는 193개국의 회원국으로 구성되어 있다. 북한 또한 ICAO 회원국으로 포함되어있다.

※ 우리나라는 1952년 11월 11일 국제민간항공협약(시카고 협약)의 기탁처인 미국 정부에 가입서를 기탁하였으며, 시카고 협약 규정에 따라 30일이 경과한 후인 1952년 12월 11일 공식적으로 ICAO 회원국이 되었다.

10.9 ICAO 조직

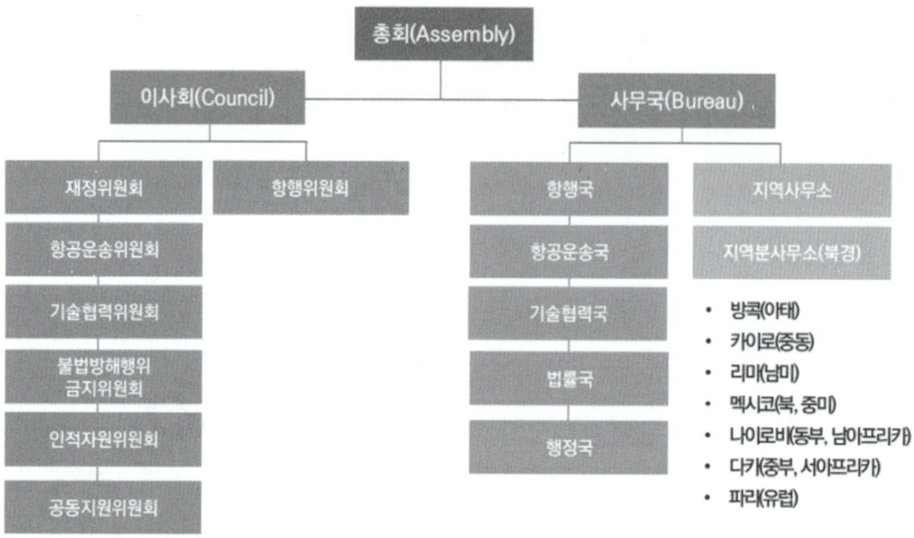

[그림 1] ICAO 조직구성

위의 〈ICAO 조직구성〉을 보면 알 수 있듯이 ICAO의 조직 구성은 Assembly(총회)부터 시작해서, Council(이사회)가 있고 그 밑으로 다양한 위원회가 존재한다.

Assembly(총회)는 ICAO 내에서 최고 의결기관으로써, 의장과 임원 선출, 이사국 선출, 이사회 보고서 심사, 연차예산의 표결, 이사회 권한 위임, 시카고 조약 개정 심의 및 체약국에게 권고 등의 업무를 수행하고 있다.

Council(이사회)은 총회에 대하여 책임을 지는 상설기관이다. ICAO의 가장 중요한 조직으로 총회에서 선출된 국가들로 구성되어 있다. 이사회 회원국은 PART 1, PART 2, PART 3 이렇게 3가지 종류로 나누어져 구성된다.

PART 1은 항공운송에 있어서 중요한 국가를 뜻한다. 보통은 선진국이 어떠한 경쟁도 없이 PART 1에 선출된다. 여기에 해당되는 국가는 독일, 러시아, 미국, 브라질, 호주, 영국, 이탈리아, 일본, 중국, 캐나다, 프랑스가 있다.

PART 2는 항행안전시설을 설치하여 국제항공에 공헌한 국가로써, 대부분 영토가 큰 국가들이며 항공분야에서 국제적 영향력이 크다. 아르헨티나, 오스트리아, 이집트,

아이슬란드, 인도, 멕시코, 나이지리아, 사우디아라비아, 싱가포르, 남아프리카, 스페인, 베네수엘라가 PART 2에 해당된다.

PART 3은 PART 1 & 2에 포함되지 못한 국가로, 지리적 대표성을 지닌 국가로 구성되어 있다. 볼리비아, 칠레, 엘살바도르, 적도기니, 에티오피아, 가나, 자메이카, 말레이시아, 모리타니, 카타르, 대한민국, 루마니아, UAE, 짐바브웨가 해당된다.

Air Navigation Commission(항행위원회)는 이사회의 7개 위원회 중 가장 중요한 위원회로 여겨진다. 국제표준과 권고 및 기술기준을 제정 혹은 개정하는 역할을 담당하고 있다.

10.10 ICAO Council President(의회 의장)

ICAO 이사회 의장은 ICAO 이사회에 선출된 36개국에 의해 3년 임기로 선출되며, 한 번의 추가 임기로 재선될 수 있다. 살바토레 시악치타노씨는 여섯 번째이자 현재 ICAO 이사회 의장이다.

그는 2023년 1월 1일부터 시작되는 그의 두 번째 임기를 위해 재선출되었고 2025년 12월 31일까지 근무한다.

Mr. Salvatore Sciacchitano,
President of the Council

10.11 ICAO 공항코드

ICAO에서 4자리 알파벳으로 구성된 세계 각국 공항의 코드이다. ICAO 코드의 앞의 첫 번째 자리는 권역, 두 번째 자리는 국가를 의미하며, 세 번째와 네 번째 자리는 지역이나 도시, 공항별로 구분된다. 하나 예시로 아래의 <ICAO 공항코드와 IATA 공항코드> 표를 보면 인천국제공항의 ICAO 공항 코드는 RKSI이다. 여기서 R은 권역, K는 Korea, SI는 인천을 의미한다.

[표 1] ICAO 공항코드와 IATA 공항코드

번호	공항명	IATA	ICAO	국가명	도시명
1	Incheon International Airport	ICN	RKSI	Republic of Korea	Seoul / Incheon
2	Gimpo International Airport	GMP	RKSS		Seoul
3	Gimhae International Airport	PUS	RKPK		Busan
4	Jeju International Airport	CJU	RKPC		Jeju
5	Daegu International Airport	TAE	RKTN		Daegu
6	Cheongju International Airport	CJJ	RKTU		Cheongju
7	Gwangju Airport	KWJ	RKJJ		Gwangju
8	Muan International Airport	MWX	RKJB		Muan
9	Yangyang International Airport	YNY	RKNY		Yangyang / Wonju
10	Ulsan Airport	USN	RKPU		Ulsan

[그림 2]를 보면 A는 서태평양, B는 아이슬란드/그린랜드, C는 캐나다, D는 서아프리카, E는 북유럽, F는 서아프리카, G는 서북아프리카, H는 동북아프리카, K는 미국, L은 남유럽, M은 중미, N은 남태평양, O는 아랍권, P는 동태평양, R은 동북아시아, S는 남미, T는 카리브 연안, U는 러시아/구소련 지역, V는 남아시아, W는 동남아시아, Y는 호주, Z는 중국과 몽골을 나타낸다.

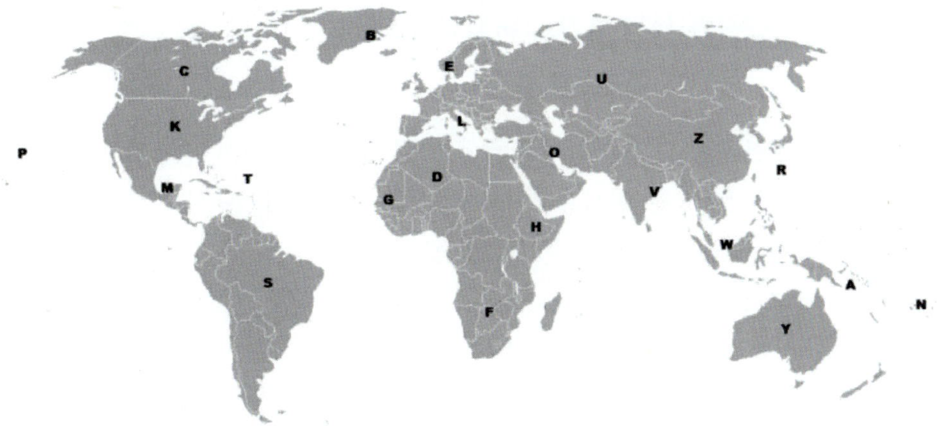

[그림 2] ICAO 코드(권역)

10.12 ICAO와 IATA

ICAO는 UN 전문기구의 지위를 가진 반면 IATA는 항공사들로 이루어진 조합이다. IATA는 운송사업조합이므로 만약 철도와 연계하여 수송이 필요한 경우 철도역에도 코드를 부여할 수 있는 반면, ICAO는 항공운항에 관한 것만 규정하는 국제기구로써 철도역에 코드를 부여할 수 없다.

앞에서 언급한 것처럼 ICAO 공항코드는 4자리 알파벳으로 구성된 반면에 IATA는 3자리로 구성한다는 차이점도 있다. <ICAO 공항코드와 IATA 공항코드> 표를 보면 인천공항의 ICAO 공항코드는 RKSI로 4글자인 반면 IATA 공항코드는 ICN인 것을 볼 수 있다.

10.13 항공산업 시장 크기의 변화와 ICAO

가파른 성장세를 보이던 항공산업 시장은 코로나로 인해 잠시 주춤하게 되었지만, 코로나 사태가 거의 종료된 현시점(2023년) 항공산업 시장은 다시 한 단계 더 성장할 준비를 마쳤다. 현재와 같은 시점에서 ICAO의 역할이 더욱 중요하게 작용할 것이라 예상된다.

[시론] '항공 강국' 다운 외교전략 필요하다

국제 항공시장에서 위상 저평가
아프리카 · 중남미 '표심' 얻어야

허희영 한국항공대 총장

우리나라가 8회 연속 국제민간항공기구(ICAO) 이사국에 선출됐다. 지난 4일 캐나다 몬트리올에서 열린 제41차 ICAO 총회에서 이룬 값진 성과다. 그러나 뒷맛은 개운치 않다. 아랍에미리트(UAE, 161표), 카타르(160표), 에티오피아(154표), 대한민국(151표), 가나(150표), 자메이카(149표) 등 14개국이 뽑힌 후진국 그룹 파트3에서 득표수로 네 번째다.
ICAO는 193개국이 회원으로 참여하는 유엔 최대의 산하 기구다. 연중 위원회가 열리는 이곳엔 각국 대표단이 상주한다. 36개 이사국은 총회에서 결정된 정책을 집행 · 감독하고 국제기준을 만들며, 각종 분쟁의 중재와 조정 등 입법 · 사법 · 행정에 권한을 행사한다. 항공시장의 질서를 잡는 게 이들이다. 하늘의 경계를 허문 드론과 도심항공교통(UAM)을 탄생시킨 기술의 진화만큼이나 수많은 규제가 바뀌는 요즘 이사국에 끼지 못하면 시장 경쟁에서 불리해진다.

2001년 뒤늦게 이사국이 된 우리나라는 제자리걸음이다. 주요 7개국(G7) 중심의 '메이저 그룹'인 파트1도 아니고, 국제적 공헌 그룹인 파트2의 12개국도 아닌 '마이너 리그'에 속해 있다. 코로나-19에도 화물시장을 주도하며 운송 실적을 세계 5위까지 이끈 대한항공, 세계 정상급 브랜드인 인천국제공항, 서비스 평가에서 늘 상위권인 항공사들을 보유한 '항공 강국'이 유독 ICAO에선 왜 작아지는 걸까.

민간 항공의 역사에 답이 있다. ICAO의 거버넌스 때문이다. 세계 2차대전이 한창이던 1944년 미국의 제안으로 52개국이 시카고에 모였다. 전쟁 중이긴 하지만 민간의 하늘길만은 보장하자는 합의로 1947년 이 국제기구가 탄생했다. 그때의 서명국들이 지금의 지배구조를 형성했다. 당시 주권이 없던 한국은 1952년 가입했지만, 창립 회원들의 기득권이 이사국 선출 때마다 담합으로 작용한다. 1국 1표의 선거전에선 신흥 강국이 비집고 드는 상황을 경계할 수밖에 없다. 지역그룹마다 표를 모으면 어느 나라도 탈락시킬 수 있는 이 역학 구조에선 파트3에 남는 것도 그래서 만만치 않다. 이번 총회 기간 내내 국토교통부 장관과 차관이 현장에서 득표전을 펼친 이유다.

세계 10위권 항공 선진국인 우리는 어떻게 해야 지위를 높일 수 있을까. 3년마다 열리는 총회에서 그룹별로 변하는 표심을 읽고 체계적으로 대응해야 한다. 이번 선거에선 우크라이나와의 전쟁으로 하늘길을 막은 러시아의 파트1 탈락으로, 그들 지지그룹 일부가 우리에게 등을 돌렸다. 지난번에 실패했던 카타르가 1위로 진입함에 따라 다음 선거에선 전략적 동맹으로 아랍국가들의 견제까지 더해진다. 유럽이나 아시아보다는 아프리카와 중남미의 결속이 단단하다. 표적이 분명한 전략적 접근이 그래서 필요하다. 메이저 회원보다는 54개 회원국을 둔 아프리카와 22개 회원국을 가진 중남미 그룹의 표심을 얻는 전략이 더 효과적이란 얘기다.

환심을 사려면 상대의 니즈부터 파악해야 한다. 개발도상국이 부러워하는 것은 한국의 탁월한 공항 운영과 항공사 경영 노하우, 서비스 경쟁력과 안전 작동 시스템이다. 그 목마름을 채우는 게 경제협력개발기구(OECD) 국가의 개발원조 사업 목적이고 국제사회에선 덕목이다. 막 작동하기 시작한 국제협력단(KOICA)의 항공전문가 양성을 대폭 확대하자. 인적 인프라 구축은 ICAO 이사국 상향을 돕는 데 그치지 않고, 업계의 시장 진출도 촉진하는 가성비 높은 사업이다. 앞서가는 업계를 뒷받침할 외교적 노력이 절실하다.

※ 출처

- ICAO 홈페이지
- 항공정보포털시스템
- 대한민국 외교부 – 주몬트리올 대한민국 총영사관 겸 주국제민간항공기대표부

CHAPTER 11

JAA & EASA

(Joint Aviation Authorities & European Aviation Safety Agency)

11.1 JAA(Joint Aviation Authorities)

11.1.1 JAA의 정의

JAA(Joint Aviation Authorities)는 1970년에 출범한 공동안전규정표준의 개발 및 시행에 동의한 유럽 국가들의 European Civil Aviation Conference(ECAC)와의 연합체이다. JAA는 유럽의 다양한 국가들이 합의하여 항공 규정과 안전성에 대한 표준을 개발하는 데 기여했다.

11.1.2 JAA의 목적

JAA(Joint Aviation Authorities)는 높고 일관된 기준의 안전과 유럽에서의 경쟁에서 "공평한 경쟁의 장"을 제공하기 위해 설립되었고, 항공 관련 안전기준을 통일하는 일종의 안전규제 협력체였다. 출범 초기의 목적은 유럽 항공 제작 산업(Airbus)을 촉진시키기 위해, 대형항공기와 엔진의 일관된 증명 기준을 만드는 데에 있었다. JAA는 유럽에서 FAA의 역할을 수행하여 미국의 규정과 규율을 조화시키기 위해 노력하였고, 캐나다 교통국 등 다른 항공 연합과 상호협정을 맺기도 하였다.

11.1.3 JAA의 배경

JAA(Joint Aviation Authorities)는 여러 유럽 국가들의 협력을 바탕으로 운영되기 때문에 규정과 절차가 다양하고 유연성이 있었다. 이로 인해 항공기 제조사들과 항공 운영자들이 다양한 규정을 준수해야 하는 어려움이 있었다. EASA의 등장은 유럽 내 단일 규정체제를 확립하고, 표준화된 항공안전규정을 제공함으로써 이러한 어려움을 해소하기 위해 이루어진 것이었다. EASA는 유럽 연합에 속하는 모든 회원국에 규제력을 갖고 있으며, 그 규정들이 유럽 내에 적용된다. 이로 인해 EASA의 규정은 보다 강력하고 통일성 있는 적용이 가능해졌다.

11.1.4 JAA의 회원국

JAA(Joint Aviation Authorities)의 회원국은 EU 회원 27개국과 비EU 회원 25개국으로 이루어져 있으며, EU 회원국으로 구성된 Full Membership과 회의는 참석이 가능하나 투표권이 없는 비EU 회원국으로 구성된 Candidate Members로 나뉜다.

11.2 EASA(European Aviation Safety Agency)

11.2.1 EASA의 정의

EASA(European Aviation Safety Agency)는 유럽 항공안전청으로서 유럽 연합(EU) 내의 항공안전과 보안에 관련된 기준과 규제를 개발하고 적용하는 기관이다. 이 기관은 항공기 운영, 설계, 유지보수, 조종사 자격, 항공기 제조 등과 관련하여 유럽 내 모든 항공기업과 개인을 대상으로 항공안전기준을 강화하고 감독하는 역할을 수행한다.

11.2.2 EASA 설립 배경

EASA(European Aviation Safety Agency)는 설립된 이후, 유럽 내 항공안전기관으로서 JAA의 역할을 대체하게 되었다. EASA의 설립은 유럽 항공산업의 통합과 항공안전 강화를 목표로 하였다. EASA 설립 전 유럽 연합 내의 항공기 운영과 유지보수에 대한 규제는 각 국가가 독립적으로 시행하고 있었다. 이로 인해 국가별로 다른 규정과 절차가 존재하여, 항공기 인증과 운영이 복잡하며 많은 비용이 발생하였다.

또한, 유럽 연합은 항공기를 개발하고 생산하는 데 있어 미국과 같은 다른 국가들과 비교하여 경쟁력과 기술력이 뒤처지는 경우가 있었다. 이에 유럽 연합은 항공산업을 강화하고, 안전성과 경쟁력을 향상시키기 위해 단일 규정과 표준화가 필요하다고 판단하였다.

이러한 상황에서, 2002년에 EASA가 설립되었다. EASA의 설립은 항공기 운영 유지에 관한 규제의 표준화로 유럽 항공안전을 한 단계 높인 중요한 발전으로 인식된다.

EASA는 유럽 내에서 FAA처럼 단일 항공기관으로 기능하고 있고, 회원국들에 법적 권한을 가지고 있으며 800명 이상의 전문가와 자문위원으로 구성되어 있다.

EASA는 규정의 이행, 회원국 감독, 항공기 인증, 비EU 국가 업체의 승인 업무를 하고 있다. 회원국은 EU 법률을 이행하며 항공기 제작, 정비, 운항/면허, 교육 훈련, 관제(ATC), 비행장에 대하여 자국 내의 업체를 증명, 감독하고 있다.

11.2.3 EASA 설립 목적

- EU 시민들에게 최고 수준의 안전 보호를 보장한다.
- 환경에 대한 최고 수준의 공통 보호를 보장한다.
- 회원국들 사이에서 단일 규제 및 인증 절차를 제공한다.
- 내부 항공 단일 시장을 촉진하고 공정한 경쟁 환경을 조성한다.
- 다른 국제 항공 기관 및 규제 당국들과 협력한다.

1) 항공안전 총괄: EASA는 유럽 연합 내에서 항공안전을 총괄적으로 관리하고 감독하는 주체이다. 항공안전법을 제정, 항공안전기준과 절차를 개발하여 항공사고를 예방하고, 항공 운영과 유지보수를 안전하게 지원한다.
2) 규제 표준화: EASA는 유럽 내의 항공기 운영, 유지보수, 항공 운항, 항공기술 및 항공기 제조와 같은 여러 항공분야에서 통일된 규제 기준을 제공한다. 이로써 유럽 국가들 사이의 규제 차이를 줄이고 항공산업의 통합을 촉진한다.
3) 유럽 항공시장 통합: EASA는 유럽 내의 항공시장을 통합하는 데 기여한다. 동일한 항공안전기준을 준수하는 것으로 유럽 국가 간의 항공기업들이 더 효율적으로 경쟁하고 협력할 수 있도록 지원한다.
4) 기술 혁신 지원: EASA는 항공분야의 기술 혁신과 발전을 촉진하는 데도 기여한다. 새로운 기술의 도입과 적용을 촉진하며, 항공산업의 성장과 발전을 지원한다.
5) 환경보호: EASA는 항공 운영이 환경에 미치는 영향을 최소화하고, 친환경적인 기술과 운영 방식을 촉진하는 데 주력한다. 이를 통해 항공산업이 지속 가능한 방향으로 성장하도록 지원한다.
6) 국제적 협력: EASA는 국제항공안전과 협력을 촉진하기 위해 다른 국제기관과

협력한다. 유럽의 안전기준과 규제가 국제적으로 인정받아 국제항공안전표준을 향상시키는 데 기여한다.

EASA의 목적은 유럽 내 항공안전과 보안을 향상시키고, 항공기업과 개인들이 공평하고 안전한 환경에서 운영될 수 있도록 하는 것이다. 이를 통해 유럽 국가들 사이의 협력을 강화하고, 항공산업이 더욱 효율적이고 경쟁력 있는 성장을 이룰 수 있도록 지원한다.

11.2.4 EASA 운영 및 회원국

EASA의 본사는 독일 쾰른에 위치하고 있으며, EASA 회원국뿐만 아니라 이 외의 나라와도 기술지원, MOU 등을 체결하여 전 세계적인 항공업무를 수행하고 있으며, 점진적으로 그 영향력을 넓혀가고 있다. 주요 EASA의 회원국으로는 EU 회원국 27개국과 유럽자유무역연합 4개국(스위스, 노르웨이, 아이슬란드, 리히텐슈타인)이 있다. 주요 회원국이 대부분 유럽 국가인 것에 반해, 유럽 외 4곳(캐나다, 미국, 중국, 싱가폴)에 국제 사무소를 두어 업무 범위를 전 세계적으로 넓히고 있다.

11.2.5 EASA의 항공법규체계

항공활동의 가장 큰 특성 중의 하나가 국제성에 있듯이, 항공안전을 확보하기 위한 세계 각 국가의 항공법규는 시카고 협약 등과 같은 국제조약을 따르며, 유럽의 항공법규 내용도 시카고 협약에서 정한 SARPS 기준이 반영되어 있다. EU가 적용하는 주요 항공법규의 형태는 조약(Treaties), 지침(Directives), 규정(Regulations), 항공당국의 결정(Decisions)과 같이 4가지 형태로 근거를 찾을 수 있다.

EU는 유럽공동체조약(EC Treaty)에 의거 지침(Directives)과 규정(Regulations)을 발행할 권한과 함께 결정사항을 채택할 권한을 가지며, 이러한 지침 및 규정 등은 조약에서 규정한 범위를 벗어날 수 없다. 만일, 관련 조약에서 정한 범위를 벗어난 것으로 판단되면 사법재판소(Court of Justice)가 해당 법규를 폐기할 수 있다

항공안전 증진을 위한 실질적인 항공법의 내용을 명시하고 있는 EU의 규정(Regulation)은 기본법률, 이행법률, 일반적인 법규준수방식에 대하여 다음과 같이 4가지 형태의 법규로 규정하고 있다.

1. BR(Basic Regulation)

항공안전 증진과 관련하여 EU 및 EASA에서 적용하는 항공 관련 기본법으로 회원국에 법적 구속력을 가지며 우리나라의 현행 항공법에 해당된다. Basic Regulation은 항공안전 관련 전반적인 분야에 대한 기본적인 요건을 규정하고 있으며 좁은 의미로는 Basic Regulation 자체가 EU의 항공법이라 할 수 있다.

2. IR(Implementing Rule)

Implementing Rule은 민간항공분야의 안전을 확보할 목적으로 Basic Regulation에서 관장하고 있는 분야 및 항목에 대하여 필수요건과 이행기준의 수준에 관해 규정한다. Implementing Rule은 회원국에 법적 구속력을 가지며, 우리나라의 항공법 시행령 및 시행규칙에 해당된다. 이와 같이 민간항공분야에서 일반적인 법적 요건의 이행기준은 Implementing Rule에서 규정하는 반면에 이에 대한 세부적인 이행기준 및 준수방법은 EASA가 별도로 채택한 인가기준(CS) 및 준수방식(AMC)을 따른다.

3. 기타 지침

기본법 및 시행규칙의 세부사항을 규정하는 지침으로, 법적 구속력이 없는 유럽의 연성법(Soft law)이다.

1) AMC/GM(Acceptable Means of Compliance and Guidance Material)

AMC/GM은 EU가 규정한 Basic Regulation 및 Implementing Rule에 대한 준수방식의 일환으로 수립되어 EASA에 의해 채택된 표준이나, 법적 구속력이 없는 연성법(soft law)이다.

(1) AMC(세부 요건 및 절차): 기본법과 시행규칙에 대한 준수방법을 설명하기 위해 EASA가 채택한 비강제적 기준

(2) GM(안내지침): 법적 요건 의미를 설명하는 해석서로, 요건 또는 기술기준의 의미를 설명

2) CS(Certification Specification)

CS는 EU가 규정한 Basic Regulation 및 Implementing Rule에 대한 준수방식의

일환으로 EASA에 의해 채택된 부품 등에 대한 기술적 표준이나, AMC/GM과 마찬가지로 법적 구속력이 없는 연성법(soft law)이다.

※ CS 인증 기준: EASA가 채택한 기술기준으로 기본법과 시행규칙에 대해 충족함을 입증하기 위한 방법을 수록하며, 인증받기를 원하는 조직, 기관 등에 의해 사용될 수 있다.

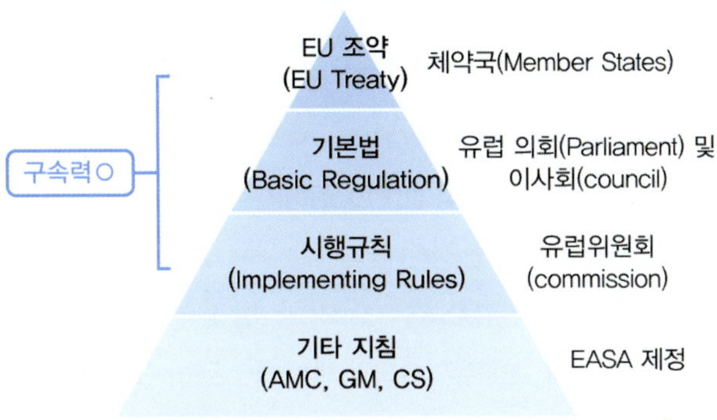

[그림 1] 유럽 항공법규 구조

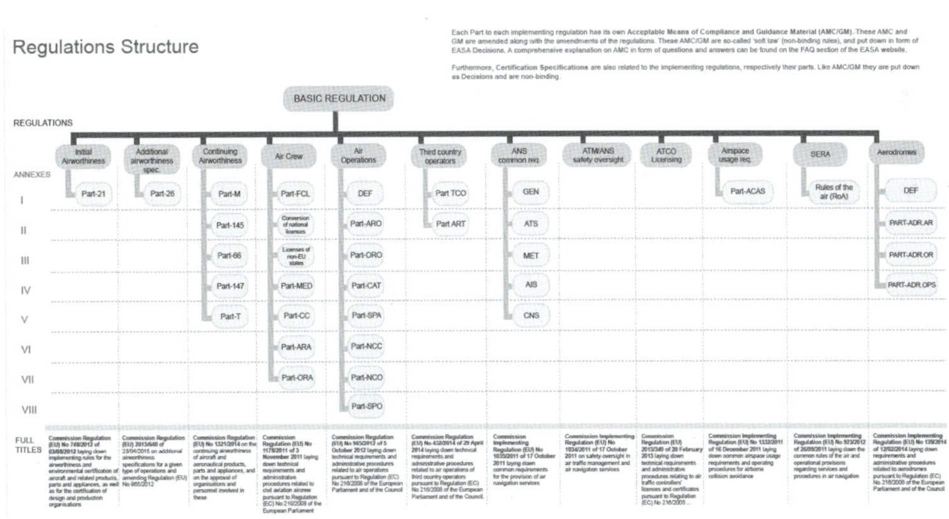

[그림 2] BR(Basic Regulation)의 구조

11.2.6 EASA의 국제적 협력

항공안전은 협력적이고 세계적인 노력이 필요하다. EASA는 민항당국과 지역 및 국제기관과 협력하여 전 세계 항공안전을 향상시키고, 유럽 제품과 서비스의 자유 이동을 지원하며 유럽과 세계 안전기준을 촉진한다.

EASA는 유럽 제품과 서비스의 세계적인 자유 이동을 촉진하는 데 기여한다. 유럽 제품과 서비스의 인증을 비유럽 당국이 도와주는 역할을 한다. 그리고 그 반대로, 비유럽 제품에 대한 유럽 인증을 발급한다. 이러한 역할을 수행하는 데 사용되는 법적 도구는 양자 간 협정과 근무 협약(Working Arrangements)이다.

양자 간 항공안전협정(Bilateral Aviation Safety Agreement, BASA)은 EU(및 회원국)와 비EU 국가 간에 체결되는 협정이다. 이는 두 당사자 간의 협력이 인증서 상호 인정을 목표로 할 때 사용된다. EASA는 이러한 협정의 협상과 시행 과정에서 유럽 위원회를 지원한다. 현재까지, EU는 미국, 캐나다, 브라질, 중국 및 일본과 BASA를 체결하였다.

근무 협약(Working Arrangement, WA)은 일반적으로 EASA와 비EU 국가 또는 지역 또는 국제기관의 당국 간에 체결된다. 일반적으로 EASA의 인증 업무를 원활하게 수행하거나 외국 당국이 EASA 인증서를 인가하는 데 사용된다. BASA와 달리, 근무 협약(WA)은 인증서 상호 인정을 허용하지 않는다. EASA는 직접 이러한 협약을 협상하고 체결한다.

- 상호협정 체결의 목적
  - 항공기 제작의 세계화
  - 각 국가 간의 항공기, 엔진, 부품 등의 수출입 용이
  - 제작, 정비, 감항증명 등의 효율 증가

CHAPTER 12 FAA
(Federal Aviation Administration)

12.1 FAA 정의

미국 연방항공청(FAA, Federal Aviation Administration)은 미국 정부의 가장 큰 운송 기관이며 주변 공해상 뿐만 아니라 국내 민간 항공의 모든 측면을 규제한다. 그 권한에는 항공교통관제, 인력 및 항공기 인증, 공항 표준 설정, 상업용 우주선의 발사 또는 재진입 시 미국 자산 보호가 포함된다. 인근 공해에 대한 권한은 국제민간항공기구(International Civil Aviation Organization)의 권한으로 FAA에 위임된다. 1958년 8월에 설립된 FAA는 이전의 민간항공국(CAA)을 대체했으며 이후 미국 교통부 산하기관이 되었다.

12.2 FAA 설립 목적

미국 연방항공청(FAA, Federal Aviation Administration)의 설립 목적은 다음과 같다.

- 항공안전 촉진: FAA는 미국 내 모든 항공 운송과 항공기 운영의 안전을 촉진하는 것을 주요 목적으로 한다. 항공안전은 민간 항공 운송을 이용하는 승객과 인력, 항공기 운용자, 지상 인력 등의 생명과 재산을 보호하며, 항공사고를 최소화하기 위해 항공 규정과 절차를 개발하고 감독한다.
- 항공 규제 및 규정 개발: FAA는 민간 항공 운송 기업과 항공기의 운용에 대한 규제를 담당한다. 항공운송국(Civil Aeronautics Authority, CAA)에서 이어진 역할로서, 항공기의 인증과 등록, 항공 규정의 개발과 시행 등을 통해 항공운송의 안전과 효율성을 유지하고 개선한다.

• 항공기 인증 및 검토: FAA는 항공기의 설계, 제조, 운영에 대한 안전성과 기술적 적합성을 검토하고 인증한다. 항공기의 인증은 항공안전에 중요한 역할 중 하나이다.
• 항공교통관제 시스템 개발 및 운영: FAA는 미국 내의 항공교통을 관리하고 조절하기 위해 공항 및 항공로에 대한 공간을 관리하고, 항공교통관제 시스템을 운영한다. 이를 통해 공중 충돌을 예방하고 항공 운송의 효율성을 높인다.
• 항공기 운전자 및 기술자 자격 인증: FAA는 항공기 운용자(파일럿)와 항공기 기술자의 자격 인증을 담당한다. 항공기 운용자의 안전한 운행을 위해 자격 기준을 설정하고 시험을 실시한다.
• 항공기술과 연구 개발: FAA는 항공분야의 기술과 연구를 지원하고, 항공기의 기술적 발전과 안전성을 향상시키기 위해 연구를 수행한다.

UNITED STATES OF AMERICA
DEPARTMENT OF COMMERCE
OFFICE OF THE DIRECTOR OF AERONAUTICS

PILOT'S IDENTIFICATION CARD

This Identification Card, issued on the 6th day of April, 1927, accompanies Pilot's License No. 1

Age 39
Weight 200 *Color hair* Brown
Height 6'1½" *Color eyes* Blue

FORM R-19 U. S. GOVERNMENT PRINTING OFFICE: 1926 *Pilot's Signature.*

12.3 FAA의 의의

미국 연방항공청(FAA, Federal Aviation Administration)의 의의는 다음과 같다.

- 항공안전 확보: FAA는 민간 항공 운송과 항공기 운영의 안전을 촉진하는 주체이다. 항공운송은 대규모의 인력과 승객, 비행기 등을 관리하고 운영하는 과정에서 안전을 최우선으로 고려해야 한다. FAA는 항공 규정과 규칙을 개발하고 시행함으로써 항공운송과 항공기 운영의 안전성을 유지하고 지속적으로 향상시키는 역할을 한다.
- 항공 규제와 감독: FAA는 민간 항공 운송 기업과 항공기를 규제하고 감독하는 기관으로서, 항공운송과 관련된 다양한 측면에서 기준과 규칙을 제정하여 업계의 행동과 운영을 조정한다. 이를 통해 항공산업이 공정하게 경쟁하고, 안전하게 운영되도록 돕는다.
- 항공교통관제: FAA는 미국 내의 항공교통을 조정하고 공중 충돌을 예방하기 위한 공중교통관제 시스템을 개발하고 운영한다. 항공기의 안전한 비행경로를 관리하고 조절함으로써 무작위로 출동하는 항공기들의 통제를 가능하도록 한다.
- 항공기술과 연구 지원: FAA는 항공분야의 기술과 연구를 지원하고, 새로운 기술의 개발과 안전성을 향상시키기 위해 연구를 수행한다. 항공운송의 효율성과 경제성을 향상시키고, 최신 기술을 적용하여 항공산업의 혁신과 발전을 지원한다.
- 국제적 역할: FAA는 미국의 기술력과 안전성을 바탕으로 국제 항공산업과 기관들과 협력하며, 국제적인 항공규칙과 표준을 개발하고 적용하는 데 기여한다. 또한, FAA는 국제적으로 인정받는 항공기 인증을 수행하여 미국 항공산업의 경쟁력을 높인다.

미국 연방항공청(FAA, Federal Aviation Administration)은 다양한 부서와 조직으로 구성되어 있으며, 각 조직은 항공안전과 항공운송 촉진을 위한 특정한 역할과 책임을 가지고 있다. FAA의 주요 구성과 각 조직의 역할에 대한 간단한 설명은 아래와 같다.

1. 항공안전국(Aviation Safety, AVS)

1) 항공안전국은 항공기의 설계, 제조, 유지보수, 운영 등 항공안전과 관련된 규제와 인증을 담당한다.
2) 항공기 인증, 비행규정 및 표준 개발, 항공사 검토, 인원 자격 인증 등 항공안전에 관련된 모든 활동을 감독한다.

2. 항공교통관제국(Air Traffic Organization, ATO)

1) 항공교통관제국은 미국 내의 항공교통관제를 총괄한다.
2) 항공교통의 안전하고 효율적인 운영을 위해 공항 교통 지역 관제, 라이선스 항공통제원(Licensed Air Traffic Controllers), 항공교통관제 기술 등을 관리한다.

3. 항공교통시스템국(Air Traffic System, ATS)

1) 항공교통시스템국은 항공교통 서비스와 기술 시스템의 개발, 운영, 유지보수를 담당한다.
2) 항공교통관제센터, 비행서비스센터, 레이더 서비스 지역 등 항공교통시스템을 구축하고 운영한다.

4. 규정 및 인증국(Regulations and Certification, AIR)

1) 규정 및 인증국은 항공기관과 운영자에 대한 규제와 인증을 담당한다.
2) 항공운송사, 항공기술자, 항공기관 등에 대한 인증과 규제를 실시한다.

5. 연구, 공학 및 평가국(Research, Engineering and Development, AAR)

1) 연구, 공학 및 평가국은 항공기 기술 개발과 테스트, 연구, 데이터 분석 등을 수행한다.
2) 새로운 항공기술과 시스템의 개발과 검증, 기술적 평가 등을 담당한다.

6. 국제 사업국(International Affairs and Environment, AIE)

1) 국제 사업국은 국제적인 항공 규정과 협력, 국제항공안전기구와의 협력을 담당한다.
2) 환경 관련 문제와 항공 환경 촉진에 관련된 활동을 수행한다.

7. 예산 및 관리국(Budget and Management, ABA)

1) 예산 및 관리국은 FAA의 예산 편성과 자원 관리를 책임진다.
2) 조직의 자금 편성, 회계, 재무 등을 관리한다.

이 외에도 FAA는 사무국, 지역 사무소, 항공기 등록 사무소 등 다양한 조직과 부서로 구성되어 있으며, 이들이 함께 협력하여 미국의 항공안전과 항공운송을 보장하고 발전시키는 데 기여하고 있다.

12.4 FAA 이사회 총회 등의 구체적 업무

미국 연방항공청 총회(FAA Administrator)는 FAA의 최고경영자로서 다음과 같은 구체적 업무를 담당한다.

1) 기관 운영 및 전략 수립: 총회는 FAA의 운영을 총괄하고 기관의 전략과 운영 방향을 결정한다. 항공안전, 항공규제, 항공운송 발전, 항공교통관제 등 다양한 측면에서 기관의 임무를 성취하기 위한 방향을 제시한다.
2) 정책 수립과 규정 개발: 총회는 미국 항공산업과 항공운송의 안전과 효율성을 보장하기 위한 정책과 규정을 수립한다. 항공안전을 위한 규정, 항공기술의 개발과 적용을 위한 정책 등 다양한 측면에서 항공산업을 규제하고 지원한다.
3) 항공기 인증과 운영 검토: 총회는 항공기의 설계, 제조, 운영과 관련하여 안전성과 적합성을 검토하고 인증한다. 항공기 운영자의 자격과 항공사의 인증도

총회가 승인하고 감독한다.

4) 항공교통관제 및 안전 유지: 총회는 미국 내의 항공교통관제 시스템을 총괄하며, 공중 충돌을 예방하고 항공교통의 안전과 효율성을 유지하기 위한 조치를 취한다.

5) 예산 관리와 자원 할당: 총회는 FAA의 예산을 관리하고 기관의 자원을 적절히 할당하여 조직의 운영을 지원한다.

6) 항공분야의 국제 협력: 총회는 국제적인 항공안전기구와의 협력을 촉진하고 국제 항공 규정과 표준을 개발하며 이행한다.

7) 총회는 FAA의 중추적인 역할을 맡고 있으며, 미국의 항공산업과 항공운송의 안전과 발전을 지원하기 위해 다양한 측면에서 리더십과 전략적인 방향 제시를 수행한다.

12.5 FAA 주요 기능

미국 연방항공청(FAA, Federal Aviation Administration)의 역할은 다음과 같다.

- 미국 상업 우주 운송 규제
- 항행 시설의 기하 및 비행 검사 기준 규제
- 새로운 항공기술을 포함한 민간 항공의 장려 및 개발
- 파일럿 인증서의 발급, 정지 또는 취소(Flight Standards District Offices라고 하는 현지 사무소를 통해 미국의 교통안전을 증진하기 위해 민간 항공 규제)
- 민간 및 군용 항공기의 항공교통관제 및 항법 시스템 개발 및 운영
- 국가 영공 시스템 및 민간 항공 연구 및 개발
- 민간 항공의 항공기 소음 및 기타 환경 영향을 제어하기 위한 프로그램 개발 및 수행

12.6 FAA 운영

미국 연방항공청(FAA, Federal Aviation Administration)은 워싱턴 D.C.에 본부(800 Independence Avenue, SW Washington, D.C. 20591)를 두고 있으며 지원 및 연구를 위해 뉴저지주 애틀랜틱 근처에 있는 William J. Hughes 기술 센터와 교육을 위해 오클라호마주 오클라호마시에 있는 Mike Monroney Aeronautical Center를 운영한다. FAA는 이외에 9개의 지역 행정 사무소를 두고 있다.

- 알래스카 지역 - 앵커리지, 알래스카
- 노스웨스트 마운틴 - 워싱턴주 시애틀
- 북서 태평양 – 로스앤젤레스, 캘리포니아
- 남서부 - 텍사스주 포트워스
- 중부 – 미주리주 캔자스시티
- 오대호 - 일리노이주 시카고
- 남부 - 조지아주 애틀랜타
- 동부 - 뉴욕
- 뉴잉글랜드 – 매사추세츠주 보스턴

12.7 FAA 배경

미국 연방항공청(FAA, Federal Aviation Administration)의 설립 배경은 다음과 같다.

1926년 5월 20일에 제정된 항공상거래법은 미국 연방 정부의 민간 항공 규정의 초석이다. 이 법안은 안전기준을 설립하고 유지하기 위해 연방 조치가 없는 비행기가 완전한 상업적 잠재력에 도달할 수 없다고 믿었던 항공산업의 촉구로 통과되었다. 또한 상무부 장관에게 항공상거래 육성, 항공교통 규칙 발행 및 시행, 조종사 면허 부여, 항공기 인증, 항로 개설, 항공 항법 보조 장치의 운영 및 유지를 담당하도록 했으

며 상무부 산하에서 운영되는 새로 신설된 Aeronautics Branch는 항공안전 감독의 주요 책임을 맡았다.

민간 항공의 책임을 다하기 위해 미 상무부는 처음에는 안전규정과 조종사 및 항공기 인증과 같은 기능에 집중했다. 이후 우정 부서에서 시작한 작업인 조명 항공로의 국가 시스템 구축 및 운영을 인수했다. 상무부는 1934년 연방 통신 위원회(Federal Communications Commission)가 설립되기 전에 항공 무선 통신을 개선했으며 항공 항법에 대한 효과적인 지원으로 무선 표지를 도입했다.

항공 분과는 1934년에 항공 상업국으로 개명되어 부서 내에서 향상된 지위를 반영했다. 상업 비행이 증가함에 따라 국은 항공로를 따라 항공교통관제(ATC)를 제공하기 위해 처음 세 개의 센터를 설립하도록 항공사 그룹을 장려했다. 1936년에 사무국 자체가 센터를 인수하고 ATC 시스템을 확장하기 시작했으며 선구적인 항공교통관제사는 지도, 칠판, 암산을 사용하여 도시 간 지정된 경로를 따라 이동하는 항공기를 안전하게 분리했다.

1938년 민간 항공법은 연방 민간 항공 책임을 상무부에서 새로운 독립 기관인 민간 항공국으로 이전했다. 또한 CAA에 항공사 요금을 규제하고 항공사가 제공할 노선을 결정할 수 있는 권한을 부여함으로써 정부의 역할을 확대했다.

Franklin D. Roosevelt 대통령은 1940년에 민간항공국(CAA)과 민간항공위원회(CAB)의 두 기관으로 권한을 나누었다. CAA는 ATC, 항공 및 항공기 인증, 안전 집행 및 항공로 개발을 담당했고, CAB는 항공사의 안전규제, 사고조사 및 경제규제를 맡았다. CAA는 상무부의 일부였으며, CAB는 독립적인 연방 기관이었다.

미국이 제2차 세계대전에 참전하기 직전에 CAA는 ATC 책임을 공항에서의 이착륙 작전으로 확장하기 시작했다. 이 확장된 역할은 결국 전쟁 후에 영구적으로 되었다. ATC에 레이더를 적용한 것은 관제사가 상업 항공운송의 전후 붐을 따라가는 데 도움이 되었다. 한편 1946년에 의회는 CAA에게 국가 민간 공항 개발만을 목표로 하는 최초의 평시 재정 지원 프로그램인 연방 지원 공항 프로그램을 관리하는 추가 임무를 부여했다.

2000년 12월 대통령 행정 명령에 따라 항공교통기구(ATO)라고 하는 FAA 내의 기구가 설립되었다. 이는 미국 영공과 뉴욕(대서양) 및 오클랜드(태평양) 해양 지역의 항공 항법 서비스 공급자가 되었으며 민간 항공 항법 서비스 조직의 정회원이다.

12.8 FAA 역대 관리자

- 엘우드 리처드 케사다: 1958년 11월 1일~1961년 1월 20일
- 나지브 할라비: 1961년 3월 3일~1965년 7월 1일
- 윌리엄 F. 맥키: 1965년 7월 1일~1968년 7월 31일
- 존 H. 샤퍼: 1969년 3월 24일~1973년 3월 14일
- 알렉산더 버터필드: 1973년 3월 14일~1975년 3월 31일
- 존 L. 맥루카스: 1975년 11월 24일~1977년 4월 1일
- 랭혼 본드: 1977년 5월 4일~1981년 1월 20일
- J. 린 헬름스: 1981년 4월 22일~1984년 1월 31일
- 도널드 D. 엔겐: 1984년 4월 10일~1987년 7월 2일
- T. 앨런 맥아터: 1987년 7월 22일~1989년 2월 17일
- 제임스 B. 부시 4세: 1989년 6월 30일~1991년 12월 4일

- 토마스 C. 리차즈: 1992년 6월 27일~1993년 1월 20일
- 데이비드 R. 힌슨: 1993년 8월 10일~1996년 11월 9일
- 제인 가비: 1997년 8월 4일~2002년 8월 2일
- 마리온 블레이키: 2002년 9월 12일~2007년 9월 13일
- 로버트 A. 스터겔: 2007년 9월 14일~2009년 1월 15일
- 린 오스무스: 2009년 1월 16일~2009년 5월 31일
- 랜디 배빗: 2009년 6월 1일~2011년 12월 6일
- 마이클 후에르타: 2011년 12월 7일~2018년 1월 6일
- 다니엘 K. 엘웰: 2018년 1월 6일~2019년 8월 12일
- 스티븐 딕슨: 2019년 8월 12일~2022년 3월 31일
- 빌리 놀렌: 2022년 4월 1일~2023년 6월 9일

※ 참고자료

- FAA Official Website(www.faa.gov)

CHAPTER 13 IATA
(International Air Transport Association)

13.1 IATA 정의

IATA는 International Air Transport Association의 약자로서, 국제항공운송협회를 말한다. IATA는 항공운수산업의 권익을 대변하고 정책 및 규제의 개선, 승객 편의 증대, 항공사 안전운항 지원 등을 수행하기 위해 설립된 국제협력기구이다.

항공업계의 유엔총회라고 불릴 정도의 권위를 가지고 있으며, 본부는 캐나다 몬트리올과 스위스 제네바에 위치하고 있다. IATA의 주요 임무로는 항공운송산업 권익 대변 및 정책·규제 개선, 업무 표준화, 승객 편의 증대 및 비용 절감 지원, 항공사 안전운항 및 효율적 운영 지원, 운항거리나 유가 등을 기반으로 국제선 항공 운임 조정 등이 있다.

13.2 IATA 목적 및 기능

13.2.1 IATA의 목적

- 항공산업에 필요한 항공기술, 항공법, 항공재무, 국제항공운수 분야에 대한 지속적 연구
- 단일 항공사로서 해결할 수 없는 문제를 공동으로 해결
- 정부 측면에서의 업무 표준화, 적정운임의 설정, 항공운송의 안전, 공공편익 증진에 기여
- 여행절차 간소화, 서비스 표준화 등

13.2.2 IATA의 기능

1. 항공사 측면

1) 항공사의 문제점에 대해 공동으로 해결책을 모색하는 수단을 제공
2) 각 항공사의 경험과 정보 및 지식을 교환
3) 국제선운임/주요 국제공항에서의 운항시간 조절/공항시설 사용료 등에 의견을 대변

2. 정부 측면

국제선 운임에 대해 각국 정부간의 조정, 협상의 매체를 제공

3. 소비자 측면

1) 높은 수준의 효율적인 항공운송 안정성, 편의성을 제공
2) 경제성 있는 최저 운임을 보장
3) 통일된 체제에 의한 손쉬운 해외여행을 가능케 함

13.3 IATA 조직

IATA의 주요 의사결정은 연차총회, 집행위원회, 분야별 위원회 등의 회의체를 통해 이루어져 있다. 매년 1회 개최되는 연차총회는 회원사 경영진, 제작사 등이 참석해 결의안 채택이나 주요 의사결정 승인 등을 논의하며 연 2회 열리는 집행위원회는 회원사 대표 가운데 31명이 참여하여 산하 부문별 정책 방향 결정, 예산 편성, 회원사 가입 및 탈퇴 등의 운영 관련 사항들을 논의한다.

31명의 집행위원회 위원 중 총회에서 선출된 11명의 위원으로 구성되는 전략정책위원회는 국제항공운송협회의 주요 전략, 세부 정책 방향 등을 수립한다. 분야별 위원회는 총 9개 분야(화물 · 환경 · 재무 · 산업 · 법무 · 운항 등)로 이뤄지며, 분야별로

20명 이내의 위원들이 활동하면서 부문별 정책 등을 논의한다. 제75차 IATA 연차총회는 2019년 6월 1일부터 3일까지 한국 서울에서 개최된 바 있다.

IATA는 아래와 같은 조직으로 구성되어 있다.

- 연차총회: 각 항공사의 회장이나 사장급이 매년 1회 모여서 각 위원회의 활동 결과를 보고 받고 예산의 승인, 위원의 임명 등을 관장한다.
- 이사회: IATA 이사회의 회원은 협회의 이익을 대변하기 위해 회원 전체를 대신하여 감독 및 집행의 역할을 수행한다.
- 특별위원회: 집행위원회의 승인을 받아 수시로 결성되며, 항공운송산업에 중요한 제반 문제들에 관해 조언한다.
- 상임위원회: 개별 항공사들이 지명한 전문가들로 구성, 운송위원회는 국제항공운송과 관련된 모든 상업적 문제들에 관해 집행위원회와 사무국장에 조언하며, 각종 운송회의의 실무를 감독한다.
- 법률위원회: 국제항공수송의 법률적 측면을 담당, 각 체약국의 법률전문가로 구성되며 협약 초안의 심의, 법률문제 조언, 국제법상의 문제에 관한 국제기관과의 협력이 주된 업무이다.
- 사무국: IATA의 참모부서로 각종 회의를 지원하고 회원사에 다양한 서비스를 제공한다.

[그림 1]

13.4 IATA 역사

1944년 정부 간 협의(시카고 회의)에서 국제민간항공의 경제적 측면에 대한 합의가 기대에 미치지 못하자 이로 인한 무질서를 우려한 민간 항공업계가 상호 협의를 통해 이들 문제를 통일적으로 규율할 것을 목적으로 하여 1945년 4월 쿠바 하바나에서 세계 31개국 57개 항공사가 모여 설립하게 되었다.

초기의 IATA는 1945년 창립 초기부터 1973년 석유 파동까지 해마다 두 자릿수의 속도로 성장했으며, 성장의 원동력은 대부분 기술 혁신에서 비롯되었다. 1950년대 초 터보 프로펠러 항공기, 1958년 대서양 횡단 제트기 및 광동체 항공기, 1970년 이후 고바이패스 엔진이 도입된 것은 주요한 혁신이었으며, 이를 통해 항공기는 더 빠른 속도, 더 큰 크기, 더 나은 경제성을 가져왔고, 결과적으로 요금을 낮추는 성과를 이루었다. 이와 함께 실질적인 소득 증가와 여가시간의 확대는 항공 여행의 수요를 폭발적으로 늘리는 효과를 거두었다.

항공 여객 수요 증가와 함께 IATA의 활동 영역은 아래와 같이 증가되었다.

- 항공 네비게이션 기능을 포함한 항공 전자 공학 및 통신
- 항공기 소음 및 기타 배기가스 배출에 대한 IATA 정책 개발과 함께 하는 환경 엔지니어링
- 공항 및 터미널에 대한 항공사 요구 사항 정의
- 최소 항공기 분리 표준 등 비행 운영 안전 요소
- 승무원에 대한 건강 기준 모니터링 및 장애인 승객을 위한 항공 여행 촉진
- 공항을 통한 사람과 상품 흐름의 가속화 촉진 – 특히, 세관 및 이민
- 항공기 납치, 방해를 방지하고 티켓의 사기 및 도난을 최소화하여 승객과 화물을 보호하고 항공보안을 강화

IATA는 1945년 창립 당시 31개국 57개 항공사로 시작하여 2023년 기준 120개국 320개 항공사를 회원으로 두고 있으며 세계 항공교통량의 83%를 보유한 IATA 회원국은 세계 최고의 여객, 화물 항공사를 포함하고 있다.

[그림 2] 대한민국 IATA 가입 기업

13.5 IATA 비전

IATA의 비전은 항공산업을 대표하고, 이끌며, 지원하는 것이다.

- 항공산업 대표: 의사결정권자들 사이에서 항공운송산업에 대한 이해를 높이고, 항공이 국내 및 세계 경제에 가져다주는 이점에 대한 인식을 향상시킨다. 전 세계 항공사의 이익을 옹호하고, 불합리한 규제와 비용에 이의를 제기하며, 규제 당국과 정부에 책임을 묻고 합리적인 규제를 위해 노력한다.
- 항공업계 선도: 70년 이상 항공운송산업이 구축되는 동안 글로벌 상업 표준을 개발해왔다. IATA의 목표는 절차를 단순화하고 승객들의 편의성을 높이는 동시에 비용을 절감하고 효율성을 개선함으로써 항공사를 지원하는 것이다.
- 항공산업서비스 제공: IATA는 모든 항공사가 명확한 규칙에 따라 안전하고 효율적이며 경제적으로 운영될 수 있도록 지원한다. 광범위한 제품 및 전문 서비스를 갖춘 모든 업계 이해관계자에게 전문적인 지원이 제공된다.

13.6 지역별 IATA

IATA는 전 세계 50개 이상의 지사를 보유하고 있으며, 120여 개국의 회원을 지원하고 있다.

- 아프리카와 중동(AME): 아프리카와 중동(AME)에 대한 IATA의 지역 사무소는 암만에 본사를 두고 있으며, 4개 국가와 함께 회원 항공사, 여행 및 화물 대리점 및 업계 파트너의 요구에 대응하여 이 지역의 특별한 역동성을 유지하고 있다. 이곳은 정부, 국제민간항공기구－중동(ICAO－MID), 아프리카항공협회(AFRAA), 아랍항공운송업체(AACO), 아프리카민간항공위원회(AFCAC), 아프리카 연합, 공항, 항공 항법 서비스 제공 업체 및 지역 항공사 협회와 긴밀한 관계를 유지하고 있다.
- 아시아 태평양: IATA 아시아 태평양 사무소는 싱가포르에 위치해 있으며 항공사 회원을 대표하는 서비스를 담당하고 있다. 이곳에서 8개 시간대에 걸친 19개 국가 및 지역 사무소의 지원을 받아 37개국의 업계 우선 서비스를 제공한다. 또한 정부, 공항, 항법 서비스 제공 업체 및 지역 산업 조직과 긴밀한 협력 관계를 유지하고 있다.

  IATA 아시아 태평양 사무소의 역할은 다음과 같다.
  - 항공이 제공하는 가치를 정부에 알리고, 4천만 개 이상의 일자리를 지원하며 지역 GDP의 약 1조 달러 이상을 기여
  - 패스트 트래블 및 신규 유통 역량과 같은 산업 프로젝트를 통한 효율성 향상
  - 지속 가능한 항공산업의 토대를 마련
  - 항공교통관리 개선을 위한 계획을 통해 안전 및 역량 향상
  - 신속, 신뢰, 효율적인 방식으로 항공산업을 위한 기금을 마련(2019년 아시아 태평양 지역에 800억 달러 이상 마련)
  - 미래의 항공운송산업을 위한 인적 자본 개발(2019년 싱가포르 IATA 아시아 태평양 지역 교육 센터에서 100여 개 이상 국가의 약 1,650명의 항공전문가가 교육을 받았다)

2017년 IATA 싱가포르 사무소는 IATA의 금융 결제 시스템(FSS)의 백오피스 기능이 통합된 4개의 IATA 글로벌 딜리버리센터(GDC) 지점 중 하나로 선정되기도 했다(다른 지역은 베이징, 마드리드, 몬트리올). 우리나라는 아시아 태평양 사무소에 포함되어 있으며, 사무소는 중구 남대문로 한진빌딩 5층에 위치하고 있다.

- 유럽: IATA 유럽 사무소는 유럽 항공산업을 대표하고 이끌며 지원하고, 회원 항공사, 공인 여행사 및 산업 파트너의 요구에 부응하는 데 중점을 두고 있다. IATA의 유럽지역 사무소는 스페인 마드리드에 본사를 두고 있으며, 러시아, 터키, 이스라엘, 우크라이나 및 독립 국가 연합(CIS)으로 구성된 EU 및 비EU 국가 모두에 15개 이상의 사무소 네트워크를 보유하고 있다. IATA 유럽 사무소는 정부, 기관, 국제민간항공기구(ICAO), 유럽 연합 기관, 유로 콘트롤, EASA, 유럽민간항공콘퍼런스(ECAC), 유럽항공협회(EBAA), 유럽지역항공협회(EBAA), 유럽의 항공 국제 대표(AIRE), 공항, 항공 운항 제공 업체와 긴밀한 관계를 유지하고 있다. IATA는 관세 및 비관세 장벽과 불필요하고 비생산적인 과세, 안전, 보안 및 연결성의 영향을 최소화하는 보다 스마트한 규제를 옹호하고 있다. 또한 국제항공탄소상쇄 및 감축 계획(CORSIA)과 같은 글로벌 운영 및 환경 관련 문제를 지원하고 있다.
- 북아시아: 중국과 북아시아의 지역 본부는 베이징에 본사를 두고 있으며, 지역 IATA 회원 항공사의 중심지 역할을 하고 있다. 지역 사무소는 정부 및 산업 업무를 수행하고, IATA의 비즈니스 제품 및 서비스를 홍보하며 지역 정책에 대응하여 개발 분석 및 예측을 준비한다. 이곳은 중화인민공화국을 포함한 북아시아 지역에 필수적인 지원 서비스를 제공하며 홍콩(SAR) 중국, 마카오(SAR) 중국, 중국 타이페이, 몽골, 북한 등을 포함하고 있다.
- 미주: IATA의 미주 지역은 북미, 중남미 18개국에 걸쳐 약 47개 회원 항공사의 요구를 충족시키는 데 주력하고 있다. 마이애미에 있는 IATA의 지역 사무소는 지역 내 9개의 현장 사무소에서 지원한다. 이 지역의 주요 초점 분야로는 안전 및 보안, 지속 가능성, 효율적이고 저렴한 인프라 개발, 보다 스마트한 규제 및 항공 여행에 부과되는 세금 및 비용을 줄이는 것이다. IATA는 이러한 활동을 지원하기 위해 지역 및 지역 항공사 협회, 정부, 안전규제기관, 공항 및 기타 주요

이해관계자들과 긴밀히 협력하고 있다. 미주 팀은 지역 내 주요 이해관계자의 의견을 수렴하여 가장 큰 기회와 위협에 대처하기 위해 이 지역에 대한 전략 계획을 수립하여 2023년까지 집중할 공통의 목표와 계획을 만들었다.

13.7 ICAO와의 차이점

IATA는 국제민간항공기구(ICAO)와 성격이 전혀 다른 순수 민간단체이다. ICAO는 비행의 안전확보, 항공로나 공항 및 항공시설 발달의 촉진, 부당경쟁에 의한 경제적 손실의 방지 등을 목적으로 하지만, IATA는 국제선 운임, 주요 국제공항에서의 운항시간 조절, 공항시설 사용료 등에 대해서 항공사의 의견을 대변하고 있고, 항공운송산업의 권익 대변과 정책 및 규제 개선, 승객 편의 증대, 항공사 안전운항 지원 등의 업무를 수행한다.

구분	IATA	ICAO
정식명칭	국제항공운송협회	국제민간항공기구
조직의 주체	전 세계의 국제선 정기운항 항공사	각국 정부(항공 관련 부처)
조직의 성격	항공사 간 국제협력기구, 이익단체	정부 간 협력기구
주요 업무	① 국제항공운임 책정 ② 항공운임 정산 ③ 대리점 관리절차 ④ 운송약관	① 공항시설 및 운영 ② 항로 및 항법 결정 ③ 항공의 안전성 확보 ④ 항공기 및 운항 관련 규칙
가입 수	120개국 320개 항공사	192개국
본부소재지	캐나다 몬트리올	캐나다 몬트리올
한국의 창구	IATA 한국지부	항공안전본부(CASA)

13.8 IATA 공항 코드

IATA 본부에서 각 공항에 대해 중복되지 않게 지정하는 세 자리 코드이다. 각 권역 및 국가별로 할당한 ICAO 코드와는 달리 각 도시나 공항 이름이 기준이 되어있다. 폐기된 코드도 일정 기간이 지나면 재사용하는 편이며 오로지 공항에만 부여되는 ICAO 코드와는 달리 항공편과 연계된 철도역에도 부여되는 것이 특징이다.

국제선	CODE	국내선	CODE	군사전용	CODE
인천국제공항	ICN	원주공항	WJU	서울공항	SSN
김포국제공항	GMP	포항공항	KPO	수원공항	SWU
김해국제공항	PUS	울산공항	USN	오산비행장	OSN
제주국제공항	CJU	사천공항	HIN	목포공항	MPK
무안국제공항	MWX	군산공항	KUV	강릉공항	KAG
양양국제공항	YNY	광주공항	KWJ	예천공항	YEC
청주국제공항	CJJ	여수공항	RSU	서산공항	HMY
대구국제공항	TAE	진해비행장	CHF	전주공항	CHN

13.9 항공운송 위험물 규정

IATA는 항공운송 위험물에 대해 엄격한 규정을 제정해 각 항공사가 이를 준수하게 하고 있다. 만약 운항 중인 항공기의 화물에서 화재나 누수가 발생한다면 화물칸에서 발생하기 때문에 조종사나 승무원이 통제할 수 없는 위험한 상황이 된다. 따라서 IATA는 정기적으로 위험 요소에 대한 분류를 비롯해 각 위험물에 대한 적절한 포장, 포장에 표시되는 마킹과 라벨링, 취급절차 등을 포함한 규정집을 발간하고 있다. 성분에 따라 클래스 1의 폭발물부터 클래스 9까지 총 9가지 클래스로 구분되어 있고 클래스 안에서도 성질에 따라 또 자세한 분류가 이루어진다. 클래스 숫자는 단지 분류일 뿐 클래스 1로 갈수록 더 위험하다는 뜻은 아니다.

[그림 3]

위쪽은 HANDLING LABEL로 취급방법에 관한 표식이고, 화물기 전용 표식, 뜨거운 열을 받으면 안 되는 화물, 자성이 있는 물질이기 때문에 주의가 필요하다는 표식이다. 항공운송위험물에 관한 내용은 운항 및 객실 승무원들에게 항공사 의무교육으로 진행되고 있다.

13.10 운항 안전 감사 프로그램

IATA는 자체적으로 항공사들의 안전운항을 위한 감사 프로그램(IOSA/IATA Operational Safety Audit)을 갖고 있다. 항공안전전문 평가기관 AQS(Aviation Quality Services)가 직접 해당 항공사의 항공기 정비, 운항 관리, 객실, 운송, 지상조업 관리, 조직 관리, 화물, 항공보안 등 8개 분야에 걸쳐 1,000여 개 항목에 달하는 포괄적인 안전점검을 실시하고 있고 이 기준을 통과해야 IOSA 인증을 받을 수 있다. IOSA 감사를 받기 위해 보통 6개월가량의 준비 기간이 필요하며, 감사는 특수훈련을 받은 전문가 5명으로 구성된 감사팀이 5일간에 걸친 현장 점검으로 진행한다.
항공사들이 IOSA 인증을 받는 것은 소비자에게 안전성에 대한 신뢰를 줄 수 있는 데다 인증을 받았을 경우 국제선 취항 때 상대국 공항으로부터 취항 거부를 당할 확률이 낮아지고 공항마다 인증 항공사에 혜택을 주는 등 항공사 브랜드 가치 상승효과를 기대할 수 있다. 그리고 스카이팀 같은 항공사 동맹(Alliance)에 들어가려면 조건 중 IOSA 인증을 받도록 요구하고 있기도 하다. IOSA 인증을 취득한 항공사는 공동운항(코드셰어) 시의 항공사 간 일부 안전평가 점검을 2년간 면제해 준다.

13.11 ICH(IATA Clearing House)

IATA에 의해 설립된 조직으로 IATA 가맹항공사 간, 또는 가맹항공사와 이들로부터 추천을 받은 Non-IATA 항공사 및 관련 회사, 여행대리점 간의 효율적인 정산업무를 맡은 일종의 국제어음교환소와 같은 역할을 하고 있다. 여정이 복수 항공사에 걸쳐 있는 경우 일반적으로 여객의 편의를 위해 최초 탑승하는 항공사가 전 여정을 발권하고, 항공사 간의 정산은 ICH를 통해 IATA에서 정한 규정 및 항공사 간에 체결한 계약 내용에 따라 이루어진다. 예를 들어 서울-LA-달라스 여정으로 판매된 항공권에 있어서 A 항공사가 전체 여정에 대한 판매대금을 징수하고 나서 서울-LA 구간을 운송하고 LA-달라스 구간을 B 항공사가 운송하는 경우이다. 이와 같은 운송 방법을 공동운항이라고 하는데, 이처럼 항공사 간 공동운항을 실시하려면, IATA의 안전운항기준을 따라야 한다.

항공학개론

지은이 안영태 · 이창학 · 류종준 · 안기준
펴낸이 조경희
펴낸곳 경문사
펴낸날 2024년 3월 4일 1판 1쇄
등 록 1979년 11월 9일 제1979-000023호
주 소 04057, 서울특별시 마포구 와우산로 174
전 화 (02)332-2004 팩스 (02)336-5193
이메일 kyungmoon@kyungmoon.com

값 30,000원

ISBN 979-11-6073-679-3